HELMUT LÖFFLER

INFORMATION · SIGNAL · NACHRICHTENVERKEHR

ELEKTRONISCHES RECHNEN UND REGELN

Herausgegeben von

Prof. Dr. HANS FRÜHAUF · Prof. Dr. WILHELM KÄMMERER
Prof. Dr. HELMUT THIELE · Prof. Dr. HORST VÖLZ

Band 15

INFORMATION — SIGNAL — NACHRICHTENVERKEHR

von

Prof. Dr. sc. techn. HELMUT LÖFFLER

INFORMATION–SIGNAL–NACHRICHTENVERKEHR

von

HELMUT LÖFFLER

Dresden

Mit 93 Abbildungen und 18 Tabellen

AKADEMIE-VERLAG · BERLIN

1980

Erschienen im Akademie-Verlag, DDR-1080 Berlin, Leipziger Straße 3—4
Lektor: Dipl.-Phys. Gisela Lagowitz

Lizenznummer: 202 · 100/406/80
Gesamtherstellung: VEB Druckerei „Thomas Müntzer", 5820 Bad Langensalza
Bestellnummer: 762 360 0 (6390) · LSV 1085
Printed in GDR
DDR 52,— M

Vorwort

Das vorliegende Buch ist aus Lehrveranstaltungen über Informationstheorie, Informationsgewinnung- und übertragung hervorgegangen, die der Autor seit rund zehn Jahren an der Technischen Universität Dresden für Studenten der Informationsverarbeitung hält. Dennoch stellt dieses Buch nach Inhalt und Gliederung keine Vorlesungsskripte dar, weil zahlreiche Passagen und Probleme weit über den Stoff planmäßiger Lehrveranstaltungen hinausgehen. Andere wiederum mußten weggelassen werden, um den Umfang in Grenzen zu halten.

Es ist Anliegen dieses Buches, Studierende und in der Praxis tätige Fachleute mit der Informations-, Signal- und Nachrichtenverkehrstheorie vertraut zu machen und ihnen vor allem aus theoretischer Sicht eine Unterstützung zu geben. Insofern stand beim Abfassen des Werkes auch der Gedanke der Weiterbildung für diejenigen Leser Pate, die in Forschung und Industrie auf den Gebieten der technischen Kybernetik, der Informations- und Nachrichtentechnik sowie der elektronischen Datenverarbeitung tätig sind. Ein Wesenszug der modernen technischen Entwicklung besteht darin, daß Nachrichten- und Rechentechnik, Automatisierungstechnik und Informationsverarbeitung eng miteinander verflochten sind. Daraus ergibt sich ein gemeinsames theoretisches Fundament, das eine ganze Reihe wissenschaftliche Einzeldisziplinen enthält. Der Leser wird dem Autor zustimmen, daß hierzu die im Buchtitel genannten Theorien gehören.

Die vor ungefähr dreißig Jahren entstandene Informationstheorie ist die statistische Theorie der Informationsbewertung von Informationsquellen und -übertragungsprozessen. Heute gehört die Informationstheorie zu den unbestrittenen Grundlagen aller Technikwissenschaften, die sich mit informationellen Prozessen bzw. Mitteln befassen, in denen Informationsprozesse stattfinden. Im vorliegenden Buch wird nur die sogenannte diskrete Informationstheorie behandelt. Es wird somit vorausgesetzt, daß die Information aus unterscheidbaren (diskreten) Informationselementen, den Zeichen, Buchstaben oder Symbolen, besteht. Die Beschränkung auf diskrete Informationen bedeutet keine Begrenzung der Allgemeingültigkeit der Aussagen und vermittelten Erkenntnisse. Es gelingt nämlich immer, Informationen, die in stetiger Form vorliegen, in diskrete Zeichen oder Zeichenketten zu überführen. Im ersten Hauptabschnitt des Buches werden vorrangig Probleme der Übertragung diskreter Informationen behandelt. Dies erfolgt mit Rücksicht auf den Stellenwert, den Informationsübertragungsprozesse in der Nachrichtentechnik, in automatisierten Informationsverarbeitungs- bzw. Steuerungssystemen spielen. Der Zusammenhang zwischen Informations- und Kodierungstheorie wird stets hergestellt, ohne daß letztere ausführlich behandelt wird. Dies ist eine Konzession an den Wunsch, den Umfang dieses Buches in Grenzen zu halten.

Im Hauptabschnitt Informationstheorie wird fast ausschließlich der Begriff „Information“ und nicht „Nachricht“ verwendet. Obwohl beide Begriffe vom Wesen her gleichwertig sind, scheint es sich doch auch im internationalen Schrifttum durchzusetzen, daß unter einer Nachricht eine adressierte Information (Mitteilung) zu verstehen ist.

Informationsprozesse werden durch materielle Erscheinungen, die Signale, getragen, die in ihren Erscheinungsformen unendlich mannigfaltig sind. Im zweiten Hauptabschnitt wird eine Theorie der Signale vorgestellt. Ihr Kern ist die mathematische Darstellung determinierter und stochastischer Signale im Original- und in Bildbereichen. Obwohl aus informationstheoretischer Sicht determinierte Signale prinzipiell keine Information enthalten, erweist sich ihre ausführliche Behandlung aus mehreren Gründen vorteilhaft: Ihre mathematische Behandlung ist verhältnismäßig unkompliziert und überschaubar. Der mathematische Apparat ist unter gewissen Bedingungen auch auf stochastische Signale übertragbar. Außerdem spielen in der Praxis determinierte Signale eine große Rolle. So erfolgt z. B. die Übertragung informationsenthaltender Signale und die Mehrfachausnutzung von Kanälen unter Verwendung determinierter Signale (s. Abschnitt 2.4, Modulation von Signalen).

Bei der mathematischen Behandlung und Spektralanalyse determinierter und stochastischer Signale und Prozesse wird vorwiegend von der FOURIER-Transformation Gebrauch gemacht. Dies bezieht sich sowohl auf die integrale und diskrete FOURIER-Transformation als auch die FOURIER-Transformation von sogenannten WILENKIN-CHRISTENSON-Funktionen. Diese Funktionsklasse, die für die Darstellung zweiseitig begrenzter, zeit- und amplitudenquantisierter Signale mit mehr als zwei Amplitudenstufen geeignet ist, wird (ebenso wie ihre spektrale Darstellung) mit dem vorliegenden Buch wohl erstmals in der deutschsprachigen Fachliteratur vorgestellt.

Der dritte Hauptabschnitt beinhaltet die Nachrichtenverkehrstheorie. Damit soll eine deutliche Lücke in unserem ingenieurwissenschaftlichem Schrifttum geschlossen werden. Zu einer Theorie des Informationstransports gehört neben der Informations- und Signaltheorie unbedingt die Verkehrstheorie. Das ergibt sich schon aus der Tatsache, daß die Informationsübermittlung in automatischen und automatisierten Systemen zugleich mit Signal- und Informationsverarbeitungsprozessen einhergeht und daraus, daß die Kommunikationssysteme komplexer werden und in Zukunft ohne Rechnersteuerung nicht mehr denkbar sind. Mit der Behandlung der Nachrichtenverkehrstheorie wird der Tendenz, daß Informationstechnik, Rechentechnik und Informationsverarbeitung zusammenfließen, Rechnung getragen. Die Nachrichtenverkehrstheorie bedient sich wesentlicher Erkenntnisse und Methoden der Graphentheorie, der Netzwerk-Flußtheorie, der Bedienungs- und Scheduling-Theorie, der Optimierung u. a. Der Verfasser hat absichtlich die Bedienungstheorie stochastischer Informationsströme akzentuiert, weil diese Disziplin für die Verhaltensforschung von Kommunikations- und Rechnersystemen von großer Bedeutung ist. Mit der Behandlung der Übertragungsstrategien in Netzen mit Speichervermittlung, der Datenfernverarbeitungs- und Rechnernetze (Rechnerverbundsysteme) sollen moderne Entwicklungsrichtungen von Nachrichten- und Rechentechnik Berücksichtigung finden. Zugleich werden damit aktuelle Anwendungsgebiete der Nachrichtenverkehrstheorie vorgestellt. Bei der Darlegung der Datenfernverarbeitungsnetze und Rechnernetzwerke mußte leider auf einige wichtige Probleme verzichtet werden. Dazu gehören die programmtechnischen Aufgaben, welche die Leistungsfähigkeit dieser Systeme in hohem Maße bestimmen. Der Schwerpunkt wurde vielmehr auf die Modellierung und die Behandlung verkehrstheoretischer Fragen gesetzt. Ein Verzeichnis der einschlägigen modernen Literatur, das abschnittsweise geordnet ist, soll dem interessierten Leser bei weiterführenden Untersuchungen behilflich sein.

Der Autor dankt allen, die am Zustandekommen des vorliegenden Buches Anteil haben, sei es durch anregende Diskussionen, für das Korrekturlesen oder für das Verständnis, das sie ihm während der Manuskriptabfassung entgegenbrachten. Dies gilt vor allem für die Kolleginnen und Kollegen des Wissenschaftsbereiches Rechnersysteme der Sektion Informationsverarbeitung an der TU Dresden. Bei Herrn Prof. Dr. sc. techn. W. Richter, TH Leipzig, bedankt sich der Autor aufrichtig für zahlreiche Hinweise und klärende Diskussionen. Der besondere Dank gilt der Lektorin des Akademie-Verlages, Frau Dipl.-Phys. Lagowitz, für die sehr gute Zusammenarbeit.

Helmut Löffler

Inhaltsverzeichnis

1. Diskrete Informationstheorie

1.1. Gegenstand der Informationstheorie

Die Informationstheorie entstand im Zusammenhang mit der Entwicklung der Nachrichtentechnik. Erste Ansätze zur qualitativen und quantitiven Bewertung von Nachrichten bzw. Informationen gehen auf R. V. L. HARTLEY (1928) zurück. Als Begründer der modernen Informationstheorie gilt der amerikanische Wissenschaftler CLAUDE E. SHANNON, der mit seinem 1948 erschienenen Werk „A Mathematical Theory of Communication" ein überaus tragfähiges Fundament der Theorie der Informationsübertragung schuf. Heute gehört die Informationstheorie zu den unveräußerlichen theoretischen Grundlagen nicht nur der Nachrichtentechnik, sondern auch der Informationsverarbeitung und Rechentechnik sowie der Meß-, Steuer- und Regelungstechnik. Durch Natur- und technische Wissenschaften werden dieser Theorie immer neue Anwendungsbereiche erschlossen.

Zentraler Begriff der Informationstheorie ist die Information, ihre Definition und quantitative Bewertung. Während bis zur Mitte unseres Jahrhunderts Stoff und Energie als die einzigen fundamentalen Kategorien galten, hat die Kybernetik gezeigt, daß es noch einen weiteren Aspekt der objektiven Realität gibt, der sich nicht auf stoffliche oder energetische Grundkategorien zurückführen läßt: die Information. Vorgänge, bei denen Informationen erzeugt, übertragen, gespeichert, verarbeitet und genutzt werden, sind immer an stoffliche oder energetische Prozesse gebunden, doch erfassen diese nicht die ganze Vielfalt der materiellen Erscheinungen. Die Wirkungsweise kybernetischer Systeme ist nur erklärbar durch die darin vor sich gehenden informationellen Prozesse. Die Einführung des Informationsbegriffes als einer Grundkategorie der Materie und die Feststellung, daß die Information eine objektive Eigenschaft der Naturprozesse ist, haben nicht nur das wissenschaftliche Weltbild des dialektischen Materialismus bereichert, sondern fanden in der naturwissenschaftlichen und technischen Praxis, z. B. im Bau kybernetischer Systeme, ihre glänzende Bestätigung.

Ohne den Informationsbegriff im folgenden schon exakt so zu definieren, wie es in der Informationstheorie üblich ist, genügt hier die Anknüpfung an den umgangssprachlichen Gebrauch des Wortes Information. Danach ist *Information neues Wissen* über ein Ereignis, einen Tatbestand oder einen Sachverhalt, das einem Empfänger in verständlicher Form mitgeteilt wird, um dort eine zielgerichtete Reaktion auszulösen.

Wird bei einem Informationsaustausch eine Information empfangen, dann kann diese nach drei wesentlichen Gesichtspunkten analysiert werden. Erstens läßt sich untersuchen, ob die empfangene Information strukturell aus Informationselementen besteht, die überhaupt verständlich bzw. auswertbar sind. Die Information ist zweitens hinsichtlich ihres Bedeutungsinhaltes analysierbar und drittens nach dem praktischen Wert, den sie zum Empfangszeitpunkt für den Empfänger besitzt. Obwohl jede Information prinzipiell über die genannten drei Merkmale verfügt, steht für die Informationstheorie nur eine der Fragestellungen im Mittelpunkt. Für die Gesichtspunkte, nach denen Informationen untersucht werden können, hat sich der Begriff „Aspekt der Information" eingebürgert. Die Bezeichnungen für die drei aufgezählten Gesichtspunkte heißen syntaktischer, semantischer und pragmatischer Aspekt.

Unter der Syntax versteht man die orthographischen und grammatischen Regeln einer Sprache. Die Untersuchung des *syntaktischen Aspektes* einer Information bezieht sich auf die richtige Reihenfolge und das Vorhandensein erlaubter Einzelelemente der Information. Daß sich jede Information aus Elementen zusammensetzt, ist uns intuitiv bekannt: Ein gesprochenes oder geschriebenes Wort oder ein Satz, mit dem wir etwas mitteilen wollen, besteht aus einer Anordnung von Buchstaben. Die Buchstaben sind die elementaren Symbole, aus denen sich Informationen zusammensetzen. Im weiteren wird für diese Informationselemente der Begriff *Zeichen* benutzt. Der syntaktische Aspekt einer Information umfaßt die Gesamtheit der Beziehungen zwischen den Zeichen. Hierzu gehören insbesondere die wechselseitige Anordnung, die Anzahl und die Auswertbarkeit.

In der automatisierten Informationsverarbeitung liegt die Bedeutung des syntaktischen Aspekts u.a. auf dem Gebiet der Informationsübertragung und -wandlung. Bei der Informationsübertragung kommt es in erster Linie darauf an, daß die von einer Informationsquelle ausgesandte Information unverfälscht, ohne syntaktische Fehler, zum Empfänger gelangt. Ebenso wichtig sind die strikte Einhaltung der syntaktischen Regeln von Programmiersprachen bzw. die Befolgung der syntaktischen Gesetze beim Übersetzen von Programmen in die interne Sprache von EDVA. Die mathematische Theorie des syntaktischen Aspekts der Information ist heute bereits gut entwickelt. Dies trifft noch nicht auf die beiden anderen Informationsaspekte zu.

Die Semantik ist die Bedeutungslehre. In der Kybernetik versteht man darunter den Sinn und Inhalt, den eine Information verkörpert. Somit stellt der *semantische Aspekt* einer Information die Gesamtheit der Beziehungen dar, die zwischen den Zeichenketten und ihren Bedeutungen existieren. Die semantische Analyse ist die Untersuchung der möglichen Bedeutungsinhalte einer Information bzw. Zeichenanordnung.

Unter dem *pragmatischen Aspekt* einer Information sind schließlich die Beziehungen zu verstehen, die zwischen den die Information bildenden Zeichen bzw. Zeichenketten und den Systemen bestehen, welche die Information nutzen. Eine wichtige Seite des pragmatischen Aspekts ist der praktische Wert, den eine Information zum Empfangszeitpunkt für den Informationsempfänger bzw. -anwender besitzt. Wird z. B. in der industriellen Prozeßkontrolle und -überwachung eine Havariesituation rechtzeitig bekannt, dann ist dies für die Leitzentrale von sehr großem Wert: Sie kann noch Maßnahmen einleiten, damit die Gefahrensituation nicht zur Havarie führt. Wertlos ist dagegen das Eintreffen der Mitteilung über eine Gefahrensituation nach der stattgefundenen Katastrophe. Der pragmatische Aspekt ist natürlich nicht auf Ausnahmefälle beschränkt, sondern spielt in allen informationellen Prozessen und Systemen eine wichtige Rolle. Ein typisches Kennzeichen für den pragmatischen Wert von Informationen in automatisierten Systemen der Informationsverarbeitung ist seine Zeitabhängigkeit (Abb. 1.1). Zum Zeitpunkt t_0 möge ein Ereignis auftreten, das unbedingt eine Reaktion des Informationsverarbeitungssystems erfordert. Ist die Information über das Ereignis bereits vor dessen Auftreten erhältlich ($t < t_0$), dann befindet sich das Informationssystem im Prediktions- oder Vorhersagebereich. Der Wert der entsprechenden Information ist groß. Für $t \gg t_0$ besitzt die Information über das Ereignis nur geringen pragmatischen Wert, denn in der Regel besitzen alle Informationssysteme endlich große zulässige Antwortzeiten. Das Zeitintervall Δt, in dem der pragmatische Wert der Information ungefähr konstant bleibt, ist der Be-

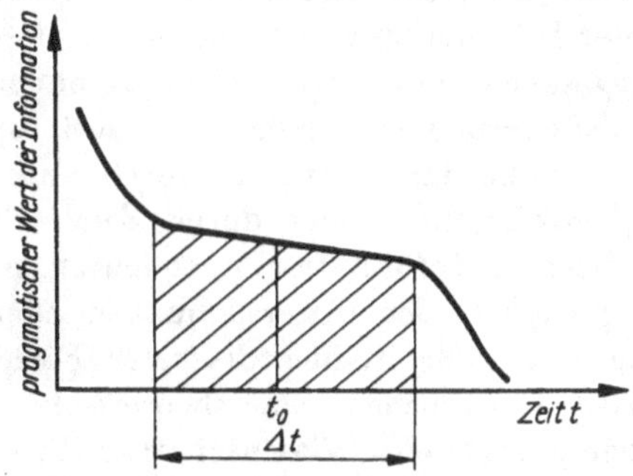

Abb. 1.1. Zur Zeitabhängigkeit des Informationswertes

reich des sog. Echtzeitbetriebes. Reaktionen auf Ereignisse müssen in diesem Zeitintervall erfolgen, wenn das betreffende informationelle System seine Zielfunktion erfüllen soll.

Gegenstand der Informationstheorie ist nur der syntaktische Aspekt. Inhalt und pragmatischer Wert von Informationen bleiben unberücksichtigt. Es interessieren vorwiegend nur Anzahl und Auswertbarkeit von Zeichen und Zeichenreihen. Obwohl mit der Betrachtung nur des syntaktischen Aspekts das Anwendungsgebiet der Informationstheorie stark eingeschränkt wird, ergeben sich aus ihr besonders für die Technik der Nachrichtenübertragung prinzipielle Aussagen.

Das grundlegende Modell der Informationsübertragung ist die sog. SHANNONsche Informationskette: Die Informationen werden in einer Informationsquelle erzeugt und über ein vermittelndes Medium, den sog. Übertragungskanal (oder Informationskanal), dem Empfänger zugeführt. Das Entstehen von Informationen erfolgt zufällig. Auch das Auftreten von Übertragungsfehlern im Übertragungskanal unterliegt den Gesetzmäßigkeiten des Zufalls. Mit diesen, wie sich zeigen wird, recht entwicklungsfähigen Modellannahmen, ist ein Wesenszug der Informationstheorie charakterisiert: Es ist eine *statistische* Theorie. Mit ihrer Hilfe lassen sich u. a. folgende Probleme lösen:

— die statistische Bewertung von Informationen und Informationsquellen,
— die statistische Behandlung von Informationsübertragungsprozessen,
— die Bewertung von Übertragungskanälen und die Berechnung des sog. informationstheoretischen Wirkungsgrads dieser Kanäle,
— die Berechnung des Kodierungsaufwands für störsichere Übertragung,
— die Bewertung von Informationsspeichern,
— die statistische Bewertung des Informationsgewinns, den man aus der Beobachtung von Ereignissen erhält,
— die Berechnung des notwendigen Kodierungsaufwands für die Übertragung der Beobachtungsergebnisse oder den Platzbedarf für ihre Speicherung.

Heutige Anwendungen der Informationstheorie gehen weit über die grundlegenden Gedanken der Schöpfer dieser Theorie hinaus. Dies gilt z. B. für die Untersuchung dynamischer Systeme, für die Bewertung von Systemen und Prozessen sowie für die Zuverlässigkeit technischer Systeme wie auch für Anwendungen in der Fragebogentheorie und in der mathematischen Statistik.

Im Mittelpunkt des vorliegenden Buchs steht die Anwendung der Informationstheorie auf die Belange der Informationsübertragung. Vorrangig werden Probleme der Übertragung diskreter Informationen behandelt, da diese in automatisierten Informationsverarbeitungssystemen, in elektronischen Datenverarbeitungsanlagen bzw. in Systemen für die Prozeßsteuerung eine maßgebliche Rolle spielen. Das Kennzeichen diskreter Informationen besteht darin, daß sie durch unterscheidbare, elementare Informationsbausteine (Einzelzeichen) oder durch Zeichenketten darstellbar sind. Die Beschränkung auf diskrete Informationen bedeutet keine grundsätzliche Begrenzung der Allgemeingültigkeit der Untersuchungen oder Aussagen. Es gelingt nämlich immer, Informationen, die in nichtdiskreter Form vorliegen, in diskrete Zeichen oder Zeichenketten umzuformen. Eine theoretische Grundlage dafür lieferte bereits im Jahre 1933 der sowjetische Wissenschaftler V. A. Kotelnikow mit der Ableitung des sog. Abtasttheorems, das insbesondere für die zeitmultiplexe Übertragung von grundsätzlicher Bedeutung ist.

1.2. Statistisches Modell der Übertragung diskreter Informationen

Das abstrakte Grundmodell jedes Informationsübertragungsprozesses bildet die Shannonsche Kommunikationskette, die in ihrer einfachsten Form bereits im vorangehenden Kapitel beschrieben wurde. Abb. 1.2 zeigt ein erweitertes Modell dieser

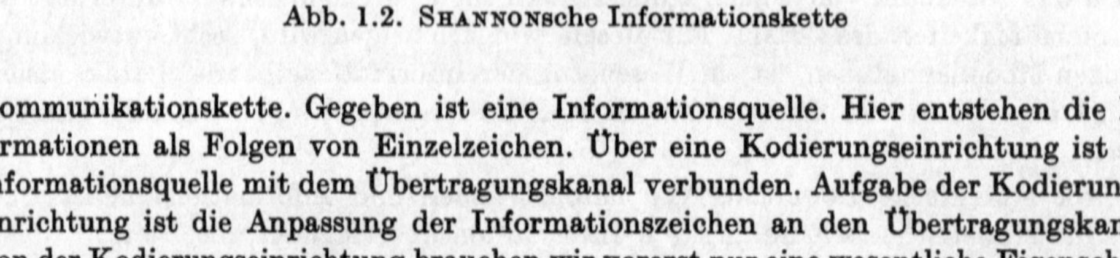

Abb. 1.2. Shannonsche Informationskette

Kommunikationskette. Gegeben ist eine Informationsquelle. Hier entstehen die Informationen als Folgen von Einzelzeichen. Über eine Kodierungseinrichtung ist die Informationsquelle mit dem Übertragungskanal verbunden. Aufgabe der Kodierungseinrichtung ist die Anpassung der Informationszeichen an den Übertragungskanal. Von der Kodierungseinrichtung brauchen wir vorerst nur eine wesentliche Eigenschaft zu kennen: Sie wandelt die Quellzeichen so um, daß sie überhaupt erst übertragbar werden. Der Übertragungskanal ist das vermittelnde Medium zwischen der Informationsquelle und dem Empfänger. Damit die am Kanalausgang auftretenden kodierten Zeichen vom Empfänger ausgewertet werden können, bedarf es der Rücktransformation. Diese Aufgabe soll im betrachteten Modell die Dekodiereinrichtung erfüllen. Sie besitzt die zur Kodierungseinrichtung inverse Funktion. Im Modell der Informationsübertragung muß zunächst zugelassen werden, daß Übertragungsfehler auftreten können. Ihre Entstehung wird einer Störquelle zugeordnet, die direkt auf den Übertragungskanal wirkt. Auf der Basis des beschriebenen Modells ist die qualitative und quantitative Beschreibung der Informationsübertragung möglich, wenn insbesondere die Informationsquelle und der Übertragungskanal einer Analyse unterzogen und dabei ihre statistischen Eigenschaften untersucht werden.

1.2.1. Die diskrete Informationsquelle

Die zu übertragenden Informationen entstehen in den Informationsquellen. Jede diskrete Information besteht aus einer Folge von Zeichen, den Grundelementen der Information. Zeichen können sein: Buchstaben, Zahlen, Farbwerte, beliebige Symbole, Anweisungen. Die Menge der voneinander unterscheidbaren Zeichen, die eine Informationsquelle liefern kann, bildet den sog. *Zeichenvorrat* oder das *Alphabet* der Quelle. Wenn bei diskreten Informationsquellen die Zahl N der unterscheidbaren Zeichen endlich ist, spricht man auch vom endlichen Alphabet der Quellen. Mit diesen Angaben ist eine diskrete Informationsquelle zunächst gekennzeichnet durch die Menge

$$A = \{A_i \mid i = 1, \ldots, N\}, \tag{1.1}$$

die dem Wertevorrat der Quelle entspricht. Am Quellenausgang kann zu einem bestimmten Zeitpunkt nur *ein* Zeichen auftreten. Wir verfügen damit über ein weiteres Charakteristikum diskreter Informationsquellen, die Unmöglichkeit der Zeichenkonjunktion. Für alle Zeitpunkte gilt

$$\forall i, j: A_i \wedge A_j = 0 \tag{1.2}$$

$$A_1 \vee A_2 \vee \ldots \vee A_N = 1 . \tag{1.3}$$

Eine endliche Zeichenfolge

$$x = {}^{(1)}A_i^{(2)}A_i \ldots {}^{(m)}A_i\,, \quad A_i \in A \tag{1.4}$$

heißt Information oder *Wort* der Länge $m = l(x)$. Die Menge aller Wörter der Länge m, ${}^{(m)}W$, ist

$$\begin{aligned} {}^{(m)}W &= \{x \mid x = {}^{(1)}A_i^{(2)}A_i \ldots {}^{(m)}A_i\,,\ A_i \in A\} \\ &= \{x \mid l(x) = m\} . \end{aligned} \tag{1.5}$$

Besitzt eine diskrete Informationsquelle einen Zeichenvorrat vom Umfang N und wird jede einzelne Information als Folge von genau m Zeichen definiert (z. B. Informationsdarstellung in einer EDVA), dann ist der *Informationsvorrat* gegeben durch

$$Q = N^m = \text{card}\,{}^{(m)}W . \tag{1.6}$$

Dies ist die Zahl der verschiedenen Informationen, welche die diskrete Quelle bei konstanter Informationslänge m liefern kann.

Jedem Quellzeichen A_i läßt sich eine bestimmte Zeitdauer t_i zuordnen. Die Zahl der möglichen Informationen, welche die Quelle liefert, hängt dann von der vorgegebenen Beobachtungsdauer T ab. Es sei $Q(T - t_i)$ die Anzahl der diskreten Informationen, die sich während des Zeitintervalls $T - t_i$ abzählen lassen. Die Zahl der möglichen Informationen im Intervall T ist dann

$$Q(T) = \sum_{i=1}^{N} Q(T - t_i) . \tag{1.7}$$

Diese Differenzengleichung ist lösbar mit dem Ansatz

$$Q(T) = \sum_{i=1}^{N} K_i r_i^T , \tag{1.8}$$

wobei die K_i konstante Koeffizienten sind. Dann ist

$$Q(T - t_k) = \sum_{i=1}^{N} K_i r_i^{T-t_k} ; \quad k = 1, 2, \dots, N . \tag{1.9}$$

Mit Gl. (1.8) und (1.9) erhält man

$$\sum_{i=1}^{N} K_i r_i^T = \sum_{k=1}^{N} \sum_{i=1}^{N} K_i r_i^{T-t_k} . \tag{1.10}$$

Nach Umformen dieser Beziehung erhält man

$$\sum_{i=1}^{N} K_i r_i^T \left(1 - r_i^{-t_1} - r_i^{-t_2} - \dots - r_i^{-t_N}\right) = 0 . \tag{1.11}$$

Sind die r_i ($i = 1, 2, \dots, N$) die Lösungen der charakteristischen Gleichung

$$1 - r^{-t_1} - r^{-t_2} - \dots - r^{-t_N} = 0 , \tag{1.12}$$

dann verschwinden in (1.11) die Klammerausdrücke, und zwar unabhängig von den Werten K_i. Daher ist (1.8) die gesuchte Lösung. Für hinreichend große Zeitintervalle ($T \geqq N \cdot t_{\max}$; $t_{\max}$: maximale Zeichendauer) kann die Lösungsgleichung (1.8) auf den Summanden mit der größten positiven Wurzel von (1.12) beschränkt werden. Dann gilt für den Informationsvorrat die asymptotische Beziehung

$$Q(T) \cong K r^T . \tag{1.13}$$

Die Zahl der in der Zeit T beobachtbaren Informationen wächst also exponentiell mit T. Sind alle N Zeichen der Quelle von gleicher Dauer $t = t_1 = t_2 = \dots = t_N$, dann wird aus (1.12)

$$1 - N r^{-t} = 0 \quad \text{bzw.} \quad r = N^{1/t} , \tag{1.14}$$

und man erhält aus (1.13)

$$Q(T) = K N^{T/t} . \tag{1.15}$$

Im Falle gleich langer Zeichen ist $K = 1$, und (1.15) gilt für jedes endliche T. Ist $T = T_m$ die Zeitdauer für eine aus m diskreten Zeichen gleicher Dauer t bestehende Information, dann erhält man als Informationsvorrat der Quelle wieder $Q = Q(T_m) = N^m$.

Zur Beschreibung der Eigenschaften diskreter Informationsquellen bedarf es noch der Angaben über die Gewißheit des Auftretens eines bestimmten Zeichens $A_i \in A$. Die grundlegende Annahme der Informationstheorie besteht nun darin, die *Informationserzeugung* in Informationsquellen als *Zufallsprozeß* zu betrachten. Eine diskrete Informationsquelle ist dann ein System, das auf der Basis zufälliger Ereignisse bzw. Entscheidungen diskrete Zeichen abgibt. Damit ist eine diskrete endliche Informationsquelle durch das folgende endliche Schema (Wahrscheinlichkeitsfeld) beschreibbar

$$\mathcal{A} = \begin{pmatrix} A_1 & A_2 & \dots & A_i & \dots & A_N \\ \mathsf{P}(A_1) & \mathsf{P}(A_2) & \dots & \mathsf{P}(A_i) & \dots & \mathsf{P}(A_N) \end{pmatrix}. \tag{1.16}$$

Hier bedeutet $\mathsf{P}(A_i)$ die Auftrittswahrscheinlichkeit des Zeichens A_i. Es gilt die Nebenbedingung

$$\sum_{i=1}^{N} \mathsf{P}(A_i) = 1 . \tag{1.17}$$

Statistische Eigenschaften diskreter Informationsquellen

Die Klassifizierung und Untersuchung der statistischen Eigenschaften diskreter Informationsquellen beziehen sich auf die für diskrete Zufallsprozesse relevanten Merkmale. Ein stochastischer Prozeß wird beschrieben durch eine zufällige Zeitfunktion

$$\forall i, j: \ \xi(t) = \xi(A_i, t_j), \qquad A_i \in A, \qquad t_j \in T .$$

Bei diskreten Zufallsprozessen ist die Zahl der Elementarereignisse A_i endlich oder abzählbar unendlich. Für jeden Wert von $A_i \in A$ hängt $\xi(A_i, t)$ nur von der reellen Variablen t ab und ergibt eine *Realisierung* des Zufallsprozesses $\xi(t)$.

Diskrete stochastische Prozesse und somit diskrete Informationsquellen lassen sich nach verschiedenen Gesichtspunkten einteilen (Tabelle 1.1). Typische Charakteristika der betreffenden Informationsquellen werden im folgenden behandelt.

Tab. 1.1. Klassifikation diskreter stochastischer Prozesse und darauf beruhende Einteilung der Informationsquellen (IQ)

Klassifikationsmerkmal	Art des Zufallsprozesses bzw. der Informationsquelle
Wertetyp des Argumentes der Zufallsfunktion	diskret; diskontinuierliche IQ
	kontinuierlich; kontinuierliche IQ
Unabhängigkeit vom Beginn der Zeitzählung	stationär
	nichtstationär
Äquivalenz von Zeit- und Scharmittel	ergodisch
	nichtergodisch
Unabhängigkeit von der Vorgeschichte	unabhängig; IQ ohne Gedächtnis
	abhängig; IQ mit Gedächtnis
Verteilungsgesetz der Zufallsfunktion	allgemein
	speziell; z. B. POISSON-Verteilung

Diskontinuierliche und kontinuierliche Informationsquellen

Das Auftreten eines Zeichens $A_i \in A$ zu einem Zeitpunkt $t_i \in T$ läßt sich darstellen als eine Realisierung aus der Menge aller möglichen Wertepaare

$$(A_i, t_j) \in A \times T . \tag{1.18}$$

Ist card (T) endlich bzw. abzählbar unendlich, dann liegt eine diskontinuierliche diskrete Informationsquelle vor. Diskrete Zeichen A_i können nur zu bestimmten Zeitpunkten $t_j \in T$ in Erscheinung treten. Eine diskrete Informationsquelle heißt kontinuierlich, wenn ein Zeichen $A_i \in A$ zu jedem beliebigen Zeitpunkt auftreten kann, d. h., wenn gilt

$$t_j \in T \wedge \text{card}\,(T) = \text{überabzählbar unendlich.}$$

Die Menge T ist nicht nur als Zeitmenge interpretierbar. Allgemeiner kann

$$T = T^* \times X \times Y \times Z \tag{1.19}$$

als kartesisches Produkt der Zeitmenge T^* und der Ortsmengen X, Y und Z definiert werden. Läßt man die Existenz leerer Mengen zu, dann werden z. B. unbewegte ebene Bilder ($T^* = \emptyset$, $Z = \emptyset$) mit endlicher Zahl von Farbstufen als diskrete Informationsquellen mit erfaßt. Das Kreuzprodukt

$$P = A \times X \times Y;\ \text{card}\,(A),\ \text{card}\,(X),\ \text{card}\,(Y)\ \text{endlich}$$

ist dann ein ebenes, diskretes diskontinuierliches Bild bzw. eine diskrete diskontinuierliche Informationsquelle (Rasterbild). Ist in $P = A \times X \times Y$ nur A eine endliche Menge, dann liegt eine diskrete kontinuierliche Informationsquelle vor. Die diskreten Farbwerte können sich an jedem beliebigen Punkt $(x, y) \in X \times Y$ ändern.

Unabhängige und abhängige Informationsquellen

Das Eintreten eines bestimmten Ereignisses (Auftreten eines bestimmten Zeichens) kann mit zuvor stattgefundenen Ereignissen verbunden sein. Im Falle völliger Unabhängigkeit spricht man von Informationsquellen ohne Gedächtnis, anderenfalls von Quellen mit Gedächtnis.

Eine *unabhängige* diskrete Informationsquelle liegt vor, wenn

1. ein endliches Schema $\mathcal{A}$ existiert und
2. die Auftrittswahrscheinlichkeiten der Zeichen wechselseitig unabhängig sind:

$$\forall j\colon\ \mathsf{P}(A_j \mid A_1 \cap A_2 \cap \ldots \cap A_i \cap \ldots \cap A_N) = \mathsf{P}(A_j)\,. \tag{1.20}$$

Es gilt dann entsprechend dem Multiplikationssatz für mehrere unabhängige Ereignisse

$$\mathsf{P}(A_1 \cap A_2 \cap \ldots \cap A_N) = \mathsf{P}\left(\bigcap_{i=1}^{N} A_i\right) = \prod_{i=1}^{N} \mathsf{P}(A_i)\,. \tag{1.21}$$

Dies ist die Wahrscheinlichkeit für das gemeinsame Auftreten der unabhängigen Ereignisse $A_1, \ldots, A_N$.

Zwei verschiedene diskrete Informationsquellen mit den Alphabeten $A = (A_i \mid i = 1, 2, \ldots, N)$, $B = (B_j \mid j = 1, 2, \ldots, M)$ und den endlichen Schemata

$$\mathcal{A} = \begin{pmatrix} A_1 & \ldots & A_N \\ \mathsf{P}(A_1) & \ldots & \mathsf{P}(A_N) \end{pmatrix}, \qquad \mathcal{B} = \begin{pmatrix} B_1 & \ldots & B_M \\ \mathsf{P}(B_1) & \ldots & \mathsf{P}(B_M) \end{pmatrix}$$

sind voneinander unabhängig, wenn für jedes gemeinsame Ereignis (Verbundereignis) A_iB_j gilt:

$$\forall i, j\colon\ \mathsf{P}(A_iB_j) = \mathsf{P}(A_i \cap B_j) = \mathsf{P}(A_i) \cdot \mathsf{P}(B_j)\,. \tag{1.22}$$

In diesem Falle beeinflußt ein Ereignis $A_i \in A$ in keiner Weise ein Ereignis $B_j \in B$ (und umgekehrt).

Zur Klasse der unabhängigen diskreten Informationsquellen gehören die sog. BERNOULLIschen Quellen. Sie sind durch folgende Eigenschaften gekennzeichnet:

1. Zu aufeinander folgenden Zeitpunkten auftretende Zeichen sind unabhängig voneinander

$$\forall i\colon \mathsf{P}(A_i, t_k \mid A_i, t_{k-1}; A_i, t_{k-2}; \ldots) = \mathsf{P}(A_i, t_k)\,. \tag{1.23}$$

2. Bei zeitinvarianten Wahrscheinlichkeiten $\mathsf{P}(A_i)$ und dem Auftreten von jeweils N miteinander unvereinbaren Ergebnissen je Versuch gehorcht die Wahrscheinlichkeit $P_n(m_1, m_2, \ldots, m_N)$ dafür, daß nach n Versuchen m_1 Zeichen A_1, m_2 Zeichen $A_2, \ldots,$ m_N Zeichen A_N auftreten, dem Binominalgesetz der Wahrscheinlichkeitsverteilungen

$$P_n(m_1, m_2, \ldots, m_N) = \frac{n!}{m_1!\, m_2! \ldots m_N!}\, \mathsf{P}(A_1)^{m_1}\, \mathsf{P}(A_2)^{m_2} \ldots \mathsf{P}(A_N)^{m_N} \tag{1.23}$$

mit

$$\sum_{i=1}^{N} m_i = n\,. \tag{1.24}$$

Verfügt eine solche Quelle nur über $N = 2$ Zeichen (Binärquelle), dann liegt der von BERNOULLI untersuchte Fall unabhängiger, sich wechselseitig ausschließender Ereignisse vor. Die Wahrscheinlichkeit dafür, daß das Zeichen A_1 in n Versuchen m_1-mal und das Zeichen A_2 insgesamt $m_2 = (n - m_1)$-mal in Erscheinung treten, beträgt

$$P_n(m_1, m_2) = \frac{n!}{m_1!\,(n - m_1)!}\, \mathsf{P}(A_1)^{m_1}\, \mathsf{P}(A_2)^{(n-m_1)}\,. \tag{1.25}$$

Der Erwartungswert der Zufallsgröße m_1 ist

$$\mathsf{E}[m_1] = \sum_{m_1=0}^{n} m_1 P_n(m_1, n - m_1) = n \cdot \mathsf{P}(A_1)\,, \tag{1.26}$$

und die Streuung hat den Wert

$$\sigma^2 = \mathsf{E}[(m_1 - \mathsf{E}(m_1))^2] = n \cdot \mathsf{P}(A_1) \cdot \mathsf{P}(A_2)\,. \tag{1.27}$$

Bei *abhängigen* diskreten Informationsquellen existieren im Gegensatz zu den oben behandelten Quellen sequentielle (statistische) Abhängigkeiten zwischen den inneren Zuständen der Quellen bzw. den abgegebenen Zeichen. Eine abhängige Quelle ist gekennzeichnet durch

1. das Vorhandensein eines endlichen Schemas $\mathcal{A}$,
2. die Existenz von bedingten Wahrscheinlichkeiten $\mathsf{P}(A_j \mid A_i)$ mit $A_i, A_j \in A$ zwischen den Zeichen.

Beispiele abhängiger Informationsquellen sind die Buchstabenfolgen in Texten natürlicher Sprachen. Für abhängige Informationsquellen gelten folgende Sätze aus der Wahrscheinlichkeitsrechnung:

1. Sind A und B zwei mögliche Ereignisse, dann ist die Wahrscheinlichkeit des verknüpften Ereignisses AB (Konjunktion der Ereignisse) gleich dem Produkt aus der Wahrscheinlichkeit eines der Ereignisse und der bedingten Wahrscheinlichkeit des anderen Ereignisses unter der Bedingung, daß das erstere eingetreten ist

$$\left.\begin{aligned} \mathsf{P}(AB) &= \mathsf{P}(A \cap B) = \mathsf{P}(A)\, \mathsf{P}(B \mid A) \\ \mathsf{P}(AB) &= \mathsf{P}(A \cap B) = \mathsf{P}(B)\, \mathsf{P}(A \mid B)\,. \end{aligned}\right\} \tag{1.30}$$

2. Sind $A_1, A_2, \ldots, A_N$ mögliche Ereignisse mit

$$\mathsf{P}(A_1 \cap A_2 \cap \ldots \cap A_{N-1}) > 0\,, \tag{1.31}$$

dann gilt für das verknüpfte Ereignis $A_1 A_2 \ldots A_N$:

$$\mathsf{P}(A_1 A_2 \ldots A_N) = \mathsf{P}(A_1 \cap A_2 \cap \ldots \cap A_N) =$$
$$= \mathsf{P}(A_1)\, \mathsf{P}(A_2 \mid A_1)\, \mathsf{P}(A_3 \mid A_1 \cap A_2) \ldots \mathsf{P}(A_N \mid A_1 \cap A_2 \cap \ldots \cap A_{N-1})\,. \tag{1.32}$$

3. Die Wahrscheinlichkeit, daß von $N \geqq 2$ paarweise unvereinbaren Ereignissen eines Ereignisfeldes $\mathcal{A}$ eines eintritt, d. h., daß

$$A_i \in \mathcal{A}\ (i = 1, 2, \ldots, N); \qquad A_j \cap A_k = \emptyset \qquad (j \neq k;\ j, k = 1, 2, \ldots, N)\,, \tag{1.33}$$

ist, beträgt

$$\mathsf{P}\left(\bigcup_{i=1}^{N} A_i\right) = \sum_{i=1}^{N} \mathsf{P}(A_i)\,. \tag{1.34}$$

4. Es sei $\{A_1, A_2, \ldots, A_N\}$ eine Menge paarweise unvereinbarer Ereignisse aus dem Wahrscheinlichkeitsfeld $\mathcal{A}$ und $\sum_{i=1}^{N} \mathsf{P}(A_i) = 1$. Für jedes Zufallsereignis B mit $(B, \mathsf{P}(B)) \in \mathcal{A}$ gilt dann

$$\mathsf{P}(B) = \sum_{i=1}^{N} \mathsf{P}(A_i)\, \mathsf{P}(B \mid A_i)\,. \tag{1.35}$$

Das ist die Formel der totalen oder vollständigen Wahrscheinlichkeit.

5. Ist $\{A_1, A_2, \ldots, A_N\}$ eine Menge paarweise unvereinbarer Ereignisse aus dem endlichen Schema $\mathcal{A}$ und B ein beliebiges Zufallsereignis mit $(B, \mathsf{P}(B)) \in \mathcal{A}$, dann ist die bedingte Wahrscheinlichkeit $\mathsf{P}(A_i \mid B)$ durch die sog. Bayes-Formel gegeben

$$\mathsf{P}(A_i \mid B) = \frac{\mathsf{P}(A_i)\, \mathsf{P}(B \mid A_i)}{\sum_{i=1}^{N} \mathsf{P}(A_i)\, \mathsf{P}(B \mid A_i)}\,, \quad i = 1, 2, \ldots, N\,. \tag{1.36}$$

Mit dieser Formel läßt sich die bedingte Wahrscheinlichkeit einer Hypothese A_i unter der Bedingung B berechnen. Dies ist gleichbedeutend mit der Fragestellung, welches Ereignis A_i wohl mit der Hypothese „Ereignis B ist eingetreten" statistisch verbunden ist.

Stationäre und nichtstationäre Informationsquellen

Stationäre diskrete Informationsquellen werden auf der Grundlage der Stationaritätsbedingungen zufälliger Prozesse definiert. Eine diskrete Informationsquelle heißt stationär, wenn folgende zwei Bedingungen erfüllt sind:

1. Die Verteilungsfunktion des zugrunde liegenden stochastischen Prozesses $\xi(t)$ hängt nicht von der Zeit t ab, d. h.

$$F(x, t) = F(x_1, x_2, \ldots, x_n; t_1, t_2, \ldots, t_n) = F(x)\,. \tag{1.37}$$

2. Erwartungswert $\mathsf{E}(\xi(t))$ und Dispersion $\mathsf{D}(\xi(t))$ des verursachenden stochastischen Prozesses $\xi(t)$ sind zeitunabhängig

$$\mathsf{E}(\xi(t)) = \text{invar}\,(t); \qquad \mathsf{D}(\xi(t)) = \text{invar}\,(t), \tag{1.38}$$

und die Korrelationsfunktion

$$\psi_{xx}(\tau) = \operatorname{cov}\,[\xi(t_1)\, \xi(t_2)] \tag{1.39}$$

hängt nur vom Intervall $\tau = t_2 - t_1$ ab. Dabei ist die Kovarianz cov $[\xi(t_1)\,\xi(t_2)]$ der Erwartungswert des Produktes der Abweichungen von $\xi(t_1)$ und $\xi(t_2)$ von ihren Erwartungswerten

$$\text{cov}\,[\xi(t_1)\,\xi(t_2)] = \mathsf{E}\{[\xi(t_1) - \mathsf{E}(\xi(t_1))]\,[\xi(t_2) - \mathsf{E}(\xi(t_2))]\}\,. \tag{1.40}$$

Das kennzeichnende Merkmal einer stationären Informationsquelle besteht somit darin, daß alle wahrscheinlichkeitstheoretischen Aussagen über die Quelle zeitinvariant sind. Liegen Zeitabhängigkeiten vor (z. B. $\mathsf{E}(\xi) = \text{var}\,(t)$), so ist die Informationsquelle nichtstationär.

Ergodische und nichtergodische Informationsquellen

Es wird vorausgesetzt, daß für den informationserzeugenden Zufallsprozeß die Bedingungen der Stationarität und metrischen Transitivität erfüllt seien. Für eine ergodische Informationsquelle gilt dann der Satz von Birkhoff-Chintschin: Jedes wahrscheinlichkeitstheoretische Charakteristikum für einen Zufallsprozeß, das man durch Mittelwertbildung über die Menge *aller möglichen* Realisierungen erhält, ist gleich dem zeitlichen Mittel, das sich aus *einer einzigen* (genügend lange beobachteten) Realisierung des Prozesses ergibt.

Die Eigenschaft der Ergodizität besitzen somit stationäre stochastische Prozesse, bei denen z. B. statistischer Mittelwert $\bar{\xi}$ (Scharmittel aller möglichen Realisierungen ξ_i) und zeitlicher Mittelwert $\overline{\xi(t)}$ (einer einzigen Realisierung $\xi(t)$) gleich sind

$$\bar{\xi} = \overline{\xi(t)}\,, \tag{1.41}$$

wobei

$$\bar{\xi} = \sum_i \xi_i \cdot P_i\,; \qquad \overline{\xi_i(t)} = \lim_{T\to\infty} \frac{1}{T} \int_0^T \xi_i(t)\, dt\,. \tag{1.42}$$

P_i ist die Wahrscheinlichkeit, daß bei irgendeiner Beobachtung ξ_i existiert: $\sum_i P_i = 1$.

Notwendige und hinreichende Bedingung für die Ergodizität eines stationären Zufallsprozesses ist das Verschwinden der Korrelationsfunktion für große Korrelationszeiten

$$\lim_{\tau\to\infty} \psi(\tau) = 0\,. \tag{1.43}$$

Zu den wahrscheinlichkeitstheoretischen Charakteristika eines stochastischen Prozesses gehört auch die Aufenthaltszeit τ_T des Prozesses unterhalb einer willkürlichen Schranke (s. Abb. 1.3)

$$\tau_T = \sum_i \Delta t_i = \int_{-T}^{+T} u[s - \xi(t)]\, dt\,. \tag{1.44}$$

$u(y)$ ist die Sprungfunktion

$$u(y) = \begin{cases} 1 & \text{für} \quad y \geqq 0\,, \\ 0 & \text{für} \quad y < 0\,. \end{cases} \tag{1.45}$$

Nun ist

$$\lim_{T\to\infty} \frac{1}{2T} \int_{-T}^{T} u[s - \xi(t)]\, dt = \mathsf{P}(\xi(t) \leqq s) = F(s)\,. \tag{1.46}$$

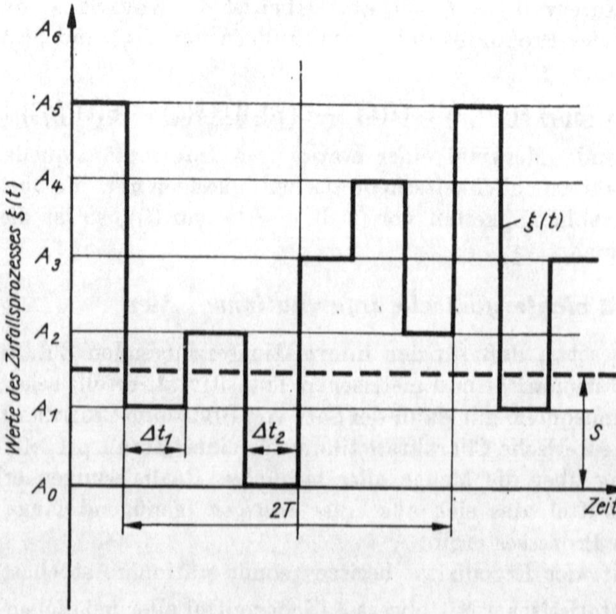

Abb. 1.3. Realisierung eines diskreten diskontinuierlichen Prozesses $\xi(t)$; s: willkürliche Schranke

Danach stimmt das Zeitmittel des Aufenthalts der Realisierung eines ergodischen Zufallsprozesses $\xi(t)$ unterhalb der Schranke s mit der Wahrscheinlichkeit überein, daß der Prozeß zu einem beliebigen Zeitpunkt den Wert s nicht überschreitet.

Da bei einer diskreten Informationsquelle die Prozeßzustände diskreten Zeichen entsprechen, folgt daraus für ergodische Quellen: Der zeitliche Erwartungswert für das Auftreten von Zeichen unterhalb der Schranke $s = A_i$ ist identisch mit $\mathsf{P}(A_i \mid i \leqq s)$.

Statistische Bewertung der Information

Die Zeichen- bzw. Informationsentstehung in einer Informationsquelle ist ein stochastischer Prozeß. Eine diskrete Informationsquelle läßt sich als ein System mit endlich vielen inneren Zuständen betrachten. Vor dem Auftreten eines Zeichens am Quellausgang herrscht eine gewisse Unbestimmtheit über das zu erwartende Ereignis. Nach dem Erscheinen des Zeichens (Ereignisses) ist diese Ungewißheit beseitigt. Es liegt dann eine Information darüber vor. In der Informationstheorie wird diese mit dem Auftreten eines Zeichens $A_i \in A$ verschwundene Ungewißheit als Informationsmaß benutzt. Es ist nun sinnvoll, dieses Informationsmaß so zu definieren, daß eine Information umso größer ist, je seltener ein bestimmtes Ereignis (Zeichen) auftritt. Andererseits soll der Informationsgehalt eines Zeichens gleich Null sein, wenn schon vor dem Auftreten bekannt ist, welches Zeichen mit Sicherheit zu erwarten ist. In diesem Falle gibt es keine Ungewißheit mehr zu beseitigen. Eine mathematische

Funktion, die diese Zusammenhänge widerspiegelt, ist

$$f(A_i) = \log \frac{1}{\mathsf{P}(A_i)} = -\log \mathsf{P}(A_i)\,. \tag{1.47}$$

In der Informationstheorie ist es üblich, als Basis des Logarithmus die Zahl 2 zu verwenden. Der Informationsgehalt eines Zeichens $A_i \in \mathcal{A}$ wird wie folgt definiert:

$$H_i = H(A_i) = \mathrm{ld}\, \frac{1}{\mathsf{P}(A_i)} = -\mathrm{ld}\, \mathsf{P}(A_i)\,. \tag{1.48}$$

Der Zusammenhang zwischen dem dualen Logarithmus einer Zahl x und dem Briggschen Logarithmus (Basis 10) ergibt sich aus der Beziehung

$$2^{\mathrm{ld}\, x} = 10^{\lg x}$$

$$\mathrm{ld}\, x = \mathrm{ld}\, 10 \lg x \approx 3{,}32193 \lg x\,. \tag{1.49}$$

Der Informationsgehalt eines Einzelzeichens charakterisiert eine Informationsquelle nicht hinreichend. Sinnvoll ist es, den Erwartungswert der Informationsgehalte aller möglichen Zeichen zur statistischen Bewertung der Informationsquelle zu betrachten, also

$$\mathsf{E}[H_i] = \sum_{i=1}^{N} \mathsf{P}(A_i) \cdot H(A_i)\,. \tag{1.50}$$

Dieser Erwartungswert wird *Informationsentropie* oder *Entropie* der diskreten Informationsquelle genannt

$$H(\mathcal{A}) = -\sum_{i=1}^{N} \mathsf{P}(A_i)\, \mathrm{ld}\, \mathsf{P}(A_i)\,. \tag{1.51}$$

Dabei gilt die Nebenbedingung:

$$\sum_{i=1}^{N} \mathsf{P}(A_i) = 1\,. \tag{1.52}$$

Die Entropie einer Quelle mit dem endlichen Schema $\mathcal{A}$ ist ein statistisches Informationsmaß. Sie entspricht dem mittleren statistischen Informationsgehalt eines Zeichens. Gleichzeitig drückt die Informationsentropie $H(\mathcal{A})$ aus, wieviel Ungewißheit im Mittel beim Auftreten eines Zeichens $(A_i, \mathsf{P}(A_i)) \in \mathcal{A}$ beseitigt wird.

Die Einheit der Informationsentropie ist das Bit (binary digit).

Eigenschaften der Entropie diskreter Informationsquellen

Einige Eigenschaften und Aussagen der Entropie als statistisches Informationsmaß sollen im folgenden dargestellt werden:

1. Unmögliche und sichere Zeichen liefern keine Beiträge zur Entropie der Quelle.

Beweis: Wir setzen $x = \mathsf{P}(A_i) = \frac{1}{z}$ und bilden

$$-\lim_{x\to 0} x\, \mathrm{ld}\, x = \lim_{z\to\infty} \frac{1}{z} \frac{\ln z}{\ln 2} = \lim_{z\to\infty} \frac{1}{z} \cdot \frac{1}{\ln 2} = 0\,.$$

Das ist der Beitrag eines unmöglichen Zeichens zur Entropie. Aus

$$x \cdot \mathrm{ld}\, x = 1 \cdot \mathrm{ld}\, 1 = 0$$

folgt, daß auch ein sicheres Zeichen, $x = \mathsf{P}(A_i) = 1$, keinen Informationsgehalt besitzt.

2. Eine diskrete Informationsquelle besitzt für gleichwahrscheinliche Zeichen maximale Entropie.

Beweis: Der Beweis, daß $H(\mathcal{A})$ entsprechend (1.51) ein ausgezeichnetes Maximum besitzt, wobei die Nebenbedingung $\sum_i \mathsf{P}(A_i) = 1$ gilt, wird mit der LAGRANGEschen Multiplikatormethode geführt. Zunächst setzen wir

$$F = -k \sum_{i=1}^{N} \mathsf{P}(A_i) \ln \mathsf{P}(A_i) \tag{1.53}$$

und

$$1 - \sum_{i=1}^{N} \mathsf{P}(A_i) = \varphi\,. \tag{1.54}$$

Aus (1.53) und (1.54) wird die Funktion $F_1 = F + \lambda\varphi$ gebildet

$$F_1 = -k \sum_{i=1}^{N} \mathsf{P}(A_i) \ln \mathsf{P}(A_i) + \lambda\left(1 - \sum_{i=1}^{N} \mathsf{P}(A_i)\right). \tag{1.55}$$

Die partiellen Ableitungen von F_1 nach $\mathsf{P}(A_i)$ werden gleich Null gesetzt

$$\forall i\colon \frac{\partial F_1}{\partial \mathsf{P}(A_i)} = -k[\ln \mathsf{P}(A_i) + 1] - \lambda = 0\,. \tag{1.56}$$

Daraus erhält man

$$\lambda = -k\,[\ln \mathsf{P}(A_i) + 1]\,. \tag{1.57}$$

Die zweite Ableitung von F_1 nach $\mathsf{P}(A_i)$ ist negativ

$$\frac{\partial^2 F_1}{\partial \mathsf{P}(A_i)^2} = -\frac{k}{\mathsf{P}(A_i)} < 0; \quad k = \ln 2\,. \tag{1.58}$$

(1.57) ist damit die Maximumbedingung für $F_1(\mathsf{P}(A_i))$. Für alle Auftrittswahrscheinlichkeiten ergibt sich damit der gleiche Wert:

$$\mathsf{P}(A_i) = \exp\left\{-\left(\frac{\lambda}{k} + 1\right)\right\}. \tag{1.59}$$

Aus der Nebenbedingung $\sum_{i=1}^{N} \mathsf{P}(A_i) = 1$ erhält man schließlich:

$$\forall i : \mathsf{P}(A_i) = \frac{1}{N}\,. \tag{1.60}$$

Die Entropie einer diskreten Informationsquelle wird maximal, wenn alle Zeichen gleiche Auftrittswahrscheinlichkeit besitzen. In diesem Falle ist

$$H = H_{\max} = \mathrm{ld}\,N\,. \tag{1.61}$$

Mit dieser Beziehung wird auch die Einheit der Entropie verständlicher: Eine Entscheidung hat den Informationswert 1 bit, wenn sie aus zwei gleichwahrscheinlichen Entscheidungsmöglichkeiten ausgewählt wird (ld 2 = 1).

Abb. 1.4 zeigt die Abhängigkeit der Entropie einer Binärquelle ($N = 2$ Zeichen, z. B. 0 und L) von der Auftrittswahrscheinlichkeit $\mathsf{P}(0) = 1 - \mathsf{P}(\mathrm{L})$. Das Maximum liegt bei $\mathsf{P}(0) = \mathsf{P}(\mathrm{L}) = 0{,}5$. H ist dann 1 bit je Zeichen. Tritt eines der beiden Binärzeichen gar nicht oder mit Sicherheit auf, dann liefert die Quelle keine Information.

Die Abweichung der Entropie einer Informationsquelle vom Maximalwert heißt *Redundanz R* der *Quelle*

$$R = H_{\max} - H = \mathrm{ld}\,N - H\,. \tag{1.62}$$

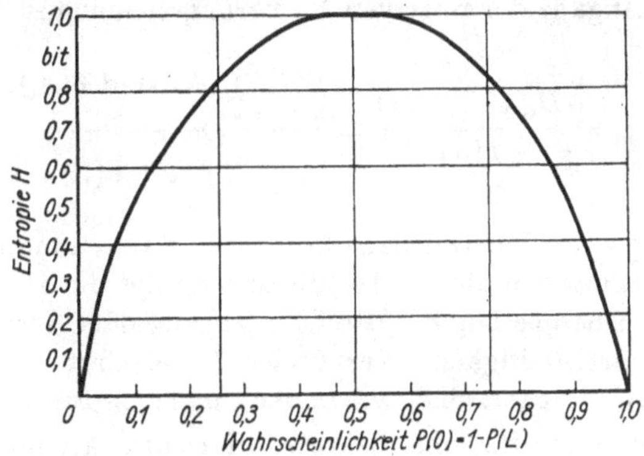

Abb. 1.4. Entropie einer Binärquelle

Die relative Redundanz der Informationsquelle ist

$$r = \frac{H_{\max} - H}{H_{\max}} = 1 - \frac{H}{\operatorname{ld} N}. \tag{1.63}$$

3. Die Entropie in der Einheit bit gibt an, wieviel Binärentscheidungen im Mittel notwendig sind, um ein Zeichen A_i mit 0,L-Signalen zu kodieren und z. B. auf einer Lochkarte zu speichern. Die Informationsgehalte der Zeichen sind wegen

$$H_i = -\operatorname{ld} \mathsf{P}(A_i)$$

verschieden groß und damit auch der erforderliche 0,L-Zeichenaufwand für die binäre Kodierung und Speicherung. Die Entropie als statistisches Informationsmaß gibt aber nur den Mittelwert über alle Zeichen an! Technisch realisierbar sind nur ganzzahlige binäre Kodierungslängen q_i. Man schreibt für den notwendigen Binärstellenaufwand oder Speicherplatzbedarf eines Zeichens vom Informationsgehalt $H_i = -\operatorname{ld} \mathsf{P}(A_i)$

$$q_i = [-\operatorname{ld} \mathsf{P}(A_i)]\,. \tag{1.64}$$

Die eckige Klammer bedeutet die Wahl der nächstgrößeren ganzen Zahl. Hat z. B. ein Zeichen A_i die Auftrittswahrscheinlichkeit $\mathsf{P}(A_i) = 0{,}1$, dann ist die Teilentropie $H_i = -\operatorname{ld} 0{,}1 \approx 3{,}3219$. Für die binäre Darstellung oder die digitale Speicherung des Zeichens A_i sind mindestens $q_i = [3{,}3219] = 4$ Binärstellen erforderlich.

Der überflüssige Binärzeichenaufwand, der sich aus der Differenz $q_i - H_i$ ergibt, heißt *Kodierungsredundanz* $R_{\text{cod},i}$ *des* betreffenden *Zeichens*

$$R_{\text{cod},i} = [-\operatorname{ld} \mathsf{P}(A_i)] + \operatorname{ld} \mathsf{P}(A_i)\,. \tag{1.65}$$

Als *Kodierungsredundanz der Quelle* wird die Differenz zwischen mittlerem Binärzeichenaufwand H_{cod} und Quellentropie $H(\mathcal{A})$ bezeichnet

$$R_{\text{cod}} = H_{\text{cod}} - H(\mathcal{A})\,,$$

$$R_{\text{cod}} = \sum_{i=1}^{N} q_i \cdot \mathsf{P}(A_i) - H(\mathcal{A})\,. \tag{1.66}$$

Üblich ist auch die Angabe der relativen Kodierungsredundanz

$$r_{\mathrm{cod}} = \frac{H_{\mathrm{cod}} - H(\mathcal{A})}{H_{\mathrm{cod}}} = 1 - \frac{\sum\limits_{i=1}^{N} \mathsf{P}(A_i) \operatorname{ld} \mathsf{P}(A_i)}{\sum\limits_{i=1}^{N} q_i \cdot \mathsf{P}(A_i)} \, . \tag{1.67}$$

Für die Übertragung eines Quellzeichens in binärer Darstellung oder für die digitale Speicherung sind, wie aus den obigen Ausführungen folgt, im allg. mehr Binärzeichen erforderlich, als die Entropie angibt. Die Übertragung oder Speicherung ist also mit einer gewissen „Weitschweifigkeit" verbunden (Überschuß an Binärzeichen). Redundanz und Weitschweifigkeit sind, wie in der Umgangssprache, synonyme Begriffe.

4. Die Entropieberechnung für eine diskrete Informationsquelle ist invariant gegen die Reihenfolge der Zeichen.

Entsprechend (1.51) ist die Entropie die gewichtete Summe der Entropieanteile aller Zeichen. Die Additionsreihenfolge ist beliebig. Besitzt beispielsweise eine diskrete Informationsquelle den Zeichenvorrat $A = \{a, d, e, v\}$ mit gleichwahrscheinlichen Auftrittswahrscheinlichkeiten für alle Buchstaben und ist die Informationslänge $m = 4$ Buchstaben, dann ist

$$H(\mathcal{A}) = \operatorname{ld} 4 = 2 \text{ bit je Zeichen} \, .$$

Alle $Q = N^m = 4^4 = 16$ Informationen besitzen den gleichen Informationsgehalt. Für einen Empfänger ist es aber nicht gleichgültig, ob er z. B. die statistisch gleichwertigen Informationen *edva* oder *adve* erhält. Man erkennt daraus, daß die Informationsentropie ein unvollkommenes Informationsmaß darstellt.

Diskrete Verbundquellen

Das Modell einer diskreten Verbundquelle zeigt Abb. 1.5. Eine solche Informationsquelle ist charakterisiert durch

— das Vorhandensein mehrerer diskreter Einzelquellen mit nicht notwendig verschiedenen Wahrscheinlichkeitsfeldern $\mathcal{A}, \mathcal{B}, \mathcal{C}, \ldots, \mathcal{W}$;

— das Bestehen statistischer Abhängigkeiten zwischen den Wahrscheinlichkeitsfeldern (Alphabeten);

— einen Zeichenvorrat, welcher der Produktmenge

$$\mathcal{Z} = \mathcal{A} \times \mathcal{B} \times \mathcal{C} \times \ldots \times \mathcal{W} \tag{1.68}$$

entspricht;

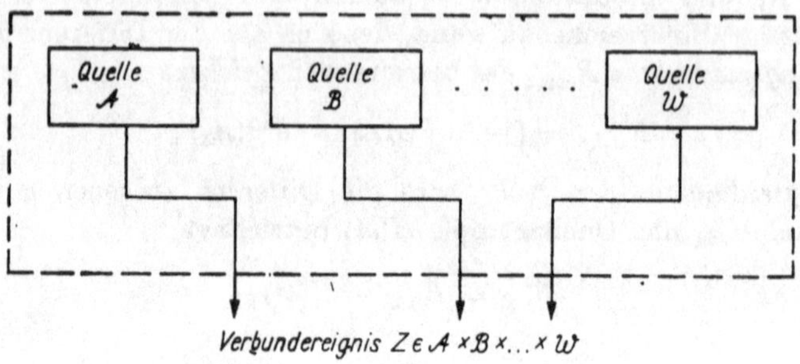

Abb. 1.5. Modell einer diskreten Verbundquelle

— die sog. Verbundentropie $H(\mathcal{A} \times \mathcal{B} \times \mathcal{C} \times \dots \times \mathcal{W})$. Sie stellt den mittleren statistischen Informationsgehalt eines Verbundereignisses

$$Z \in \mathcal{A} \times \mathcal{B} \times \mathcal{C} \times \dots \times \mathcal{W} \tag{1.69}$$

dar.

Die Zeichen der Teilquellen einer diskreten Verbundquelle bezeichnen wir mit

$$\left.\begin{array}{ll} A_i \in \mathcal{A}, & i = 1, 2, \dots, N\,, \\ B_j \in \mathcal{B}, & j = 1, 2, \dots, M\,, \\ C_k \in \mathcal{C}, & k = 1, 2, \dots, K\,, \\ \vdots & \vdots \\ W_v \in \mathcal{W}, & v = 1, 2, \dots, V\,. \end{array}\right\} \tag{1.70}$$

Dann ist der Zeichenvorrat $\mathcal{Z}$ beschreibbar durch die Menge der Verbundereignisse

$$\mathcal{Z} = \mathcal{A} \times \mathcal{B} \times \mathcal{C} \times \dots \times \mathcal{W} =$$
$$= \{(A_i\, B_j\, C_k \dots W_v) \mid A_i \in \mathcal{A},\, B_j \in \mathcal{B},\, \dots,\, W_v \in \mathcal{W};\quad \forall i, j, \dots, v\}\,. \tag{1.71}$$

Der mittlere statistische Informationsgehalt eines Verbundereignisses

$$Z = (A_i\, B_j\, C_k \dots W_v) \in \mathcal{A} \times \mathcal{B} \times \mathcal{C} \times \dots \times \mathcal{W}$$

ist durch die Verbundentropie gegeben

$$H(\mathcal{Z}) = H(\mathcal{A} \times \mathcal{B} \times \mathcal{C} \times \dots \times \Omega) =$$
$$= -\sum_{i=1}^{N} \sum_{j=1}^{M} \sum_{k=1}^{K} \dots \sum_{v=1}^{V} \mathsf{P}(A_i B_j C_k \dots W_v) \operatorname{ld} \mathsf{P}(A_i B_j C_k \dots W_v) \tag{1.72}$$

mit den Nebenbedingungen

$$\sum_{i=1}^{N} \mathsf{P}(A_i) = 1; \qquad \sum_{j=1}^{M} \mathsf{P}(B_j) = 1; \qquad \sum_{k=1}^{K} \mathsf{P}(C_k) = 1; \;\dots\;; \sum_{v=1}^{V} \mathsf{P}(W_v) = 1\,. \tag{1.73}$$

Ein wichtiger Spezialfall diskreter Verbundquellen liegt vor, wenn nur zwei Alphabete existieren

$$\mathcal{A} = \begin{pmatrix} A_1 & \dots & A_i & \dots & A_N \\ \mathsf{P}(A_1) & \dots & \mathsf{P}(A_i) & \dots & \mathsf{P}(A_N) \end{pmatrix},$$

$$\mathcal{B} = \begin{pmatrix} B_1 & \dots & B_j & \dots & B_M \\ \mathsf{P}(B_1) & \dots & \mathsf{P}(B_j) & \dots & \mathsf{P}(B_M) \end{pmatrix}.$$

Die Verbundentropie ist dann

$$H(\mathcal{A} \times \mathcal{B}) = -\sum_{i=1}^{N} \sum_{j=1}^{M} \mathsf{P}(A_i B_j) \operatorname{ld} \mathsf{P}(A_i B_j) \tag{1.74}$$

mit den Nebenbedingungen

$$\sum_{i=1}^{N} \mathsf{P}(A_i) = 1; \qquad \sum_{j=1}^{M} \mathsf{P}(B_j) = 1\,. \tag{1.75}$$

Für die Wahrscheinlichkeit verknüpfter Ereignisse gilt nun (vgl. Seite 9)

$$\mathsf{P}(A_i \cap B_j) = \mathsf{P}(A_i B_j) = \mathsf{P}(A_i)\, \mathsf{P}(B_j \mid A_i) = \mathsf{P}(B_j)\, \mathsf{P}(A_i \mid B_j)\,.$$

Damit erhält man

$$H(\mathcal{A} \times \mathcal{B}) = -\sum_{i=1}^{N} \mathsf{P}(A_i) \operatorname{ld} \mathsf{P}(A_i) \sum_{j=1}^{M} \mathsf{P}(B_j \mid A_i) - \sum_{i=1}^{N} \mathsf{P}(A_i) \sum_{j=1}^{M} \mathsf{P}(B_j \mid A_i) \operatorname{ld} \mathsf{P}(B_j \mid A_i) . \tag{1.76}$$

Wegen

$$\sum_{i=1}^{N} \mathsf{P}(A_i) = 1 ; \quad \sum_{j=1}^{M} \mathsf{P}(B_j \mid A_i) = 1 \tag{1.77}$$

ergibt sich

$$H(\mathcal{A} \times \mathcal{B}) = -\sum_{i=1}^{N} \mathsf{P}(A_i) \operatorname{ld} \mathsf{P}(A_i) - \sum_{i=1}^{N} \mathsf{P}(A_i) \sum_{j=1}^{M} \mathsf{P}(B_j \mid A_i) \operatorname{ld} \mathsf{P}(B_j \mid A_i) . \tag{1.78}$$

Dafür kann man schreiben

$$H(\mathcal{A} \times \mathcal{B}) = H(\mathcal{A}) + H(\mathcal{B} \mid \mathcal{A}) . \tag{1.79}$$

Unter Verwendung der Beziehung $\mathsf{P}(A_i B_j) = \mathsf{P}(B_j) \mathsf{P}(A_i \mid B_j)$ kann aus (1.74) folgendes Ergebnis abgeleitet werden

$$H(\mathcal{A} \times \mathcal{B}) = -\sum_{j=1}^{M} \mathsf{P}(B_j) \operatorname{ld} \mathsf{P}(B_j) - \sum_{j=1}^{M} \mathsf{P}(B_j) \sum_{i=1}^{N} \mathsf{P}(A_i \mid B_j) \operatorname{ld} \mathsf{P}(A_i \mid B_j) , \tag{1.80}$$

$$H(\mathcal{A} \times \mathcal{B}) = H(\mathcal{B}) + H(\mathcal{A} \mid \mathcal{B}) . \tag{1.81}$$

Die Entropien $H(\mathcal{A} \mid \mathcal{B})$ und $H(\mathcal{B} \mid \mathcal{A})$ heißen bedingte Entropien. Nach (1.79) und (1.81) ist die Entropie einer Verbundquelle, die aus zwei Teilquellen besteht, gleich der Entropie der einen Teilquelle und der Entropie der anderen Teilquelle unter der Bedingung des ersten Wahrscheinlichkeitsfeldes. Der mittlere statistische Informationsgehalt eines Verbundereignisses $A_i B_j$ wird entscheidend vom Vorhandensein statistischer Abhängigkeiten beeinflußt. Im folgenden werden drei wichtige Fälle untersucht:

a) Die Teilquellen $\mathcal{A}$ und $\mathcal{B}$ seien völlig *unabhängig* voneinander.

In diesem Falle ist (vgl. S. 8)

$$\mathsf{P}(A_i \mid B_j) = \mathsf{P}(A_i) ; \quad \mathsf{P}(B_j \mid A_i) = \mathsf{P}(B_j) .$$

Daraus folgt für die Verbundentropie

$$H(\mathcal{A} \times \mathcal{B}) = H(\mathcal{A}) + H(\mathcal{B}) . \tag{1.82}$$

Bei statistischer Unabhängigkeit ergibt sich die Verbundentropie aus der Summe der Entropien der Teilquellen. Dies ist zugleich der Maximalwert, den die Verbundentropie besitzen kann. Um dies zu beweisen, muß nachgewiesen werden, daß beim Fehlen statistischer Abhängigkeiten gilt

$$H(\mathcal{B} \mid \mathcal{A}) \leqq H(\mathcal{B}) \quad \text{oder} \quad H(\mathcal{A} \mid \mathcal{B}) \leqq H(\mathcal{A}) . \tag{1.83}$$

Wir setzen

$$H(\mathcal{B} \mid \mathcal{A}) = -\sum_{i=1}^{N} \sum_{j=1}^{M} \mathsf{P}(A_i) \mathsf{P}(B_j \mid A_i) \operatorname{ld} \mathsf{P}(B_j \mid A_i) \tag{1.84}$$

mit den Nebenbedingungen

$$\sum_{i=1}^{N} \mathsf{P}(A_i) \mathsf{P}(B_j \mid A_i) = \mathsf{P}(B_j) \tag{1.85}$$

und

$$\sum_{j=1}^{M} \mathsf{P}(B_j \mid A_i) = 1 . \tag{1.86}$$

Der Extremwert von (1.84) unter den gegebenen Nebenbedingungen wird mit der LAGRANGEschen Multiplikatormethode gebildet. Wir setzen

$$\begin{aligned} L = &- \sum_{i=1}^{N} \sum_{j=1}^{M} \mathsf{P}(A_i)\, \mathsf{P}(B_j \mid A_i) \operatorname{ld} \mathsf{P}(B_j \mid A_i) - \\ &- \sum_{j=1}^{M} \lambda_j \left(\sum_{i=1}^{N} \mathsf{P}(A_i)\, \mathsf{P}(B_j \mid A_i) - \mathsf{P}(B_j) \right) - \\ &- \sum_{i=1}^{N} \mu_i \left(\sum_{j=1}^{M} \mathsf{P}(B_j \mid A_i) - 1 \right) . \end{aligned} \tag{1.87}$$

Dabei sind die λ_j, μ_i die LAGRANGEschen Multiplikatoren. Die partielle Differentiation nach $\mathsf{P}(B_j \mid A_i)$ führt zu dem Gleichungssystem $\forall i, j$

$$\frac{\partial L}{\partial \mathsf{P}(B_j \mid A_i)} = - \mathsf{P}(A_i) \operatorname{ld} \mathsf{P}(B_j \mid A_i) - \mathsf{P}(A_i)/\ln 2 - \lambda_j \mathsf{P}(A_i) - \mu_i = 0 .$$

Auflösung nach der Variablen $\mathsf{P}(B_j \mid A_i)$ ergibt

$$\mathsf{P}(B_j \mid A_i) = 2^{-1/(\ln 2) - \lambda_j} \cdot 2^{-\mu_i/\mathsf{P}(A_i)} . \tag{1.88}$$

Wegen Gültigkeit der Nebenbedingung (1.86) ist

$$2^{-\mu_i/\mathsf{P}(A_i)} \cdot \sum_{j=1}^{M} 2^{-1/(\ln 2) - \lambda_j} = 1 . \tag{1.89}$$

Der Faktor vor der Summe muß dann eine Konstante K sein. Dann ist

$$\mathsf{P}(B_j \mid A_i) = K \cdot 2^{-1/(\ln 2) - \lambda_j}$$

nicht von der mit i indizierten Größe abhängig. Aus der Nebenbedingung (1.85) folgt dann, daß

$$\forall i\colon \mathsf{P}(B_j \mid A_i) = \mathsf{P}(B_j)$$

sein muß. Die zweite Ableitung von L ist

$$\frac{\partial^2 L}{\partial \mathsf{P}(B_j \mid A_i)^2} = - \frac{\mathsf{P}(A_i)}{\ln 2\, \mathsf{P}(B_j \mid A_i)} < 0 ,$$

d.h., es liegt für den berechneten Wert von $\mathsf{P}(B_j \mid A_i)$ gemäß (1.88) ein Maximum vor. Folglich ist, was zu beweisen war,

$$H(\mathcal{B} \mid \mathcal{A}) \leqq H(\mathcal{B}).$$

und

$$H(\mathcal{A}) + H(\mathcal{B}) \geqq H(\mathcal{A}) + H(\mathcal{B} \mid \mathcal{A}) . \tag{1.90}$$

Die linke Seite stellt den Maximalwert der Verbundentropie dar, wenn zwischen den Zeichen der Teilquellen der Verbundquelle keine statistische Abhängigkeiten existieren.

b) Es werde jetzt angenommen, daß die Wahrscheinlichkeitsfelder $\mathcal{A}$ und $\mathcal{B}$ der Verbundquelle *statistisch* voneinander *abhängen*.

Die Verbundentropie ist dann nach (1.79) und (1.81)

$$H(\mathcal{A} \times \mathcal{B}) = H(\mathcal{A}) + H(\mathcal{B} \mid \mathcal{A}) = H(\mathcal{B}) + H(\mathcal{A} \mid \mathcal{B}) .$$

Da $H(\mathcal{A}) \geqq H(\mathcal{A} \mid \mathcal{B})$ und $H(\mathcal{B}) \geqq H(\mathcal{B} \mid \mathcal{A})$, ist die Verbundentropie bei statistischer Abhängigkeit stets kleiner als im Falle unabhängiger Teilquellen. Das läßt sich anschaulich interpretieren: Mit der bedingten Entropie $H(\mathcal{B} \mid \mathcal{A})$ existiert nämlich eine gewisse Vorinformation über ein zu erwartendes Zeichen B_j, wenn ein Zeichen A_i bereits aufgetreten ist. Die beseitigte Ungewißheit (Information) über das Auftreten des Ereignisses $B_i \in \mathcal{B}$ ist dann kleiner als im Falle der Unabhängigkeit. Durch A-priori-Informationen wird der Informationsgehalt von Zeichenpaaren $A_iB_j \in \mathcal{A} \times \mathcal{B}$ nicht erhöht, sondern verringert.

c) Es wird nun *vollständige* (determinierte) *Abhängigkeit* zwischen den Wahrscheinlichkeitsfeldern $\mathcal{A}$ und $\mathcal{B}$ der Verbundquelle angenommen.

Beim Auftreten eines Zeichens $A_i \in \mathcal{A}$ liegt eindeutig fest, welches Zeichen $B_j \in \mathcal{B}$ damit verknüpft ist. Zwischen den bedingten Wahrscheinlichkeiten herrschen wegen des eindeutigen Zusammenhanges der Wahrscheinlichkeitsfelder folgende Verhältnisse

$$\forall i\ \exists j\colon \mathsf{P}(B_j \mid A_i) = 1, \qquad \forall i, \forall k \neq j\colon \mathsf{P}(B_k \mid A_i) = 0\,. \tag{1.91}$$

Mit diesen Bedingungen ergibt sich aus (1.78)

$$H(\mathcal{B} \mid \mathcal{A}) = 0 \tag{1.92}$$

bzw.

$$H(\mathcal{A} \times \mathcal{B}) = H(\mathcal{A})\,. \tag{1.93}$$

Bei vollständiger Abhängigkeit liefert demnach die Teilquelle $\mathcal{B}$ überhaupt keinen Beitrag zur Verbundentropie.

Für eine diskrete Verbundquelle, die aus zwei Einzelquellen besteht, liegt somit die bedingte Entropie in den Grenzen

$$0 \leqq H(\mathcal{B} \mid \mathcal{A}) \leqq H(\mathcal{B})\,. \tag{1.94}$$

Es läßt sich leicht zeigen, daß auch gilt

$$0 \leqq H(\mathcal{A} \mid \mathcal{B}) \leqq H(\mathcal{A})\,. \tag{1.95}$$

1.2.2. Der diskrete Übertragungskanal

Der Übertragungskanal ist entsprechend der SHANNONschen Informationskette (Abb. 1.2) das Bindeglied zwischen Informationsquelle und -empfänger. In Natur und Technik vorkommende Übertragungskanäle sind bezüglich ihrer physikalischen Beschaffenheit und Eigenschaften außerordentlich mannigfaltig. Beispiele für reale Kanäle der Nachrichtentechnik sind drahtgebundene und drahtlose Übermittlungsmedien (telephonietypische Kanäle, alle Arten funktechnischer Kanäle usw.). In der Informationstheorie wird von den physikalisch-technischen Parametern der Übertragungskanäle weitgehend abstrahiert. Hier stehen folgende Problemstellungen im Vordergrund:

— Welcher Anteil der am Quellenausgang auftretenden Information ist am Empfänger auswertbar?
— Wie beeinflussen Störungen beim Übertragungsprozeß die empfangene Information und wie läßt sich die Informationsübertragung störfest machen?
— Wieviel Informationen lassen sich je Zeiteinheit maximal übertragen?

Störungen, welche die Informationsübertragung beeinflussen, werden oft auch als Rauschen bezeichnet. Dieser Begriff kann aber zu der Fehlannahme führen, daß es sich dabei um physikalische Rauschvorgänge handelt, wie z. B. das sog. Nebensprechen in Fernmeldeanlagen. Im folgendem wird unter einer Störung diejenige Beeinflussung der Informations- bzw. Zeichenübertragung verstanden, die am Informationsempfänger zu fehlerhafter, nicht auswertbarer Information führen kann. Die Störungsquelle liegt außerhalb des Übertragungskanals und wirkt auf diesen.

In diesem Teil des Buches werden nur sog. „diskrete Kanäle ohne Gedächtnis“ behandelt. Bei Kanälen dieser Art hat die Verfälschung eines übertragenen Informationselementes keine Nachwirkung auf weitere Zeichen oder Zeichenketten.

Ein diskreter Übertragungskanal besitzt die Eigenschaft, diskrete Zeichen zwischen der Informationsquelle und dem Empfänger zu übermitteln. Die in den Übertragungskanal gelangenden Störungen bewirken, daß eintretende und austretende Zeichen nicht immer übereinstimmen. Da somit eine deterministische Zuordnung der Ausgangszeichen zu den quellseitig eingetretenen nicht möglich ist, empfiehlt sich auch hier eine wahrscheinlichkeitstheoretische Betrachtensweise.

Im folgenden wird davon ausgegangen, daß die Informationsquelle durch ein Wahrscheinlichkeitsfeld $\mathcal{A}$ gekennzeichnet ist. Am Ausgang des Informationskanals (identisch mit dem Eingang am Empfänger) kann ein Wahrscheinlichkeitsfeld $\mathcal{B}$ angenommen werden. Bei ungestörter Übertragung entsprechen sich beide endliche Schemata eindeutig. Im Allgemeinfall (gestörte Übertragung) kann nur mit einer gewissen Wahrscheinlichkeit angegeben werden, daß ein Quellzeichen A_i als ein Zeichen B_j des Empfangsalphabetes in Erscheinung tritt. Somit spielt die Übergangswahrscheinlichkeit $\mathsf{P}(B_j \mid A_i)$ eine maßgebliche Rolle bei der Beschreibung des diskreten Übertragungskanals. Wir können nun das statistische Modell des diskreten Übertragungskanales formulieren. Es sollen folgende 6 Voraussetzungen erfüllt sein:

1. In den Übertragungskanal treten Informationen ein, die aus dem Zeichenvorrat der Informationsquelle gebildet werden. Das Wahrscheinlichkeitsfeld der Quelle ist

$$\mathcal{A} = \begin{pmatrix} A_1 & \dots & A_i & \dots & A_N \\ \mathsf{P}(A_1) & \dots & \mathsf{P}(A_i) & \dots & \mathsf{P}(A_N) \end{pmatrix}.$$

2. Die Informationen am Kanalausgang (Empfangsseite) entstammen einem Wahrscheinlichkeitsfeld

$$\mathcal{B} = \begin{pmatrix} B_1 & \dots & B_j & \dots & B_M \\ \mathsf{P}(B_1) & \dots & \mathsf{P}(B_j) & \dots & \mathsf{P}(B_M) \end{pmatrix}.$$

3. Es wird zugelassen, daß der Umfang von Quell- und Empfangsalphabet nicht identisch ist, d. h. $N \neq M$.

4. Es soll generell möglich sein, die Übergänge von der Quellseite zur Empfangsseite statistisch zu erfassen. Dies ist gleichbedeutend mit der Bestimmbarkeit

- der Übergangswahrscheinlichkeit $\mathsf{P}(B_j \mid A_i)$,
- der Verbundwahrscheinlichkeit $\mathsf{P}(A_i B_j)$,
- der Rückschlußwahrscheinlichkeit $\mathsf{P}(A_i \mid B_j)$.

5. Der diskrete Übertragungskanal funktioniert ohne Gedächtnis. Übergänge von der Informationsquelle zum Empfänger sind damit von der Reihenfolge der Zeichen unabhängig.

6. Es wird angenommen, daß der diskrete Übertragungskanal im stationären Regime arbeitet. Alle statistischen Eigenschaften sind damit als zeitinvariant zu betrachten.

Einen Übertragungskanal mit den Eigenschaften 1. bis 6. kann man als spezielle bewertete Graphen schematisch darstellen (Abb. 1.6). Als Bewertungsfunktion wird die betreffende bedingte oder Verbundwahrscheinlichkeit benutzt. Die bedingte Wahrscheinlichkeit $\mathsf{P}(B_j \mid A_i)$ ist die Wahrscheinlichkeit dafür, daß ein Zeichen B_j von einem (bekannten) Eingangszeichen A_i hervorgerufen wird (Übergangswahrscheinlichkeit). Die bedingte Wahrscheinlichkeit $\mathsf{P}(A_i \mid B_j)$ gibt an, wie wahrscheinlich bei bekanntem Empfangszeichen B_j ein Quellzeichen A_i als Ursache gilt. Da von

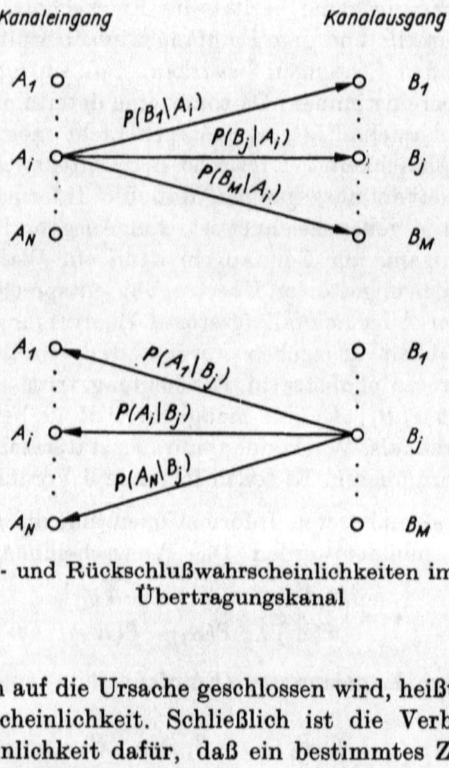

Abb. 1.6. Übergangs- und Rückschlußwahrscheinlichkeiten im gestörten diskreten Übertragungskanal

der Wirkung statistisch auf die Ursache geschlossen wird, heißt diese Wahrscheinlichkeit Rückschlußwahrscheinlichkeit. Schließlich ist die Verbundwahrscheinlichkeit $\mathsf{P}(A_iB_j)$ die Wahrscheinlichkeit dafür, daß ein bestimmtes Zeichen A_i auftritt und damit ein bestimmtes Zeichen B_j erzeugt.

Die statistischen Eigenschaften des diskreten Kanals lassen sich in Matrizenschreibweise darstellen. Es sind

$$\mathcal{W} = \|\mathsf{P}(\mathcal{A} \times \mathcal{B})\| = \begin{pmatrix} \mathsf{P}(A_1B_1) & \dots & \mathsf{P}(A_1B_j) & \dots & \mathsf{P}(A_1B_M) \\ & & \vdots & & \vdots \\ \mathsf{P}(A_NB_1) & \dots & \mathsf{P}(A_NB_j) & \dots & \mathsf{P}(A_NB_M) \end{pmatrix} \tag{1.97}$$

die Matrix der Verbundwahrscheinlichkeiten oder *Kontingenzmatrix*,

$$\mathcal{U} = \|\mathsf{P}(\mathcal{B} \mid \mathcal{A})\| = \begin{pmatrix} \mathsf{P}(B_1 \mid A_1) & \dots & \mathsf{P}(B_j \mid A_1) & \dots & \mathsf{P}(B_M \mid A_1) \\ & & \vdots & & \vdots \\ \mathsf{P}(B_1 \mid A_N) & \dots & \mathsf{P}(B_j \mid A_N) & \dots & \mathsf{P}(B_M \mid A_N) \end{pmatrix} \tag{1.98}$$

die Matrix der Übergangswahrscheinlichkeiten oder *Irrelevanzmatrix*,

$$\ddot{\mathcal{A}} = ||\mathsf{P}(\mathcal{A} \mid \mathcal{B})|| = \begin{pmatrix} \mathsf{P}(A_1 \mid B_1) & \dots & \mathsf{P}(A_1 \mid B_j) & \dots & \mathsf{P}(A_1 \mid B_M) \\ & & \vdots & & \vdots \\ \mathsf{P}(A_N \mid B_1) & \dots & \mathsf{P}(A_N \mid B_j) & \dots & \mathsf{P}(A_N \mid B_M) \end{pmatrix} \tag{1.99}$$

die Matrix der Rückschlußwahrscheinlichkeiten oder *Äquivokationsmatrix*.

Entsprechend den Regeln der Wahrscheinlichkeitsrechnung gilt, daß die Zeilensumme der i-ten Zeile der Kontingenzmatrix die Eingangswahrscheinlichkeit $\mathsf{P}(A_i)$ und die Spaltensumme der j-ten Spalte die Ausgangswahrscheinlichkeit $\mathsf{P}(B_j)$ ergeben

$$\mathsf{P}(A_i) = \sum_{j=1}^{M} \mathsf{P}(A_i B_j) = \sum_{j=1}^{M} \mathsf{P}(B_j)\, \mathsf{P}(A_i \mid B_j)\,, \tag{1.100}$$

$$\mathsf{P}(B_j) = \sum_{i=1}^{N} \mathsf{P}(A_i B_j) = \sum_{i=1}^{N} \mathsf{P}(A_j)\, \mathsf{P}(B_j \mid A_i)\,. \tag{1.101}$$

1.2.3. Informationstheoretische Bewertung der Übertragung diskreter Informationen

Den folgenden Betrachtungen wird das statistische Modell des diskreten Übertragungskanals zugrunde gelegt. Weiterhin wird vorausgesetzt, daß die speisende Informationsquelle stationär arbeitet.

Ein Hauptproblem, das nun zu lösen ist, besteht in der Berechnung der verlustlos übertragenen Quellinformation bei gestörtem Kanal, d. h. bei Vorhandensein von Übertragungsfehlern. Den richtig zum Empfänger übertragenen Anteil der Quellentropie nennen wir *Transinformation*. Da es sich bei der Transinformation eigentlich um einen Entropiebetrag handelt, wird dafür auch die Bezeichnung *Synentropie* verwendet. Im weiteren wird angenommen, daß die Entropie der Informationsquelle für beliebige pragmatische Zwecke nutzbar ist. Die Transinformation läßt sich damit auch als übertragene Nutzentropie interpretieren.

Entsprechend dem allgemeinen statistischen Modell des diskreten Übertragungskanals werden Übertragungsfehler zugelassen. Es herrscht somit eine gewisse Unsicherheit, ob ein empfangenes Zeichen B_j mit einem gesendeten Zeichen A_i übereinstimmt. Folglich ist die Rückschlußwahrscheinlichkeit $\mathsf{P}(A_i \mid B_j)$ im allgemeinen von Eins verschieden. Es muß also einen Entropieanteil

$$H(\mathcal{A} \mid \mathcal{B}) = -\sum_{j=1}^{M} \mathsf{P}(B_j) \sum_{i=1}^{N} \mathsf{P}(A_i \mid B_j) \operatorname{ld} \mathsf{P}(A_i \mid B_j)$$

geben, welcher der genannten Unsicherheit oder Mehrdeutigkeit entspricht. Die bedingte Entropie $H(\mathcal{A} \mid \mathcal{B})$ wird *Äquivokation* genannt. Wegen $\mathsf{P}(A_i \mid B_j) \leqq 1$ ist $H(\mathcal{A} \mid \mathcal{B}) \geqq 0$. Beeinflussen Störungen den Übertragungsprozeß, dann verringert sich am Kanalausgang die Nutzentropie (Quellentropie) um die Äquivokation. Die Transinformation beträgt

$$Tr = H(\mathcal{A}) - H(\mathcal{A} \mid \mathcal{B})\,. \tag{1.102}$$

Das ist die Entropie, die am Kanalausgang unverfälscht erscheint und vom Empfänger ausgewertet werden kann. Die Äquivokation ist der Informationsverlust infolge von Störungen. Die Anwendung der Kenntnisse über Verbundquellen (Abschnitt

1.2.2.1.) erlaubt es, weitere Beziehungen für die Transinformation aufzustellen. Wegen

$$H(\mathcal{A} \times \mathcal{B}) = H(\mathcal{B}) + H(\mathcal{A} \mid \mathcal{B})$$

gilt auch

$$Tr = H(\mathcal{A}) + H(\mathcal{B}) - H(\mathcal{A} \times \mathcal{B}) \tag{1.103}$$

und

$$Tr = H(\mathcal{B}) - H(\mathcal{B} \mid \mathcal{A}) \,. \tag{1.104}$$

Die bedingte Entropie $H(\mathcal{B} \mid \mathcal{A})$ heißt *Irrelevanz*. Es ist der Entropieanteil am Empfänger, der „nicht relevant" mit der Entropie der Quelle ist. Die Irrelevanz stellt anschaulich betrachtet den Entropiebetrag am Empfänger dar, der nicht von der Quelle, sondern von den Störungen hervorgerufen wird. Es ist die nicht auswertbare Information (Fehlinformation) am Empfänger infolge der zufälligen Übertragungsfehler.

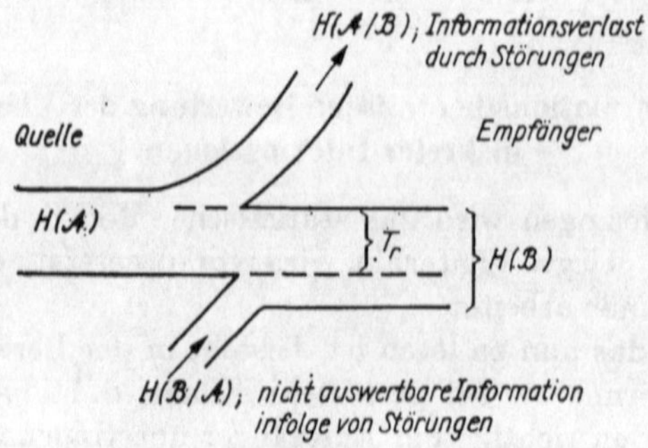

Abb. 1.7. BERGERsches Diagramm

Eine bildliche Darstellung der Informationsübertragung durch den gestörten Kanal gibt das sog. BERGERsche Diagramm (Abb. 1.7) .Die Äquivokation $H(\mathcal{A} \mid \mathcal{B})$ als verlorengegangene Eingangsentropie verläßt den Kanal. Dagegen kommt am Empfänger Information an, die in keinem Zusammenhang mit der Informationsquelle steht. Das ist die Irrelevanz. Nutz- und auswertbar ist nach der Übertragung lediglich die Transinformation. Es sei noch darauf hingewiesen, daß den dargestellten Verhältnissen bei der Übertragung von Informationen die Entropie zugrunde gelegt wurde. Die Transinformation ist infolgedessen als der mittlere statistische Nutzinformationsgehalt je übertragenem Quellzeichen zu betrachten!

Zur Einschätzung der Güte eines diskreten Übertragungskanals und für den Qualitätsvergleich verschiedener Kanäle ist es sinnvoll, eine normierte Größe zu verwenden. Als *informationstheoretischer Wirkungsgrad* wird definiert

$$\eta = \frac{Tr}{H(\mathcal{A})} = 1 - \frac{H(\mathcal{A} \mid \mathcal{B})}{H(\mathcal{A})} \,. \tag{1.105}$$

Der informationstheoretische Wirkungsgrad eines Kanals gibt somit an, wie groß das Verhältnis von Ausgangs- zur Eingangsentropie ist. Treten keine Übertragungsfehler auf, dann ist $\mathsf{P}(A_i \mid B_j) = 1$, $H(\mathcal{A} \mid \mathcal{B}) = 0$ und $\eta = 100\%$.

Im folgenden werden die vermittelten Grundkenntnisse auf modifizierte Kanalmodelle angewandt.

Reihenschaltung gestörter Übertragungskanäle

Gegeben sind entsprechend Abb. 1.8 n hintereinandergeschaltete gestörte Übertragungskanäle. Jeder Kanal ist gekennzeichnet durch die Matrizen $\mathcal{W}_k$, $\ddot{\mathcal{U}}_k$, $\ddot{\mathcal{A}}_k$ ($k = 1, 2, \ldots, n$). Für den resultierenden Gesamtkanal gilt dann

$$\mathcal{W}_{\text{res}} = \prod_{k=1}^{n} \mathcal{W}_k\,, \quad \ddot{\mathcal{U}}_{\text{res}} = \prod_{k=1}^{n} \ddot{\mathcal{U}}_k\,, \quad \ddot{\mathcal{A}}_{\text{res}} = \prod_{k=1}^{n} \ddot{\mathcal{A}}_k\,. \tag{1.106}$$

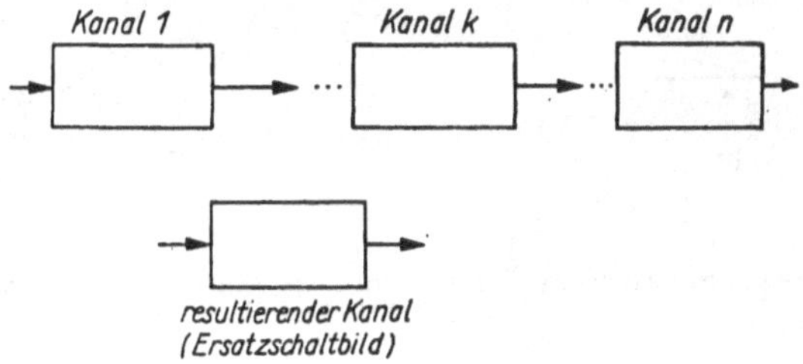

Abb. 1.8. Reihenschaltung gestörter Übertragungskanäle

Ist $\nu \in \{2, 3, \ldots, n\}$ der Index eines Kanals der Serienschaltung, so gilt für die Transinformation am entsprechenden Kanalausgang

$$Tr_\nu \leqq Tr_{\nu-1} \tag{1.107}$$

oder

$$\eta_\nu \leqq \eta_{\nu-1}\,. \tag{1.108}$$

Nach dem ν-ten Kanal können Transinformation und informationstheoretischer Wirkungsgrad niemals größer sein als nach dem $(\nu - 1)$-ten Kanal.

Informationsübertragung im symmetrischen Binärkanal

Ein symmetrischer Binärkanal ist ein diskreter Übertragungskanal mit folgenden Eigenschaften:

— Der Kanal kann nur zwei Zeichen (A_1, A_2) übertragen (Binärkanal); Umfang von Quell- und Empfangsalphabet stimmen überein.

— Die Fehlereinwirkung auf die Binärzeichen ist gleich groß (Symmetrieeigenschaft).

Abb. 1.9a veranschaulicht die Übertragungsverhältnisse am gestörten symmetrischen Binärkanal. Die Matrix der Übergangswahrscheinlichkeiten lautet

$$\ddot{\mathcal{U}} = ||\mathsf{P}(\mathcal{B} \mid \mathcal{A})|| = \begin{pmatrix} \mathsf{P}(B_1 \mid A_1) & \mathsf{P}(B_2 \mid A_1) \\ \mathsf{P}(B_1 \mid A_2) & \mathsf{P}(B_2 \mid A_2) \end{pmatrix} = \begin{pmatrix} 1-p & p \\ p & 1-p \end{pmatrix}. \tag{1.109}$$

Dabei sind $p = P(B_2 \mid A_1) = \mathsf{P}(B_1 \mid A_2)$ die Wahrscheinlichkeit eines „falschen" Übergangs und $1 - p$ die Wahrscheinlichkeit der fehlerfreien Übertragung. Wir nehmen nun an, daß die Informationsquelle, welche den symmetrischen Binärkanal speist, ein Maximum an Entropie besitzt. Entsprechend Abschnitt 1.2.1. hat eine Binärquelle die größte Entropie, wenn beide Zeichen gleich wahrscheinlich sind: $\mathsf{P}(A_1) = \mathsf{P}(A_2) = {}^1/_2$ und $H = \operatorname{ld} 2 = 1$ bit je Zeichen. Am Ausgang des symmetrischen Binärkanals sind ebenso nur zwei gleichwahrscheinliche Zeichen möglich. Die En-

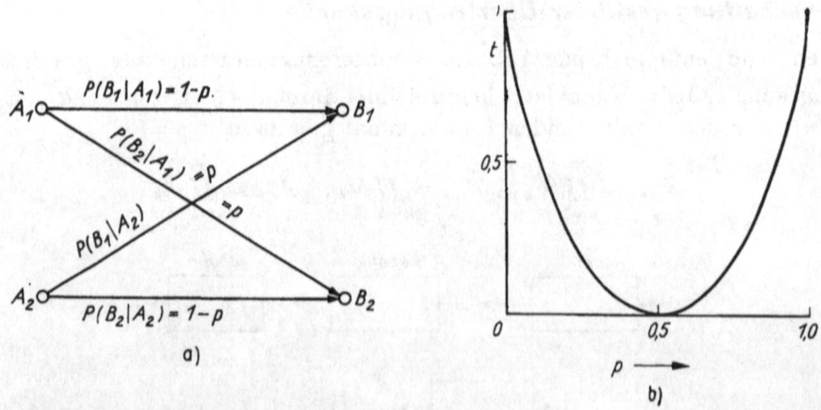

Abb. 1.9. Modell des symmetrischen Binärkanals (a) und (b) Transinformation $Tr = f(p)$

tropie am Empfänger ist damit $H(\mathcal{B}) = 1$ bit je Zeichen. Unter den genannten Bedingungen reduziert sich die Berechnung der Transinformation auf die Bestimmung der Irrelevanz

$$H(\mathcal{B} \mid \mathcal{A}) = -\sum_{i=1}^{2} \mathsf{P}(A_i) \sum_{j=1}^{2} \mathsf{P}(B_j \mid A_i) \operatorname{ld} \mathsf{P}(B_i \mid A_j) ,$$

$$H(\mathcal{B} \mid \mathcal{A}) = \mathsf{P}(A_1) [\mathsf{P}(B_1 \mid A_1) \operatorname{ld} \mathsf{P}(B_1 \mid A_1) + \mathsf{P}(B_2 \mid A_1) \operatorname{ld} \mathsf{P}(B_2 \mid A_1)] - \\ - \mathsf{P}(A_2) [\mathsf{P}(B_1 \mid A_2) \operatorname{ld} \mathsf{P}(B_1 \mid A_2) + \mathsf{P}(B_2 \mid A_2) \operatorname{ld} \mathsf{P}(B_2 \mid A_2)] .$$

Durch Einsetzen der Fehlerwahrscheinlichkeit p in diese Gleichung erhält man schließlich

$$Tr = H(\mathcal{B}) - H(\mathcal{B} \mid \mathcal{A}) ,$$

$$Tr = [1 + p \operatorname{ld} p + (1 - p) \operatorname{ld} (1 - p)] \text{ bit} . \tag{1.110}$$

Das erhaltene Ergebnis ist von prinzipieller Bedeutung für das Verständnis der Informationsübertragung in Binärkanälen bzw. für die Datenübertragung. Zunächst ist festzustellen, daß die Transinformation eine nichtlineare Funktion der Übertragungsfehlerwahrscheinlichkeit p ist (Abb. 1.9b). Bei ungestörter Übertragung ($p = 0$) ist $Tr = 1$ bit je Zeichen. Mit wachsender Fehlerwahrscheinlichkeit nimmt $Tr = Tr(p)$ ab und erreicht bei $p = 0{,}5$ den Wert Null. Bei 50% Fehlerwahrscheinlichkeit wird also überhaupt keine Nutzinformation mehr übertragen! Für $p > 0{,}5$ steigt die Transinformation schließlich wieder an, um bei $p = 1{,}0$ wieder den Maximalwert von 1 bit zu erreichen. Dieses überraschende Ergebnis läßt sich einfach erklären: Bei $p > 0{,}5$ wird immer gewisser, daß ein eingegebenes Binärzeichen als sein Komplement am Kanalausgang auftritt. Für $p = 1{,}0$ herrscht völlige Sicherheit darüber. Ein binäres Quellenzeichen am Kanaleingang erscheint dann genau als sein Komplement am Kanalausgang. Durch eine Inversion (technisch realisierbar mittels einer Umkehrstufe) ist der gleiche Zustand herstellbar wie am Kanaleingang.

Die Eigenschaften des symmetrischen Binärkanals widerspiegeln eine grundlegende Gesetzmäßigkeit, obwohl das einfache Modell nur eine grobe Näherung für die Verhältnisse in realen Kanälen der Datenübertragung darstellt. Wesentlich ist die nichtlineare Abnahme der übertragbaren Nutzinformation bei kleinen Fehlerwahrscheinlichkeiten. Bei $p = 10\%$ betragen Irrelevanz und Äquivokation bereits $H(\mathcal{B} \mid \mathcal{A}) = H(\mathcal{A} \mid \mathcal{B}) = 0{,}1 \operatorname{ld} 0{,}1 + 0{,}9 \operatorname{ld} 0{,}9$ bit/Zeichen $= 0{,}469$ bit/Zeichen. Nur 53,1% der Quellentropie wird richtig übertragen. In der Praxis der Datenübertragung sind Fehlerraten zulässig, die um Größenordnungen kleiner sind. In der Datenfernverarbeitung oder bei der Kopplung elektronischer Rechenanlagen muß $p < 10^{-8} \ldots$ $\ldots 10^{-5}$ sein. Wir werden später zeigen, daß es grundsätzlich möglich ist, bei Anwesenheit endlicher Fehlerraten nahezu fehlerfreie Übertragung zu garantieren. Die Informationstheorie selbst gibt die Lösungsmöglichkeit dafür an: die Übertragung redundanter Information.

Informationsübertragung im asymmetrisch gestörten Binärkanal

Ein gestörter Binärkanal heißt asymmetrisch, wenn die Fehlereinwirkung auf die Binärzeichen ungleich, also

$$\mathsf{P}(B_2 \mid A_1) \neq \mathsf{P}(B_1 \mid A_2) \tag{1.111}$$

ist. Für die Übertragungsverhältnisse in diesem Kanalmodell gilt

$$\mathsf{P}(B_2 \mid A_1) = p \quad \text{und} \quad \mathsf{P}(B_1 \mid A_2) = q\,. \tag{1.112}$$

Weiterhin soll angenommen werden, daß die Informationsquelle gleichverteilte Zeichen aussendet. Damit ist bekannt, daß $H(\mathcal{A}) = \operatorname{ld} 2 = 1$ bit je Zeichen ist. Gesucht ist die Abhängigkeit $Tr = f(p, q)$ bzw. $\eta = f(p, q)$. Die Matrix der Übergangswahrscheinlichkeiten ist hier

$$\|\mathsf{P}(\mathcal{B} \mid \mathcal{A})\| = \begin{pmatrix} \mathsf{P}(B_1 \mid A_1) & \mathsf{P}(B_2 \mid A_1) \\ \mathsf{P}(B_1 \mid A_2) & \mathsf{P}(B_2 \mid A_2) \end{pmatrix} = \begin{pmatrix} 1-p & p \\ q & 1-q \end{pmatrix}. \tag{1.113}$$

Für die Irrelevanz erhält man

$$H(\mathcal{B} \mid \mathcal{A}) = -\sum_{i=1}^{2} \mathsf{P}(A_i) \sum_{j=1}^{2} \mathsf{P}(B_j \mid A_i) \operatorname{ld} \mathsf{P}(B_j \mid A_i)\,,$$

$$H(\mathcal{B} \mid \mathcal{A}) = -\tfrac{1}{2}\,[(1-p) \operatorname{ld} (1-p) + p \operatorname{ld} p) + q \operatorname{ld} q + (1-q) \operatorname{ld} (1-q)]. \tag{1.114}$$

Für die Berechnung der Transinformation ist noch die Kenntnis der Entropie am Empfänger (Kanalausgang) erforderlich. Gemäß Abschnitt 1.2.2.1. gilt

$$\mathsf{P}(B_j) = \sum_{i=1}^{N} \mathsf{P}(A_i)\, \mathsf{P}(B_j \mid A_i)\,.$$

Da hier $\mathsf{P}(A_1) = \mathsf{P}(A_2) = 1/2$ angenommen wird, erhalten wir

$$\mathsf{P}(B_1) = \tfrac{1}{2}\,(1 - p + q)\,, \qquad \mathsf{P}(B_2) = \tfrac{1}{2}\,(1 - q + p)$$

und

$$H(\mathcal{B}) = -\frac{1}{2}\left[(1 - p + q) \operatorname{ld}\left(\frac{1-p+q}{2}\right) + (1 - q + p) \operatorname{ld}\left(\frac{1-q+p}{2}\right)\right]. \tag{1.115}$$

Die gesuchte Transinformation lautet dann

$$Tr = -\frac{1}{2}\left[(1-p+q)\,\mathrm{ld}\left(\frac{1-p+q}{2}\right) + (1-q+p)\,\mathrm{ld}\left(\frac{1-q+p}{2}\right) - \right.$$
$$\left. - p\,\mathrm{ld}\,p - q\,\mathrm{ld}\,q - (1-p)\,\mathrm{ld}\,(1-p) - (1-q)\,\mathrm{ld}\,(1-q)\right]. \quad (1.116)$$

Auch hier hängt die übertragene Nutzinformation nichtlinear von den Übertragungsfehlern p und q ab.

Informationsübertragung im allgemeinen symmetrischen Kanal

Es wird jetzt vorausgesetzt, die Informationsquelle, welche den Kanal speist, N unterscheidbare Zeichen liefern kann. Die Zahl der voneinander verschiedenen Zeichen am Kanalausgang sei $M = N$. Jedes zu übertragene Zeichen unterliegt der gleichen Fehlerwahrscheinlichkeit q. Dann ist

$$\forall i = j\colon \mathsf{P}(B_j \mid A_i) = 1 - p \quad (1.117)$$

die Wahrscheinlichkeit einer fehlerlosen Übertragung und

$$\forall i \neq j : \mathsf{P}(B_j \mid A_i) = q = \frac{p}{N-1} \quad (1.118)$$

die Wahrscheinlichkeit für eine fehlerhafte Übertragung. Die Matrix der Übergangswahrscheinlichkeiten lautet

$$||\mathsf{P}(\mathcal{B} \mid \mathcal{A})|| = \begin{pmatrix} 1-p & q & \dots & q \\ q & 1-p & \dots & q \\ \vdots & \vdots & & \vdots \\ q & q & \dots & 1-p \end{pmatrix}. \quad (1.119)$$

Die „Zeilenentropie“ dieser Irrelevanzmatrix ist

$$\begin{aligned} H_i &= -\sum_{j=1}^{M} \mathsf{P}(B_j \mid A_i)\,\mathrm{ld}\,\mathsf{P}(B_j \mid A_i) \\ &= -\left[(1-p)\,\mathrm{ld}\,(1-p) + (N-1)\,q\,\mathrm{ld}\,q\right] \\ &= -(1-p)\,\mathrm{ld}\,(1-p) - p\,\mathrm{ld}\,\frac{p}{N-1}. \end{aligned} \quad (1.120)$$

Die Irrelevanz ergibt sich zu

$$H(\mathcal{B} \mid \mathcal{A}) = \sum_{i=1}^{N} \mathsf{P}(A_i)\,H_i. \quad (1.121)$$

Nun nehmen wir an, daß der Informationsgehalt je Quellzeichen maximal sei, was gleichbedeutend damit ist, daß gilt

$$\forall i\colon \mathsf{P}(A_i) = \frac{1}{N}. \quad (1.122)$$

Setzt man (1.120) und (1.122) in (1.121) ein, dann wird

$$H(\mathcal{B} \mid \mathcal{A}) = -\frac{1}{N}\left[(1-p)\,\mathrm{ld}\,(1-p) + p\,\mathrm{ld}\,\frac{p}{N-1}\right]N. \quad (1.123)$$

Zur Berechnung der Transinformation wird noch die Entropie am Kanalausgang benötigt. Die Anwendung von (1.101) ergibt $H(\mathscr{B}) = \text{ld } N$. Somit lautet die Transinformation

$$Tr = \text{ld } N + (1 - p) \text{ ld } (1 - p) + p \text{ ld } \frac{p}{N - 1} \tag{1.124}$$

und der informationstheoretische Wirkungsgrad

$$\eta = 1 + \frac{1}{\text{ld } N}\left[(1 - p) \text{ ld } (1 - p) + p \text{ ld } \frac{p}{N - 1}\right]. \tag{1.125}$$

Da der zweite Ausdruck in (1.125) stets $\leqq 0$ ist, ist auch hier $\eta \leqq 1$. Für den ungestörten symmetrischen Kanal ($p = 0$) ist $Tr = \text{ld } N$ und $\eta = 1{,}00$. Differenziert man Tr und η nach p und setzt die Ableitung gleich Null, so ergibt sich für $p = (N - 1)/N$ ein Minimalwert, nämlich $Tr = 0$ und $\eta = 0$. Für $p > (N - 1)/N$ steigen Transinformation und Wirkungsgrad wieder an (Abb. 1.10) und erreichen bei $p = 1$ die Werte

$$Tr = \text{ld}\left(\frac{N}{N - 1}\right) \tag{1.126}$$

bzw.

$$\eta = 1 - \frac{\text{ld } (N - 1)}{\text{ld } N}. \tag{1.127}$$

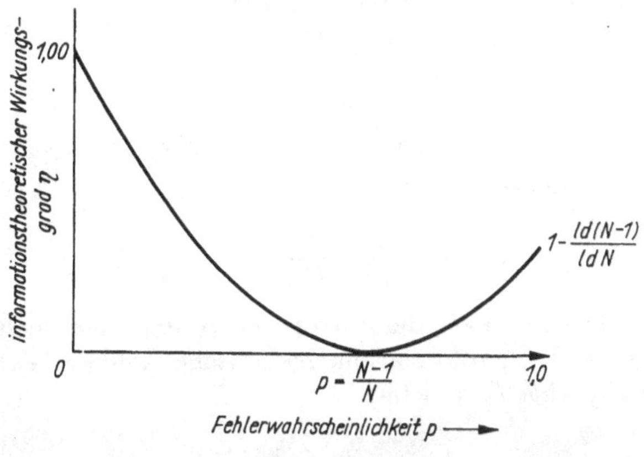

Abb. 1.10. Informationstheoretischer Wirkungsgrad des symmetrischen Kanals mit N Zeichen am Kanaleingang und $M = N$ Zeichen am Kanalausgang

Im hier behandelten Kanalmodell ist $N > 2$. Folglich ist $\text{ld } N > \text{ld } \big(N/(N - 1)\big)$, und es gilt für den allgemeinen symmetrischen Kanal stets

$$Tr(p = 0) \geqq Tr(p = 1); \quad \eta(p = 0) \geqq \eta(p = 1) \,. \tag{1.128}$$

Setzt man $N = 2$, so erhält man aus den vorstehenden Beziehungen die gleichen Resultate wie beim symmetrischen Binärkanal.

1.3. Hauptsatz der Informationstheorie

Den bisher behandelten Bewertungen der Informationsübertragung in diskreten Kanälen liegt eine statische Betrachtungsweise zu Grunde. Die Dynamik des Informationstransportes spiegelt sich in der Transinformation nicht wider. Wir wollen deshalb jetzt zu folgenden Fragestellungen übergehen:

— Wieviel Information kann *je Zeiteinheit* von einem diskreten Übertragungskanal zum Informationsempfänger übermittelt werden?
— Unterliegt die je Zeiteinheit übertragbare Information irgendeiner Beschränkung?

Zur Beantwortung dieser Fragen betrachten wir ein Übertragungssystem gemäß Abb. 1.11. Die von der Quelle erzeugten Zeichen werden in einer Kodiereinrichtung in übertragbare Kodezeichen umgesetzt. Die jeweilige Zuordnung erfolgt eindeutig und umkehrbar nach einer Vorschrift, die wir *Kode* nennen. Am Kanalausgang befindet

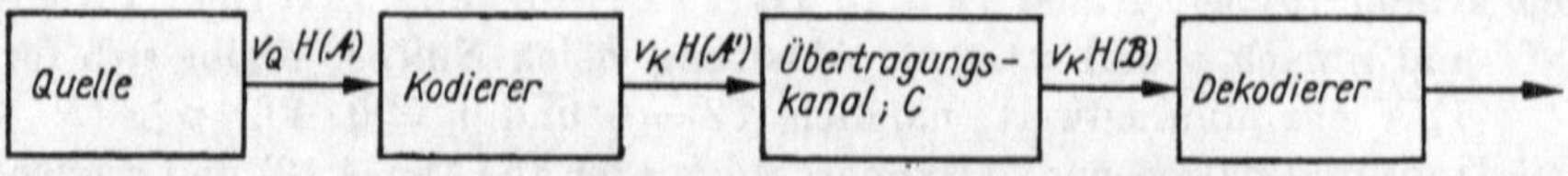

Abb. 1.11. Informationsübertragungssystem

sich ein Dekodierer, der die zum Kodierer inverse Funktion realisiert (Rückgewinnung von Zeichen aus den Kodesymbolen). Nun wird angenommen, daß die Informationsquelle v_Q Zeichen je Zeiteinheit aussendet und der Kodierer je Zeiteinheit v_k Kodezeichen an den Kanal übergibt. Damit keine Information beim Kodieren verloren geht, müssen der Informationsfluß der Quelle

$$F_Q = v_Q H(\mathcal{A}) \tag{1.129}$$

und der Informationsfluß am Kanaleingang

$$F_k = v_k H(\mathcal{A}') \tag{1.130}$$

gleich groß sein. Es muß also gelten

$$\frac{v_k}{v_Q} = \frac{H(\mathcal{A})}{H(\mathcal{A}')}\,. \tag{1.131}$$

In (1.130) und (1.131) stellt $H(\mathcal{A}')$ die Entropie eines kodierten Quellzeichens dar. Wir definieren nun eine wichtige informationstheoretische Kenngröße des Übertragungskanals, die *Kanalkapazität* C, wie folgt,

$$C = v_k \cdot Tr_{\max}\,. \tag{1.132}$$

Die Kanalkapazität ist die maximal übertragbare Nutzinformation je Zeiteinheit. Wegen $Tr_{\max} = \big(H(\mathcal{A}') - H(\mathcal{A}' \mid \mathcal{B})\big)_{\max}$ gilt auch

$$C = v_k\,[H(\mathcal{A}') - H(\mathcal{A}' \mid \mathcal{B})]_{\max}\,. \tag{1.133}$$

Die obigen Fragestellungen zur Dynamik des Informationstransportes in gestörten Übertragungskanälen beantwortet der SHANNONsche *Hauptsatz der Informationstheorie*. Wir formulieren ihn wie folgt:

1. Für

$$\frac{C}{H(\mathcal{A})} > v\,\frac{\text{Zeichen}}{\text{Zeiteinheit}} \tag{1.134}$$

gibt es immer einen Kode, der es gestattet, Informationen mit beliebig kleiner Äquivokation (oder beliebig kleinen Fehlern) durch den gestörten Kanal zu transportieren;

2. es existiert immer ein Kode, der beliebig kleine Übertragungsfehler im gestörten Übertragungskanal gewährleistet, wenn die mittlere Zahl der Kodezeichen je Quellzeichen größer ist als der mittlere Informationsgehalt eines Quellzeichens je maximal möglichem Nutzinformationsgehalt eines übertragenen Zeichens, d. h., wenn gilt

$$\frac{v_k}{v_Q} > \frac{H(\mathcal{A})}{Tr_{max}}; \tag{1.135}$$

3. im gestörten Übertragungskanal ist fehlerfreie Informationsübertragung nicht möglich, wenn gilt

$$\frac{C}{H(\mathcal{A})} < v_Q \frac{\text{Zeichen}}{\text{Zeiteinheit}}; \tag{1.136}$$

4. falls $\frac{C}{H(\mathcal{A})} < v_Q$ ist, können die Quellzeichen so kodiert werden, daß der Informationsverlust (Äquivokation je Zeiteinheit)

$$v_k H(\mathcal{A}' \mid \mathcal{B}) < v_Q H(\mathcal{A}) - C + \varepsilon \tag{1.137}$$

($\varepsilon > 0$ und beliebig klein) ist;

5. es gibt für $v_Q H(\mathcal{A}) - C > 0$ kein Kodierverfahren, durch das der Informationsverlust unterhalb $v_Q H(\mathcal{A}) - C$ gehalten werden kann.

Eine der wichtigsten Aussagen des Hauptsatzes der Informationstheorie besteht darin, daß die Informationsübertragung bei geeigneter Kodierung durch Störungen nicht unzuverlässiger wird. Vielmehr sinkt infolge des Kodierens nur der mitteler Informationsgehalt je übermitteltem Zeichen und je Zeiteinheit ab. Damit ein Informationsübertragungskanal nicht ,,überläuft", muß der Informationsfluß der Quelle kleiner sein als die Kanalkapazität.

Leider gibt der Fundamentalsatz der Informationstheorie keine unmittelbaren Hinweise über die Konstruktion von Kodes, die bei Anwesenheit von Störungen beliebig kleine Übertragungsfehler gewährleisten. Aus dem Hauptsatz läßt sich lediglich entnehmen, daß die Aufgabe der störfesten Informationsübertragung durch Hinzufügen redundanter Kodezeichen gelöst werden kann. Bevor wir den Hauptsatz der Informationstheorie beweisen, untersuchen wir die Eigenschaften von Informationsquellen, die Informationen großer ,,Länge" m, aussenden. Bekanntlich ist der Informationsvorrat einer Quelle durch $Q = N^m = 2^{m \operatorname{ld} N}$ gegeben (vgl. Abschnitt 1.1.2.1.). Informationen, die aus m aufeinander folgenden Zeichen bestehen, bezeichnet man auch als ,,Blöcke". Bei genügend großer Blocklänge gibt es nun eine Teilmenge $Q_h \subset Q$, in denen das Zeichen A_1 insgesamt m_1-mal, das Zeichen A_2 m_2-mal, ..., das Zeichen A_N m_N-mal erscheint. Die Anzahl der Informationen der Länge m mit der beschriebenen Eigenschaft ergibt sich aus der Zahl der Permutationen mit Wiederholung bei beliebiger Reihenfolge

$$Q_h = \frac{m!}{m_1!\, m_2! \dots m_N!} \tag{1.138}$$

mit

$$m = \sum_{i=1}^{N} m_i . \tag{1.139}$$

Für genügend große Stellenzahl m ist in jedem Block $m_i/m = \mathsf{P}(A_i)$. Wir nennen Blöcke, in denen die Informationselemente A_i mit der Wahrscheinlichkeit $\mathsf{P}(A_i)$ auftreten, *hochwahrscheinliche Blöcke* oder hochwahrscheinliche Informationen. Q_h ist die Anzahl der hochwahrscheinlichen Informationen, die eine diskrete Informationsquelle liefert. Die Wahrscheinlichkeit, daß in einer bestimmten Realisierung der Quelle (d. h. in einer bestimmten Information) die Zeichen A_i ($i = 1, \ldots, N$) mit der Wahrscheinlichkeit $\mathsf{P}(A_i)$ vorhanden sind, beträgt

$$P_m = \prod_{i=1}^{N} \mathsf{P}(A_i)^{m_i}; \qquad m = \sum_{i=1}^{N} m_i \tag{1.140}$$

oder

$$P_m = \prod_{i=1}^{N} \mathsf{P}(A_i)^{m\mathsf{P}(A_i)}. \tag{1.141}$$

Die Auftrittswahrscheinlichkeit für die hochwahrscheinlichen Blöcke ist gleich groß, d. h., $P_m = 1/Q_h$. Mit dieser Bezeichnung erhalten wir schließlich aus (1.141)

$$Q_h = 2^{-m \sum\limits_{i=1}^{N} \mathsf{P}(A_i) \operatorname{ld} \mathsf{P}(A_i)} = 2^{mH(\mathcal{A})}. \tag{1.142}$$

Das Verhältnis

$$\frac{Q_h}{Q} = 2^{-m(\operatorname{ld} N - H(\mathcal{A}))} = 2^{-mR_Q} \tag{1.143}$$

nimmt bei konstanter Quellentropie exponentiell mit wachsender Blocklänge m ab. Folglich ist die Zahl der hochwahrscheinlichen Informationen viel kleiner als die Zahl der möglichen. Dennoch ist das Auftreten von nur hochwahrscheinlichen Informationen für diskrete Informationsquellen charakteristisch. Es genügt also, wenn wir uns im folgenden darauf beschränken.

Es soll noch erwähnt werden, daß aus (1.142) eine verallgemeinerte Entropiedefinition folgt

$$H(\mathcal{A}) = \lim_{m\to\infty} \frac{\operatorname{ld} Q_h}{m} = \lim_{m\to\infty} \frac{\operatorname{ld} 1/P_m}{m}. \tag{1.144}$$

Daraus ergibt sich u. a., daß der Informationsgehalt eines Blockes proportional zu m ist und daß für $m \to \infty$ alle nicht hochwahrscheinlichen Blöcke unendlich unwahrscheinlich werden. Es darf deshalb als sicher angenommen werden, daß für große Stellenzahlen m nur hochwahrscheinliche Informationen erscheinen.

Für den Beweis des Hauptsatzes der Informationstheorie nehmen wir ein Quelle-Kanal-Modell gemäß Abb. 1.12 an. Die hochwahrscheinlichen Quellinformationen werden beim Kodieren in hochwahrscheinliche Kanaleingangsinformationen $Q_h(\mathcal{A}')$ abgebildet, wobei gilt

$$Q_h(\mathcal{A}') = 2^{nH(\mathcal{A}')}. \tag{1.145}$$

Der Kanal soll die Kapazität

$$C = v_k(H(\mathcal{A}') - H(\mathcal{A}' \mid \mathcal{B})) \tag{1.146}$$

besitzen, und der Informationsfluß der Quelle sei

$$F_Q = v_Q H(\mathcal{A}) < C. \tag{1.147}$$

Der Äquivokationsfluß ist dann $v_k H(\mathcal{A}' \mid \mathcal{B}) \geqq 0$, und es muß gelten

$$F_Q < v_k H(\mathcal{A}') = F_k. \tag{1.148}$$

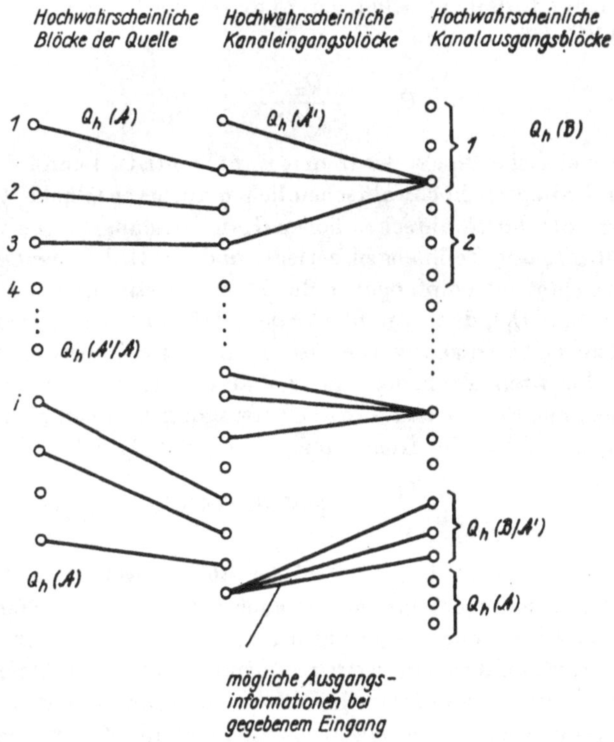

Abb. 1.12. Kanalmodell zum Beweis des Hauptsatzes der Informationstheorie

Wegen Gl. (1.147) und (1.148) ist

$$Q_h = 2^{mH(\mathcal{A})} \ll Q_h(\mathcal{A}') = 2^{nH(\mathcal{A}')} \tag{1.149}$$

oder

$$2^{m\frac{F_Q}{v_Q}} \ll 2^{n\frac{F_k}{v_k}} \tag{1.150}$$

Bei der Kodierung erfolgt eine Zuordnung der Quellinformationen zu den Kanaleingangsinformationen. Diese Zuordnung kann zunächst völlig willkürlich bzw. zufällig geschehen. Die Zahl M der möglichen Kodes ist identisch mit der Zahl der möglichen Anordnungen von $Q_h(\mathcal{A}')$ Elementen über Q_h.

Erscheint am Quellausgang eine Information, die nicht aus der Menge der hochwahrscheinlichen stammt, dann wird diese als fehlerbehaftet am Kanaleingang aufgefaßt. Somit läßt sich für jeden Kode eine Fehlerwahrscheinlichkeit P_k angeben. Das arithmetische Mittel aller Fehlerwahrscheinlichkeiten (Mittel über alle möglichen Kodes) ergibt

$$P_f = \frac{1}{M} \sum_{k=1}^{M} P_k \,. \tag{1.151}$$

Die Wahrscheinlichkeit, daß ein beliebiger Kode für die Informationsübertragung im Kanal ausgewählt wird, ist nun

$$P_k = \frac{Q_h}{Q_h(\mathcal{A}')} \ll 1 \,. \tag{1.152}$$

Jeder hochwahrscheinliche Block, der in den Kanal eintritt, kann infolge der Störungen in einen der bedingten hochwahrscheinlichen Ausgangsblöcke $Q_h(\mathcal{B} \mid \mathcal{A}')$ übergehen. Die Menge der hochwahrscheinlichen Kanalausgangsblöcke $Q_h(\mathcal{B})$ wird nun in Q_h durchschnittsfremde Teilmengen zerlegt, und es wird folgende Dekodierungsregel aufgestellt: Gehört ein empfangener Block einer bestimmten Teilmenge mit dem Index i an ($i = 1, 2, \ldots Q_h$), dann ist entschieden, daß ein hochwahrscheinlicher Quellblock dieses Indexes übertragen worden ist. Fehlerhafte Übertragungen liegen vor, wenn ein Block der i-ten Teilmenge am Kanalausgang von einem Quellblock der Nummer $j \neq i$ stammt. Für die ungestörte Übertragung kommen nicht alle hochwahrscheinlichen Ausgangsblöcke in Frage, sondern nur der Anteil

$$\frac{Q_h(\mathcal{B})}{Q_h(\mathcal{B} \mid \mathcal{A}')} = 2^{n(H(\mathcal{B}) - H(\mathcal{B} \mid \mathcal{A}'))} \,. \tag{1.153}$$

Wie die rechte Seite zeigt, ist dies die Zahl der Blöcke, welche die Nutzinformation nTr übertragen. Im Kanalmodell gibt es nun auch $Q_h(\mathcal{A}' \mid \mathcal{B})$ unterscheidbare Blöcke, welche als hochwahrscheinliche Ursachen für einen Ausgangsblock in Frage kommen. Gibt es von den Endpunkten eines entsprechenden Rückschlußfächers im Kanalmodell nur einen Übergang zu einem Quellblock, dann entspricht dies der Nutzung eines gewählten Kodewortes. Die Wahrscheinlichkeit der fehlerfreien Übertragung eines Quellblockes der Länge m, $P_{\text{fehlerfrei}}$, ist damit gleich der bedingten Wahrscheinlichkeit, daß es unter den $Q_h(\mathcal{A}' \mid \mathcal{B})$ Blöcken insgesamt $Q_h(\mathcal{A}' \mid \mathcal{B}) - 1$ gibt, die nicht zu einem Kodewort führen (d. h. nicht zufällig für die Kodierung benutzt werden) und einen einzigen Block, der für die o.a. Kodierung verwendet wird. Die Wahrscheinlichkeit, daß eine beliebige hochwahrscheinliche Kanaleingangsinformation nicht kodiert ist, ergibt sich mit (1.152) zu

$$1 - P_k = 1 - \frac{Q_h}{Q_h(\mathcal{A}')} \,. \tag{1.154}$$

Die Wahrscheinlichkeit der fehlerfreien Übertragung lautet

$$P_{\text{fehlerfrei}} = \left(1 - \frac{Q_h}{Q_h(\mathcal{A}')}\right)^{Q_h(\mathcal{A}' \mid \mathcal{B}) - 1} \,. \tag{1.155}$$

Wegen $Q_h(\mathcal{A}' \mid \mathcal{B}) \gg 1$ und $Q_h/Q_h(\mathcal{A}') \ll 1$ ist folgende Näherung zulässig

$$P_{\text{fehlerfrei}} \approx 1 - \frac{Q_h}{Q_h(\mathcal{A}')} Q_h(\mathcal{A}' \mid \mathcal{B}) \,. \tag{1.156}$$

Die Wahrscheinlichkeit der fehlerbehafteten Übertragung ist

$$P_f = 1 - P_{\text{fehlerfrei}} \,, \quad \text{d. h.,}$$

$$P_f = \frac{Q_h Q_h(\mathcal{A}' \mid \mathcal{B})}{Q_h(\mathcal{A}')} = 2^{mH(\mathcal{A}) - n(H(\mathcal{A}') - H(\mathcal{A}' \mid \mathcal{B}))} \,. \tag{1.157}$$

Diese Beziehung läßt sich umformen in

$$P_f = 2^{-\frac{n}{v_k}\left(F_k - F_k(\mathcal{A}' \mid \mathcal{B}) - \frac{m}{n}\frac{v_k}{v_Q} F_Q\right)}, \tag{1.158}$$

wobei $F_k(\mathcal{A}' \mid \mathcal{B})$ der Äquivokationsfluß im Kanal ist. Sind die Dauer eines Quellblockes und die Dauer eines Kanalblocks gleich, also

$$T = \frac{n}{v_k} = \frac{m}{v_Q}, \tag{1.159}$$

dann wird aus Gl. (1.158)

$$P_f = 2^{-\frac{m}{v_Q}(C - v_Q H(\mathcal{A}))}. \tag{1.160}$$

Für $m \to \infty$ oder $n \to \infty$ folgt aus dieser Beziehung

$$\lim_{T\to\infty} P_f = 0. \tag{1.161}$$

Unter der Bedingung $C - F_Q > 0$ ist für $n, m \to \infty$ bzw. $T \to \infty$ eine völlig fehlerfreie Informationsübermittlung durch den gestörten Übertragungskanal möglich. Technisch läßt sich aber die Übertragung mit unendlich langen Blöcken nicht realisieren. Das Arbeiten mit endlich langen Blöcken hat zur Folge, daß schließlich doch ein endlicher Fehler in Kauf genommen werden muß. Auf der Grundlage von (1.160) kann jedoch diejenige Blocklänge m gefunden werden, die einen Übertragungsfehler $P_f < P_\varepsilon$ gewährleistet. Da, wie gezeigt, unter den möglichen Kodierungen bei $C > F_Q = v_Q H(\mathcal{A})$ stets eine zu finden ist, bei der die Größe P_f nicht überschritten wird, sind die Behauptungen 1 und 2 auf Seite 30/31 bewiesen.

Wir nehmen nun an, daß die Quellblöcke mit der Geschwindigkeit

$$v_Q H(\mathcal{A}) = C + 2\varepsilon, \qquad \varepsilon > 0, \tag{1.162}$$

kodiert werden können, um damit eine Fehlinformation $v_Q H(\mathcal{A}' \mid \mathcal{A}) \leqq \varepsilon$ zu erhalten. Der Nutzinformationsfluß ist dann

$$v_Q\big(H(\mathcal{A}) - H(\mathcal{A} \mid \mathcal{A}')\big) \geqq C + \varepsilon, \tag{1.163}$$

also größer als C, was der Definition der Kanalkapazität widerspricht. Einen Widerspruch gibt es nicht, wenn angenommen wird, daß bei $v_Q H(\mathcal{A}) > C$ die Informationen mit von Null verschiedenem Äquivokationsfluß $v_Q H(\mathcal{A} \mid \mathcal{A}') > \varepsilon$ übertragen werden. Damit sind auch die Behauptungen 3 bis 5 auf Seite 31 bewiesen.

Aus der Beweisführung des Hauptsatzes der Informationstheorie lassen sich noch einige bemerkenswerte Aussagen treffen. Zunächst werde angenommen, daß der Umfang des Kodealphabetes den Wert N_k besitzt (bei Binärkodierung ist $N_k = 2$). Die relative Redundanz am Ausgang der Kodierungsvorrichtung ist dann

$$r = \frac{H(\mathcal{A}')_{\max} - H(\mathcal{A}')}{H(\mathcal{A}')_{\max}} = 1 - \frac{F_k}{v_k \operatorname{ld} N_k}. \tag{1.164}$$

Dies ist wegen $F_k = F_Q$ identisch mit

$$r = 1 - \frac{v_Q H(\mathcal{A})}{v_k \operatorname{ld} N_k}. \tag{1.165}$$

Unter der Annahme, daß $C = v_k \cdot Tr_{\max} > v_Q H(\mathcal{A})$ ist, ergibt sich ein Mindestwert der relativen Redundanz am Kanaleingang von

$$r_{\min} \geqq 1 - \frac{C}{v_k \operatorname{ld} N_k} + r_0 , \tag{1.166}$$

wobei $r_0 > 0$ ist. Setzen wir für $C = v_k(H(\mathcal{A}') - H(\mathcal{A}' \mid \mathcal{B}))$, dann ergibt sich

$$r = \frac{\operatorname{ld} N_k - H(\mathcal{A}')}{\operatorname{ld} N_k} + \frac{H(\mathcal{A}' \mid \mathcal{B})}{\operatorname{ld} N_k} . \tag{1.167}$$

Der erste Term auf der rechten Seite von (1.167) stellt die relative Redundanz am Kanaleingang dar, wenn die Kodiereinrichtung keine gleichverteilten Symbole liefert. Der zweite Ausdruck ist die erforderliche relative Redundanz, um Störeinflüsse (d. h. Übertragungsfehler, die größer als P_f sind) zu beseitigen.

Im folgenden soll noch die Redundanz von Quelle und Kodiereinrichtung berechnet werden, wenn eine Übertragungsfehlerwahrscheinlichkeit P_f nicht überschritten werden darf. Mit (1.131) läßt sich (1.160) wie folgt schreiben:

$$\operatorname{ld} P_f = - m \frac{H(\mathcal{A})}{H(\mathcal{A}')} (C/v_k - H(\mathcal{A}')) . \tag{1.168}$$

Wegen

$$\frac{H(\mathcal{A})}{H(\mathcal{A}')} = \frac{\operatorname{ld} N - R_Q}{\operatorname{ld} N_k - R_k} = a \tag{1.169}$$

ergibt sich

$$\operatorname{ld} P_f = - m \left(\frac{C}{v_k} - H(\mathcal{A}') \right) \frac{\operatorname{ld} N - R_Q}{\operatorname{ld} N_k - R_k} . \tag{1.170}$$

In (1.169) und (1.170) bedeuten R_Q bzw. R_k die absolute Quellenredundanz bzw. die Redundanz des Kodierers. Aus (1.170) folgt, daß bei endlicher Blocklänge m und endlicher Differenz $C/v_k - H(\mathcal{A}')$

$$\lim_{a \to \infty} P_f = 0 \tag{1.171}$$

ist. Die Fehlerwahrscheinlichkeit strebt demzufolge nach Null, wenn gilt

$$\operatorname{ld} N - R_Q \gg \operatorname{ld} N_k - R_k . \tag{1.172}$$

Sind die Alphabetumfänge N und N_k vergleichbar groß, dann bedeutet dies, daß sich für

$$R_Q \gg R_k \tag{1.173}$$

kleine Übertragungsfehler ergeben.

Schließlich soll noch darauf verwiesen werden, daß sich aus dem Hauptsatz der Informationstheorie eine unvermeidbare Zeitverzögerung des Informationsübertragungsprozesses ergibt. Die Kodierung einer Information der Dauer T nach der Methodik, die bei der Beweisführung angewandt wurde, kann nur beginnen, wenn sich der gesamte Block in der Kodiervorrichtung befindet. Entsprechend kann die Dekodierung erst nach Empfang des gesamten Zeichenblockes erfolgen. Die gesamte Zeitverzögerung beträgt

$$\Delta t = 2T + t_x . \tag{1.174}$$

Dabei ist t_z die Zeit, die für das Kodieren und Dekodieren sowie für den Durchgang der informationstragenden Signale durch den Kanal erforderlich ist. Für sehr lange Blöcke ist $\Delta t \approx 2T$. Damit ergeben sich aus dem Hauptsatz der Informationstheorie in der Formulierung

$$P_f = 2^{-T(C - v_Q H(\mathcal{A}))} \tag{1.175}$$

die folgenden Aussagen:

1. Die verlustarme Übertragung von Informationen über gestörte Übertragungskanäle ist umso besser, je länger die Zeichenblöcke sind ($T \sim m$).
2. Die Zeitverzögerung beim Übertragungsprozeß ist umso größer, je störfester die Übertragung erfolgen soll.
3. Die Übertragungsfehler sind umso kleiner, je schlechter die verfügbare Kanalkapazität ausgenutzt wird, d. h., je größer die Differenz $C - F_Q$ ist.
4. Störfestigkeit, Zeitverzögerung und Ausnutzungsgrad der Kanalkapazität sind untereinander austauschbar.
5. Da der technische und ökonomische Aufwand für die Kodierung und Dekodierung stark mit der Blockdauer T bzw. mit der Blocklänge $m \sim T$ anwächst und mit zunehmendem T die zeiteffektive Übertragung sinkt, wird im allgemeinen bevorzugt, Blocklänge einzusparen und die verlustarme Informationsübertragung durch gestörte Kanäle zu Lasten einer geringeren Ausnutzung der Kanalkapazität zu realisieren. Es versteht sich, daß auf diesem Gebiet Optimierungsmöglichkeiten vorhanden sind.

2. Signaltheorie

2.1. Definition und Klassifikation von Signalen

Die Kybernetik als allgemeine Wissenschaft vom Gewinnen, Übertragen, Speichern und Verarbeiten von Informationen und damit als umfassende Lehre von der Steuerung und Regelung widerspiegelt informationelle Gesetzmäßigkeiten der objektiven Realität. Informationelle Prozesse, z. B. Steuerungsvorgänge, können nur in Verbindung mit anderen materiellen Prozessen vonstatten gehen. Das ergibt sich daraus, daß Information stets an materielle Träger gebunden ist. Den materiellen *Träger der Information* nennen wir *Signal*. Bezüglich ihrer Erscheinungsformen sind Signale unendlich mannigfaltig. Die gewählte Signaldefinition muß daher sehr global gehalten sein. Präzisierungen des Signalbegriffes werden später unter einschränkenden Bedingungen vorgenommen. Uns soll zunächst die Frage interessieren: Durch welche allgemeine Eigenschaft muß eine materielle Erscheinung oder ein Objekt ausgezeichnet sein, um als Informationsträger zu dienen? Das charakteristische Merkmal des Informationsträgers besteht darin, daß er verschiedene zeitliche oder/und räumliche Zustände annehmen kann. Somit können Objekte, die in Zeit und Raum irgendwelchen Zustandsänderungen unterliegen, als Informationsträger, d. h. als Signale, dienen. In diesem Sinne besitzt jedes Signal mindestens einen ausgewählten Parameter, der die Informationen über das betreffende Objekt beinhaltet bzw. abbildet. Diese Größe heißt Informationsparameter des Signals.

Jedes Signal ist nur in Raum und Zeit existent. Es ist daher stets möglich, Signale als Funktionen von höchstens drei Ortskoordinaten und einer Zeitkoordinate t darzustellen. Wie Tabelle 2.1 zeigt, ist nicht jede Koordinate eines Signals bezüglich seiner Fähigkeit, Information zu tragen, relevant. Es gibt Autoren, welche bei Signalen zwischen sog. „Konfigurationen" und „Vorgängen" unterscheiden. Konfigurationen sind Signale, bei denen die Zeit keine Rolle spielt, z. B. alle zeitlich unveränderlich stehenden Bilder. Ändert sich der Informationsparameter mit der Zeit, dann wird von Vorgängen gesprochen.

Für die Informationsübertragung sind nicht alle Signaleigenschaften gleichermaßen wichtig. Bei vielen Übertragungsprozessen ist z. B. die Gesamtenergie eines Signals unwesentlich. Spektrale Energieverteilung, Signalform und -dauer haben jedoch im allgemeinen eine sehr große Bedeutung.

Im folgenden werden Signale nach dem Grad ihrer Determiniertheit, nach ihrer Quantisiertheit oder inneren Struktur und nach ausgewählten mathematisch-physikalischen Eigenschaften klassifiziert. Diese zunächst willkürlich erscheinende Einteilung zielt darauf ab, gewisse Grundeigenschaften von Signalen zu erfassen und mathematische Signalmodelle zu entwickeln. Qualitative und quantitative Darstellung von Signalen ermöglichen eine entsprechende Behandlung und Bewertung von Signalübertragungs- und -verarbeitungsprozessen.

Tab. 2.1. Ortsabhängige sowie orts- und zeitabhängige Signale

Art und Zahl der unabhängigen Koordinaten	Beispiel
1 Ortskoordinate	linienhaft (einspurig) gespeicherte Signalaufzeichnung auf Film oder Magnetband
2 Ortskoordinaten	flächenhafte Signalspeicherung, unbewegte Bilder; Schriftzeichen auf einer Druckseite
3 Ortskoordinaten	stehende Raumbilder, Schriftzeichen in einem Buch; Speicherung magnetischer Signale in mehrlagigen Ferritkernspeichern
1 Ortskoordinate Zeitkoordinate	bewegte linienhafte Signalaufzeichnungen
2 Ortskoordinaten Zeitkoordinate	bewegte ebene Bilder (z. B. Fernsehbild); Schreibvorgänge
3 Ortskoordinaten Zeitkoordinate	bewegte Raumbilder; Empfangsfeldstärke von Sendern kosmischer Flugkörper an terrestrischen Antennen

Signalklassifikation bezüglich der Determiniertheit

Analog zur Prozeßklassifikation in Kapitel 1.1 können Signale nach ihrer Determiniertheit eingeteilt werden. Demzufolge gibt es zwei qualitativ unterschiedliche Signalklassen: Die Menge aller *determinierten Signale,*

$$S_{\text{det}} = \{x \mid E_{\text{det}}\}$$

und die Menge aller *stochastischen Signale,*

$$S_{\text{stoch}} = \{x \mid E_{\text{stoch}}\} .$$

Alle determinierten Signale besitzen die Eigenschaft E_{det}: Bei gegebenen Anfangsbedingungen sind die Werte des Signales zu jedem Zeitpunkt bekannt oder berechenbar. Die harmonische Schwingung ist ein typischer Vertreter determinierter Signale. Stochastische Signale haben die Eigenschaft E_{stoch}: Die Signalwerte sind Zufallsgrößen; sie sind durch Wahrscheinlichkeitsverteilungen bzw. mit den Gesetzmäßigkeiten der Stochastik beschreibbar. Als Beispiele für stochastische Signale lassen sich anführen: die Feldstärke an einer Empfangsantenne, die Intensität, mit der eine Nachrichtenvermittlungseinrichtung in Anspruch genommen wird, die Intensität der kosmischen Strahlung an einem bestimmten Ort usw.

Determinierte Signale spielen in der Übertragungstechnik, z. B. für den Informationstransport (Modulation) oder als Testsignale, zwar eine große Rolle, sie enthalten jedoch prinzipiell keine Information. Information ist definitionsgemäß neues Wissen oder beseitigte Ungewißheit (vgl. Abschnitt 1.). Da ein determiniertes Signal einen stets bekannten Verlauf besitzt, besteht bereits *vor* seinem Empfang Kenntnis über seine Parameter, d. h., es gibt keinerlei Ungwißheit mehr zu beseitigen. *Träger von Informationen* können nur *stochastische Signale* sein. Da die Werte eines stochastischen Signals Zufallsgrößen sind, besteht darüber vor dem Empfang stets ein bestimmter Unbekanntheitsgrad. Dieser wird beim Empfang des Signals beseitigt; Bezüglich des Empfängers ist Information entstanden.

Signalklassifikation bezüglich der Quantisiertheit

Den Begriff des Quantisierens oder der Quantelung hat die Signaltheorie aus der Physik übernommen. Dort umfaßt der Quantisierungsbegriff die Naturerscheinung, daß Energie nur in bestimmten Quanten (Portionen) übertragen werden kann. Hier geht es darum, die Existenz eines Kontinuums oder der Diskretheit von Signalparametern und das Überführen von Kontinua in diskrete Bereiche auszudrücken.

Ausgangspunkt der Signalklassifikation unter dem Gesichtspunkt der Quantisiertheit sind folgende Definitionen: Ein Signal heißt *analog*, wenn die Werte des Informationsparameters in einer metrischen Menge M jeden beliebigen Wert annehmen können. Für M gilt: card M ist überabzählbar unendlich. Ein Signal heißt *diskret*, wenn die Werte des Informationsparameters in einer metrischen Menge M nur ganz bestimmte Werte annehmen. Hier gilt für M: card M ist endlich oder abzählbar unendlich. Der Informationsparameter als Merkmalsgröße ist bei einem diskreten Signal *quantisiert*; er besitzt eine endliche Anzahl von Wertestufen.

Bezüglich der Zeitabhängigkeit eines Signals gibt es zwei Signalklassen: kontinuierliche und diskontinuierliche Signale. Ein Signal heißt *kontinuierlich*, wenn sich die Werte des Signals in einem Zeitintervall $\hat{T}$ zu jedem Zeitpunkt ändern können oder wenn das Signal zu jedem beliebigen Zeitpunkt $t \in \hat{T}$, card $\hat{T}$ ist überabzählbar unendlich, gewonnen werden kann. Das Kennzeichen eines *diskontinuierlichen* Signals besteht darin, daß sich seine Werte in einem Zeitintervall $\hat{T}$ (card $\hat{T}$ ist endlich oder abzählbar unendlich) nur zu bestimmten Zeitpunkten ändern können oder gewinnen lassen. Bei diskontinuierlichen Signalen ist die Zeitkoordinate quantisiert. Die Quantisierungsstufen der Zeitachse müssen nicht äquidistant sein. Die Begriffe kontinuierlich und diskontinuierlich lassen sich auch verallgemeinern (s. Tab. 1.1, kontinuierliche und diskontinuierliche Informationsquellen).

Die bisherigen Ausführungen über quantisierte und nichtquantisierte Signale mögen verdeutlichen, daß es im engeren Sinne eigentlich nur vier Signalklassen gibt:

analoge kontinuierliche Signale,
analoge diskontinuierliche Signale,
diskrete kontinuierliche Signale und
diskrete diskontinuierliche Signale.

Wir betrachten nun ein analoges kontinuierliches Signal gemäß Abb. 2.1. Dieses Signal läßt sich quantisieren nach der *Amplitude* (Abb. 2.1a, Ergebnis: diskretes kontinuierliches Signal), nach der Zeit (Abb. 2.1b, Ergebnis: analoges diskontinuierliches Signal) sowie nach der *Amplitude und Zeit* (Abb. 2.1.c, Ergebnis: diskretes diskontinuierliches Signal).

Jedem Wert des nach Amplitude *und* Zeit quantisierten Signals lassen sich beliebig gewählte Zeichen eindeutig zuordnen. Eine Zuordnung dieser Art nennt man bekanntlich *Kodierung*. Der ursprüngliche Signalverlauf ist somit durch eine Folge von Kodezeichen ersetzbar. Im vorliegenden Fall entspricht der Signalverlauf nach dem doppelten Quantisierungsprozeß (Amplitude und Zeit) der Kodezeichenfolge cefffedcbcd... Den Übergang von analogen kontinuierlichen Signal zur Folge diskreter Zeichen nennt man *Digitalisierung*. Ein digitales Signal ist also ein diskretes Signal, bei dem die diskrete Wertefolge kodiert werden kann. Die Kodezeichen lassen sich übertragen und auf der Empfangsseite wieder in das digitale Signal dekodieren.

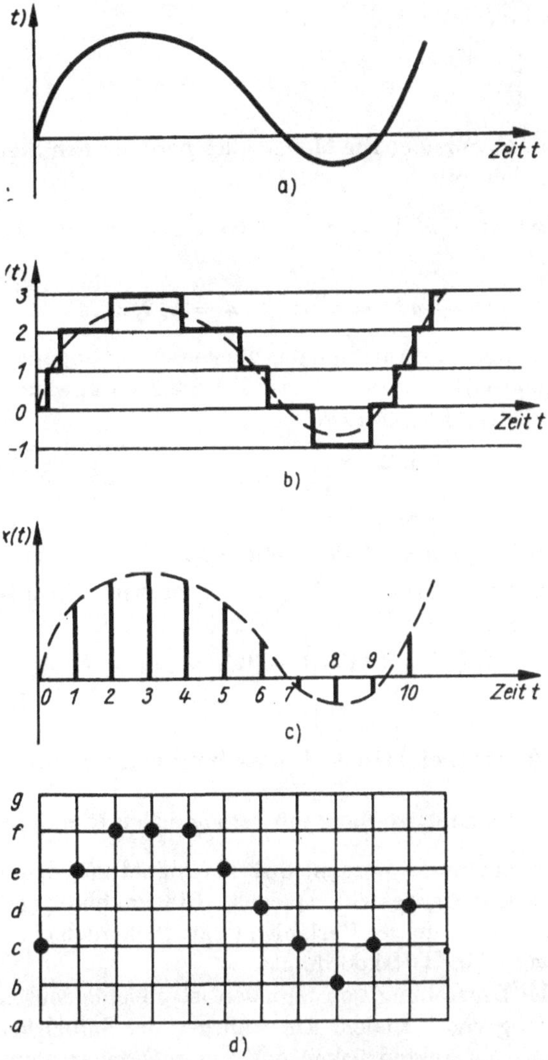

Abb. 2.1. Analoges kontinuierliches Signal (a); Amplitudenquantisierung (b); Zeitquantisierung (c) und (d) Quantisierung nach Amplitude und Zeit (Digitalisierung des ursprünglichen Signales)

Signalklassifikation nach ausgewählten mathematisch-physikalischen Eigenschaften

Bestimmte gemeinsame Eigenschaften oder Charakteristika von Signalen ermöglichen es, über die bisherigen Einteilungsprinzipien hinaus Signalklassen zu bilden. Die folgenden Klassifizierungen fassen Signale zusammen, die vom physikalischen Charakter her wie auch vom Standpunkt der mathematischen Behandlung Gemeinsamkeiten besitzen. Ohne Anspruch auf Vollständigkeit lassen sich zusammenfassen: *Menge aller harmonischen Signale*: Diese Menge ist gegeben durch

$$S_h = \{x \mid x(t) = \text{Re}\,[e^{\alpha + j(\omega t + \varphi)}]; \quad -\infty < t < \infty; \quad \alpha, \omega, \varphi \in R\}\,.$$

Eine andere Darstellung ist

$$S_{\mathrm{h}} = \left\{x \,\middle|\, \frac{\mathrm{d}^2x(t)}{\mathrm{d}t^2} + \lambda x(t) = 0; \quad -\infty\, t < \infty; \quad \lambda \in R\right\}.$$

Menge aller periodischen Signale: Die Menge aller periodischen Signale mit der Periodendauer T ist gegeben durch

$$S_{\mathrm{per}}(T) = \{x \mid x(t + nT) = x(t); \quad -\infty < t < \infty; \; n = 1, 2, 3, \ldots\}.$$

Die Beziehung

$$x(t + nT) = x(t); \qquad n = 1, 2, 3, \ldots,$$

heißt Periodizitätsbedingung. Auf Signale, die dieser Bedingung genügen, läßt sich die FOURIER-Reihenentwicklung (vgl. Abschnitt 2.2.2.1.) anwenden.

Menge der Signale mit begrenzter Energie:

$$S_{\mathrm{E}} = \left\{x \,\middle|\, \int_{-\infty}^{\infty} x^2(t)\,\mathrm{d}t \leqq k; \quad k \in R\right\}.$$

Menge der Signale mit begrenzter Dauer: Mit $S_{\mathrm{D}}(\hat{T})$ bezeichnen wir die Menge von Signalen, die nur im Zeitintervall $-\hat{T} \leqq t \leqq \hat{T}$ existiert. Das ist gleichbedeutend mit

$$S_{\mathrm{D}}(\hat{T}) = \{x \mid x(t) = 0; \quad \forall t\colon |t| > \hat{T}\}.$$

2.2. Mathematische Darstellung von Signalen

2.2.1. Signaldarstellung mit orthogonalen Funktionen

Im folgenden soll angenommen werden, daß ein Signal $x(t)$ den Werteverlauf einer beliebigen physikalischen Größe widerspiegelt. Die unabhängige Variable t ist im allgemeinen die Zeit. Man kann der Variablen t natürlich auch eine andere Bedeutung zuordnen, beispielsweise eine Ortskoordinate.

Die mathematische Darstellung von Signalen ist gleichbedeutend mit der mathematischen Modellierung von Signalen. Ein Anliegen der Signaltheorie besteht darin, Signale durch Funktionen auszudrücken und mit möglichen Funktionaltransformationen die physikalisch-technische oder erkenntnistheoretische Aussagefähigkeit über Signale zu vertiefen. Praktisch auftretende Signalverläufe können so kompliziert sein, daß es wünschenswert ist, sie durch einfachere Funktionen zu approximieren oder gar fehlerlos zu ersetzen. Diese Aufgabe ist mit Hilfe orthogonaler Funktionen bzw. orthonormaler Funktionensysteme lösbar.

Zwei Funktionen, $x_i(t)$ und $x_j(t)$, sind im Intervall $t_1 < t < t_2$ *orthogonal*, wenn gilt

$$\int_{t_1}^{t_2} x_i(t)\, x_j(t)\,\mathrm{d}t = 0; \quad i \neq j. \tag{2.1}$$

Ein *orthonormales* System von Funktionen liegt vor, wenn gilt

$$\int_{t_1}^{t_2} x_i(t)\, x_j(t)\,\mathrm{d}t = \begin{cases} 0, & i \neq j, \\ 1, & i = j. \end{cases} \tag{2.2}$$

Im Intervall $t_1 < t < t_2$ läßt sich jedes orthonormale System verwenden, um eine beliebige Funktion $x(t)$ als Reihe darzustellen

$$x(t) = \sum_{i=1}^{\infty} a_i x_i(t) \tag{2.3}$$

mit

$$a_i = \int_{t_1}^{t_2} x(t)\, x_i(t)\, \mathrm{d}t; \qquad i = 1, 2, 3 \ldots .$$

Die Funktionen $x_i(t)$ in den obigen Beziehungen heißen auch Entwicklungs- oder Standardfunktionen. Ihre mathematischen Eigenschaften sind durch die Orthogonalität gegeben.

Nun soll die Frage beantwortet werden: Welcher Fehler entsteht, wenn die Funktion $x(t)$ durch die endliche Reihe

$$x^*(t) = \sum_{i=1}^{n} a_i x_i(t) \tag{2.4}$$

approximiert wird? Es ist üblich, im gegebenen Intervall $t_1 < t < t_2$ nicht die Differenz $x(t) - x^*(t)$ der Fehlerberechnung zugrundezulegen, sondern den sog. mittleren quadratischen Fehler

$$\overline{\varepsilon^2} = \frac{1}{t_2 - t_1} \int_{t_1}^{t_2} [x(t) - x^*(t)]^2\, \mathrm{d}t = \frac{1}{t_2 - t_1} \int_{t_1}^{t_2} \left[x(t) - \sum_{i=1}^{n} a_i x_i(t)\right]^2 \mathrm{d}t . \tag{2.5}$$

Der mittlere quadratische Fehler ist demnach eine Funktion der Koeffizienten a_i. Um die Bedingung für den minimalen mittleren quadratischen Fehler zu finden, bedarf es der Ableitungen

$$\forall i: \frac{\partial \overline{\varepsilon^2}}{\partial a_i} = 0 .$$

Wir betrachten im folgenden den Fall $i = j$. Da das Zeitintervall $t_2 - t_1$ unveränderlich ist, genügt es, folgende Ableitungen durchzuführen:

$$\frac{\partial}{\partial a_j} \left\{ \int_{t_1}^{t_2} \left[x(t) - \sum_{i=1}^{n} a_i x_i(t)\right]^2 \mathrm{d}t \right\} = 0 .$$

Nach dem Ausmultiplizieren des Integranden treten Ausdrücke der Form $\int x_i(t)\, x_j(t)\, \mathrm{d}t$ auf, die infolge der vorausgesetzten Orthogonalität Null sind. Weiterhin gilt

$$\frac{\partial}{\partial a_j} \int_{t_1}^{t_2} x(t)^2\, \mathrm{d}t = \frac{\partial}{\partial a_j} \int_{t_1}^{t_2} a_i^2 x_i^2(t)\, \mathrm{d}t = \frac{\partial}{\partial a_j} \int_{t_1}^{t_2} a_i x(t)\, x_i(t)\, \mathrm{d}t = 0 .$$

Schließlich bleiben die Ausdrücke übrig

$$\frac{\partial}{\partial a_j} \int_{t_1}^{t_2} [-2a_j\, x(t)\, x_j(t) + a_j^2 x_j^2(t)]\, \mathrm{d}t = 0 .$$

Ausführen der Differentiation ergibt unter Berücksichtigung der Orthonormalität

$$\int_{t_1}^{t_2} x(t)\, x_j(t)\, \mathrm{d}t = a_j \int_{t_1}^{t_2} x_j^2(t)\, \mathrm{d}t = a_j\,. \tag{2.6}$$

Damit ist zunächst gezeigt, daß eine beliebige Zeitfunktion $x(t)$ durch die Summe von n orthogonalen Funktionen angenähert werden kann

$$x(t) \approx \sum_{i=1}^{n} a_i x_i(t)\,. \tag{2.7}$$

Der mittlere quadratische Fehler dieser Näherung ist

$$\overline{\varepsilon^2} = \frac{1}{t_2 - t_1} \left\{ \int_{t_1}^{t_2} x^2(t)\, \mathrm{d}t + \sum_{i=1}^{n} a_i^2 \int_{t_1}^{t_2} x_i^2(t)\, \mathrm{d}t - 2 \sum_{i=1}^{n} a_i \int_{t_1}^{t_2} x(t)\, x_i(t)\, \mathrm{d}t \right\}.$$

Unter Zuhilfenahme der oben abgeleiteten Identität ergibt sich

$$\overline{\varepsilon^2} = \frac{1}{t_2 - t_1} \left[\int_{t_1}^{t_2} x^2(t)\, \mathrm{d}t + \sum_{i=1}^{n} a_i^2 - 2 \sum_{i=1}^{n} a_i^2 \right] = \frac{1}{t_2 - t_1} \left[\int_{t_1}^{t_2} x^2(t)\, \mathrm{d}t - \sum_{i=1}^{n} a_i^2 \right]. \tag{2.8}$$

Dieses Ergebnis zeigt, daß mit zunehmender Zahl n der orthogonalen Funktionen die mittlere quadratische Abweichung (Fehler) der Originalfunktion $x(t)$ von der Näherungsfunktion $x^*(t)$ verringert. Ein orthogonales System heißt *vollständig*, wenn

$$\lim_{n\to\infty} \overline{\varepsilon^2} = 0\,, \tag{2.9}$$

d. h., wenn mit unbegrenzt wachsendem n der mittlere quadratische Fehler Null wird. Die Vollständigkeitsbedingung, auch PARCEVALsche Bedingung genannt, lautet

$$\int_{t_1}^{t_2} x^2(t)\, \mathrm{d}t = \sum_{i=1}^{n} a_i^2\,. \tag{2.10}$$

Mit der Vollständigkeitsbedingung läßt sich begründen, daß es nur eine einzige Funktion $x(t)$ gibt, die sich im Intervall $t_1 < t < t_2$ durch die Reihenentwicklung orthogonaler Funktionen darstellen läßt. Nehmen wir an, $Y_k(t)$, $k = 1, 2, \ldots$, sei eine Folge von Entwicklungsfunktionen, die ein orthonormales System bilden,

$$\int_{t_1}^{t_2} Y_k(t)\, Y_l(t)\, \mathrm{d}t = \begin{cases} 0 & \text{für} \quad k \neq l\,, \\ 1 & \text{für} \quad k = l\,, \end{cases} \qquad k, l = 1, 2, 3, \ldots\,.$$

Die Koeffizienten a_i der Reihe $\sum_i a_i x_i(t) = x(t)$ berechnen sich aus

$$a_i = \int_{t_1}^{t_2} Y_i(t)\, x(t)\, \mathrm{d}t\,.$$

Weiterhin soll die Vollständigkeitsbedingung erfüllt sein, d. h.

$$\int_{t_1}^{t_2} x^2(t)\, \mathrm{d}t = \sum_{i=1}^{\infty} a_i\,.$$

Wenn es nun noch eine weitere Entwicklungsfunktion $Y_0(t)$ gibt, die zu übrigen orthogonal ist, dann muß gelten

$$\int_{t_1}^{t_2} Y_0(t)\, Y_i(t)\, dt = 0; \qquad i = 1, 2, 3, \dots .$$

Daraus ergibt sich als Bestimmungsgleichung für die Koeffizienten der Entwicklungsfunktion $Y_0(t)$

$$a_i = \int_{t_1}^{t_2} Y_0(t)\, Y_i(t)\, dt = 0 .$$

Die Koeffizienten der angenommenen Entwicklungsfunktion verschwinden also. Es gilt dann auch

$$\int_{t_1}^{t_2} Y_0^2(t)\, dt = 0 .$$

Dem vollständigen Orthogonalsystem von Funktionen $x_i(t)$ muß man also keine weitere hinzufügen, um die Originalfunktion $x(t)$ eindeutig darzustellen. Daß nur eine einzige Funktion $x(t) = x_\nu(t)$ existiert, die mit dem vollständigen orthogonalen Funktionssystem beschreibbar ist, geht aus der folgenden Überlegung hervor. Angenommen-es gäbe noch eine Funktion $x_\mu(t) = x(t)$, dann müßte gelten

$$x_\nu(t) = \sum_{i=1}^{\infty} a_i x_i(t) \qquad \text{und} \qquad x_\mu(t) = \sum_{i=1}^{\infty} a_i x_i(t) .$$

Wegen Gültigkeit der Bestimmungsgleichung für die Koeffizienten

$$\forall i\colon\; a_i = \int_{t_1}^{t_2} x(t)\, x_i(t)\, dt$$

muß sein

$$\forall i\colon\; \int_{t_1}^{t_2} [x_\nu(t) - x_\mu(t)]\, x_i(t)\, dt = a_i - a_i = 0 .$$

Die Funktion $x(t)$ wird also durch die Reihe $\sum a_i x_i(t)$ eindeutig wiedergegeben.

Orthogonale Funktionssysteme eignen sich zur mathematischen Darstellung von Signalen besonders dann vorteilhaft, wenn die Entwicklungsfunktionen noch folgende Eigenschaften besitzen: einfache experimentelle Realisierbarkeit und Anschaulichkeit. Von den möglichen orthogonalen Funktionssystemen fanden bisher in der Signaltheorie vor allem harmonische Schwingungen und Exponentialfunktionen Verwendung. In Verbindung mit der Analyse und Synthese diskreter Signale und Systeme bedient man sich in zunehmendem Maße orthogonaler Funktionssysteme aus der Familie der Walsh-Funktionen.

2.2.2. Determinierte Signale

Wie bereits erläutert, enthalten determinierte Signale im informationstheoretischen Sinne keine Information, denn bei gegebenen Anfangsbedingungen ist der Signalverlauf zu jedem Zeitpunkt eine bekannte Größe. Dennoch besitzen determinierte Signale für die Signaltheorie und die Theorie und Technik der Informationsübertragung große Bedeutung:

1. Die mathematische Darstellung determinierter Signale ist verhältnismäßig unkompliziert und überschaubar.
2. Der für die Behandlung determinierter Signale entwickelte mathematische Apparat läßt sich unter noch festzulegenden Bedingungen auf die Darstellung stochastischer Signale übertragen.
3. Determinierte Signale werden für die Untersuchung der dynamischen Eigenschaften von Systemen angewandt.
4. Die Informationsübertragung erfolgt unter Verwendung determinierter Signale. Von großer praktischer Bedeutung ist die Möglichkeit der Mehrfachausnutzung von Informationsübertragungskanälen durch Modulation. Modulation ist die Beeinflussung determinierter Vorgänge durch stochastische (Abschnitt 2.4).

Bei der mathematischen Darstellung von determinierten Signalen soll der Leser auf eine Hauptaufgabe der Signaltheorie orientiert werden: auf die *zeitliche* und *spektrale* Darstellung von Signalen und auf die *Gleichwertigkeit* beider Darstellungsformen. Die zeitliche und spektrale Darstellung ist nicht auf determinierte Vorgänge beschränkt, sondern auch bei stochastischen signifikant. Die moderne Signal- bzw. Informationsübertragungstechnik wäre ohne die Nutzung der Ergebnisse der Spektralanalyse stochastischer Prozesse und Signale gar nicht denkbar. Aus didaktischer Sicht erscheint es sinnvoll, daß wir uns vorerst auf determinierte Vorgänge beschränken.

Wir wollen nun die Begriffe zeitliche und spektrale Darstellung von Signalen etwas näher erläutern: Ein Signal $x(t)$ sei das mathematische Modell einer physikalischen Größe. Dabei soll t die Zeit bedeuten. Somit gibt $x(t)$ die zeitliche Abhängigkeit der betrachteten Größe wieder. Es ist nun möglich, den gleichen physikalischen Sachverhalt in Abhängigkeit von einer anderen Kategorie, z. B. der Frequenz, zu betrachten. Die so gewonnene Abhängigkeit nennt man in Anlehnung an den Sprachgebrauch der Physik spektrale Darstellung. Im erweiterten Sinne bedeutet die spektrale Darstellung das eindeutige Abbild eines Signals $x(t)$ in einem Funktionssystem, in welchem nicht t, sondern eine andere Größe unabhängige Variable ist.

2.2.2.1. Periodische Signale

Die Menge aller periodischen Signale einer festen Periodendauer T

$$S_{\text{per}} = \{x \mid x(t + nT) = x(t);\quad n = 1, 2, 3, \dots\} \tag{2.11}$$

ist durch die *Periodizitätsbedingung*

$$x(t + nT) = x(t);\qquad n = 1, 2, 3, \dots, \tag{2.12}$$

ausgezeichnet. Gehorchen periodische Signale $x(t)$ den Dirichletschen Bedingungen,

– $x(t)$ läßt sich innerhalb einer Periode in endlich viele Teilintervalle mit jeweils monotonem Verlauf zerlegen
– $x(t)$ darf innerhalb einer Periode T nur eine endliche Zahl von Unstetigkeitsstellen mit endlichem Grenzwert besitzen,

dann sind sie durch das von Fourier eingeführte orthogonale Funktionssystem darstellbar

$$x(t) = \frac{a_0}{2} + \sum_{n=1}^{\infty} (a_n \cos n\omega_0 t + b_n \sin n\omega_0 t)\,. \tag{2.13}$$

Das ist die *trigonometrische* Form der FOURIER-Reihe für die periodische Funktion $x(t)$ mit der Periodendauer

$$T = \frac{1}{f_0} = \frac{2\pi}{\omega_0} . \tag{2.14}$$

Dabei bedeutet f_0 die *Grundfrequenz* von $x(t)$; $\omega_0 = 2\pi f_0$ heißt *Kreisfrequenz*. Die Einheit der reellen Frequenz f_0 ist $1 \text{ s}^{-1} = 1$ Hz; die Kreisfrequenz ω_0 hat die Einheit Radian/s. Die FOURIER-Koeffizienten der obigen Reihe lauten

$$a_n = \frac{2}{T} \int_0^T x(t) \cos n\omega_0 t \, dt , \tag{2.15}$$

$$b_n = \frac{2}{T} \int_0^T x(t) \sin n\omega_0 t \, dt . \tag{2.16}$$

Für $n = 0$ erhält man

$$a_0 = \frac{2}{T} \int_0^T x(t) \, dt . \tag{2.17}$$

Eine andere Form der trigonometrischen FOURIER-Reihe ist

$$x(t) = \sum_{n=0}^{\infty} c_n \cos (n\omega_0 t + \varphi_n) \tag{2.18}$$

mit

$$c_n = \sqrt{a_n^2 + b_n^2} \tag{2.19}$$

und

$$\varphi_n = - \arctan (b_n/a_n) . \tag{2.20}$$

Völlig gleichwertig mit der trigonometrischen FOURIER-Reihe ist die *komplexe* FOURIER-Reihe:

$$x(t) = \sum_{n=-\infty}^{\infty} X_n \, e^{jn\omega_0 t} . \tag{2.21}$$

Die Größen X_n heißen *spektrale Amplituden*. Im Allgemeinfall sind dies komplexe Größen

$$X_n = \frac{1}{T} \int_{-T/2}^{T/2} x(t) \, e^{-jn\omega_0 t} \, dt = |X_n| \, e^{j\Theta n} = \frac{1}{2} (a_n - jb_n) \tag{2.22}$$

$$X_{-n} = \frac{1}{T} \int_{-T/2}^{T/2} x(t) \, e^{jn\omega_0 t} \, dt = |X_{-n}| \, e^{-j\Theta n} = \frac{1}{2} (a_n + jb_n) . \tag{2.23}$$

a_n und b_n sind die FOURIER-Koeffizienten der trigonometrischen FOURIER-Reihe. Dem Betrage nach sind die spektralen Amplituden X_n und X_{-n} gleich groß: $|X_n| = |X_{-n}|$.

Es soll nun anhand der FOURIER-Reihenentwicklung periodischer Funktionen die zeitliche und spektrale Darstellung von Signalen betrachtet werden. Wie die trigonometrische FOURIER-Reihe zeigt, kann ein periodisches Signal $x(t)$ dargestellt werden als Summe von Sinus- und Kosinusschwingungen. Es treten aber nur Schwingungsanteile mit einem ganzzahligen Vielfachen der Grundschwingung auf, d. h. Schwingungen mit den Kreisfrequenzen ω_0, $2\omega_0$, $3\omega_0$, $4\omega_0$, ... Jede dieser „Harmonischen" besitzt eine wohldefinierte Amplitude a_n bzw. b_n $(n = 1, 2, 3, ...)$.

Trägt man die Amplituden der Einzelschwingungen über der Kreisfrequenz ω auf, dann erhält man das *diskrete Amplitudenspektrum* des periodischen Zeitvorganges: Nur an den Stellen $\omega = n\omega_0$ $(n = 1, 2, 3, ...)$ existieren Amplitudenwerte. Das diskrete Amplitudenspektrum ist die spektrale Darstellungsweise des periodischen Signals. Es vermittelt zugleich in anschaulicher Form, wie groß der Anteil einer bestimmten Harmonischen am Gesamtsignalverlauf $x(t)$ ist.

Zwei einfache Beispiele mögen zeitliche und spektrale Darstellungen periodischer Signale verdeutlichen:

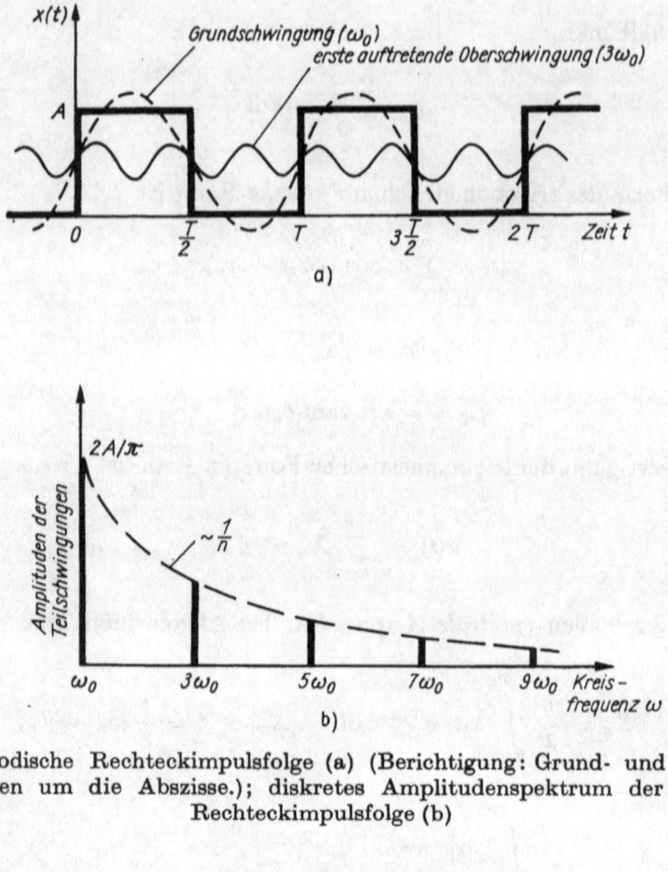

Abb. 2.2. Periodische Rechteckimpulsfolge (a) (Berichtigung: Grund- und Oberschwingung schwingen um die Abszisse.); diskretes Amplitudenspektrum der periodischen Rechteckimpulsfolge (b)

Es sei die periodische Folge von Rechteckimpulsen

$$x(t) = \begin{cases} A & \text{für} \quad 0 < t < T/2\,, \\ 0 & \text{für} \quad T/2 < t < T\,. \end{cases}$$

gegeben (Abb. 2.2a). Die FOURIER-Koeffizienten lauten:

$$a_0 = \frac{2}{T}\int_0^T x(t)\,\mathrm{d}t = \frac{2}{T}\int_0^{T/2} A\,\mathrm{d}t = A\,,$$

$$a_n = \frac{2}{T}\int_0^T x(t)\cos n\omega_0 t\,\mathrm{d}t = \frac{2}{T}\int_0^{T/2} A\cos n\omega_0 t\,\mathrm{d}t = \frac{2A}{n\omega_0 T}\sin n\omega_0 t\Big|_0^{T/2} = 0\,,$$

$$b_n = \frac{2}{T}\int_0^T x(t)\sin n\omega_0 t\,\mathrm{d}t = \frac{2}{T}\int_0^{T/2} A\sin n\,\omega_0 t\,\mathrm{d}t =$$

$$= -\frac{2A}{n\omega_0 T}\cos n\omega_0 t\Big|_0^{T/2} = \frac{A}{n\pi}(1-\cos n\pi)\,.$$

Von Null verschiedene Koeffizienten b_n ergeben sich nur bei ungeradem n. Die FOURIER-Reihe für das gegebene Signal $x(t)$ lautet somit

$$x(t) = \frac{A}{2} + \frac{2A}{\pi}\left(\sin\omega_0 t + \frac{1}{3}\sin 3\omega_0 t + \frac{1}{5}\sin 5\omega_0 t + \ldots\right). \tag{2.23}$$

In Abb. 2.2a sind die Grundschwingungen und die erste existierende Oberschwingung mit eingetragen. Das der zeitlichen Darstellung entsprechende Amplitudenspektrum zeigt Abb. 2.2b. Das gegebene Signal $x(t)$ besitzt nur an den Stellen $\omega = 0$, ω_0, $3\omega_0$, $5\omega_0$, ... Amplituden. Der Anteil der einzelnen Frequenzen am Gesamtspektrum ist um so kleiner, je größer die Zahl n ist, $A \sim 1/n$.

Das zweite Beispiel zeigt eine Anwendung der komplexen FOURIER-Reihe. Gegeben sei die periodische Folge von Rechteckimpulsen der Dauer τ (Abb. 2.3a)

$$x(t) = \begin{cases} A & \text{für } -\dfrac{\tau}{2} < t < \dfrac{\tau}{2}\,, \\ 0 & \text{für } -\dfrac{T}{2} < t < -\dfrac{\tau}{2}\,;\quad \dfrac{\tau}{2} < t < \dfrac{T}{2}\,. \end{cases}$$

Die komplexen Amplituden lauten

$$X_n = \frac{1}{T}\int_{-T/2}^{T/2} x(t)\,\mathrm{e}^{-jn\omega_0 t}\,\mathrm{d}t = \frac{A}{T}\int_{-\tau/2}^{\tau/2} \mathrm{e}^{-jn\omega_0 t}\,\mathrm{d}t = -\frac{A}{jn\omega_0 T}\,\mathrm{e}^{-jn\omega_0 t}\Big|_{-\tau/2}^{\tau/2}$$

$$= \frac{2A}{n\omega_0 T}\,\frac{\mathrm{e}^{jn\omega_0\tau/2} - \mathrm{e}^{-jn\omega_0\tau/2}}{2j}\,.$$

Unter Benutzung der EULERschen Beziehung $\mathrm{e}^{\pm jx} = \cos x \pm j\sin x$ erhält man

$$X_n = \frac{2A}{n\omega_0 T}\sin\left(\frac{n\omega_0\tau}{2}\right).$$

Wir erweitern mit τ und setzen für $\omega_0 = 2\pi/T$. Damit wird

$$X_n = A\,\frac{\tau}{T}\cdot\frac{\sin(n\pi\tau/T)}{n\pi\tau/T}\,. \tag{2.24}$$

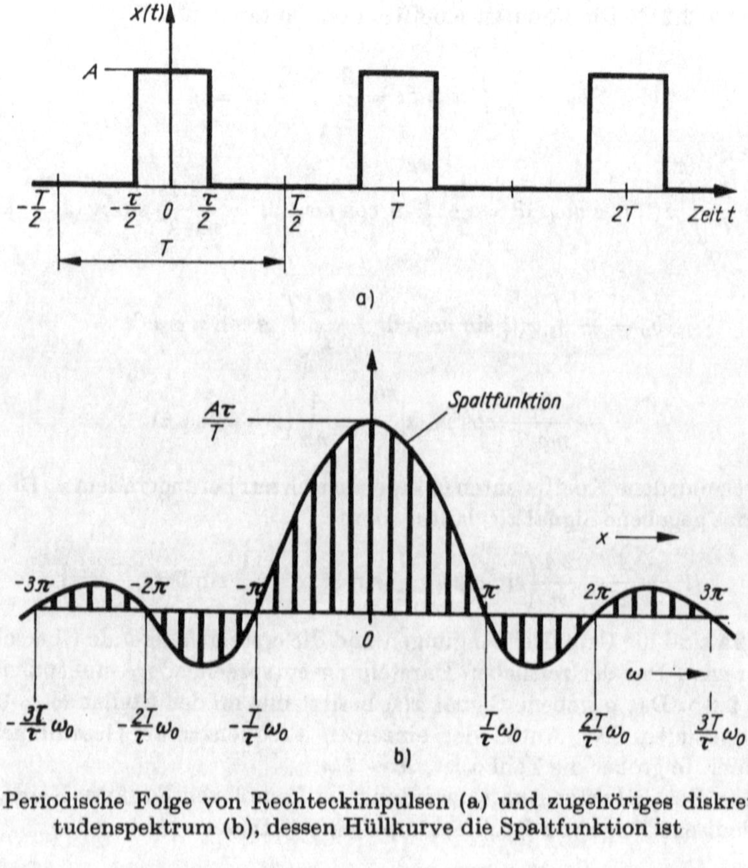

Abb. 2.3. Periodische Folge von Rechteckimpulsen (a) und zugehöriges diskretes Amplitudenspektrum (b), dessen Hüllkurve die Spaltfunktion ist

Der letzte Faktor ist die Spaltfunktion $\mathrm{si}\, x = \frac{\sin x}{x}$ mit dem Argument $x = n\pi\tau/T$ (s. Abb. 2.3b). Sie hat an der Stelle $x = 0$ den Wert $\lim\limits_{x\to 0} \frac{\sin x}{x} = 1$ und Nullstellen bei $x = \pm\pi$, $x = \pm 2\pi$, $\pm 3\pi$ usw. Das bedeutet $X_n = 0$ für $\omega = n \frac{T}{\tau} \omega_0 = n\pi$ ($n = \pm 1, \pm 2, \ldots$). Die komplexe Amplitude X_n des Rechteckimpulses ist eine reelle Größe! Da die Spaltfunktion eine gerade Funktion ist, gilt $X_n = X_{-n}$. Die gegebene Rechteckimpulsfolge lautet als komplexe FOURIER-Reihe

$$x(t) = A \frac{\tau}{T} \sum_{n=-\infty}^{\infty} \mathrm{si} \left\{ \frac{n\pi\tau}{T} \right\} \mathrm{e}^{jn\omega_0 t} . \tag{2.25}$$

Das Amplitudenspektrum ist auch hier diskret. Nur bei den Kreisfrequenzen $\omega = 0$, $\pm 2\pi/T$, $\pm 4\pi/T$, $\pm 6\pi/T$ usw. (bzw. bei $x = n\pi\tau/T$; $n = 0, \pm 1, \pm 2, \ldots$) sind spektrale Amplituden vorhanden. Der Betrag der spektralen Amplituden X_n ist durch den Verlauf der Spaltfunktion festgelegt. Die Spaltfunktion stellt die *Hüllkurve* des diskreten Amplitudenspektrums der Rechteckimpulsfolge dar. Beim Vergrößern der Periode T wird die Grundfrequenz $\omega_0 = 2\pi/T$ immer kleiner. Infolgedessen nimmt die Zahl der Spektrallinien in einem vorgegebenem Frequenzintervall zu. Mit wachsendem T erscheinen also immer mehr Spektrallinien. Bei $T \to \infty$ geht das diskrete Spektrum in ein kontinuierliches über. Der Grenzfall stellt den einmaligen Rechteckimpuls dar. Die Form des Frequenzspektrums bleibt beim Übergang $T \to \infty$ erhalten. Sie wird durch die Impulsform (Höhe und Impulsdauer τ) bestimmt.

2.2.2.2. Nichtperiodische Signale

Die zeitliche und Spektralanalyse wird im folgenden für Signale durchgeführt, die der Forderung

$$\int_{-\infty}^{\infty} |x(t)| \, dt < \infty \tag{2.26}$$

und den DIRICHLETschen Bedingungen genügen:

— Der Definitionsbereich von $x(t)$ kann in eine endliche Anzahl von Intervallen aufgeteilt werden, wobei in jedem Intervall $x(t)$ monoton und stetig ist,
— an jeder Unstetigkeitsstelle existieren die Grenzwerte $x(t - 0)$ und $x(t + 0)$.

Auf Signale, die diese Forderungen erfüllen, läßt sich die FOURIER-Transformation anwenden. Wir werden von der integralen FOURIER-Transformation zur diskreten FOURIER-Transformation übergehen, falls der Signalverlauf im endlichen Intervall $0,T$ in N äquidistante Abschnitte aufgeteilt werden kann. Schließlich werden wir zur WALSH-Transformation übergehen, wenn das betrachtete Signal im Intervall $0,T$ diskontinuierlich ist und nur zwei diskrete Wertestufen annehmen kann. Bei mehr als zwei diskreten Wertestufen wird eine spezielle diskrete FOURIER-Transformation Anwendung finden, die wir WCF-FOURIER-Transformation nennen.

Fourier-Transformation — spektrale Amplitudendichte

Die FOURIER-Transformierte des nichtperiodischen zweiseitig begrenzten Signals $x(t)$,

$$\mathcal{F}\{x(t)\} = X(\omega) = \int_{-\infty}^{\infty} x(t) \, e^{-j\omega t} \, dt \,, \tag{2.27}$$

heißt *spektrale Amplitudendichte* oder Spektralfunktion. Die spektrale Amplitudendichte ist eine *komplexe kontinuierliche* Funktion mit dem *reellen* Argument $\omega = 2\pi f$; das bedeutet

$$X(\omega) = A(\omega) - jB(\omega) = |X(\omega)| \, e^{-j\varphi(\omega)} \,. \tag{2.28}$$

Den Realteil, $A(\omega)$, und den Imarginärteil, $B(\omega)$, erhält man, indem auf die obige Definitionsgleichung die EULERsche Beziehung angewandt wird

$$A(\omega) = \int_{-\infty}^{\infty} x(t) \cos \omega t \, dt \,, \tag{2.29}$$

$$B(\omega) = \int_{-\infty}^{\infty} x(t) \sin \omega t \, dt \,. \tag{2.30}$$

Der Phasenwinkel hat den Wert

$$\varphi(\omega) = \arctan \frac{B(\omega)}{A(\omega)} \,, \tag{2.31}$$

und der Betrag der spektralen Amplitudendichte ist

$$|X(\omega)| = \left| \sqrt{A^2(\omega) + B^2(\omega)} \right| . \tag{2.32}$$

Aus der spektralen Amplitudendichte ergibt sich der Zeitvorgang $x(t)$ durch die Fourier-Rücktransformation

$$\mathcal{F}_{-1}\{X(\omega)\} = x(t) = \frac{1}{2\pi} \int_{-\infty}^{\infty} X(\omega)\, \mathrm{e}^{j\omega t}\, \mathrm{d}\omega\,. \tag{2.33}$$

Die spektrale Amplitudendichte $X(\omega)$ ist das Bild des Signals $x(t)$ im Frequenzbereich. Die Darstellung eines Signals in der Form $x(t)$ gibt an, wie groß die reelle Signalamplitude zu jedem Zeitpunkt ist. Aus der spektralen Amplitudendichte $X(\omega)$ kann entnommen werden, wie groß der Amplitudenanteil einer bestimmten Frequenz ist. Die spektrale Amplitudendichte hat die Dimension Amplitude je Frequenzeinheit. Es sei hervorgehoben, daß die (komplexe) spektrale Amplitudendichte $X(\omega)$ bzw. der (reelle) Betrag $|X(\omega)|$ nichtperiodischer Signale stetige Verteilungen sind. Während periodische Signale $x(t)$ ein diskretes Frequenzspektrum besitzen, verfügen nichtperiodische über ein nichtdiskretes (kontinuierliches) Spektrum.

Einige wichtige Eigenschaften der Fourier-Transformation werden nun ohne Beweisführung angegeben:

1. Additionssatz: Ist

$$\mathcal{F}\{x_1(t)\} = X_1(\omega) \quad \text{und} \quad \mathcal{F}\{x_2(t)\} = X_2(\omega)\,,$$

dann gilt

$$\mathcal{F}\{x_1(t) + x_2(t)\} = X_1(\omega) + X_2(\omega)\,. \tag{2.34}$$

2. Proportionalitätssatz: Ist a eine Konstante, dann gilt

$$\mathcal{F}\{ax(t)\} = aX(\omega)\,. \tag{2.35}$$

Sind $a_1, a_2, \ldots, a_n$ Konstante, dann gilt auch

$$\mathcal{F}\left\{\sum_{i=1}^{n} a_i x_i(t)\right\} = \sum_{i=1}^{n} a_i X_i(\omega) \quad \text{mit} \quad \mathcal{F}\{x_i(t)\} = X_i(\omega)\,.$$

3. Ähnlichkeitssatz: Ist a eine reelle Konstante, dann gilt

$$\mathcal{F}\{x(at)\} = \frac{1}{|a|} X\left(\frac{\omega}{a}\right) \tag{2.36}$$

und

$$\mathcal{F}\left\{\frac{1}{a} x\left(\frac{t}{a}\right)\right\} = X(a\omega)\,. \tag{2.37}$$

Im Ähnlichkeitssatz kommen wichtige Signaleigenschaften bei Maßstabsänderungen zum Ausdruck: Streckung oder Stauchung im Zeitbereich führen zur jeweils reziproken Änderung im Frequenzbereich.

4. Verschiebungssätze: Es sei ω_0 eine konstante Kreisfrequenz und $x(t)$ ein nichtperiodisches Signal. Dann gilt

$$\mathcal{F}\{x(t)\, \mathrm{e}^{j\omega_0 t}\} = X(\omega - \omega_0)\,. \tag{2.38}$$

(*Frequenzverschiebungssatz* oder *Modulationstheorem*). Wenn t_0 eine konstante Zeit ist, dann gilt der *Zeitverschiebungssatz*

$$\mathcal{F}\{x(t - t_0)\} = X(\omega)\, \mathrm{e}^{-j\omega t_0}\,. \tag{2.39}$$

Aus dem Zeitverschiebungssatz folgt, daß eine Zeitverschiebung um t_0 am Betrag der spektralen Amplitudendichte $|X(\omega)|$ nichts ändert. Es ändert sich nur die Phase um $-\omega t_0$.

Aus dem Modulationstheorem folgt z. B.

$$x(t) \cos \omega_0 t = \tfrac{1}{2} [x(t) e^{j\omega_0 t} + x(t) e^{-j\omega_0 t}]$$

und

$$\mathcal{F}\{x(t) \cos \omega_0 t\} = \tfrac{1}{2} [X(\omega + \omega_0) + X(\omega - \omega_0)] \tag{2.40}$$

(s. auch Abschnitt 2.3).

5. ***Symmetriesatz***: Der Symmetriesatz beinhaltet die Vertauschbarkeit der Argumente von Zeit- und Spektralbereich. Ist $\mathcal{F}\{x(t)\} = X(\omega)$, dann gilt auch

$$\mathcal{F}\{X(t)\} = 2\pi x(-\omega), \qquad X(t) = 2\pi \mathcal{F}_{-1}\{x(-\omega)\} . \tag{2.41}$$

Für reelle gerade Funktionen $x(t) = x(-t)$ ist

$$\mathcal{F}\{X(t)\} = 2\pi x(\omega) . \tag{2.42}$$

6. ***Differentiationssätze***: Differentiation im Zeitbereich bedeutet Multiplikation mit $j\omega$ im Frequenzbereich:

$$\mathcal{F}\left\{\frac{\mathrm{d}x(t)}{\mathrm{d}t}\right\} = j\omega X(\omega) . \tag{2.43}$$

Für die n-te Ableitung von $x(t)$ gilt

$$\mathcal{F}\left\{\frac{\mathrm{d}^n x(t)}{\mathrm{d}t}\right\} = j^n \omega^n X(\omega) . \tag{2.44}$$

Jede Differentiation im Spektralbereich bedeutet Multiplikation mit $-jt$ im Zeitbereich:

$$\mathcal{F}\{-jtx(t)\} = \frac{\mathrm{d}X(\omega)}{\mathrm{d}\omega} \qquad \text{bzw.} \qquad \mathcal{F}\{(-it)^n x(t)\} = \frac{\mathrm{d}^n X(\omega)}{\mathrm{d}\omega^n} . \tag{2.45}$$

7. ***Integrationssatz***: Existiert das Integral $\int_0^t x(\tau)\,\mathrm{d}\tau$, dann gilt für die Fourier-Transformierte

$$\mathcal{F}\left\{\int_0^t x(\tau)\,\mathrm{d}\tau\right\} = \frac{X(\omega)}{j\omega} . \tag{2.46}$$

Sonst gilt

$$\mathcal{F}\left\{\int_{-\infty}^t x(\tau)\,\mathrm{d}\tau\right\} = \left[\frac{1}{j\omega} + \frac{1}{2}\delta(\omega)\right] X(\omega) . \tag{2.47}$$

8. ***Faltungssatz***: Die Faltung einer Funktion ist definiert als

$$x(t) = x_1(t) * x_2(t) = \int_{-\infty}^{\infty} x_1(\tau)\, x_2(t - \tau)\,\mathrm{d}\tau . \tag{2.48}$$

Für die Fourier-Transformierte einer gefalteten Funktion gilt

$$\mathcal{F}\{x_1(t) * x_2(t)\} = X_1(\omega)\, X_2(\omega) . \tag{2.49}$$

Tabelle 2.2 Korrespondenzen der FOURIER-Transformation

Signal $x(t)$		spektrale Amplitudendichte $X(\omega)$	
$x(t) = \delta(t)$	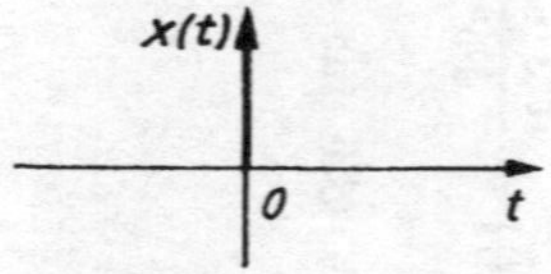	$X(\omega) = 1$	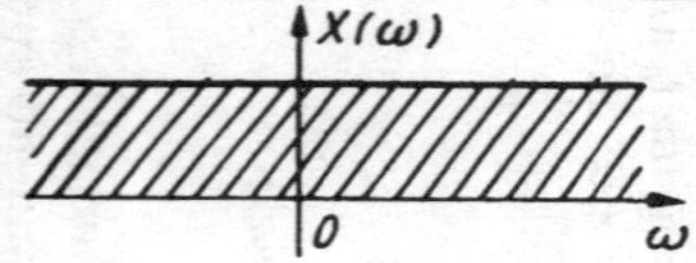
$x(t) = 1(t) = \begin{cases} 1 \text{ für } t > 0 \\ 0 \text{ für } t < 0 \end{cases}$	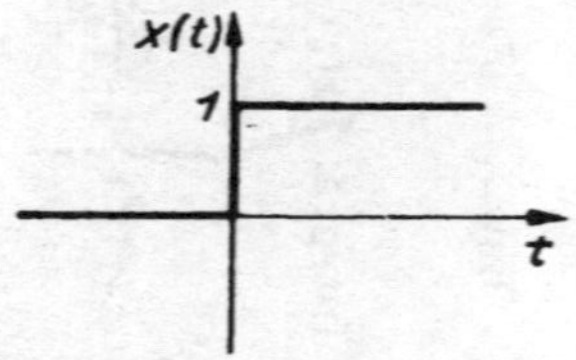	$X(\omega) = \pi\delta(\omega) + \frac{1}{j\omega}$	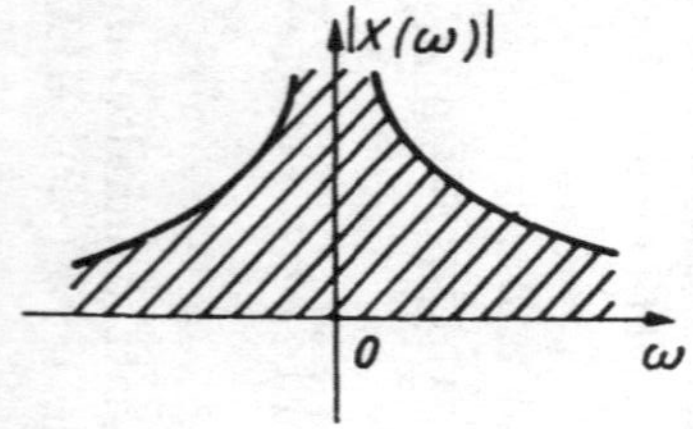
$x(t) = 1$	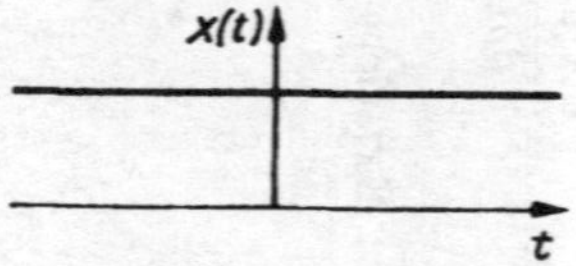	$X(\omega) = 2\pi\delta(\omega)$	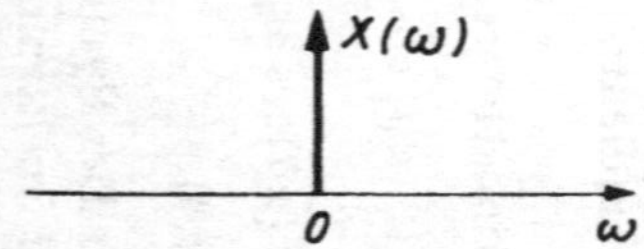
$x(t) = \begin{cases} A \text{ für } \lvert t\rvert < \frac{\tau}{2} \\ 0 \text{ für } \lvert t\rvert > \frac{\tau}{2} \end{cases}$	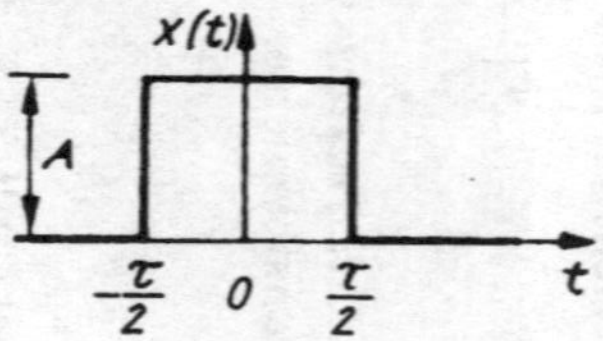	$X(\omega) = A\tau\, \mathrm{si}\left\{\frac{\omega\tau}{2}\right\}$	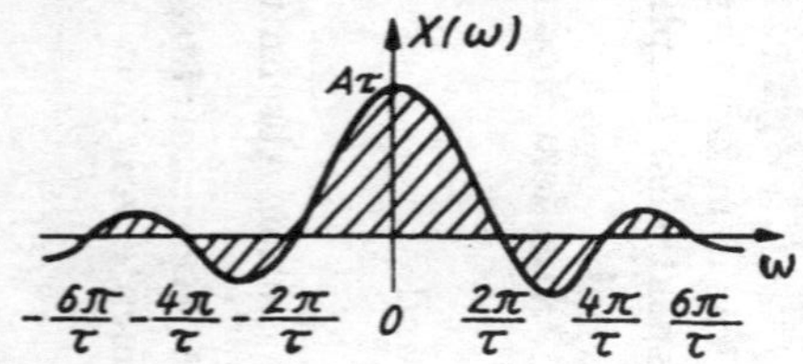

$$x(t) = \begin{cases} e^{-at} \text{ für } t > 0 \\ 0 \quad \text{für } t < 0 \end{cases}$$

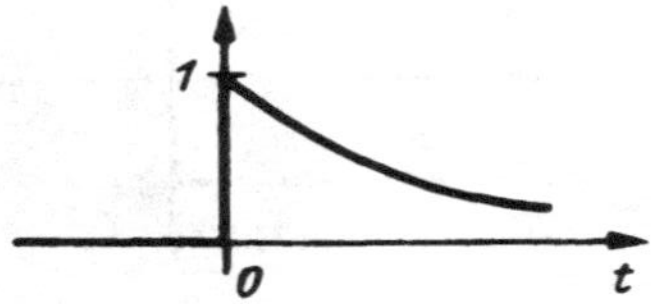

$$X(\omega) = \frac{1}{a + j\omega}$$

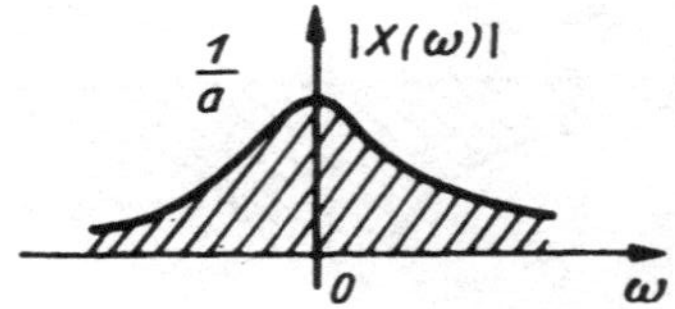

$$x(t) = \begin{cases} te^{-at} & , t > 0 \\ 0 & , t < 0 \end{cases}$$

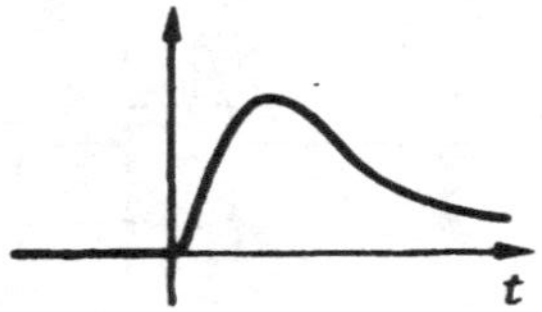

$$X(\omega) = \frac{1}{(a + j\omega)^2}$$

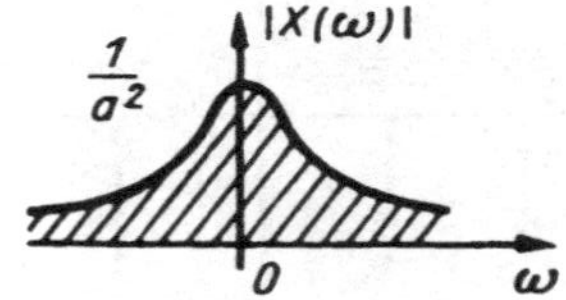

$$x(t) = \sin \omega_0 t$$

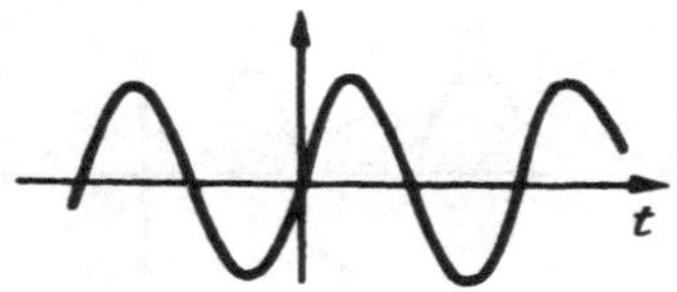

$$X(\omega) = j\pi \left[\delta(\omega - \omega_0) - \delta(\omega + \omega_0) \right]$$

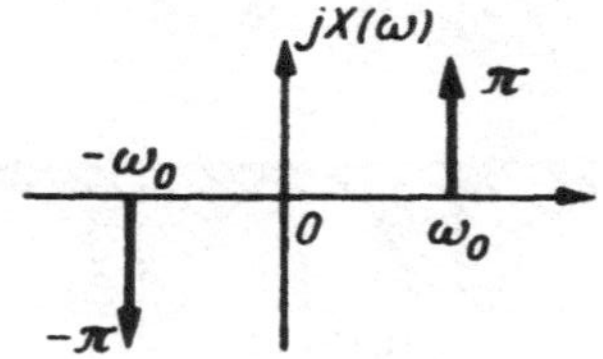

$$x(t) = 1(t) \cdot \sin \omega_0 t$$

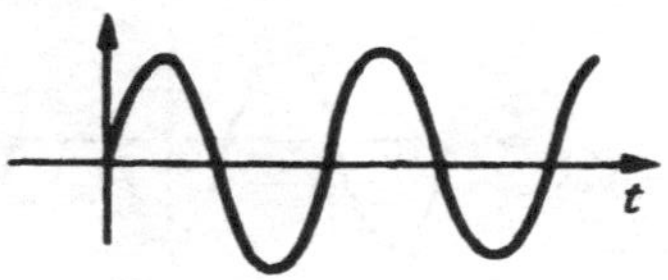

$$X(\omega) = \frac{\pi}{2j} \left[\delta(\omega - \omega_0) - \delta(\omega + \omega_0) \right] + \frac{\omega_0}{\omega_0^2 - \omega^2}$$

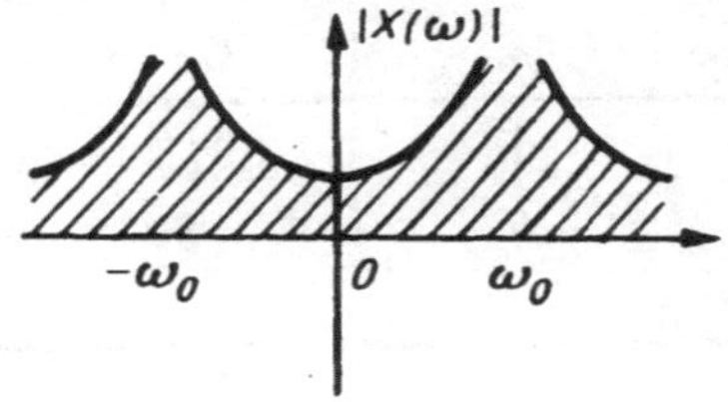

Tabelle 2.2 (Fortsetzung)

Signal $x(t)$		spektrale Amplitudendichte $X(\omega)$	
$x(t) = \cos \omega_0 t$	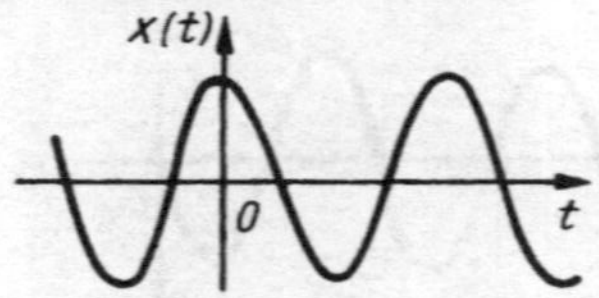	$X(\omega) = \pi [\delta(\omega - \omega_0) + \delta(\omega + \omega_0)]$	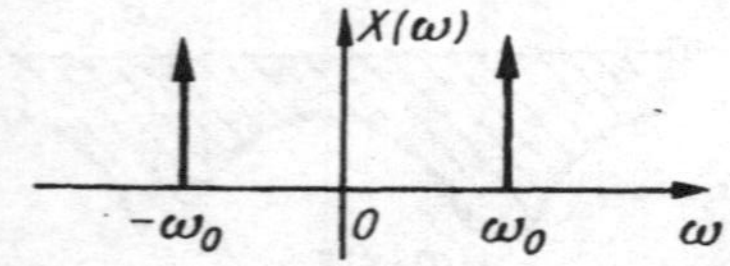
$x(t) = 1(t) \cos \omega_0 t$	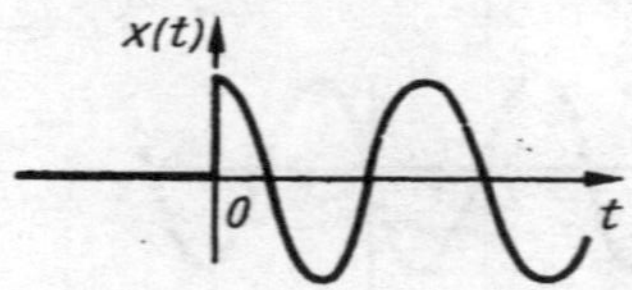	$X(\omega) = \frac{\pi}{2} [\delta(\omega - \omega_0) + \delta(\omega + \omega_0)] + \frac{j\omega}{\omega_0^2 - \omega^2}$	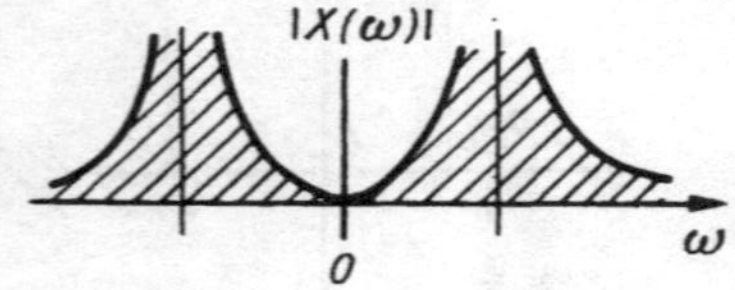
$x(t) = \sum_{n=-\infty}^{\infty} \delta(t - nT)$	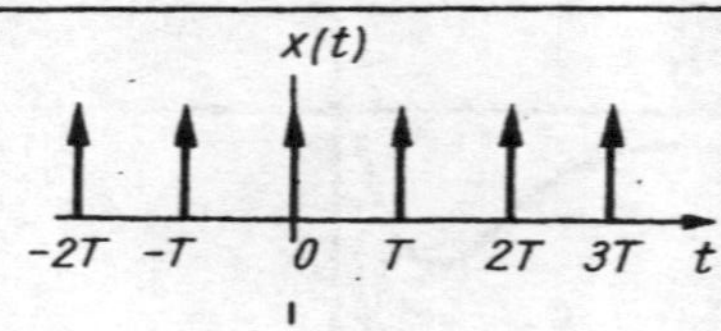	$X(\omega) = \omega_0 \sum_{k=-\infty}^{\infty} \delta(\omega - k\omega_0)$ $\omega_0 = \frac{2\pi}{T}$	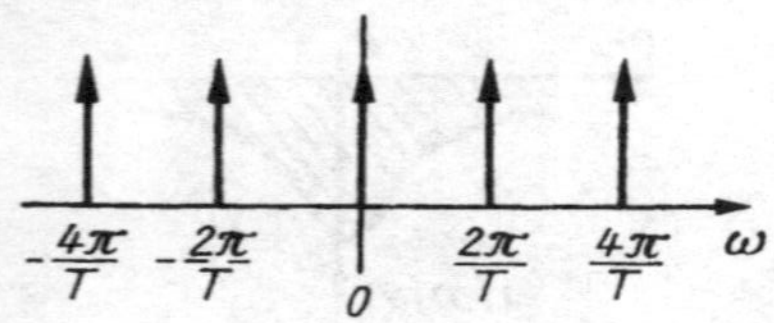
$x(t) = \begin{cases} 1 \text{ für } t > 0 \\ -1 \text{ für } t < 0 \end{cases}$	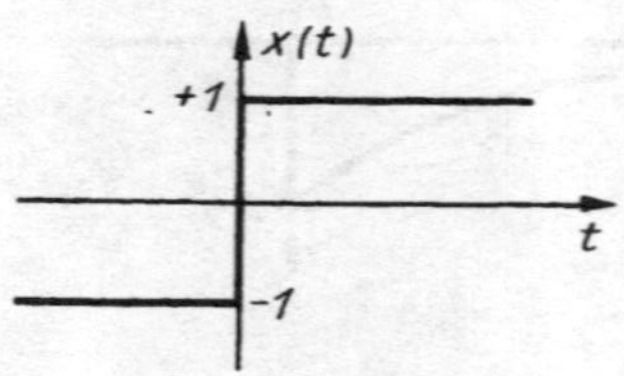	$X(\omega) = -\frac{2j}{\omega}$	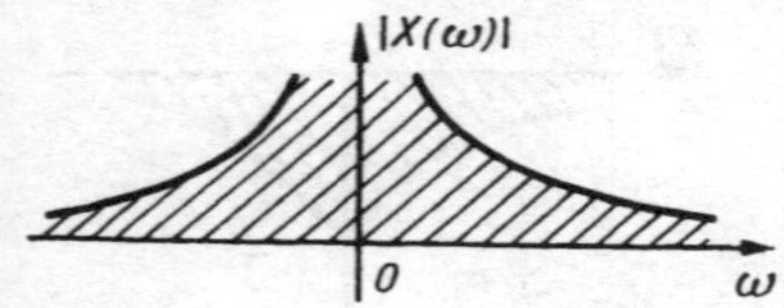

$x(t)$		$X(\omega)$	
$x(t)=\exp\left\{-\frac{t^2}{2\sigma^2}\right\}$	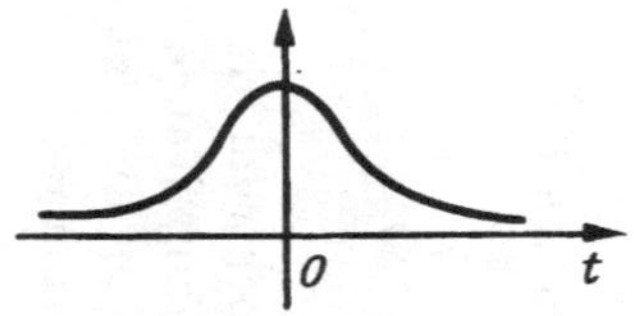	$X(\omega)=\sigma\sqrt{2\pi}\times \exp\left\{-\frac{\sigma^2\omega^2}{2}\right\}$	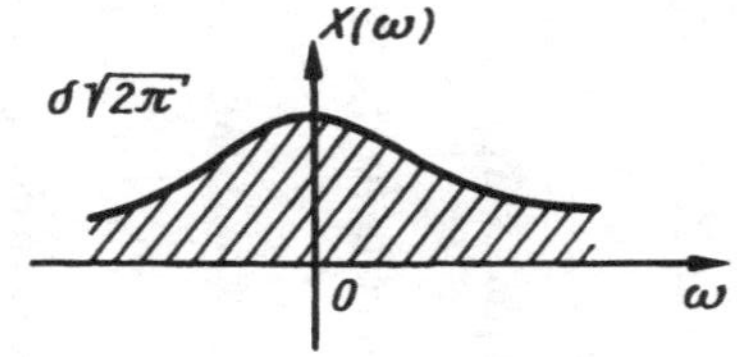
$x(t)=1(t)\,e^{-at}\sin\omega_0 t$	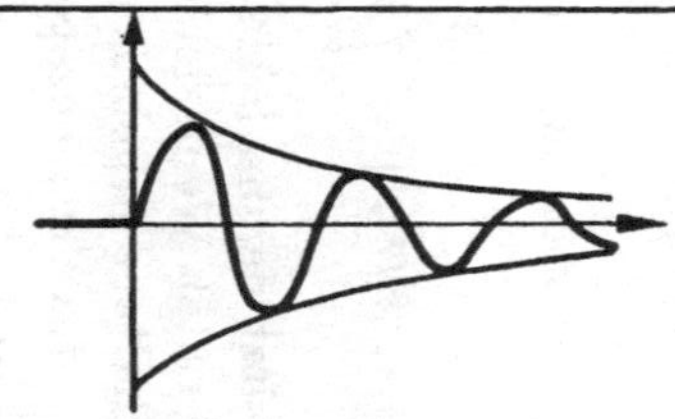	$X(\omega)=\frac{\omega_0}{\omega_0^2+(a+j\omega)^2}$	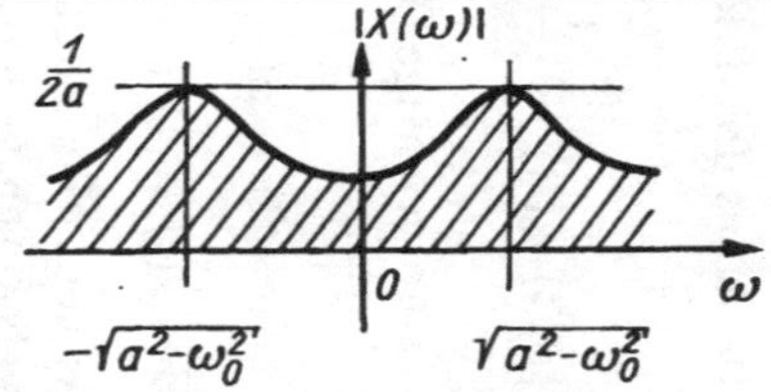
$x(t)=A\,si\left\{\frac{kt}{2}\right\}$	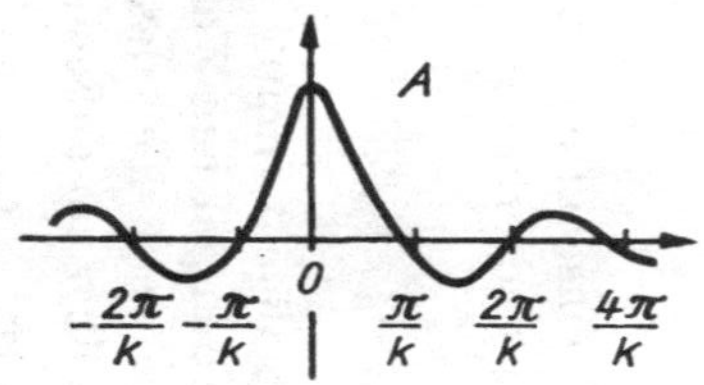	$X(\omega)=\begin{cases}\frac{A\pi}{k} & ;\ \lvert\omega\rvert < k\\ 0 & ;\ \lvert\omega\rvert > k\end{cases}$	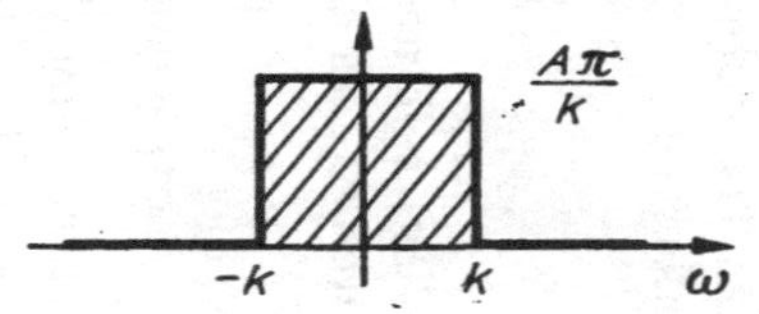

Die FOURIER-Transformierte eines Produkts von Zeitfunktionen führt zur Faltung im Spektralbereich

$$\mathcal{F}\{x_1(t)\, x_2(t)\} = \frac{1}{2\pi}\,[X_1(\omega) * X_2(\omega)]\,. \tag{2.50}$$

Abschließend soll noch eine wichtige Eigenschaft der FOURIER-Transformation angeführt werden. Es gilt

$$x(t) \text{ gerade; } x(t) = x(-t) \Rightarrow X(\omega) \text{ stets reell,}$$

$$x(t) \text{ ungerade; } x(t) = -\,x(-t) \Rightarrow X(\omega) \text{ stets komplex}\,.$$

Tabelle 2.2 enthält eine Übersicht über FOURIER-transformierte determinierter Signale. Zur Anschauung und physikalisch-technischen Interpretation behandeln wir drei ausgewählte Beispiele ausführlich.

FOURIER-*Transformierte des* DIRAC*schen δ-Impulses*: Der δ-Impuls ist definiert durch

$$\delta(t) = \begin{cases} 0\,, & t \neq 0\,, \\ \infty\,, & t = 0\,, \end{cases} \tag{2.51 a}$$

und

$$\int_{-\infty}^{\infty} \delta(t)\,\mathrm{d}t = \int_{-0}^{+0} \delta(t)\,\mathrm{d}t = 1\,. \tag{2.51 b}$$

Weiterhin gelten

$$\int_{-\infty}^{\infty} x(t)\,\delta(t)\,\mathrm{d}t = x(0) \int_{-\infty}^{\infty} \delta(t)\,\mathrm{d}t = x(0) \tag{2.52}$$

und

$$\int_{-\infty}^{\infty} x(t)\,\delta(t-t_0)\,\mathrm{d}t = x(0)\,. \tag{2.53}$$

Diese Eigenschaften der δ-Funktion nutzen wir bei der Berechnung der Spektralfunktion und erhalten

$$X(\omega) = \mathcal{F}\{\delta(t)\} = \int_{-\infty}^{\infty} \delta(t)\,\mathrm{e}^{j\omega t}\,\mathrm{d}t = 1\,. \tag{2.54}$$

Der einmalige δ-Impuls besitzt demnach ein Spektrum, das für alle möglichen Frequenzen den gleichen Wert besitzt. Wenn sich technisch auch keine δ-Impulse erzeugen lassen, so weist doch das erhaltene Ergebnis darauf hin, daß einmalige, sehr schmale Impulse über ein äußerst breites Frequenzspektrum verfügen.

FOURIER-*Transformierte des Einheitssprungs*:
Das gegebene Signal habe die Form

$$x(t) = 1(t) = \begin{cases} 1\,, & t \geqq 0\,, \\ 0\,, & t < 0\,. \end{cases}$$

Die Bedingung $\int_{-\infty}^{\infty} |x(t)|\,\mathrm{d}t < 0$ wird von dem gegebenen Signal nicht erfüllt. Dennoch läßt sich die FOURIER-Transformierte berechnen. Wir setzen

$$x_a(t) = \begin{cases} \mathrm{e}^{-at}\,, & t \geqq 0\,, \\ 0\,, & t < 0\,. \end{cases}$$

Die spektrale Amplitudendichte des Signals $x_a(t)$ ist

$$X_a(\omega) = \int_0^\infty e^{-(a+j\omega)t}\, dt = \frac{1}{a + j\omega}\,.$$

Daraus wird, wenn $\omega \neq 0$ ist,

$$X(\omega) = \lim_{a\to 0} X_a(\omega) = \frac{1}{j\omega}\,; \qquad \omega \neq 0\,.$$

Der Betrag der spektralen Amplitudendichte nimmt proportional zu $1/\omega$ ab. Der Gleichstromfall, $\omega = 0$, bedarf einer besonderen Betrachtung. Die spektrale Amplitudendichte des oben definierten Signals $x_a(t)$ kann geschrieben werden als

$$X_a(\omega) = \frac{a}{a^2 + \omega^2} - \frac{j\omega}{a^2 + \omega^2}.$$

Beim Übergang $a \to 0$ wird aus $X_a(\omega)$ wie oben $1/j\omega$. Der Realteil von X_a wird für $a = 0$ und $\omega = 0$ offenbar unbestimmt. Es läßt sich aber zeigen, daß der Realteil von $X_a(\omega)$ an der Stelle $\omega = 0$ durch eine δ-Funktion darstellbar ist. Es gilt nämlich

$$\delta(\omega) \int_{-\infty}^{\infty} \frac{a}{a^2 + \omega^2}\, d\omega = \pi\delta(\omega)\,.$$

Somit lautet die spektrale Amplitudendichte des Einheitssprungs

$$\mathcal{F}\{1(t)\} = X(\omega) = \pi\delta(\omega) + \frac{1}{j\omega}\,. \tag{2.55}$$

Im sog. Gleichstromfall, $\omega = 0$, besitzt das Frequenzspektrum eine diskrete Spektrallinie! Für $\omega \neq 0$ gilt die Abhängigkeit $|X(\omega)| \sim \omega^{-1}$.

Fourier-*Transformierte des einmaligen Rechteckimpulses*:
Gegeben ist das Signal

$$x(t) = \begin{cases} A & \text{für} \quad |t| \leqq \dfrac{\tau}{2}\,, \\ 0 & \text{für} \quad |t| > \dfrac{\tau}{2}\,. \end{cases}$$

Die spektrale Amplitudendichte lautet

$$X(\omega) = A \int_{-\infty}^{\infty} e^{-j\omega t}\, dt = \frac{A}{-j\omega} (e^{-j\omega\tau/2} - e^{j\omega\tau/2})\,.$$

Anwendung der Euler-Formel führt zu

$$X(\omega) = \frac{2A}{j\omega} j \sin\frac{\omega\tau}{2} = \frac{A\tau}{\frac{\omega\tau}{2}} \sin\left(\frac{\omega\tau}{2}\right),$$

$$X(\omega) = A\tau \,\mathrm{si}\left(\frac{\omega\tau}{2}\right). \tag{2.56}$$

Die Hüllkurve des Frequenzspektrums des einmaligen Rechteckimpulses hat den gleichen Verlauf wie die Hüllkurve des Frequenzspektrums der periodischen Rechteckimpulsfolge: Beide sind durch die Spaltfunktion gegeben. Während aber innerhalb der Hüllkurve des Frequenzspektrums der periodischen Impulsfolge nur *diskrete* Werte (an den Stellen $\omega = n\omega_0$, $n = 0, 1, 2, \ldots$) auftreten, sind innerhalb der Hüllkurve des Frequenzspektrums des einmaligen Rechteckimpulses alle möglichen Amplituden vorhanden. Nur an den Stellen $\omega = \pm\frac{2\pi}{\tau}, \pm\frac{4\pi}{\tau}, \pm\frac{6\pi}{\tau}, \ldots$ ist die spektrale Amplitudendichte Null. Die spektrale Amplitudendichte unterscheidet sich außerdem vom Frequenzspektrum periodischer Signale stets in der Dimension!

Abtasttheorem für frequenz- und zeitbegrenzte Signale

Die im folgenden behandelten sog. Abtasttheoreme sind für die Theorie und Praxis der Signalübertragung und -verarbeitung von fundamentaler Bedeutung. Wir werden die Abtasttheoreme zuerst formulieren und dann beweisen. Dabei machen wir von den vorstehenden Ausführungen über die FOURIER-Transformation Gebrauch.

Zunächst soll erklärt werden, was frequenz- und zeitbegrenzte Signale sind. Die Menge aller frequenzbegrenzten Signale ist gegeben durch

$$S_{\omega_{gr}} = \{x(t) \mid \mathcal{F}\{x(t)\} = X(\omega) = 0 \text{ für } |\omega| > \omega_{gr}\}\,.$$

Es handelt sich somit um Signale, die oberhalb der Frenzfrequenz $\omega_{gr} = 2\pi f_{gr}$ keine spektralen Anteile besitzen. Ein Signal $x(t)$ heißt im Intervall $-T \leqq t \leqq T$ zeitbegrenzt, wenn es Element der Menge

$$S_D(T) = \{x \mid x(t) = 0\,,\ \forall t\colon\ |t| > T\}$$

ist.

Das Abtasttheorem für frequenzbegrenzte Signale lautet: *Ein Signal $x(t)$ mit einer auf den Bereich $|\omega| > \omega_{gr}$ begrenzten spektralen Amplitudendichte ist eindeutig durch eine Folge von Amplitudenwerten bestimmt, die im Zeitabstand $\Delta t \leqq \pi/\omega_{gr} = 1/(2 f_{gr})$ auseinanderliegen.*

Mit anderen Worten bedeutet dies, daß es zur Übertragung der im Signal $x(t)$ enthaltenen Information genügt, wenn $x(t)$ mit einer Frequenz $f_a = 1/\Delta t$ abgetastet wird, die doppelt so groß ist wie die größte in $x(t)$ enthaltene Frequenz f_{gr}.

Das Abtasttheorem für zeitbegrenzte Signale läßt sich wie folgt formulieren: *Das Frequenzspektrum eines auf das Zeitintervall $|t| < \tau$ begrenzten Signals ist vollständig bestimmt, wenn man seine Amplitudenwerte bei den diskreten Frequenzen kennt, die im Abstand $\Delta f \geqq 1/2\tau$ bzw. $\Delta\omega \geqq \pi/\tau$ auseinanderliegen.*

Zum Beweis des Abtasttheorems für frequenzbegrenzte Vorgänge soll angenommen werden, daß $x(t)$ analog und kontinuierlich ist (Abb. 2.4a). Wir führen zunächst die Funktion $\delta_T(t)$ ein, die eine periodische Folge von δ-Impulsen darstellt

$$\delta_T(t) = \sum_{n=-\infty}^{\infty} \delta(t - nT)\,. \tag{2.57}$$

T sei die Periode (Abb. 2.4c). Die FOURIER-Reihe der δ-Impulsfolge lautet

$$\delta_T(t) = \sum_{n=-\infty}^{\infty} X_n\, e^{jn\omega_0 t} \tag{2.58a}$$

mit den komplexen Amplituden

$$X_n = \frac{1}{T} \int\limits_{-T/2}^{T/2} \delta_T(t)\, e^{-jn\omega_0 t}\, dt\,. \tag{2.58b}$$

Im Intervall $-T/2 < t < T/2$ stellt $\delta_T(t)$ die bereits bekannte DIRACsche δ-Funktion dar. Damit hat das obige Integral den Wert Eins, und es gilt: $X_n = 1/T$. Die FOURIER-Reihe der periodischen Folge von δ-Impulsen lautet somit

$$\delta_T(t) = \frac{1}{T} \sum_{n=-\infty}^{\infty} e^{jn\omega_0 t}\,. \tag{2.59}$$

Wir bilden jetzt die FOURIER-Transformierte von $\delta_T(t)$

$$\begin{aligned}\mathcal{F}\{\delta_T(t)\} &= \mathcal{F}\left\{\frac{1}{T} \sum_{n=-\infty}^{\infty} e^{jn\omega_0 t}\right\} = \frac{1}{T} \sum_{n=-\infty}^{\infty} \mathcal{F}\{e^{jn\omega_0 t}\} \\ &= \frac{1}{T} \sum_{n=-\infty}^{\infty} [\mathcal{F}\{\cos n\omega_0 t\} + j\mathcal{F}\{\sin n\omega_0 t\}]\,. \end{aligned} \tag{2.60}$$

Die FOURIER-Transformierten der cos- bzw. sin-Funktion entnehmen wir Tabelle 2.2. Damit ergibt sich als Zwischenergebnis die spektrale Amplitudendichte der δ-Impulsfolge

$$\mathcal{F}\{\delta_T(t)\} = \frac{2\pi}{T} \sum_{n=-\infty}^{\infty} \delta(\omega - n\omega_0)\,. \tag{2.61}$$

Anschaulich bedeutet dies eine periodische Folge von δ-Impulsen im Spektralbereich mit dem Abstand ω_0. Aus dem gegebenen Signal $x(t)$ läßt sich formal eine Folge von Einzelimpulsen (Abtastwerten) bilden, indem man setzt

$$x_a(t) = x(t)\, \delta_T(t)\,.$$

Nach dem Faltungssatz (Gl. (2.50)) ist

$$\begin{aligned}\mathcal{F}\{x(t)\, \delta_T(t)\} &= \frac{1}{2\pi} [\mathcal{F}\{x(t)\} * \mathcal{F}\{\delta_T(t)\}] = \frac{1}{2\pi} X(\omega) * \frac{2\pi}{T} \sum_{n=-\infty}^{\infty} \delta(\omega - n\omega_0) \\ &= \frac{1}{T} \sum_{n=-\infty}^{\infty} X(\omega) * \delta(\omega - n\omega_0)\,. \end{aligned} \tag{2.62}$$

Die Faltung der Funktionen auf der rechten Seite läßt sich ohne Schwierigkeiten ausführen. Es gilt nämlich

$$X(\omega) * \delta(\omega) = \int\limits_{-\infty}^{\infty} X(\omega)\, \delta(\omega - u)\, du = X(\omega)$$

und

$$X(\omega) * \delta(\omega - w) = X(\omega - w)\,.$$

Dieses Ergebnis verwenden wir für die Berechnung der spektralen Amplitudendichte der Folge von Abtastwerten $x_a(t) = x(t)\, \delta_T(t)$ und erhalten

$$X_a(\omega) = \mathcal{F}\{x_a(t)\} = \frac{1}{T} \sum_{n=-\infty}^{\infty} X(\omega - n\omega_0)\,. \tag{2.63}$$

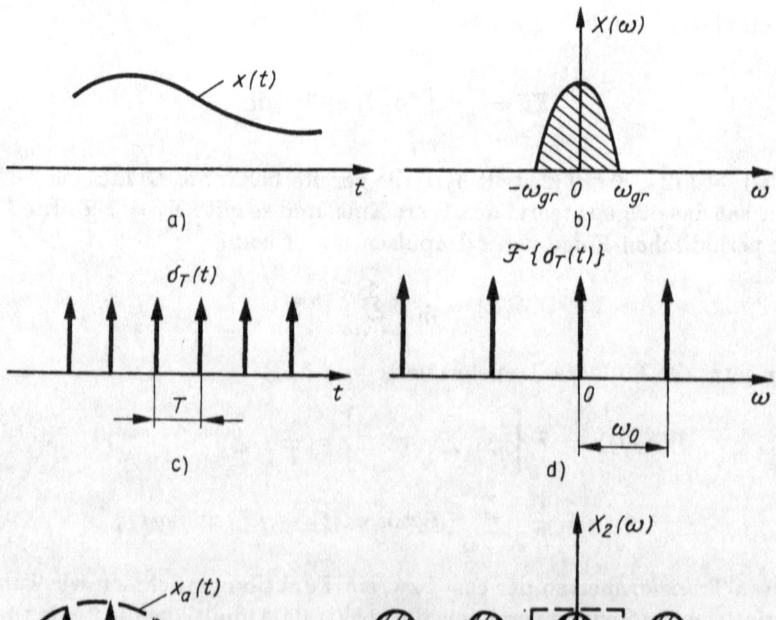

Abb. 2.4. Zum Abtasttheorem für frequenzbegrenzte Signale:
a) gegebenes Signal $x(t)$; b) frequenzbegrenztes Amplitudenspektrum von $x(t)$; c) periodische δ-Impulsfolge; d) spektrale Amplitudendichte der periodischen δ-Impulsfolge; e) abgetastetes Signal $x_a(t)$; f) spektrale Amplitudendichte $X_a(\omega)$ des abgetasteten Signals $x_a(t)$; g) Rekonstruktion des Originalsignals $x(t)$ aus den Abtastwerten

Die rechte Seite stellt ein mit der Periode ω_0 wiederholtes Spektrum $X(\omega)$ dar (beachte: Periodizität im Spektralbereich!). Die periodische Folge der Spektren $X(\omega)$ ist eindeutig voneinander abgegrenzt, solange gilt: $\omega_0 \geqq 2\omega_{gr}$ bzw. $T \leqq 1/(2 f_{gr})$ (vgl. Abb. 2.4f). Unter dieser Bedingung überlappen sich die periodischen spektralen Verteilungen nicht. Das bedeutet mit anderen Worten, daß dann die obige Folge $X_a(\omega) = \mathcal{F}\{x_a(t)\}$ die volle Information über das Signal $x(t)$ enthält. Aus $X_a(\omega) = \mathcal{F}\{x_a(t)\}$ ist die spektrale Amplitudendichte $X(\omega)$ des Signals $x(t)$ erhältlich, wenn alle spektralen Amplituden mit Frequenzen $|\omega| > \omega_{gr}$ ausgefiltert werden. Somit stellen $\omega_0 = 2\omega_{gr}$ bzw. $T = \pi/\omega_{gr}$ diejenigen Grenzen dar, bei denen das Signal $x(t)$ durch die einzelnen Abtastwerte (d. h. durch $x_a(t)$) verlustfrei repräsentiert wird. Bei $\omega_0 < 2\omega_{gr}$ überlappen sich im Spektralbereich die benachbarten Spektren, und $X(\omega)$ kann dann niemals ohne Verluste aus der periodischen Spektrenfolge $X_a(\omega)$ entnommen werden. Das Abtasttheorem für spektral begrenzte Signale ist mit diesen Ausführungen bewiesen. Der Beweis des Abtasttheorems für zeitbegrenzte Signale isg analog; nur sind bei der Beweisführung die Rollen von $X(\omega)$ und $x(t)$ zu vertauschen.

Bevor wir zu den wichtigsten Aussagen der Abtasttheoreme kommen, wollen wir noch zeigen, wie aus einer empfangenen Folge zeitdiskreter Abtastwerte das ursprüngliche analoge *kontinuierliche* Signal wiedergewonnen werden kann. Hierzu ist es notwendig, in der adäquaten Folge $X_a(\omega)$ im Spektralbereich alle Amplituden zu unterdrücken (auszufiltern), die bei $|\omega| > 2\omega_{gr}$ liegen. Das verbleibende Restspektrum $X(\omega)$ enthält dann die gesamte Information über $x(t)$. Wir führen also eine Filterfunktion

$$G_f(\omega) = \begin{cases} 1 & \text{für} \quad -\omega_{gr} < \omega < \omega_{gr}\,, \\ 0 & \text{sonst} \end{cases}$$

ein. Ausfiltern aller spektralen Amplituden mit $|\omega| > 2\omega_{gr}$ bedeutet mathematisch Multiplikation von $X_a(\omega)$ mit $G_f(\omega)$ (Abb. 2.4f); technisch realisierbar ist dies mit einem Tiefpaßfilter. Wenn die Periode der Folge $X_a(\omega)$ genau $\omega_0 = 2\pi/T = 2\omega_{gr}$ gewählt wird (entsprechend einer periodischen Abtastung von $x(t)$ im Zeitabstand $1/(2f_{gr}) = \pi/\omega_{gr}$), dann ist

$$X_a(\omega) = \frac{1}{T} \sum_{n=-\infty}^{\infty} X(\omega - 2n\omega_{gr})\,.$$

Das ideale Filter läßt von der rechten Seite nur den Spektralanteil $X(\omega)/T$ übrig, d. h.

$$X_a(\omega)\, G_f(\omega) = \frac{1}{T} X(\omega)\,.$$

Somit ist

$$X(\omega) = T G_f(\omega)\, X_a(\omega)\,.$$

Das Produkt auf der rechten Seite kann nun betrachtet werden als die FOURIER-Transformierte zweier gefalteter Zeitfunktionen (s. Faltungssatz, S. 53). Die Rücktransformation liefert

$$x(t) = \mathcal{F}_{-1}\{T G_f(\omega)\, X_a(\omega)\} = T[x_1(t) * x_2(t)]$$

mit $x_1(t) = \dfrac{\omega_{gr}}{\pi}$ si $(\omega_{gr}t)$ und $x_2(t) = x_a(t)$.

Wir erinnern uns, daß $x_a(t)$ die Folge von Abtastwerten

$$x_a(t) = \sum_n x_n \delta(t - nT)$$

darstellt, wobei x_n der Amplitudenwert der n-ten Abtastung ist. Für das aus den Abtastwerten rekonstruierte analoge kontinuierliche Signal $x(t)$ gilt also

$$\begin{aligned} x(t) &= x_a(t) * \mathrm{si}\,(\omega_{gr}t) = \sum_{n=-\infty}^{\infty} x_n \delta(t - nT) * \mathrm{si}\,(\omega_{gr}t) \\ &= \sum_{n=-\infty}^{\infty} x_n\, \mathrm{si}\,\{\omega_{gr}(t - nT)\} = \sum_{n=-\infty}^{\infty} x_n\, \mathrm{si}\,\{\omega_{gr}t - n\pi\}\,. \end{aligned} \tag{2.64}$$

Der rekonstruierte Vorgang $x(t)$ ist danach bestimmt durch die Summe aller Funktionswerte x_n si $\{\omega_{gr}t - n\pi\}$. Für ein vorgegebenes n bestimmt jeder Funktionswert die Funktion $x(t)$ eindeutig, da die benachbarten Teilvorgänge dann Null sind (Abb. 2.4g).

Die grundlegende Bedeutung des Abtasttheorems frequenzbegrenzter Signale für die Theorie und Praxis der Informationsübertragung und -verarbeitung besteht in folgendem:

1. Das Abtasttheorem bildet die theoretische Grundlage für die Zeitquantisierung kontinuierlicher Signale. Es stellt die Brücke vom kontinuierlichen Informationsfluß zu einem Informationsfluß dar, der aus zeitdiskreten Werten besteht. Unter Einhaltung der Bedingungen $X(\omega) = 0$ für $|\omega| > \omega_{gr}$ und $\Delta t = \pi/\omega_{gr} = 1/(2 f_{gr})$ sind kontinuierlicher und diskontinuierlicher Informationsfluß vollkommen gleichwertig.
2. Das Abtasttheorem ist die theoretische Grundlage für die zeitgestaffelte (zeitmultiplexe) Übertragung, die sowohl aus der Nachrichtentechnik als auch aus der Rechentechnik (z. B. Übertragung im Multiplexkanal von EDVA) nicht mehr wegzudenken ist. In die Pausen zwischen zwei Abtastimpulsen kann man die Abtastwerte anderer Vorgänge legen. Am Empfänger werden die verschiedenen Signale durch Zeitselektion wieder voneinander getrennt. Bei konstanter Abtastfrequenz $f_a = 2f_{gr}$ lassen sich zwischen je zwei Abtastimpulse eines Signales umso mehr Abtastimpulse anderer Signale unterbringen, je schmaler die Abtastimpulse sind. Sehr schmale Impulse besitzen aber ein breites Frequenzspektrum. Der bei der zeitmultiplexen Übertragung erzielte Zeitgewinn muß durch die höhere Frequenzbandbreite für die Übertragung schmaler Impulse erkauft werden!
3. Auf der Grundlage des Abtasttheorems ist es möglich, in Prozeßrechnern Signale zu verarbeiten, die analogen kontinuierlichen Ursprungs sind.

Diskrete Fourier-Transformation (DFT)

Der Anwendungsbereich der im folgenden behandelten diskreten Fourier-Transformation erstreckt sich auf Signale mit den folgenden Eigenschaften:

— $x(t)$ ist zeitlich beschränkt auf das Intervall $0 < t < T$;
— der Zeitbereich ist in N äquidistante Intervalle eingeteilt;
— nur an den Stützstellen $n = t/T = 0, 1, 2, \ldots, N-1$ sind die Werte von $x(t)$ bekannt.

Zum besseren Verständnis der diskreten Fourier-Transformation gehen wir gemäß Abb. 2.5a von einem analogen kontinuierlichen Signal $x(t)$ aus, das aperiodisch im Intervall $0 < t < T$ verläuft. Wie aus Abschnitt 2.2.1. bekannt ist, kann man jede Zeitfunktion durch orthogonale Funktionen darstellen. Wir wählen für das gegebene Signal die Form

$$x(t) = \sum_{n=-\infty}^{\infty} X_n \, e^{jn\omega_0 t}; \qquad \omega_0 = 2\pi/T .$$

Das ist nichts anderes als die komplexe Fourier-Reihe mit den komplexen Amplituden

$$X_n = \frac{1}{T} \int_0^T x(t) \, e^{-jn\omega_0 t} \, dt .$$

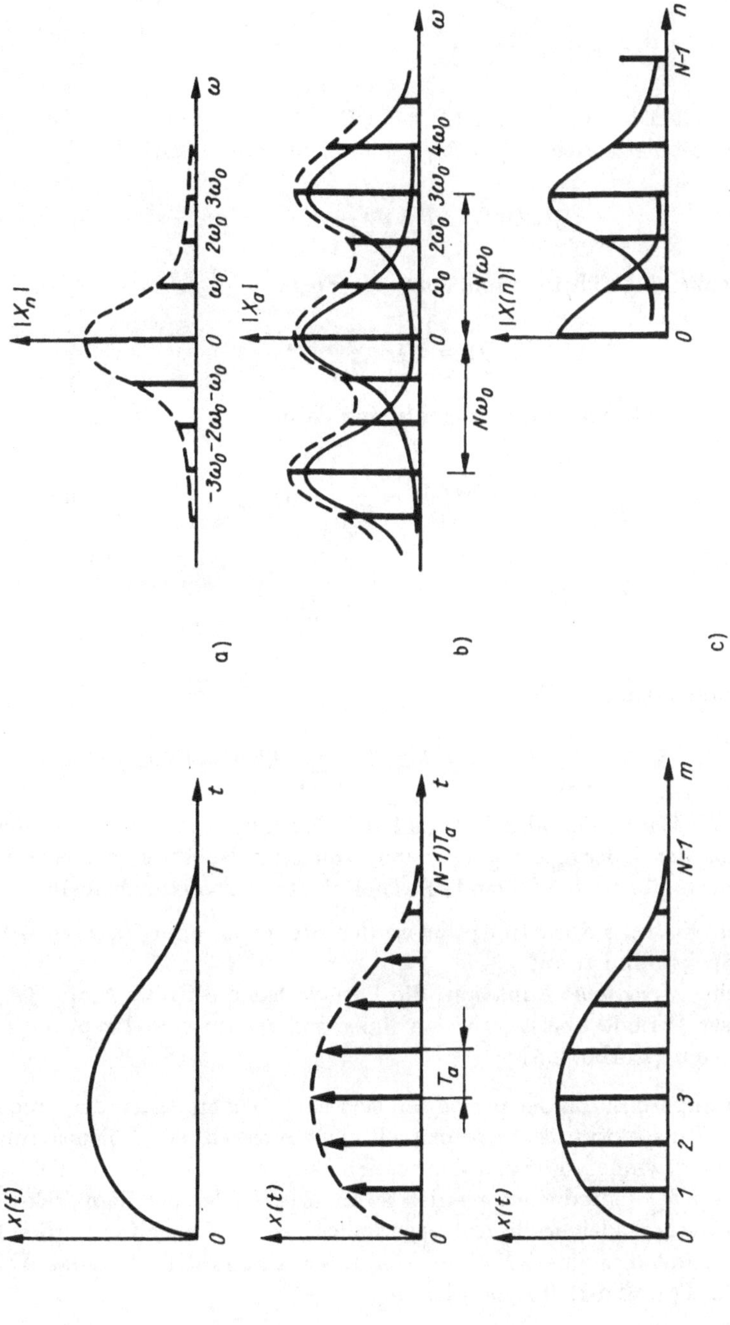

Abb. 2.5. Zur Ableitung der diskreten FOURIER-Transformation

Der Betrag $|X_n| = f(\omega)$ ist das Amplitudenspektrum (Frequenzspektrum) von $x(t)$, welches nur bei den diskreten Frequenzen $\omega = n\omega_0$ ($n = 0, \pm 1, \pm 2, \ldots$) Werte besitzt. Das Signal ist formal überführbar in eine Abtastimpulsfolge der Breite T_a

$$x_a(t) = T_a \sum_{n=-\infty}^{\infty} x(t)\, \delta(t - nT_a)\,. \tag{2.65}$$

Nur an den Stellen $t = 0, T_a, \ldots, (N - 1)\, T_a$ liegen Abtastwerte. Eine δ-Impulsfolge mit der Impulsfrequenz $\omega_a = 2\pi/T_a$ lautet als FOURIER-Reihe

$$\sum_{n=-\infty}^{\infty} \delta(t - nT_a) = \frac{1}{T_a} \sum_{l=-\infty}^{\infty} e^{jl\omega_a t}\,. \tag{2.66}$$

Damit erhält die eingeführte Impulsfolge die Form

$$x_a(t) = x(t) \sum_{l=-\infty}^{\infty} e^{jl\omega_a t}\,. \tag{2.67}$$

Die spektralen Amplituden dieses Signals sind dann

$$X_a = \frac{1}{T} \int_0^T x_a(t)\, e^{-jn\omega_0 t}\, dt = \frac{1}{T} \int_0^T x(t) \sum_{l=-\infty}^{\infty} e^{-j(n\omega_0 - l\omega_a)t}\, dt =$$

$$= \frac{1}{T} \sum_{l=-\infty}^{\infty} \int_0^T x(t)\, e^{-j(n\omega_0 - l\omega_a)t}\, dt\,.$$

Dafür kann man auch schreiben

$$X_a = \sum_{l=-\infty}^{\infty} X(n\omega_0 - l\omega_a) = \sum_{l=-\infty}^{\infty} X[(n - lN)\omega_0] \tag{2.68}$$

mit $\omega_a/\omega_0 = N$. Wir stellen also fest, daß sich das Amplitudenspektrum der Impulsfolge $x_a(t)$ aus der Überlagerung (Summe) von Einzelspektren des Spektrums des Originalsignals ergibt, wobei folgende Besonderheiten hervorzuheben sind:

— X_a ist ein *diskretes* Spektrum; nur an den Stellen $\omega = n\omega_0$ ($n = 0, \pm 1, \pm 2, \ldots$) treten Spektrallinien auf;
— X_a ist eine *periodische* Funktion; die Periode hat die Größe $N\omega_0$;
— mit dieser Periode überlagern sich links und rechts vom Ursprung $\omega = 0$ die Teilspektren (s. Abb. 2.5b).

Wegen der Superposition der periodisch sich nach beiden Seiten der Frequenzachse fortsetzenden Teilspektren ist es prinzipiell nicht möglich, ein Teilspektrum X_n verlustlos wiederzugewinnen. Für den Zeitbereich bedeutet dies, daß $x(t)$ nicht genau aus den Werten $x(nT_a)$ reproduziert werden kann. Der Fehler der Signalrekonstruktion ist um so geringer, je kleiner die Abtastperiode $T_a = T/N$ gehalten werden kann. Bei festem T bedeutet dies eine Erhöhung der Intervallanzahl N. Für das Abtastsignal setzen wir die FOURIER-Reihenentwicklung

$$x_a(t) = \sum_{n=-\infty}^{\infty} X_a\, e^{jn\omega_0 t}\,.$$

Unter Berücksichtigung, daß $x_a = x(t) \sum_l e^{jl\omega_a t}$ ist, erhält man, $t = mT_a$ gesetzt (gleichbedeutend mit Zeitquantisierung),

$$x(mT_a) \sum_{l=-\infty}^{\infty} e^{j2\pi lm} = \sum_{n=-\infty}^{\infty} X_a e^{jn\omega_0 mT_a} . \tag{2.69}$$

Wir erinnern uns, daß $\omega_0 \cdot T_a = \omega_0 \cdot 2\pi/\omega_a = 2\pi/N$ ist und X_a eine periodische Funktion der Periode $N\omega_0$. Folglich genügt es, die beiden Summierungen nur über das Intervall auszuführen, in dem $l = 0$ und $n = 0, 1, 2, \ldots, N-1$ ist. Wir erhalten

$$x(mT_a) = \sum_{n=0}^{N-1} X_a \, e^{jnm2\pi/N} \tag{2.70}$$

und

$$X_a = \frac{1}{N} \sum_{m=0}^{N-1} x(mT_a) \, e^{-jnm\, 2\pi/N} . \tag{2.71}$$

Setzen wir in diesen Ausdrücken $x(mT_a) = x(t)$ und $X_a = X(n)$, dann erhalten wir das Paar der diskreten FOURIER-Transformierten, nämlich die diskrete FOURIER-Transformierte selbst,

$$\mathcal{F}_D\{x(t)\} = X(n) = \frac{1}{N} \sum_{m=0}^{N-1} x(t) \, e^{-j \frac{2\pi}{N} m} \tag{2.72}$$

mit $n = 0, 1, 2, \ldots, N-1$, und die diskrete FOURIER-Rücktransformierte

$$\mathcal{F}_{D_{-1}}\{X(n)\} = x(t) = \sum_{n=0}^{N-1} X(n) \, e^{j \frac{2\pi}{N} mn} \tag{2.73}$$

mit $m = 0, 1, 2, \ldots, N-1$. Die diskrete FOURIER-Transformierte ist die spektrale Darstellung des zu den diskreten Zeitpunkten $t/T = 0, 1, 2, \ldots, N-1$ bekannten Signals $x(t)$ (Abb. 2.5c).

Zur Berechnung eines Wertes der DFT sind entsprechend der Bestimmungsgleichung N Multiplikationen komplexer Zahlen erforderlich. Um alle N Werte der DFT zu berechnen, machen sich somit N^2 Multiplikationen notwendig. Wir wollen annehmen, daß N als Produkt zweier ganzer Zahlen N_1 und N_2 darstellbar ist:

$$N = N_1 \cdot N_2 .$$

Nun drücken wir n und m in den DFT-Berechnungsgleichungen durch N_1 und N_2 aus:

$$n = n_1 N_2 + n_0; \begin{cases} n_0 = 0, 1, 2, \ldots, N_2 - 1 , \\ n_1 = 0, 1, 2, \ldots, N_1 - 1 , \end{cases}$$

$$m = m_1 N_1 + m_0; \begin{cases} m_0 = 0, 1, 2, \ldots, N_1 - 1 , \\ m_1 = 0, 1, 2, \ldots, N_2 - 1 . \end{cases}$$

Damit ergibt sich für die DFT

$$X(n) = \frac{1}{N} \sum_{m_0=0}^{N_1-1} \sum_{m_1=0}^{N_2-1} x(m_0, m_1) \, e^{-j \frac{2\pi}{N} (m_1 N_1 + m_0)\, n} ,$$

wobei $x(m_0, m_1) = x(m) = x(m_1 N_1 + m_1)$ ist. Nun wird die Exponentialfunktion unter Verwendung der obigen Zerlegung umgeformt

$$e^{-j \frac{2\pi}{N} (m_1 N_1 + m_0)\, n} = e^{-j \frac{2\pi}{N} m_0 n} \, e^{-j2\pi m_1 n_1} \, e^{-j \frac{2\pi}{N} m_1 N_1 n_0} .$$

Da m_1 und n_1 ganze Zahlen sind, ist

$$e^{-j2\pi m_1 n_1} = \cos(2 m_1 n_1 \pi) - j \sin(2 m_1 n_1 \pi) = 1 .$$

Somit erhält man für die DFT

$$X(n) = X(n_0, n_1) = \frac{1}{N} \sum_{n_1=0}^{N_1-1} x_1(m_0, n_0)\, e^{-j2\pi n_0 \frac{n_1 N + n_0}{N}} . \tag{2.74a}$$

mit

$$x_1(m_0, n_0) = \sum_{m_1=0}^{N_2-1} x(m_0, m_1)\, e^{-j2\pi m_1 n_0 N_1/N} . \tag{2.74b}$$

Die Zahl der Rechenoperationen zur Bestimmung der DFT nach diesen beiden Gleichungen ist kleiner als N^2: Für jeden Wert von $x(m_0, m_1)$ sind N_2 Multiplikationen erforderlich und insgesamt NN_2. In der vorletzten Gleichung werden für jeden der N Werte von $x(m_0, n_0)$ N_1 Multiplikationen benötigt. Somit machen sich für die N Werte von $X(n)$, $n = 0, 1, 2, \ldots, N-1$ insgesamt nur $N(N_1 + N_2)$ Multiplikationen erforderlich anstatt N^2. Ist beispielsweise $N = 10^4$, $N_1 = 10^2$ und $N_2 = 10^2$, dann ist $N(N_1 + N_2) = 2 \cdot 10^6$. Dieser Zahl steht ein Aufwand von $N^2 = 10^8$ Rechenoperationen gegenüber, wenn man die DFT nach der Beziehung

$$X(n) = \frac{1}{N} \sum_{m=0}^{N-1} x(t)\, e^{-j \frac{2\pi}{N} mn}$$

berechnet. Durch das Aufteilen ergibt sich eine 50fache Einsparung an Rechenaufwand.

Die gewachsene Bedeutung der DFT liegt u. a. darin, daß für ihre Berechnung ein rechenzeitsparender Algorithmus aufgestellt werden konnte. Diese effektive Prozedur ist allgemein unter der Bezeichnung FFT (Fast-Fourier-Transformation) bekannt geworden. Der FFT liegt der Gedanke zugrunde, für das Intervall 0, 1, 2, ... $N - 1$ insgesamt $N = 2^k$ Stützstellen zu verwenden. Dann ergibt sich für die Berechnung der DFT eine Einsparung an Rechenoperationen von $N^2/(N \operatorname{ld} N)$. Ist z. B. $N = 1024 = 2^{10}$, dann sind bei Anwendung des FFT-Algorithmus nur $N \operatorname{ld} N = 10240$ Operationen anstelle 1.048.576 bei dem üblichen Verfahren der DFT erforderlich. Der Faktor der Einsparung an Rechenaufwand ist größer als 10^2. Näheres zur FFT siehe in der Literatur [2.5, 2.8, 2.22].

$\mathcal{Z}$-Transformation

Die im folgenden behandelte $\mathcal{Z}$-Transformation ist eine Funktionaltransformation, die in der Signal- und Systemtheorie vorzugsweise zur Beschreibung von Abtastvorgängen und -systemen Verwendung findet. Diese Funktionaltransformation ist somit eine weitere Darstellungsform für diese Klasse diskontinuierlicher (zeitdiskreter) Signale.

Aus einem analogen kontinuierlichen Signal $x(t)$ möge gemäß Abb. 2.6 mit einem Schalter alle T Zeiteinheiten ein analoges diskontinuierliches Signal gewonnen werden. Für $t < 0$ sei $x(t) = 0$. Für das Abtastsignal gilt dann

$$x_a(t) = \sum_{n=0}^{\infty} x(t)\, \delta(t - nT) = \sum_{n=0}^{\infty} x(nT)\, \delta(t - nT) .$$

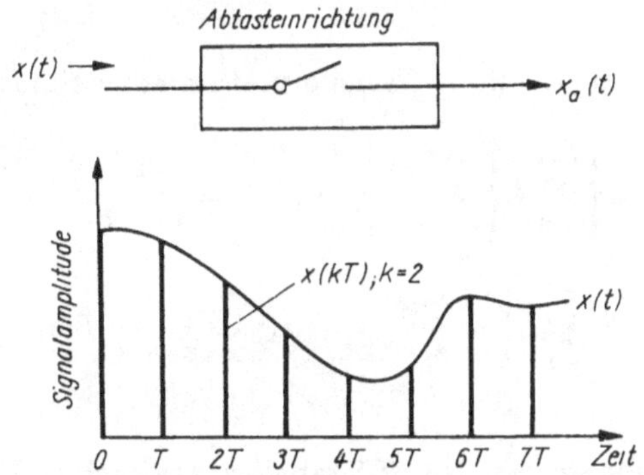

Abb. 2.6. Gewinnung eines analogen diskontinuierlichen Signals $x_a(t)$ aus einem analogen kontinuierlichen Signal mit einer Abtasteinrichtung

Die diskrete LAPLACE-Transformierte von $x_a(t)$ ist

$$\mathcal{L}\{x_a(t)\} = \sum_{n=0}^{\infty} x(nT)\, e^{-nTp} .$$

Führt man die neue Variable $z = e^{pT}$ ein, so erhält man die Definitionsgleichung der $\mathcal{Z}$-Transformation

$$\mathcal{Z}\{x_a(t)\} = F(z) = \sum_{n=0}^{\infty} x(nT)\, z^{-n} , \qquad n = 0, 1, 2, \ldots . \tag{2.75}$$

Die Größen $x(nT)$ sind die Amplitudenwerte des abgetasteten Signals zu den Abtastzeiten $t = 0, 1, 2, \ldots$.

Die $\mathcal{Z}$-Transformation in der oben angegebenen Form heißt *einseitige* $\mathcal{Z}$-Transformation, da in ihr nur Abtastzeiten für $t \geqq 0$ auftreten. Werden alle möglichen Abtastwerte erfaßt, also bei $t = 0, \pm T, \pm 2T, \ldots$ usw., dann kommt man zur sog. *zweiseitigen* $\mathcal{Z}$-Transformation. Sie unterscheidet sich von der einseitigen nur dadurch, daß die Summierung von $n = -\infty$ bis $n = \infty$ erfolgt. Wir besprechen im weiteren nur die einseitige $\mathcal{Z}$-Transformation. Bevor wir die Rücktransformation vom z-Bereich in den t-Bereich behandeln, führen wir ohne Beweis folgende Sätze an, die für das Rechnen mit der $\mathcal{Z}$-Transformierten von Bedeutung sind: Es sei $x(nT) = x_n$ und $\mathcal{Z}\{x_n\} = F(z)$; dann gelten:

1. Verschiebungssatz

Eine Verschiebung des Signals um k Abtastperioden ist im z-Bereich identisch mit der Multiplikation mit z^{-k}

$$\mathcal{Z}\{x_{n-k}\} = z^{-k}\, \mathcal{Z}\{x_n\} = z^{-k}\, F(z), \qquad k = 0, 1, 2, \ldots , \tag{2.76}$$

$$x_{n-k} = x(nT - kT) = 0 \quad \text{für} \quad n - k < 0 .$$

2. Ähnlichkeitssatz

Multiplikation von $x(nT) = x_n$ mit einer von Null verschiedenen Konstanten führt zu Maßstabsänderung im z-Bereich

$$\mathcal{Z}\{c x_n\} = F\left(\frac{z}{c}\right); \qquad c \neq 0 . \tag{2.77}$$

3. Summensatz

Der sog. Summensatz drückt die $\mathcal{Z}$-Transformation einer Summe von Abtastwerten aus. Es sind

$$\mathcal{Z}\left\{\sum_{\nu=0}^{n-1} x_\nu\right\} = \frac{1}{z-1}\,\mathcal{Z}\{x_n\} = \frac{1}{z-1}\,F(z) \tag{2.78}$$

und

$$\mathcal{Z}\left\{\sum_{\nu=0}^{n} x_\nu\right\} = \frac{z}{z-1}\,\mathcal{Z}\{x_n\} = \frac{z}{z-1}\,F(z)\,. \tag{2.79}$$

4. Differenzensatz

Der Differenzensatz gibt an, wie die $\mathcal{Z}$-Transformation einer Differenz von benachbarten Amplitudenwerten des Originalsignals gebildet wird

$$\mathcal{Z}\{x_{n+1} - x_n\} = (z-1)\,\mathcal{Z}\{x_n\} - zx_0 = \mathcal{Z}\{\Delta x_n\} = (z-1)\,F(z) - zx_0\,, \tag{2.80}$$

$$\Delta x_n = x_{n+1} - x_n\,.$$

Für die Differenz zweiter Ordnung, $\Delta^2 x_n = \Delta(\Delta x_n)$, gilt

$$\mathcal{Z}\{\Delta^2 x_n\} = (z-1)^2\,F(z) - z(z-1)\,x_0 + zx_0\,. \tag{2.81}$$

Für Differenzen noch höherer Ordnung kann darauf aufbauend ein Bildungsgesetz hergeleitet werden.

5. Differentiationssatz

Der Differentiationssatz beschreibt die Differentiation im Bildbereich. Sie ist gemäß

$$\mathcal{Z}\{nx_n\} = -z\,\frac{\mathrm{d}}{\mathrm{d}z}\,F(z) \tag{2.82}$$

identisch mit der $\mathcal{Z}$-Transformierten des Produktes $nx_n = nx(nT)$; $n = 0, 1, 2, \ldots$. Für die ν-te Ableitung nach z gilt

$$\mathcal{Z}\{n^\nu x_n\} = \left(-z\,\frac{\mathrm{d}}{\mathrm{d}z}\right)^\nu F(z)\,. \tag{2.83}$$

Die ν-fache Anwendung des Operators $-z\mathrm{d}/\mathrm{d}z$ auf die $\mathcal{Z}$-Transformierte $F(z) = \mathcal{Z}\{x_n\}$ entspricht im Zeitbereich Multiplikation des Abtastsignals $x_n = x(nT)$ mit dem Faktor n^ν.

6. Faltungssatz

Faltung zweier Signale im Zeitbereich bedeutet Multiplikation der entsprechenden $\mathcal{Z}$-Transformierten

$$\mathcal{Z}\{x_{1n} * x_{2n}\} = F_1(z)\,F_2(z), \qquad i = 1, 2: \qquad F_i(z) = \mathcal{Z}\{x_{in}\}\,. \tag{2.84}$$

Es soll noch ergänzt werden, was Faltung zweier Abtastsignale x_{1n} und x_{2n} bedeutet

$$x_{1n} * x_{2n} = \sum_{\nu=0}^{\infty} x_{1\nu} x_{2n-\nu}\,.$$

Für die Gewinnung der Signalwerte $x(nT)$; $n = 0, 1, 2, \ldots$ aus der $\mathcal{Z}$-Transformierten $F(z)$ gibt es verschiedene Möglichkeiten. Aus praktischen Gründen soll zuerst auf den Gebrauch von Korrespondenzen (siehe z. B. Tab. 2.3) hingewiesen werden. Wie für die

Tab. 2.3. Korresponden der $\mathcal{Z}$-Transformation

$x(nT) = x_n$	$F(z)$	Gültigkeitsbereich
1	$\frac{z}{z-1}$	$\lvert z\rvert > 1$
$(-1)^n$	$\frac{z}{z+1}$	$\lvert z\rvert > 1$
n	$\frac{z}{(z-1)^2}$	$\lvert z\rvert > 1$
n^2	$\frac{z(z+1)}{(z-1)^3}$	$\lvert z\rvert > 1$
$\delta(t - nT)$	z^{-n}	$\lvert z\rvert > 1$
c^n	$\frac{z}{z-c}$	$\lvert z\rvert > \lvert c\rvert$
nc^{n-1}	$\frac{z}{(z-c)^2}$	$\lvert z\rvert > \lvert c\rvert$
e^{cn}	$\frac{z}{z-e^c}$	$\lvert z\rvert > e^c$
$\binom{n}{k}$	$\frac{z}{(z+1)^{k+1}}$	$\lvert z\rvert > 1$
$\sin n\tau$	$\frac{z \sin \tau}{z^2 - 2z\cos\tau + 1}$	$\lvert z\rvert > 1$
$\cos n\tau$	$\frac{z(z - \cos\tau)}{z^2 - 2z\cos\tau + 1}$	$\lvert z\rvert > 1$

bereits behandelte Funktionaltransformation gibt es auch für die $\mathcal{Z}$-Transformation eine Rücktransformation vom Bildbereich (unabhängige Variable z) in den Zeitbereich

$$\mathcal{Z}_{-1}\{F(z)\} = \frac{1}{2\pi j} \oint F(z)\, z^{n-1}\, \mathrm{d}z = x(nT)\,, \qquad n = 0, 1, 2, \ldots\,. \tag{2.85}$$

Die Rücktransformation ergibt die Abtastfunktionswerte. Das Umlaufintegral ist über einen Kreis zu bilden, der alle Singularitäten von $F(z)$ einschließt. Bei der Rücktransformation nach der obigen Beziehung müssen die Residuen des Integranden gebildet werden, d. h.

$$x(nT) = \sum \operatorname{Res}\,[F(z)\, z^{n-1}]\,.$$

Es wurde eine Reihe praktikabler Verfahren zur Bestimmung der $\mathcal{Z}$-Rücktransformierten entwickelt. Wir verweisen auf die Literatur [2.7, 2.27, 2.30].

Die vorteilhafte Verwendung der $\mathcal{Z}$-Transformation für Abtastsignale und -systeme mit gleicher Abtastperiode T und synchronem (phasengleichem) Takt ergibt sich daraus, daß man für ein gegebenes System eine Übertragungsfunktion $G(z)$ angeben kann, mit der folgender Zusammenhang zwischen der $\mathcal{Z}$-Transformiertrn $X(z)$ am

Systemeingang und der $\mathcal{Z}$-Transformierten $Y(z)$ am Ausgang festgelegt ist.

$$Y(z) = G(z)\,X(z)\,, \tag{2.86}$$

$$Y(z) = \mathcal{Z}\{y(nT)\}\,;\ y(nT)\ \text{Ausgangssignal},$$

$$X(z) = \mathcal{Z}\{x(nT)\}\,;\ x(nT)\ \text{Eingangssignal}.$$

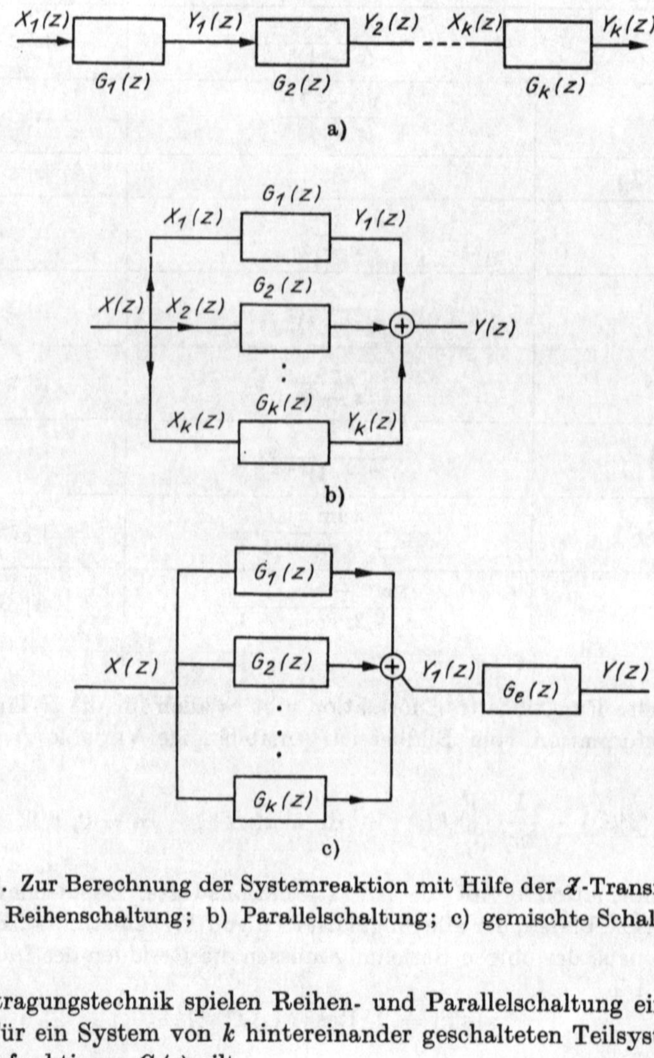

Abb. 2.7. Zur Berechnung der Systemreaktion mit Hilfe der $\mathcal{Z}$-Transformation: a) Reihenschaltung; b) Parallelschaltung; c) gemischte Schaltung

In der Übertragungstechnik spielen Reihen- und Parallelschaltung eine große Rolle (Abb. 2.7). Für ein System von k hintereinander geschalteten Teilsystemen mit den Übertragungsfunktionen $G_i(z)$ gilt

$$Y_k(z) = X_1(z) \prod_{i=1}^{k} G_i(z)\,. \tag{2.87}$$

$Y_k(z)$ ist die $\mathcal{Z}$-Transformierte des Ausgangssignals der Reihenschaltung und $X_1(z)$ die $\mathcal{Z}$-Transformierte des Eingangssignals in das erste Teilsystem.

Für die Parallelschaltung von k Teilsystemen mit den Übertragungsfunktionen $G_i(z)$; $i = 1, \ldots, k$ gelten folgende Beziehungen

$$Y(z) = \sum_{i=1}^{k} Y_i(z); \qquad Y(z) = X(z) \sum_{i=1}^{k} G_i(z) . \tag{2.88}$$

$Y(z)$ ist wieder das Ausgangssignal im z-Bereich und $X(z) = X_1(z) = X_2(z) = \ldots = X_k(z)$ die $\mathcal{Z}$-Transformierte des Eingangssignals. Mit diesen elementaren Formeln können die Übertragungsfunktionen komplizierter Serien/Parallelschaltungen berechnet werden. Beispielsweise gilt für die Schaltung gemäß Abb. 2.7c

$$Y_1(z) = X(z) \sum_{i=1}^{k} G_i(z) , \qquad Y_2(z) = Y(z) = Y_1(z)\, G_l(z)$$

und somit

$$Y(z) = X(z)\, G_l(z) \sum_{i=1}^{k} G_i(z) .$$

Den Verlauf der Zeitfunktion $y(nT)$ am Ausgang in Abhängigkeit vom Eingangssignal $x(nT)$ erhält man durch $\mathcal{Z}$-Rücktransformation. Ist $G_{res}(z)$ die resultierende Übertragungsfunktion, dann gilt

$$y(nT) = \mathcal{Z}_{-1}\{Y(z)\} = \mathcal{Z}_{-1}\{\mathcal{Z}\{x(nT)\}\, G_{res}(z)\} . \tag{2.89}$$

Der generelle Algorithmus zur Berechnung der Systemreaktion auf eine Folge von Abtastsignalen ist:

Überführung des Eingangssignales in den Ober-Bereich: $X(z) = \mathcal{Z}\{x(nT)\}$

↓

Bestimmung der Systemreaktion im Ober-Bereich: $Y(z) = X(z)\, G(z)$

↓

Gewinnung der Ausgangssignalwerte durch Rücktransformation: $y(nT) = \mathcal{Z}_{-1}\{Y(z)\}$.

Spektralanalyse spezieller amplituden- und zeitquantisierter Signale

Walsh-Funktionssysteme

Die im folgenden behandelten Signale sollen amplituden- und zeitquantisiert sein mit den Besonderheiten:

- es gibt nur zwei diskrete Amplitudenwerte $(+1, -1)$;
- der Zeitbereich ist im Grundintervall $0 \ldots T$ in N äquidistante Teilintervalle unterteilt; $\Delta t = T/N$.

Signale mit diesen Eigenschaften können durch Walsh-Funktionssysteme beschrieben werden. Da nur zwei Amplitudenwerte möglich sind, ergeben sich bei der Signalverarbeitung mit Digitalrechnern oder digitalen Schaltelementen erhebliche Zeiteinsparungen, wenn anstatt der Fourier-Transformation eine sog. Walsh-Transformation Verwendung findet. Signale mit den oben genannten Parametern können in digitalen Schaltkreisen relativ einfach erzeugt werden. In den letzten Jahren ist unter Verwendung solcher Signale eine Spezialdisziplin der Nachrichtentechnik entstanden, die auch als *Sequenztechnik* bezeichnet wird. Sie umfaßt u. a. Datenreduktionsverfahren, spezielle Signal-Filtertechniken, Verfahren der Musterverarbeitung und Mehrfachübertragungstechniken. Uns geht es im folgenden vorwiegend um die

Darlegung der signaltheoretischen Grundlagen für die verschiedenen technischen Methoden und Systeme. Von den zahlreichen Definitionen bzw. Darstellungsweisen von Walsh-Funktionen (abgekürzt WF) werden hier folgende angegeben

— Definitionen und Darstellungen von WF als Matrizen,
— analytische Darstellung mit Rademacher- und Paley-Funktionen.

Matrix-Darstellung von Walsh-Funktionen
Walsh-Hadamard-System

Grundlage dieses Walsh-Funktionssystems bilden die Hadamard-Funktionen, welche sich als quadratische Hadamard-Matrizen 1., 2., 4., ... $N = 2^n$-ter Ordnung darstellen lassen (n positiv, ganzzahlig). Die Hadamard-Matrizen enthalten nur positive und negative Einsen (symbolisch mit + oder − bezeichnet). Im einzelnen lauten sie:

$$N = 1: \quad \boldsymbol{H}_1 = (1) = (+)\,,$$

$$N = 2: \quad \boldsymbol{H}_2 = \begin{pmatrix} H_1 & H_1 \\ H_1 & -H_1 \end{pmatrix} = \begin{pmatrix} + & + \\ + & - \end{pmatrix},$$

$$N = 4: \quad \boldsymbol{H}_4 = \begin{pmatrix} H_2 & H_2 \\ H_2 & -H_2 \end{pmatrix} = \begin{pmatrix} + & + & + & + \\ + & - & + & - \\ + & + & - & - \\ + & - & - & + \end{pmatrix},$$

$$N = 2^n: \quad \boldsymbol{H}_{2^n} = \begin{pmatrix} H_{2^n} - 1 & H_{2^n} - 1 \\ H_{2^n} - 1 & -H_{2^n} - 1 \end{pmatrix}.$$

Wir verwenden für die Walsh-Hadamard-Funktionen die Abkürzung had (h, t), wobei h die Zeilennummer und t die Spaltennummer der betreffenden Hadamard-Matrix sind ($h, t = 0, 1, \ldots, N - 1 = 2^n - 1$). Für $N = 8$ gilt z. B.

$$\text{had}\,(h, t) = \boldsymbol{H}_8 = \begin{array}{c|cccccccc} h \backslash t & 0 & 1 & 2 & 3 & 4 & 5 & 6 & 7 \\ \hline 0 & + & + & + & + & + & + & + & + \\ 1 & + & - & + & - & + & - & + & - \\ 2 & + & + & - & - & + & + & - & - \\ 3 & + & - & - & + & + & - & - & + \\ 4 & + & + & + & + & - & - & - & - \\ 5 & + & - & + & - & - & + & - & + \\ 6 & + & + & - & - & - & - & + & + \\ 7 & + & - & - & + & - & + & + & - \end{array}$$

Außer der ersten Zeile enthält jede beliebige andere gleichviel + und −. Hadamard-Matrizen sind außerdem symmetrisch. Somit ändert sich die Matrix nicht, wenn man Zeilen und Spalten miteinander vertauscht.

Walsh-Paley-System

Dieses Walsh-Funktionssystem, abgekürzt mit $\boldsymbol{P}_p = \{\text{pal}\,(p, t)\}$, ergibt sich aus dem Walsh-Hadamard-System durch binäre Inversion der Funktionsnummer. Man gibt zunächst die Zahl h in Binärdarstellung an und erhält durch Umkehren der Reihenfolge die Zahl p. Für beliebige $N = 2^n$ lassen sich die Matrizen des Walsh-

Paley-Systems auch durch folgende einfache Regel bilden: Bei $N = 2$ ist $\boldsymbol{P}_2 = \boldsymbol{H}_2 = \begin{pmatrix} + & + \\ + & - \end{pmatrix}$. Für $N = 4$ schreibt man jede Zeile dieser Matrix zweimal und fügt rechts zur jeweils ersten Zeile dieselben Elemente hinzu und zu den zweiten die entgegengesetzten

$$\boldsymbol{P}_4 = \begin{pmatrix} + & + & + & + \\ + & + & - & - \\ + & - & + & - \\ + & - & + & - \\ + & - & - & + \end{pmatrix}.$$

Entsprechend werden die Matrizen höherer Ordnung gebildet. Für $N = 8$ ergibt sich

$$\{\mathrm{pal}\,(p, t)\} = \boldsymbol{P}_8 = \begin{array}{c} \\ 0 \\ 1 \\ 2 \\ 3 \\ 4 \\ 5 \\ 6 \\ 7 \\ \downarrow \\ p \end{array} \begin{array}{c} \begin{array}{cccccccc} 0 & 1 & 2 & 3 & 4 & 5 & 6 & 7 \end{array} \; \rightarrow t \\ \begin{pmatrix} + & + & + & + & + & + & + & + \\ + & + & + & + & - & - & - & - \\ + & + & - & - & + & + & - & - \\ + & + & - & - & - & - & + & + \\ + & - & + & - & + & - & + & - \\ + & - & + & - & - & + & - & + \\ + & - & - & + & + & - & - & + \\ + & - & - & + & - & + & + & - \end{pmatrix} \\ \\ \\ \end{array}.$$

Walsh-Harmuth-System

Dieses System, abgekürzt $\{\mathrm{wal}\,(w, t)\}$, ist entsprechend der Zahl der Zeichenwechsel im Definitionsbereich geordnet. Die Zahl w gibt damit die Anzahl der Zeichenwechsel in der betreffenden Matrixzeile an. Bei $N = 8$ ist

$$\{\mathrm{wal}\,(w, t)\} = \boldsymbol{W}_8 = \begin{array}{c} \\ 0 \\ 1 \\ 2 \\ 3 \\ 4 \\ 5 \\ 6 \\ 7 \\ \downarrow \\ w \end{array} \begin{array}{c} \begin{array}{cccccccc} 0 & 1 & 2 & 3 & 4 & 5 & 6 & 7 \end{array} \; \rightarrow t \\ \begin{pmatrix} + & + & + & + & + & + & + & + \\ + & + & + & + & - & - & - & - \\ + & + & - & - & - & - & + & + \\ + & + & - & - & + & + & - & - \\ + & - & - & + & + & - & - & + \\ + & - & - & + & - & + & + & - \\ + & - & + & - & - & + & - & + \\ + & - & + & - & + & - & + & - \end{pmatrix} \\ \\ \\ \end{array}.$$

Zwischen den verschiedenen Funktionen (Zeilennummern) der einzelnen Walsh-Funktionssysteme besteht ein enger Zusammenhang. Mit Hilfe von Tabelle 2.4 kann man die Zeilen der einzelnen Funktionssysteme ineinander umrechnen.

Wegen der Ordnung des Systems $\{\mathrm{wal}\,(w, t)\}$ entsprechend der Zahl der Zeichenwechsel führte man in Analogie zu den trigonometrischen Funktionen folgende Abkürzungen ein:

$$\mathrm{cal}\,(k, t) = \mathrm{wal}\,(2k, t)\,,$$
$$\mathrm{sal}\,(k, t) = \mathrm{wal}\,(2k - 1, t)\,.$$

$2k$ ist die Anzahl der Zeichenwechsel im Grundintervall. Daraus ergibt sich die Definition des Begriffs *Sequenz* als der halben Anzahl der Zeichenwechsel in Grundintervall.

Tab. 2.4. Zur Umrechnung der Zeilennummern einzelner WALSH-Funktionssysteme

$N = 4$			$N = 8$			$N = 16$		
p	h	w	p	h	w	p	h	w
0	0	0	0	0	0	0	0	0
1	2	1	1	4	1	1	8	1
2	1	3	2	2	3	2	4	3
3	3	2	3	6	2	3	12	2
			4	1	7	4	2	7
			5	5	6	5	10	6
			6	3	4	6	6	4
			7	7	5	7	14	5
						8	1	15
						9	9	14
						10	5	12
						11	13	13
						12	3	8
						13	11	9
						14	7	11
						15	15	10

Analytische Darstellung von Walsh-Funktionen

Rademacher-Funktionen

Als RADEMACHER-Funktionen bezeichnet man periodische Rechteckfunktionen. Im Grundintervall 0,1 sind die RADEMACHER-Funktionen i-ter Ordnung wie folgt definiert:

$$r_1(t) = r_1(t+1) = \begin{cases} +1 & \text{für} \quad 0 \leqq t < 1/2\,, \\ -1 & \text{für} \quad \frac{1}{2} \leqq t < 1\,, \end{cases}$$

$$r_i(t) = r_1(2^{i-1} \cdot t)\,. \tag{2.90}$$

Ihr Bild ist der typische mäanderförmige Verlauf (Abb. 2.8a). Für die Darstellung von RADEMACHER-Funktionen als Folge diskreter Abtastwerte teilen wir das Grund-

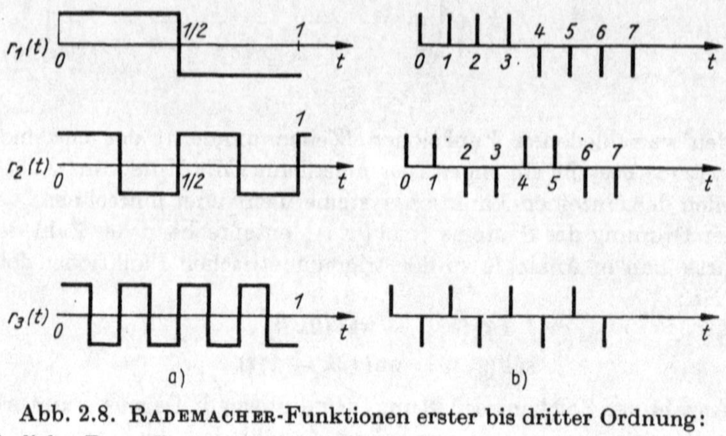

Abb. 2.8. RADEMACHER-Funktionen erster bis dritter Ordnung: a) kontinuierliche Darstellung im Intervall 0,1; b) diskrete RADEMACHER-Funktionen für $N = 8$

intervall in $N = 2^n$ Teilintervalle und definieren die *diskrete* RADEMACHER-Funktion i-ter Ordnung als

$$r_i(t) = (-1)^{t_i} = \cos \pi t_i \,. \tag{2.91}$$

$t_i = 0{,}1$ ist die i-te Position der Variablen t in Binärdarstellung bei insgesamt $n = \mathrm{ld}\, N$ vorhandenen Binärstellen. Zur Illustration berechnen wir die ersten drei diskreten RADEMACHER-Funktionen im Intervall $N = 8$. Zur Binärdarstellung aller ganzen Zahlen t im gegebenen Grundintervall genügen $n = \mathrm{ld}\, 8 = 3$ Stellen:

$$t = t_1 2^n + t_2 2^{n-1} + t_3 2^{n-2} = (t_1 t_2 t_3)_2 \,, \qquad \forall i : t_i = 0{,}1 \,.$$

Wir erhalten in der folgenden Tabelle die entsprechenden Werte.

t	t_1	t_2	t_3	$\cos \pi t_1$	$\cos \pi t_2$	$\cos \pi t_3$
0	0	0	0	1	1	1
1	0	0	1	1	1	−1
2	0	1	0	1	−1	1
3	0	1	1	1	−1	−1
4	1	0	0	−1	0	1
5	1	0	1	−1	0	−1
6	1	1	0	−1	−1	1
7	1	1	1	−1	−1	−1

Abb. 2.8b zeigt die diskreten RADEMACHER-Funktionen 1. bis 3. Ordnung. Die Hüllkurve der diskreten Abtastfunktion ergibt die Mäanderfunktion mit 2^i Halbperioden.

WALSH-Funktionssysteme können als Produkte von RADEMACHER-Funktionen definiert werden. Die Definitionsgleichung des WALSH-HADAMARD-Systems lautet

$$\mathrm{had}\,(h, t) = \prod_{i=1}^{n} [r_i(t)]^{h_i} \,. \tag{2.92}$$

Für das diskrete WALSH-PALEY-Funktionssystem gilt

$$\mathrm{pal}\,(p, t) = \prod_{i=1}^{n} [r_i(t)]^{p_{n+1-i}} \,. \tag{2.93}$$

Stellt man die Zahl p binär dar und sind z. B. $p_\alpha, p_\beta, p_\gamma$ von Null verschiedene Stellen dieser Dualzahl, dann ist im Intervall $N = 2^n$

$$\mathrm{pal}\,(p, t) = r_{n+1-\alpha}(t)\, r_{n+1-\beta}(t)\, r_{n+1-\gamma}(t) \,. \tag{2.94}$$

Wenn $p = 2^i$ (i ganzzahlig) ist, tritt in der Binärschreibweise von p nur eine einzige Eins auf. Die entsprechende WALSH-Funktion stimmt dann mit einer RADEMACHER-Funktion überein. Tabelle 2.5 zeigt für das diskrete WALSH-PALEY-System im Intervall $N = 2^3$ die dargelegten Zusammenhänge.

Die im folgenden beschriebenen Eigenschaften von WALSH-Funktionen werden am Beispiel der diskreten WALSH-PALEY-Funktion (WPF) erläutert. Sie sind auch auf andere WALSH-Funktionssysteme übertragbar. Unter den zulässigen Voraussetzungen, daß die Variable t und die Größe N von gleicher Dimension sind, gilt:

Tab. 2.5. Diskrete WALSH-PALEY-Funktionen im Intervall $N = 2^3$

p	$(p)_2$	$r_{3+1-\alpha}\, r_{3+1-\beta}\, r_{3+1-\gamma}$	pal (p, t)	Bild
0	0 0 0	1	pal $(0, t)$	
1	0 0 1	$r_1(t)$	pal $(1, t)$	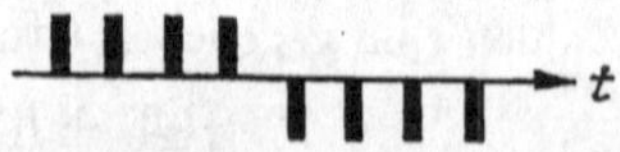
2	0 1 0	$r_2(t)$	pal $(2, t)$	
3	0 1 1	$r_1(t)\ r_2(t)$	pal $(3, t)$	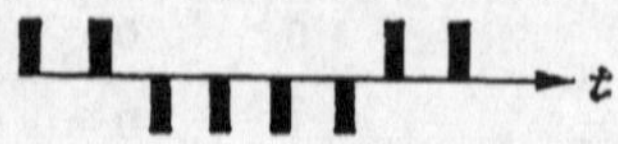
4	1 0 0	$r_3(t)$	pal $(4, t)$	
5	1 0 1	$r_1(t)\ r_3(t)$	pal $(5, t)$	
6	1 1 0	$r_2(t)\ r_3(t)$	pal $(6, t)$	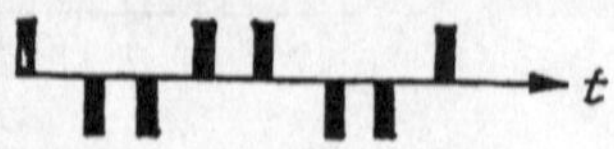
7	1 1 1	$r_1(t)\ r_2(t)\ r_3(t)$	pal $(7, t)$	

1. Die WPF ist eine periodische Funktion mit der Periode N

$$\mathrm{pal}\,(p, t) = \mathrm{pal}\,(p, t + N)\,. \tag{2.95}$$

2. Das Produkt zweier WPF ergibt wieder eine WPF (Multiplikationstheorem)

$$\mathrm{pal}\,(a, t)\,\mathrm{pal}\,(b, t) = \mathrm{pal}\,(c, t) \tag{2.96}$$

mit

$$c = a \underset{2}{\oplus} b\,, \tag{2.97}$$

d. h., die Zahl c ergibt sich aus der binären Addition der Zahlen a und b. Deshalb gelten auch folgende Beziehungen

$$\mathrm{pal}\,(0, t)\,\mathrm{pal}\,(a, t) = \mathrm{pal}\,(0, t),$$

$$\mathrm{pal}\,(a, t)\,\mathrm{pal}\,(b, t)\,\mathrm{pal}\,(c, t) = \mathrm{pal}\,(d, t)$$

$$\text{mit}\quad a \oplus b \oplus c = d\,.$$

Aus dem Multiplikationstheorem folgt, daß das (elementweise realisierte) Produkt von zwei beliebigen Zeilen eines WF-Systems in Matrixform wieder eine Zeile der gleichen Matrix ergibt.

3. Der Mittelwert einer WPF ist bei p $\neq$ 0 gleich Null

$$\sum_{t=0}^{N-1} \mathrm{pal}\,(p, t) = 0; \quad p \neq 0\,. \tag{2.98}$$

4. Walsh-Funktionssysteme sind orthogonal. Es gilt

$$\sum_{t=0}^{N-1} \mathrm{pal}\,(a, t)\, \mathrm{pal}\,(b, t) = \begin{cases} 0, & a \neq b\,, \\ N, & a = b\,. \end{cases} \tag{2.99}$$

Weitere Eigenschaften von WF und Operationen mit Signalen, die durch WF darstellbar sind, ergeben sich als Spezialfälle der Wilenkin-Chrestenson-Funktionen und deren Eigenschaften.

Wilenkin-Chrestenson-Funktionssysteme

Mit sog. Wilenkin-Chrestenson-Funktionssystemen lassen sich amplituden- und zeitquantisierte Signale darstellen, die $m \geqq 2$ diskrete Amplitudenstufen besitzen und im endlichen Intervall 0 ... T über insgesamt $N = m^n$ diskrete Stützstellen (Abtastzeitpunkte) verfügen. Zur Definition der Wilenkin-Chrestenson-Funktion (abgekürzt WCF) wird zunächst die verallgemeinerte (komplexe) Rademacher-Funktion i-ter Ordnung eingeführt

$$R_i(t) = \mathrm{e}^{j(2\pi/m)\cdot t_i} = W^{t_i} \tag{2.100}$$

mit

$$W = \mathrm{e}^{j(2\pi/m)}\,.$$

Für $m = 2$ sind die verallgemeinerten Rademacher-Funktionen reell und identisch mit der bereits behandelten diskreten Rademacher-Funktion $r_i(t)$. Wenn die Variable t die Werte 0, 1, ... , $N - 1$ durchläuft, ändert sich ein beliebiger Wert t_i im Bereich 0 ... $(m - 1)$ periodisch, und zwar mit der Periodenlänge m^{n+1-i}. Die verallgemeinerte Rademacher-Funktion $R_i(t)$ ist somit eine periodische Funktion mit m^{i-1} Perioden im Intervall N.

Für Wilenkin-Chrestenson-Funktionen (WCF) gibt es ebenso wie bei den WF verschiedene Funktionssysteme (z. B. nach Hadamard, Paley usw.). Wir verwenden hier nur das Paley-System der diskreten WCF und bezeichnen es mit Pal (p, t). Unter Verwendung der verallgemeinerten Rademacher-Funktionen i-ter Ordnung sind die WCF wie folgt definiert

$$\mathrm{Pal}\,(p, t) = \prod_{i=1}^{n} [R_i(t)]^{p_{n+1-i}}\,. \tag{2.101}$$

Diese Definition ist identisch mit

$$\mathrm{Pal}\,(p, t) = W^{\sum_{i=1}^{n} p_{n+1-i} t_i}\,.$$

Hier bedeutet $W = \exp\left(j(2\pi/m)\right)$ und p_{n+1-i} bzw. t_i sind die Positionskoeffizienten der Zahlen p und t in der m-nären Darstellung. Wir kommen nun zu wesentlichen Eigenschaften von WCF:

1. Die WCF Pal (p, t) ist eine komplexe Funktion, d. h.,

$$\mathrm{Pal}\,(p, t) = \mathrm{Re}\,[\mathrm{Pal}\,(p, t)] + j\,\mathrm{Im}\,[\mathrm{Pal}\,(p, t)]\,. \tag{2.102}$$

Für Real- und Imaginärteil gelten

$$\mathrm{Re}\,[\mathrm{Pal}\,(p, t)] = \frac{1}{2}\,[\mathrm{Pal}\,(p, t) + \mathrm{Pal}\,(p^*, t)]\,,$$

$$\mathrm{Im}\,[\mathrm{Pal}\,(p, t)] = \frac{1}{2j}\,[\mathrm{Pal}\,(p, t) - \mathrm{Pal}\,(p^*, t)]\,. \tag{2.103}$$

Dabei ist p eine Zahl in m-närer Darstellung und p^* ihr m-näres Komplement, d. h., es gilt

$$p \underset{m}{\oplus} p^* = 0\,. \tag{2.104}$$

2. Führt man folgende Bezeichnungsweise ein

$$\overline{\mathrm{Pal}}\,(p, t) = \mathrm{Pal}\,(-p, t)\,, \tag{2.105}$$

dann gilt

$$\mathrm{Pal}\,(p, t) = \overline{\mathrm{Pal}}\,(p^*, t) \tag{2.106}$$

(Beachte: Addition modulo m). Aus den Eigenschaften unter 1. folgt dann

$$\mathrm{Re}\,[\mathrm{Pal}\,(p, t)] = \mathrm{Re}\,[\mathrm{Pal}\,(p^*, t)]$$

bzw.

$$\mathrm{Im}\,[\mathrm{Pal}\,(p, t)] = -\,\mathrm{Im}\,[\mathrm{Pal}\,(p^*, t)]\,. \tag{2.107}$$

3. Real- und Imaginärteil der WCF

$$\mathrm{Pal}\,(p, t) = \exp\left(j\,\frac{2\pi}{m} \sum_{i=1}^{n} p_{n+1-i} t_i\right)$$

können nur jeweils m verschiedene Werte annehmen. Bei $m = 2$ geht die WCF in die diskrete Walsh-Paley-Funktion pal (p, t) über. Für $m = N$ bzw. $n = 1$ gibt es N Quantisierungsstufen. Dieser Sonderfall der WCF ergibt die diskrete Exponentialfunktion (DEF)

$$\mathrm{def}\,(p, t) = \mathrm{e}^{j\frac{2\pi}{N}pt}\,. \tag{2.108}$$

Abb. 2.9 veranschaulicht die Definitionsbereiche der einzelnen Funktionssysteme.

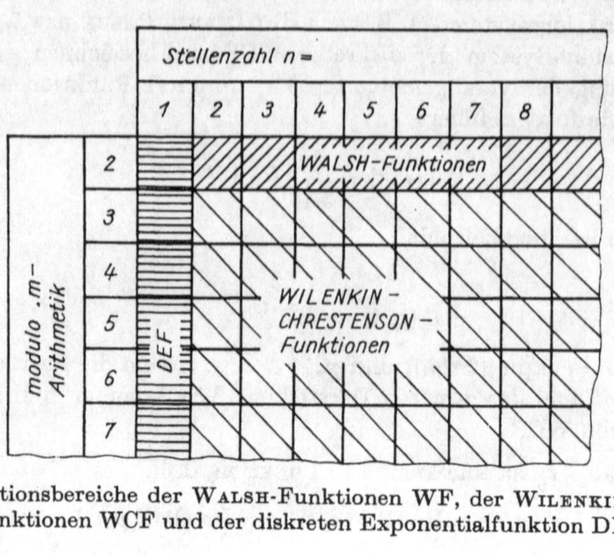

Abb. 2.9. Definitionsbereiche der Walsh-Funktionen WF, der Wilenkin-Chrestenson-Funktionen WCF und der diskreten Exponentialfunktion DEF

4. Eine WCF ändert sich nicht, wenn die Parameter p und t miteinander vertauscht werden. Infolgedessen ergibt die Darstellung von WCF in Matrixform symmetrische Matrizen.
5. WCF sind periodische Funktionen mit der Periode N

$$\text{Pal}\,(p, t) = P(p, t + N)\,. \tag{2.109}$$

6. WCF bilden (wie WF) hinsichtlich der Multiplikation eine abelsche Gruppe. Das Multiplikationstheorem lautet

$$\text{Pal}\,(a, t)\,\text{Pal}\,(b, t) = \text{Pal}\,(c, t) \tag{2.110}$$

mit

$$c = (a \underset{m}{\oplus} b)\,. \tag{2.111}$$

7. Der Modul einer WCF ist Eins

$$|\text{Pal}\,(p, t)| = 1\,,$$

und für $p \neq 0$ ist der Mittelwert gleich Null

$$\sum_{t=0}^{N-1} \text{Pal}\,(p, t) = 0\,. \tag{2.112}$$

8. WCF bilden ein vollständiges Orthogonalsystem im Definitionsbereich N

$$\sum_{t=0}^{N-1} \text{Pal}\,(a, t)\,\overline{\text{Pal}}\,(b, t) = \begin{cases} 0, & a \neq b\,, \\ N, & a = b\,, \end{cases} \tag{2.113}$$

mit

$$\overline{\text{Pal}}\,(b, t) = \text{Pal}\,(-b, t)\,.$$

Die dargelegte Eigenschaft folgt unmittelbar aus dem Multiplikationstheorem und der Eigenschaft 7. Wenn nämlich $a \neq b$ ist und $d = a \underset{m}{\ominus} b$, dann ergibt sich für

$$\sum_{t=0}^{N-1} \text{Pal}\,(d, t) = 0$$

bzw. für $a = b$

$$\sum_{t=0}^{N-1} |\text{Pal}\,(a, t)|^2 = N\,. \tag{2.114}$$

Spektrale Signaldarstellung mit WCF

Auf der Basis von WCF läßt sich für quantisierte Vorgänge im Bereich $0 \ldots N - 1$ eine spektrale Signaldarstellung aufbauen. Grundlage dafür ist eine modifizierte diskrete Fourier-Transformation, die wir WCF-Fourier-Transformation nennen wollen.

Es sei $x(t)$ das gegebene Signal im quantisierten Originalbereich (unabhängige diskrete Variable t) und $X(p)$ das Bild der Funktion im Spektralbereich (unabhängige Variable p). Die WCF-Fourier-Transformierte von $x(t)$ lautet

$$X(p) = \frac{1}{N} \sum_{t=0}^{N-1} x(t)\,\overline{\text{Pal}}\,(p, t)\,. \tag{2.115}$$

Für die Rücktransformierte gilt

$$x(t) = \sum_{p=0}^{N-1} X(p)\,\text{Pal}\,(p, t)\,. \tag{2.116}$$

Original $x(t)$ und Spektrum $X(p)$ sind darstellbar als Summe reeller und imaginärer Anteile

$$x(t) = \mathrm{Re}\,[x(t)] + j\,\mathrm{Im}\,[x(t)] = |x(t)|\,\mathrm{e}^{j\varphi(t)}\,,$$
$$X(p) = \mathrm{Re}\,[X(p)] - j\,\mathrm{Im}\,[X(p)] = |X(p)|\,\mathrm{e}^{-j\psi(p)}\,. \tag{2.117}$$

Die Größe

$$|X(p)| = \left|\sqrt{\{\mathrm{Re}\,[X(p)]\}^2 + \{\mathrm{Im}\,[X(p)]\}^2}\right| \tag{2.118}$$

heißt diskretes Amplitudenspektrum; $\psi(p)$ heißt Phasenspektrum. Für $\psi(p)$ gilt

$$\psi(p) = \arctan \frac{\mathrm{Im}\,[X(p)]}{\mathrm{Re}\,[X(p)]}\,. \tag{2.119}$$

Zur Illustration der WCF-Fourier-Transformation sollen folgende Beispiele dienen:

WCF-Fourier-*Transformation des quantisierten Einheitsimpulses*:

$$x(t) = \begin{cases} 1 & \text{bei} \quad t = 0\,, \\ 0 & \text{für} \quad 0 < t \leqq N-1\,, \end{cases}$$

$$X(p) = \frac{1}{N} \sum_{t=0}^{N-1} x(t)\,\overline{\mathrm{Pal}}\,(p,t) = \frac{1}{N}\,\overline{\mathrm{Pal}}\,(p,0) = \frac{1}{N}\,. \tag{2.120}$$

Das Spektrum ist reell und unabhängig von p.

WCF-Fourier-*Transformation des quantisierten Rechteckimpulses*:

$$x(t) = \begin{cases} 1 & \text{für} \quad 0 \leqq t \leqq l\,, \\ 0 & \text{für} \quad l+1 \leqq t \leqq N-1\,, \end{cases}$$

$$X(p) = \frac{1}{N} \sum_{t=0}^{l} x(t)\,\overline{\mathrm{Pal}}\,(p,t) = \frac{1}{N} \sum_{t=0}^{l} \mathrm{e}^{-j\frac{2\pi}{m}\sum p_{n+1-i}l_i}$$
$$= \frac{1}{N} \sum_{t_1=0}^{l_1} \mathrm{e}^{-j\frac{2\pi}{m}p_n l_1} \cdots \sum_{t_n=0}^{l_n} \mathrm{e}^{-j\frac{2\pi}{m}p_1 l_n}\,.$$

$l_1, l_2, \ldots, l_n$ sind die die 1., 2. ..., n-ten Stellen der Zahl l in m-närer Darstellung. Für die i-te Summe der letzten Zeile kann man schreiben:

$$\sum_{t_i=0}^{l_i} \mathrm{e}^{-j\frac{2\pi}{m}p_{n+1-i}l_i} = \frac{\sin\left[\frac{\pi}{m}p_{n+1-i}\,(l_i+1)\right]}{\sin\left[\frac{\pi}{m}p_{n+1-i}\right]}\,\mathrm{e}^{-j\frac{\pi}{m}p_{n+1-i}l_i}\,.$$

Damit lautet die WCF-Fourier-Transformierte

$$X(p) = \frac{1}{N} \prod_{i=1}^{n} \frac{\sin\left[\frac{\pi}{m}p_{n+1-i}\,(l_i+1)\right]}{\sin\left[\frac{\pi}{m}p_{n+1-i}\right]}\,\mathrm{e}^{-j\frac{\pi}{m}p_{n+1-i}l_i}\,. \tag{1.121}$$

Abb. 2.10 zeigt das diskrete Amplitudenspektrum $|X(p)|$ eines quantisierten Rechteckimpulses (Höhe 1) für $N = 6$ (s. [2.24]).

Für die WCF-Fourier-Transformation gelten eine Reihe von Theoremen, die denjenigen der integralen Fourier-Transformation analoger kontinuierlicher Signale

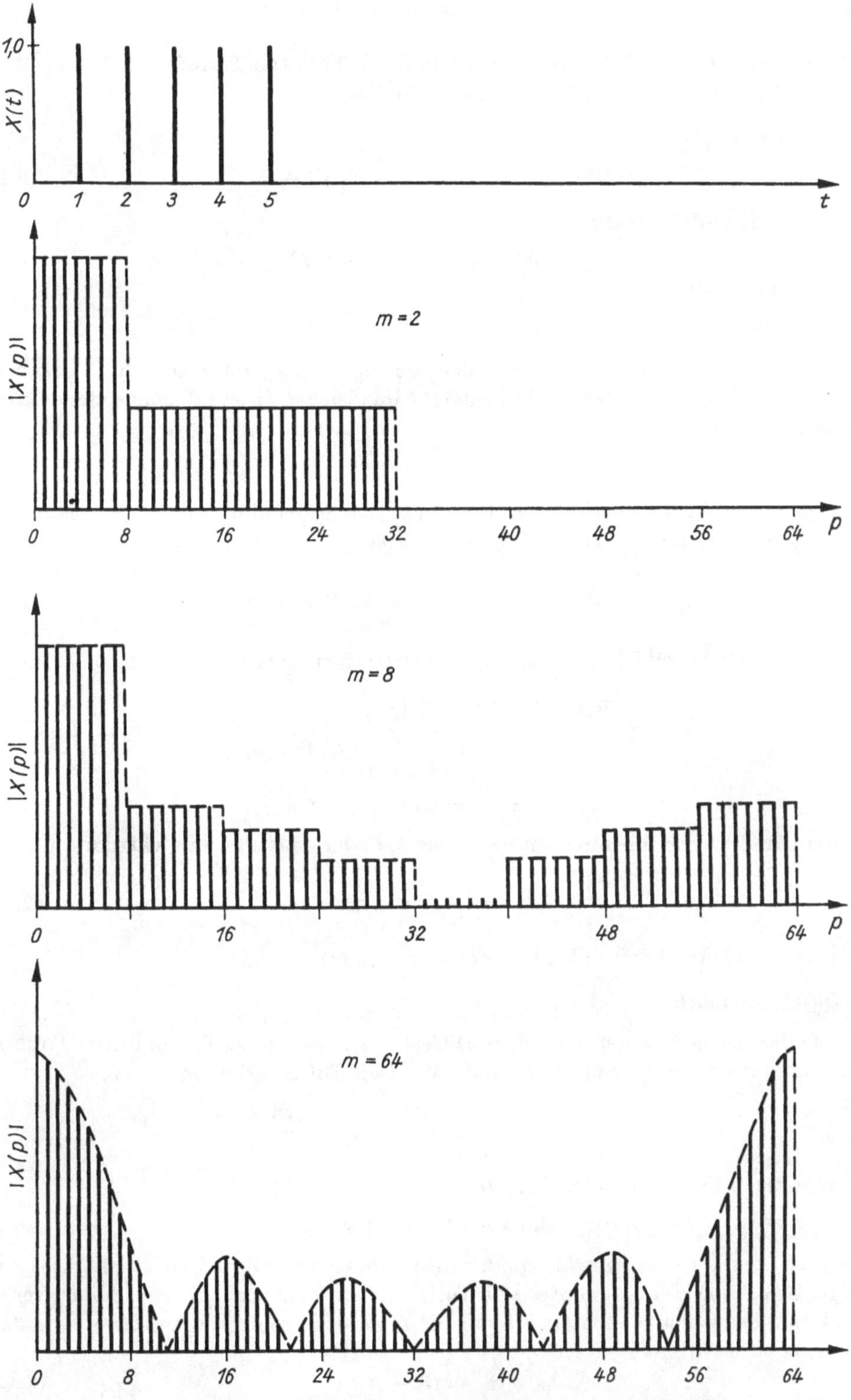

Abb. 2.10. Quantisierter Rechteckimpuls (oben) und Betrag der WCF-Fourier-Transformierten für verschiedene Basiszahlen m der WCF

adäquat sind. Ist WCF-$\mathcal{F}\{x(t)\} = X(p)$ die WCF-FOURIER-Transformierte des quantisierten Signals $x(t)$, dann gelten u. a. folgende Sätze:

1. Additionssatz:

$$\text{WCF-}\mathcal{F}\{x_1(t) + x_2(t)\} = X_1(p) + X_2(p) \,. \tag{2.122}$$

2. Proportionalitätssatz:

$$\text{WCF-}\mathcal{F}\{ax(t)\} = aX(p) \,, \tag{2.123}$$

a beliebige reelle Zahl.

3. Verschiebungssatz:

Bei der m-nären Verschiebung um den Betrag t_0 einer im Intervall N gegebenen Abtastfunktion $x(t)$ auf der t-Achse entsteht im gleichen Intervall eine andere diskrete Abtastfunktion

$$x_{t_0}(t) = X(t \underset{m}{\ominus} t_0) \,. \tag{2.124}$$

Die einzelnen Abtastwerte dieser Funktion sind gegenüber der Ursprungsfunktion verschoben. Das Spektrum von $x(t \ominus t_0)$ lautet

$$X_{t_0}(p) = \frac{1}{N} \sum_{t=0}^{N-1} x(t \underset{m}{\ominus} t_0) \overline{\text{Pal}}\,(p, t) \,. \tag{2.125}$$

Mit der neuen Variablen $t_1 = t \underset{m}{\ominus} t_0$, bzw. mit $t = t_1 \underset{m}{\oplus} t_0$ wird

$$\begin{aligned} \text{WCF-}\mathcal{F}\{x_{t_0}(t)\} &= X_{t_0}(p) \\ &= \sum_{t_1 \in [0, N-1]} x(t_1) \overline{\text{Pal}}\,(p, t_1 \oplus t_0) \\ &= \text{Pal}(p, t_0)\, X(p) \,. \end{aligned} \tag{2.126}$$

Die m-näre Zeitverschiebung um den Wert t_0 ändert das Phasenspektrum um

$$\Delta\psi = \frac{2\pi}{m} \sum_{i=1}^{n} p_{n+1-i} t_i \,. \tag{2.127}$$

Das Amplitudenspektrum $|X(p)|$ bleibt unverändert.

4. Differenzensatz

Der Differenzensatz entspricht dem Differentiationssatz bei der üblichen FOURIER-Transformation stetiger Signale (s. Seite 53). Dem Differentialquotienten

$$\frac{\mathrm{d}x(t)}{\mathrm{d}t} = \lim_{\Delta t \to 0} \frac{x(t) - x(t - \Delta t)}{\Delta t}$$

einer stetigen Funktion entspricht die Differenz

$$\Delta x(t) = x(t) - x(t-1) \,,$$

wenn $x(t)$ nur für eine Anzahl äquidistanter Abtastwerte definiert ist. $\Delta x(t)$ ist nach obiger Beziehung nichts anderes als die Differenz von zwei benachbarten Abtastwerten. Faßt man benachbarte Abtastwerte als die m-näre Verschiebung um Eins auf, dann ist die m-näre Differenz

$$\Delta_{(m)} x(t) = x(t) - x(t \underset{m}{\ominus} 1) \,. \tag{2.128}$$

Die m-näre Differenz 2. Ordnung (entsprechend dem Differentialquotienten zweiter Ordnung im Falle stetiger Funktionen) ist

$$\Delta^2_{(m)}x(t) = \Delta_{(m)}x(t) - \Delta x(t \underset{m}{\ominus} 1) = x(t) - 2x(t \underset{m}{\ominus} 1) + x(t \underset{m}{\ominus} 2) .$$

Für die n-te Differenz gilt schließlich

$$\Delta^n_{(m)}\, x(t) = \Delta^{n-1}_{(m)}x(t) - \Delta^{n-1}_{(m)}x(t \underset{m}{\ominus} 1) . \qquad (2.129)$$

Der Differenzensatz für Differenzen erster Ordnung,

$$\Delta_{(m)}x(t) = x(t) - x(t \underset{m}{\ominus} 1) ,$$

lautet

$$\text{WCF-}\mathcal{F}\{\Delta_m x(t)\} = [1 - \overline{\text{Pal}}\,(p, 1)]\, X(p) . \qquad (2.130)$$

Dies ist die WCF-Fourier-Transformierte der Differenz $\Delta_{(m)}x(t)$, also das WCF-Spektrum dieser Differenz. Das Spektrum für Differenzen n-ter Ordnung ist

$$\text{WCF-}\mathcal{F}\{\Delta^n_{(m)}x(t)\} = [1 - \overline{\text{Pal}}\,(p, 1)]^n\, X(p) . \qquad (2.131)$$

5. Summensatz

Der Summensatz der WCF-Fourier-Transformation entspricht dem Integrationssatz der Fourier-Transformation. Gegeben sei die Summe von diskreten Abtastfunktionen

$$x_\Sigma(t) = \sum_{\tau=0}^{t \underset{m}{\ominus} 1} x(t \underset{m}{\ominus} \tau) . \qquad (2.132)$$

Da $\Delta_{(m)}x_\Sigma(t) = x_\Sigma(t) - x_\Sigma(t \underset{m}{\ominus} 1) = x(t)$ ist, ergibt sich unter Verwendung des Differenzensatzes

$$[1 - \overline{\text{Pal}}\,(p, 1)]\, X_\Sigma(p) = X(p)$$

und daraus schließlich der Summensatz

$$\text{WCF-}\mathcal{F}\{x_\Sigma(t)\} = X_\Sigma(p) = \frac{X(p)}{1 - \overline{\text{Pal}}\,(p, 1)} . \qquad (2.133)$$

6. Faltungssatz

Analog zum Faltungssatz der gewöhnlichen Fourier-Transformation wird hier die WCF-Fourier-Transformierte von zwei (oder mehr) diskreten Abtastsignalen $x_1(t)$ und $x_2(t)$ berechnet. Die m-näre Faltung zweier diskreter Abtastfunktionen in der Darstellung als WCF ist

$$x_1(t) \underset{m}{*} x_2(t) = \sum_{\tau=0}^{N-1} x_1(\tau)\, x_2(t \underset{m}{\ominus} \tau) . \qquad (2.134)$$

Die m-näre Faltung ergibt ein neues diskretes Signal, das im gleichen Intervall N liegt wie die Signale $x_1(t)$ und $x_2(t)$. Für zwei gefaltete diskrete Abtastsignale gilt das kommutative Gesetz; d. h., es ist

$$x_1(t) \underset{m}{*} x_2(t) = \overline{x_2(t) \underset{m}{*} x_1(t)} . \qquad (2.135)$$

Der Querstrich auf der rechten Seite symbolisiert die konjugiert komplexe Signaldarstellung. Es läßt sich nun zeigen, daß

$$x_1(t) \underset{m}{*} x_2(t) = N \sum_{p=0}^{N-1} \overline{X_2}(p)\, \overline{X_1}(p)\, \overline{\text{Pal}}\,(p, t) \qquad (2.136)$$

ist. $\overline{X_i(p)}$ ist das konjugiert komplexe Spektrum zu $X_i(p)$; $i = 1, 2$. Übergang zur komplex konjugierten Darstellung liefert aus obiger Beziehung

$$\overline{x_1(t) \underset{m}{*} x_2(t)} = N \sum_{p=0}^{N-1} X_1(p)\, X_2(p)\, \mathrm{Pal}\,(p, t)\,. \tag{2.137}$$

Somit lautet der Faltungssatz

$$\text{WCF-}\mathcal{F}\{\overline{x_1(t) \underset{m}{*} x_2(t)}\} = N X_1(p)\, X_2(p)\,. \tag{2.138}$$

Das Spektrum der konjugiert-komplexen m-nären Faltung zweier Signale ist dem Produkt der Einzelspektren direkt proportional. Außer der Faltung im Originalbereich läßt sich auch eine Faltung im Bildbereich durchführen. Der entsprechende Faltungssatz lautet:

$$\text{WCF-}\mathcal{F}\{x_1(t)\, x_2(t)\} = X_1(p) \underset{m}{*} \overline{X_2(p)}\,. \tag{2.139}$$

Die WCF-Fourier-Transformierte des Produkts zweier diskreter Abtastsignale führt zur m-nären Faltung des Spektrums der einen Abtastfunktion mit dem konjugiert komplexen Spektrum der anderen.

2.2.3. Stochastische Signale

Stochastische Signale zeichnen sich dadurch aus, daß die Signalwerte Zufallsgrößen sind. Sie sind im Vergleich zu den determinierten Signalen von qualitativ verschiedener Natur. Da für die Beschreibung und Behandlung stochastischer Signale die Gesetze bzw. Gesetzmäßigkeiten von Zufallsfunktionen herangezogen werden müssen, sind die Begriffe stochastische Signale und zufällige Signale gleichwertig. Die Bezeichnung „regelloses" Signal anstatt stochastisches Signal sollte man vermeiden, da sie zu der Schlußfolgerung verführen kann, für diese Signale gäbe es keine Regeln oder Gesetze. Die im folgenden dargelegten Ausführungen mögen verdeutlichen, daß es in der Stochastik als einer wissenschaftlichen Widerspiegelung von Prozessen der Natur und Technik durchaus gesetzmäßig zugeht.

Die Theorie und Technik des Informationstransports und die technische Kybernetik beruhen ja zum großen Teil auf den „Regeln" und Gesetzen der Statistik. Die Grundlage für die Beschreibung stochastischer Signale bildet die Theorie der Zufallsfunktionen und -prozesse. Wichtige wahrscheinlichkeitstheoretische Beziehungen können wir aus dem Abschnitt 1 dieses Buchs auf die hier zu behandelnden Probleme übertragen. Häufig ist es nicht möglich, nur mit allgemeinen Verteilungen von Zufallsgrößen zu arbeiten. Deshalb zieht man die Parameter von Wahrscheinlichkeitsverteilungen (Erwartungswerte, Momente, Dispersion, Standardabweichung usw.) mit heran. Wenn eine Zufallsfunktion von einem Parameter $t \in T$ abhängt, spricht man von einem *zufälligen Prozeß*. Gewöhnlich sind t die Zeit und T die Menge aller Zeitpunkte des Beobachtungsintervalls. Eine *Realisierung* des stochastischen Prozesses erhält man, wenn bei jedem $t \in T$ der stochastische Prozeß einen ganz konkreten Verlauf annimmt. Realisierungen stochastischer Prozesse sind grundsätzlich beobachtbar und können z. B. auf Magnetspeichern oder Oszillogrammen aufgeschrieben werden. Wir können stochastische Signale als Realisierungen stochastischer Prozesse auffassen.

Scharmittel, Korrelationsfunktion und Zeitmittel stochastischer Prozesse und Signale

Wir betrachten einen Zufallsprozeß $\xi(t)$ mit der eindimensionalen Wahrscheinlichkeitsdichte $p(x, t)$. Das Argument x der Wahrscheinlichkeitsdichte bedeutet die möglichen Werte des Zufallsprozesses bei den Werten des Argumentes t. $p(x, t)\,dx$ ist die Wahrscheinlichkeit, daß die Werte des Zufallsprozesses zum Zeitpunkt t im Intervall $(x, x + dx)$ liegen. Die Wahrscheinlichkeit, daß der Zufallsprozeß zum Zeitpunkt t irgendeinen beliebigen der möglichen Werte annimmt, ist Eins,

$$\int_{-\infty}^{\infty} p(x, t)\,dx = 1\,, \tag{2.140}$$

denn darüber besteht Gewißheit. Obwohl die eindimensionale Wahrscheinlichkeitsdichte den Zufallsprozeß nicht umfassend beschreibt, bildet sie doch die Grundlage für eine Anzahl wichtiger Charakteristika. Als einfacher Erwartungswert, erstes Moment oder einfaches statistisches *Scharmittel* ist definiert

$$\overline{x(t)} = \mathsf{E}[\xi(t)] = \int_{-\infty}^{\infty} x p(x, t)\,dx = \lim_{n\to\infty} \frac{1}{n} \sum_{i=1}^{n} x_i(t)\,. \tag{2.141}$$

Hier sind n die Zahl der Realisierungen, $x_i(t)$ eine Realisierung von $\xi(t)$. Das Scharmittel ist demnach nicht anderes als das Mittel über ein statistisches Ensemble. Entsprechend erhält man für das zweite Moment

$$\overline{x^2(t)} = \mathsf{E}[\xi^2(t)] = \int_{-\infty}^{\infty} x^2 p(x, t)\,dx = \lim_{n\to\infty} \frac{1}{n} \sum_{i=1}^{n} x_i^2(t)\,. \tag{2.142}$$

Dafür werden auch die Bezeichnungen quadratisches Mittel oder quadratisches Scharmittel verwendet. Schließlich sind die *Dispersion* des Prozesses

$$\mathsf{D}[\xi(t)] = D(t) = \mathsf{E}[\xi(t) - \mathsf{E}[\xi(t)]]^2 = \int_{-\infty}^{\infty} [x - \overline{x(t)}]^2\, p(x, t)\,dx =$$

$$= \lim_{n\to\infty} \frac{1}{n} \sum_{i=1}^{n} [x_i(t) - \overline{x(t)}]^2 \tag{2.143}$$

und die *mittlere Standardabweichung*

$$\sigma[\xi(t)] = \sigma(t) = \sqrt{D(t)} = \sqrt{\overline{x^2(t)} - (\overline{x(t)})^2}\,. \tag{2.144}$$

Betrachtet man zwei Zeitpunkte t_1 und t_2 des stochastischen Prozesses, dann erhält man die Zufallsgrößen $\xi(t_1)$ und $\xi(t_2)$ mit der sie charakterisierenden zweidimensionalen Wahrscheinlichkeitsdichte $p(x_1, t_1, x_2, t_2)$. Hier sind x_1 die möglichen Werte des Zufallsprozesses bei $t = t_1$ und x_2 die möglichen Werte des Zufallsprozesses bei $t = t_2$. Mit der zweidimensionalen Wahrscheinlichkeitsdichte kann man die Wahrscheinlichkeit berechnen, daß ein Zufallsprozeß $\xi(t)$ zum Zeitpunkt t Werte im Bereich $(x, x + dx)$ annimmt: $p(x, t, x', t')\,dx\,dx'$. Für die zweidimensionale Wahrscheinlichkeit gelten die Beziehungen

$$\int_{-\infty}^{\infty} \int_{-\infty}^{\infty} p(x, t, x', t')\, dx\, dx' = 1\,, \tag{2.145}$$

$$\int_{-\infty}^{\infty} p(x, t, x', t')\, dx = p(x, t)$$

und

$$p(x, t, x', t') = p(x, t)\, p(x', t' \mid x, t)\,.$$

Unter Verwendung der zweidimensionalen Wahrscheinlichkeitsdichte läßt sich das zweite zentrale Moment des stochastischen Prozesses $\xi(t)$ bilden. Es trägt die Bezeichnung *Autokorrelationsfunktion* (Abkürzung AKF) und lautet

$$\begin{aligned}\psi_{xx}(t, t') &= \mathsf{E}[\{\xi(t) - \mathsf{E}[\xi(t)]\}\{\xi(t') - \mathsf{E}[\xi(t')]\}] \\ &= \int_{-\infty}^{\infty}\int_{-\infty}^{\infty} [x - \overline{x(t)}]\,[x' - \overline{x'(t)}]\, p(x, t, x', t')\, dx\, dx' \\ &= \lim_{n\to\infty} \frac{1}{n} \sum_{i=1}^{n} [x_i(t) - \overline{x_i(t)}]\,[x_i'(t) - \overline{x_i'(t)}]\,.\end{aligned} \tag{2.146}$$

Die obenstehenden Beziehungen nennt man auch ***statistische Definition der Autokorrelationsfunktion***. Daneben gibt es noch eine sog. zeitliche und spektrale Definition der AKF (s. S. 90, 96). Die AKF ist eine wichtige Kenngröße zur Beurteilung eines stochastischen Prozesses. Sie gestattet einzuschätzen, ob zwischen den Werten ein und desselben Zufallsprozesses im Zeitabstand $|\tau| = |t - t'|$ statistische Zusammenhänge (Korrelationen) existieren. Wenn $\psi_{xx}(t, t') = 0$ ist, sind die Zufallsgrößen $\xi(t)$ und $\xi(t')$ *unkorreliert*. Aus der Definition der AKF folgt, daß statistisch unabhängige Zufallsgrößen $\xi(t)$ und $\xi(t')$ unkorreliert sind. Grundeigenschaften der AKF kommen in den folgenden Beziehungen zum Ausdruck:

1. $$\psi_{xx}(t, t') = \psi_{xx}(t', t)\,, \tag{2.147}$$

2. $$\psi_{xx}(t, t) = D(t) > 0\,, \tag{2.148}$$

3. $$|\psi_{xx}(t, t')| \leqq \left|\sqrt{\psi_{xx}(t, t)\, \psi_{xx}(t', t')}\right| = \left|\sqrt{D(t)\, D(t)'}\right|, \tag{2.149}$$

4. $$\left|\frac{\psi_{xx}(t, t')}{\sqrt{\psi_{xx}(t, t)\, \psi_{xx}(t', t')}}\right| = |\varrho_{xx}(t, t')| \leqq 1\,. \tag{2.150}$$

$\varrho_{xx}(t, t')$ heißt normierte AKF.

5. Ist $f(t)$ eine nichtstochastische Funktion von t, dann ist

$$\int_a^b \int_a^b \psi_{xx}(t, t')\, f(t)\, f(t')\, dt\, dt' \geqq 0\,. \tag{2.151}$$

6. Für $\eta(t) = f(t)\, \xi(t)$ ist

$$\psi_{\eta\eta}(t, t) = f(t)\, f(t')\, \psi_{xx}(t, t')\,. \tag{2.152}$$

7. Ist $\eta(t) = f(t) + \xi(t)$, so gilt

$$\psi_{\eta\eta}(t, t') = \psi_{xx}(t, t')\,. \tag{2.153}$$

8. Wenn $\eta(t) = \frac{\mathrm{d}}{\mathrm{d}t}\,\xi(t)$ ist, so gilt

$$\psi_{\eta\eta}(t, t') = \frac{\partial^2 \psi_{xx}(t, t')}{\partial t\, \partial t'}\,. \tag{2.154}$$

Wir wollen jetzt annehmen, daß es zwei stochastische Prozesse $\xi(t)$ und $\eta(t')$ gibt. Die *Kreuzkorrelationsfunktion* $\psi_{xy}(t, t')$ charakterisiert dann den statistischen Zusamemenhang von $\xi(t)$ und $\eta(t)$ (also im Zeitabstand $|\tau| = |t - t'|$)

$$\begin{aligned} \psi_{xy}(t, t') &= \mathsf{E}[\{\xi(t) - \mathsf{E}[\xi(t)]\}\,\{\eta(t') - \mathsf{E}[\eta(t')]\}] \\ &= \int_{-\infty}^{\infty}\int_{-\infty}^{\infty} [x - \mathsf{E}[\xi(t)]\,[y - \mathsf{E}[\eta(t')]\,p(x, t, y, t')\,\mathrm{d}x\,\mathrm{d}y \\ &= \lim_{n\to\infty} \frac{1}{n} \sum_{i=1}^{n} [x_i(t) - \overline{x(t)}]\,[y_i(t') - \overline{y(t')}]\,. \end{aligned} \tag{2.155}$$

Aus diesen Beziehungen folgt, daß die unabhängigen Zufallsprozesse $\xi(t)$ und $\eta(t')$ unkorreliert sind, wenn $\psi_{xy}(t, t') = 0$ ist.

Die Autokorrelationsfunktion und die Kreuzkorrelationsfunktion als Charakteristika für Zufallsprozesse besitzen unabhängig von der Art der Prozesse generelle Aussagekraft also sowohl für stationäre als auch für nichtstationäre.

Als *stationär im engeren Sinne* bezeichnet man bekanntlich einen stochastischen Prozeß, wenn für die n-dimensionale Wahrscheinlichkeitsdichte bei beliebig großer Zeitverschiebung τ gilt

$$p(x_1, t_1; x_2, t_2; \dots x_n, t_n) = p(x_1, t_1 + \tau; x_2, t_2 + \tau; \dots x_n, t_n + \tau)\,. \tag{2.156}$$

n: beliebige ganze Zahl. Stationäre Prozesse dieser Klasse zeichnen sich dadurch aus, daß alle ihre statistischen Charakteristika nicht vom Beginn der Zeitzählung abhängen. *Stationär im weitesten Sinne* nennt man stochastische Prozesse, für die folgendes zutrifft:

$$\mathsf{E}[\xi(t)] = \operatorname{invar} t\,, \tag{2.157}$$

$$\mathsf{D}[\xi(t)] = D_x = \operatorname{invar} t\,, \tag{2.158}$$

$$\psi_{xx}(t, t') = \psi_{xx}(\tau); \qquad \tau = t - t'\,, \tag{2.159}$$

$$\psi_{xx}(0) = D_x > 0\,, \tag{2.160}$$

$$|\psi_{xx}(\tau)| < \psi_{xx}(0); \qquad \psi_{xx}(-\tau) = \psi_{xx}(\tau)\,, \tag{2.161}$$

$$\int_{-\infty}^{\infty} \psi_{xx}(\tau) \cos \omega\tau\, \mathrm{d}\tau \geqq 0\,. \tag{2.162}$$

Alle durch Mittelbildung erhaltenen Prozeßcharakteristika sind zeitinvariant, und die AKF ist nur von der Korrelationsdauer τ abhängig. Die AKF besitzt für $\tau = 0$ ihren Größtwert, der mit der Dispersion $\mathsf{D}[\xi(t)] = D_x$ übereinstimmt.

Wir betrachten nun eine Realisierung $x(t)$ eines im weitesten Sinne stationären stochastischen Prozesses $\xi(t)$. Von dieser Realisierung kann man das sog. *Zeitmittel* bilden. Wenn die Realisierung im Intervall $t = 0 \dots T$ beobachtet wird, ist das zeitliche Mittel gegeben durch

$$\overline{x(t)} = \lim_{T\to\infty} \frac{1}{T} \int_0^T x(t)\,\mathrm{d}t \tag{2.163}$$

bzw. durch

$$\overline{x(t)} = \lim_{T\to\infty} \frac{1}{2T} \int_{-T}^{T} x(t)\,\mathrm{d}t\,,$$

wenn die Beobachtung von $-T \dots +T$ durchgeführt wird.

Die sog. *Ergodenhypothese* stationärer stochastischer Prozesse besagt, daß Scharmittel und Zeitmittel gleich sind

$$\int_{-\infty}^{\infty} xp(x,t)\,\mathrm{d}x = \lim_{n\to\infty} \frac{1}{n} \sum_{i=1}^{n} x_i(t) = \lim_{T\to\infty} \frac{1}{T} \int_0^T x(t)\,\mathrm{d}t\,. \tag{2.164}$$

Die Erweiterung von den einfachen Mittelwerten auf solche höherer Ordnung führt zu dem bereits an Abschnitt 1.1. angeführten Satz: *Bei einem ergodischen Zufallsprozeß stimmen mit einer beliebig nahe an Eins liegenden Wahrscheinlichkeit beliebige wahrscheinlichkeitstheoretische Charakteristika, die man durch Mittelung über alle möglichen Realisierungen erhält (Scharmittel) mit dem zeitlichen Mittelwert einer einzigen* (genügend lange beobachteten) *Realisierung überein.*

Die bedeutendste Schlußfolgerung aus der Äquivalenz von Zeit- und Scharmittel besteht kurz gesagt in folgendem: Es ist für das Studium eines ergodischen Zufallsprozesses nicht notwendig, eine große Zahl von Realisierungen zu untersuchen (was im allgemeinen auch gar nicht möglich ist), sondern es genügt die Beobachtung einer Realisierung während eines genügend großen Zeitintervalls.

Ausgehend vom zeitlichen quadratischen Mittelwert der Funktion $x(t)$ als der Beschreibung eines ergodischen Zufallsprozesses,

$$\overline{x^2(t)} = \lim_{T\to\infty} \frac{1}{T} \int_0^T x^2(t)\,\mathrm{d}t\,, \tag{2.165}$$

erhält man die sog. *zeitliche Definition der Autokorrelationsfunktion*

$$\psi_{xx}(\tau) = \mathsf{E}[x(t)\,x(t-\tau)] = \lim_{T\to\infty} \frac{1}{T} \int_0^T x(t)\,x(t-\tau)\,\mathrm{d}t\,. \tag{2.166}$$

Entsprechend der statistischen Definition der Kreuzkorrelationsfunktion (KKF) läßt sich auch eine zeitliche angeben

$$\psi_{xy}(\tau) = \lim_{T\to\infty} \frac{1}{T} \int_0^T x(t)\,y(t-\tau)\,\mathrm{d}t\,. \tag{2.167}$$

Die KKF widerspiegelt den statistischen Zusammenhang zwischen den Realisierungen $x(t)$ und $y(t)$ zweier verschiedener ergodischer Zufallsprozesse. Es gilt auch folgende

Definition

$$\psi_{xy}(\tau) = \lim_{T\to\infty} \frac{1}{T} \int_0^T y(t)\, x(t+\tau)\, dt\,. \qquad (2.168)$$

Bei der AKF eines ergodischen stochastischen Prozesses ist es gleichgültig, ob eine positive oder negative Zeitverschiebung unter dem Integranden benutzt wird; stets gilt $\psi_{xx}(\tau) = \psi_{xx}(-\tau)$. Die KKF ist dagegen keine gerade Funktion

$$\psi_{xy}(\tau) \neq \psi_{yx}(\tau) \quad \text{bzw.} \quad \psi_{xy}(\tau) = \psi_{yx}(-\tau)\,. \qquad (2.169)$$

Ausgehend von der zeitlichen Definition der AKF sollen einige wichtige Gesetzmäßigkeiten stationärer Zufallsprozesse und -signale genannt werden:

1. Die AKF eines stationären Zufallsprozesses ist für große τ gleich dem Quadrat des mathematischen Erwartungswertes dieses Zufallsprozesses.

Mit Vergrößerung des Zeitintervalles geht der statistische Zusammenhang zwischen $x(t)$ und $x(t-\tau)$ verloren, so daß schließlich für $\tau \to \infty$ die Größen $x(t)$ und $x(t-\tau)$ völlig unkorreliert werden. Wenn man berücksichtigt, daß der Erwartungswert eines Produkts unabhängiger Zufallsgrößen gleich dem Produkt der Erwartungswerte der einzelnen Zufallsgrößen ist, ergibt sich

$$\lim_{\tau\to\infty} \psi_{xx}(\tau) = \lim_{\tau\to\infty} \mathsf{E}[x(t)\, x(t-\tau)] = \lim_{\tau\to\infty} \{\mathsf{E}[x(t)]\, \mathsf{E}[x(t-\tau)]\}\,.$$

Voraussetzungsgemäß sind $x(t)$ und $x(t-\tau)$ stationär im weitesten Sinne, d. h., die Erwartungswerte sind zeitunabhängig: $\mathsf{E}\{x(t)\} = \mathsf{E}\{x(t-\tau)\} = \mathsf{E}\{x\}$. Damit wird

$$\lim_{\tau\to\infty} \psi_{xx}(\tau) = \mathsf{E}^2\{x(t)\} = \mathsf{E}^2\{x\} = \left(\overline{x(t)}\right)^2. \qquad (2.170\,\text{a})$$

Die AKF eines stationären Zufallsprozesses stimmt bei $\tau \to \infty$ mit dem Quadrat des Erwartungswerts überein. Für sehr große τ ist also $\psi_{xx}(\tau)$ eine Konstante (Abb. 2.11). Wenn der Erwartungswert bzw. der einfache Mittelwert eines stationären stochastischen Prozesses Null ist, gilt auch $\psi_{xx}(\infty) = 0$.

2. Bei verschwindender Korrelationsdauer τ stimmt die AKF mit dem Erwartungswert zweiter Ordnung (quadratischer Mittelwert) überein

$$\lim_{\tau\to 0} \psi_{xx}(\tau) = \lim_{\tau\to 0} \mathsf{E}[x(t)\, x(t-\tau)] = \mathsf{E}[x^2(t)] = \lim_{T\to\infty} \int_0^T x^2(t)\, dt = \overline{x^2(t)}\,. \qquad (2.170\,\text{b})$$

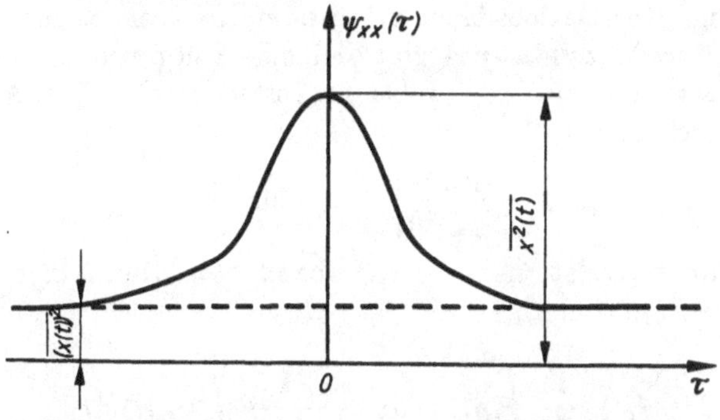

Abb. 2.11. Typischer Verlauf der Autokorrelationsfunktion eines Zufallsprozesses

Der quadratische Mittelwert ist zugleich der Maximalbetrag, den die AKF eines stationären Zufallsprozesses annehmen kann. Um dies zu zeigen, überlagern wir die Zufallsfunktionen $x(t)$ und $x(t-\tau)$ und bilden den Erwartungswert des Quadrats der Summe

$$\begin{aligned}\mathsf{E}\{[x(t)+x(t-\tau)]^2\} &= \mathsf{E}[x^2(t)] + 2\mathsf{E}[x(t)\,x(t-\tau)] + \mathsf{E}[x^2(t-\tau)] \\ &= 2\psi_{xx}(0) + 2\psi_{xx}(\tau)\,.\end{aligned}$$

Der Erwartungswert auf der linken Seite kann nicht negativ sein, denn er wird vom Quadrat der Summe zweier Zufallsfunktionen gebildet. Folglich ist stets

$$2\psi_{xx}(0) + 2\psi_{xx}(\tau) \geqq 0 \quad \text{und} \quad |\psi_{xx}(0)| \geqq |\psi_{xx}(\tau)|\,. \tag{2.171}$$

Aus allem folgt, daß für $\tau \to 0$ die Korrelation von $x(t)$ und $x(t-\tau)$ am größten ist.

3. Bei einem stationären Zufallsprozeß stimmt die AKF der Funktion $x_0(t) = x(t) - \overline{x(t)}$ bis auf einen konstanten Betrag mit der AKF der Funktion $x(t)$ überein.

Es sei $\overline{x(t)} = E[x(t)]$. Bei einem im weitesten Sinne stationären Prozeß ist a priori $\mathsf{E}[x(t)] = \text{const.}$ Somit erhält man

$$\begin{aligned}\psi^0_{xx}(t) &= \mathsf{E}[x_0(t)\,x_0(t-\tau)] = \mathsf{E}\{[x(t) - \overline{x(t)}]\,[x(t-\tau) - \overline{x(t)}]\} \\ &= \mathsf{E}[x(t)\,x(t-\tau)] - \overline{x(t)}\,\mathsf{E}[x(t-\tau)] - \overline{x(t)}\,\mathsf{E}[x(t)] + \overline{x^2(t)}\,.\end{aligned}$$

Da $\mathsf{E}[x(t-\tau)] = \mathsf{E}[x(t)] = \overline{x(t)}$ ist, ergibt sich schließlich

$$\psi^0_{xx}(t) = \psi_{xx}(\tau) - \overline{x^2(t)}\,. \tag{2.172}$$

Der zweite Ausdruck auf der rechten Seite, der quadratische Mittelwert, ist beim stationären Prozeß konstant. Bis auf einen konstanten Betrag zeigen die AKF von $x_0(t)$ und $x(t)$ bei stationären Prozessen den gleichen Verlauf.

Der Prozeß $x_0(t) = x(t) - \overline{x(t)}$ hat im stationären Fall $(\overline{x(t)} = \mathsf{E}[x(t)] = \text{const.})$ den Erwartungswert Null

$$\mathsf{E}[x_0(t)] = \mathsf{E}[x(t) - \overline{x(t)}] = \overline{x(t)} - \overline{x(t)} = 0\,.$$

Man kann sich leicht davon überzeugen, daß für die Dispersion von $x_0(t) = x(t) - \overline{x(t)}$ bei Stationarität gilt

$$\mathsf{D}[x_0(t)] = \psi^0_{xx}(0)\,. \tag{2.173}$$

4. Mit der normierten AKF des stationären Zufallsprozesses $x_0(t) = x(t) - \overline{x(t)}$ kann man die sog. Korrelationsdauer τ_K eines stationären stochastischen Prozesses bestimmen. Die *Korrelationsdauer* τ_K gibt diejenige Zeitgrenze an, bei der die Korrelation zwischen $x(t)$ und $x(t-\tau)$ praktisch verloren geht. Der Absolutbetrag der normierten AKF ist dann

$$|\varrho^0_{xx}(\tau)| = \left|\frac{\psi_{xx}(\tau)}{\psi^0_{xx}(0)}\right| < \varepsilon; \quad \text{für} \quad |\tau| > \tau_K\,. \tag{2.174}$$

Wir definieren die Korrelationsdauer τ_K anhand von Abb. 2.12 als die Hälfte des Integrals über die Funktion $\varrho^0_{xx}(\tau)$:

$$\tau_K = \frac{1}{2}\int_{-\infty}^{\infty} \varrho^0_{xx}(\tau)\,d\tau = \frac{1}{\psi^0_{xx}(0)}\int_0^{\infty} \psi_{xx}(\tau)\,d\tau\,. \tag{2.175}$$

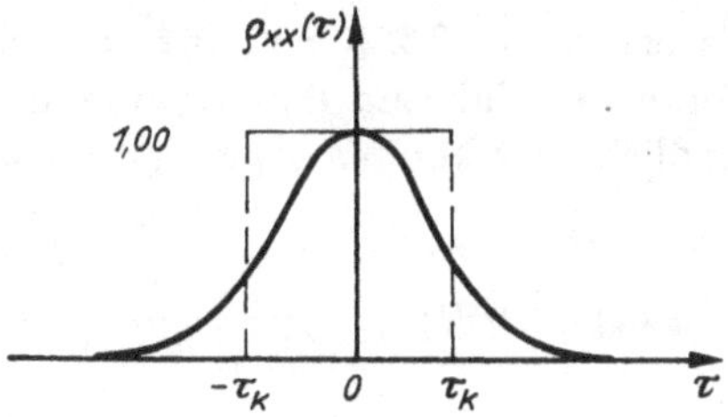

Abb. 2.12. Normierte AKF $\varrho_{xx}(\tau)$ eines stationären Zufallsprozesses mit dem Erwartungswert $\mathsf{E}[x_0(t)] = 0$; $x_0(t) = x(t) - \overline{x(t)}$; τ_k: Korrelationsdauer des Prozesses

Spektrale Darstellung stochastischer Prozesse und Signale; Leistungsspektrum und Wiener-Chintschin-Theorem

Die bisher behandelten Charakteristika stochastischer Vorgänge beruhen ausschließlich auf Mittelwertbildung einfacher und höherer Ordnung über ein ganzes Ensemble zufälliger Vorgänge oder über eine einzige Realisierung. Die Spektraltheorie stochastischer Prozesse bzw. Signale stellt das Analogon zur Spektraltheorie determinierter Prozesse und Signale dar. Auch bei der spektralen Darstellung stochastischer Vorgänge spielt die FOURIER-Transformation eine zentrale Rolle. Jedoch ist vor einer unkritischen Übernahme der Erkenntnisse der für determinierte Signale und Prozesse gültigen FOURIER-Operation in den Bereich der Stochastik zu warnen. Das hat vor allem folgende Gründe:

1. Bei der Realisierung $x(t)$ eines stochastischen Prozesses mit unbegrenzter zeitlicher Ausdehnung ist die Bedingung der absoluten Integrierbarkeit,

$$\int_{-\infty}^{\infty} |x(t)| \, \mathrm{d}t < \infty ,$$

nicht erfüllt.

2. Bei einem stochastischen Prozeß oder Signal ist das Frequenzspektrum ebenfalls eine Zufallsfunktion. Die spektrale Analyse in gleicher Weise wie bei determinierten Signalen verliert deshalb hier ihren Sinn. Es ist vielmehr zweckmäßig, der Signalbewertung im Zeit- und Frequenzbereich Erwartungs- bzw. Mittelwerte zugrunde zu legen.

Bei der Spektraltheorie stochastischer Prozesse und Signale geht man von Vorgängen in einem endlichen Zeitintervall sowie von der Energie und Leistung dieser zufälligen Vorgänge aus. Gemäß Abb. 2.13 sei $x(t)$ die Realisierung eines stationären

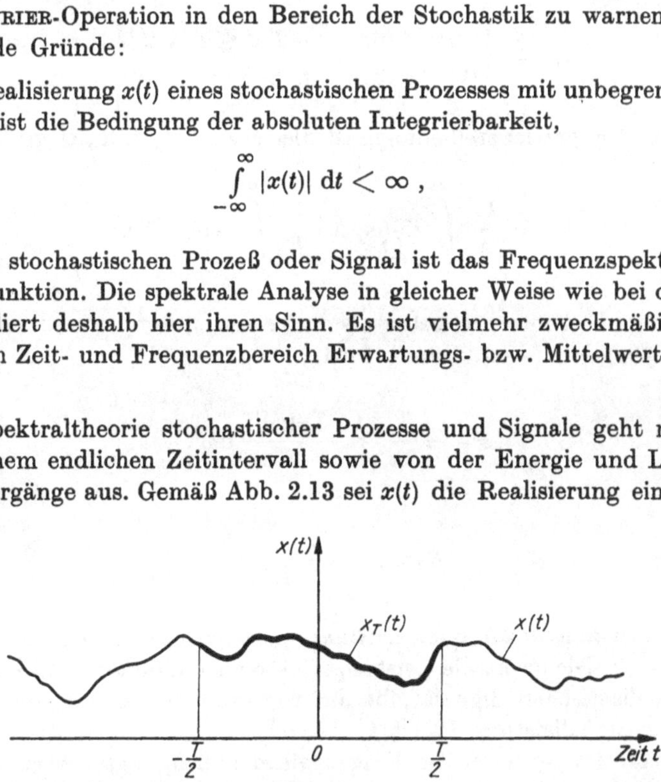

Abb. 2.13. Realisierung $x(t)$ eines Zufallsprozesses. $x_T(t)$: Verlauf der Zufallsfunktion im Beobachtungsintervall T

Zufallsprozesses. Im Intervall $-T/2 \leqq t \leqq T/2$ soll die Zufallsfunktion $x_T(t)$ genau mit $x(t)$ übereinstimmen. Während der angenommenen Beobachtungszeit ist das Integral über $x_T(t)$ endlich; wir können somit formal schreiben

$$X_T(\omega) = \int_{-T/2}^{T/2} x_T(t)\, \mathrm{e}^{-j\omega t} \mathrm{d}t; \qquad x_T(t) = \frac{1}{2\pi} \int_{-\infty}^{\infty} X_T(\omega)\, \mathrm{e}^{j\omega t}\, \mathrm{d}\omega .$$

$X_T(\omega)$ ist die spektrale Amplitudendichte des Vorganges $x_T(t)$. Energie W_T und Leistung P_T des zeitbegrenzten stochastischen Vorganges $x_T(t)$ betragen

$$W_T = \int_{-T/2}^{T/2} (x_T(t))^2\, \mathrm{d}t; \qquad P_T = \frac{1}{T} \int_{-T/2}^{T/2} (x_T(t))^2\, \mathrm{d}t . \tag{2.176}$$

In dieser Beziehung setzen wir die obige FOURIER-Transformierte ein. Für die Leistung erhält man

$$P_T = \frac{1}{T} \int_{-\infty}^{\infty} x_T(t)\, \mathrm{d}t\, \frac{1}{2\pi} \int_{-\infty}^{\infty} X_T(\omega)\, \mathrm{e}^{j\omega t}\, \mathrm{d}\omega$$

mit

$$x_T(t) = \begin{cases} x(t) & \text{für} \quad -T/2 \leqq t \leqq T/2\,, \\ 0 & \text{für} \quad |t| > T/2\,. \end{cases}$$

Vertauschen der Integrationsreihenfolge ist hier gestattet, d. h., es gilt auch

$$P_T = \frac{1}{2\pi} \int_{-\infty}^{\infty} X_T(\omega)\, \mathrm{d}\omega\, \frac{1}{T} \int_{-\infty}^{\infty} x_T(t)\, \mathrm{e}^{j\omega t}\, \mathrm{d}t .$$

Das zweite Integral ist interpretierbar als die zu $X_T(\omega)$ konjugiert komplexe Amplitudendichte $X_T^*(\omega) = X(-\omega)$. Damit wird

$$P_T = \frac{1}{2\pi} \int_{-\infty}^{\infty} \frac{|X_T(\omega)|^2}{T}\, \mathrm{d}\omega . \tag{2.177}$$

Der Ausdruck

$$S_T(\omega) = \frac{|X(\omega)|^2}{T} \tag{2.178}$$

heißt *spektrale Leistungsdichte* oder *Leistungsspektrum* des zeitbegrenzten stochastischen Signals $x_T(t)$. Die spektrale Leistungsdichte als charakteristische Darstellungsgröße eines stochastischen Signals gibt an, wie groß der Anteil einer bestimmten Frequenz an der Signalleistung P_T ist.

Uns interessiert im weiteren die Frage, wie das Leistungsspektrum des zeitlich unbegrenzten stochastischen Prozesses $x(t)$ zu bestimmen ist. Hierzu bilden wir das Scharmittel aller möglichen spektralen Leistungsdichten $\overline{S_T}(\omega)$, d. h. den Erwartungswert

$$\overline{S}_T(\omega) = \mathsf{E}[S_T(\omega)] = \mathsf{E}[|X(\omega)|^2/T] = \frac{1}{T}\,\mathsf{E}[X(\omega)\,X^*(\omega)]$$

$$= \frac{1}{T}\,\mathsf{E}\left\{\int_{-T/2}^{T/2} x_T(t_1)\,\mathrm{e}^{-j\omega t_1}\,\mathrm{d}t_1 \int_{-T/2}^{T/2} x_T(t_2)\,\mathrm{e}^{j\omega t_2}\,\mathrm{d}t_2\right\}$$

$$= \frac{1}{T}\int_{-T/2}^{T/2}\int_{-T/2}^{T/2} \mathsf{E}[x_T(t_1)\,x_T(t_2)]\,\mathrm{e}^{-j\omega(t_1-t_2)}\,\mathrm{d}t_1\,\mathrm{d}t_2\,.$$

Der Vergleich mit der Definition der Autokorrelationsfunktion ergibt

$$\mathsf{E}[x_T(t_1)\,x_T(t_2)] = \psi_{xx}(t_1, t_2)\,.$$

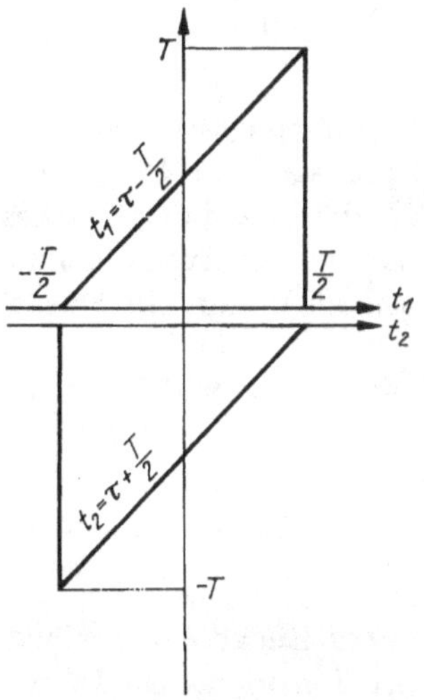

Abb. 2.14. Zur Ableitung des WIENER-CHINTSCHIN-Theorems: Aufteilung der Integrationsbereiche

Wegen der vorausgesetzten Stationarität dürfen wir schreiben

$$\overline{S}_T(\omega) = \frac{1}{T}\int_{-T/2}^{T/2}\int_{-T/2}^{T/2} \psi_{xx}(t_1 - t_2)\,\mathrm{e}^{-j\omega(t_1-t_2)}\,\mathrm{d}t_1\,\mathrm{d}t_2\,.$$

Wir teilen jetzt gemäß Abb. 2.14 den Integrationsbereich (t_1, t_2) auf die Diagonalen eines Quadrats der Kantenlänge T auf. Gleichzeitig führen wir folgende Variablen ein: $\tau = t_1 - t_2$, t_2 für den Bereich oberhalb der Diagonalen ($\tau > 0$) und $\tau = t_1 - t_2$, $-t_2$ für das Gebiet unterhalb der Diagonalen. Das Scharmittel des Leistungsspektrums wird damit

$$\overline{S}_T(\omega) = \frac{1}{T}\left[\int_0^T \int_{\tau-T/2}^{T/2} \psi_{xx}(\tau)\,\mathrm{e}^{-j\omega\tau}\,\mathrm{d}t_1\,\mathrm{d}\tau + \int_T^0 \int_{-T/2}^{\tau+T/2} \psi_{xx}(\tau)\,\mathrm{e}^{-j\omega\tau}\,\mathrm{d}t_2\,\mathrm{d}\tau\right]$$

$$= \frac{1}{T}\left[\int_0^T (T-\tau)\,\psi_{xx}(\tau)\,\mathrm{e}^{-j\omega\tau}\,\mathrm{d}\tau + \int_{-T}^0 (T-\tau)\,\psi_{xx}(\tau)\,\mathrm{e}^{-j\omega\tau}\mathrm{d}\tau\right].$$

Dafür läßt sich schreiben

$$\overline{S}_T(\omega) = \int_{-T}^{T} \left(1 - \frac{|\tau|}{T}\right) \psi_{xx}(\tau)\,\mathrm{e}^{-j\omega\tau}\,\mathrm{d}\tau\,. \tag{2.179}$$

Das gesuchte Leistungsspektrum des zeitlich unbegrenzten, stationären stochastischen Prozesses ergibt sich als der Grenzwert

$$S(\omega) = \lim_{T\to\infty} \overline{S}_T(\omega) = \lim_{T\to\infty} \frac{|X(\omega)|^2}{T} = \int_{-\infty}^{\infty} \psi_{xx}(\tau)\,\mathrm{e}^{-j\omega\tau}\,\mathrm{d}\tau\,. \tag{2.180}$$

Die spektrale Leistungsdichte (Leistungsspektrum), welche die Verteilung der Leistung des stationären Zufallsprozesses im Frequenzbereich darstellt, ist nach der obigen Ableitung mit der AKF dieses Zufallsprozesses durch die FOURIER-Transformation verbunden. Dieser fundamentale Zusammenhang heißt WIENER-CHINTSCHIN-Theorem. Dieses Theorem geben wir in der folgenden Schreibweise an

$$S(\omega) = \mathcal{F}\{\psi_{xx}(\tau)\} = \int_{-\infty}^{\infty} \psi_{xx}(\tau)\,\mathrm{e}^{-j\omega\tau}\,\mathrm{d}\tau = 2\int_0^{\infty} \psi_{xx}(\tau)\cos\omega\tau\,\mathrm{d}\tau\,, \tag{2.181}$$

$$\psi_{xx}(\tau) = \mathcal{F}_{-1}\{S(\omega)\} = \frac{1}{2\pi}\int_{-\infty}^{\infty} S(\omega)\,\mathrm{e}^{j\omega\tau}\,\mathrm{d}\omega = \frac{1}{\pi}\int_0^{\infty} S(\omega)\cos\omega\tau\,\mathrm{d}\omega\,. \tag{2.182}$$

Die letzte Zeile (AKF als FOURIER-Rücktransformierte des Leitungsspektrums) wird auch *spektrale Definition* der AKF genannt. Die Integration erfolgt über alle (reellen) Kreisfrequenzen, d. h. von $-\infty \leqq \omega \leqq \infty$. Physikalischen Sinn besitzen jedoch nur Kreisfrequenzen $\omega \geqq 0$. Obwohl das Rechnen mit Kreisfrequenzen ω problemlos und sogar bequemer ist als mit den in Hertz gemessenen Frequenzen f, werden in der Technik letztere eben wegen der relativ einfachen Bestimmbarkeit und Anschaulichkeit benutzt.

Wir wollen das soeben abgeleitete WIENER-CHINTSCHIN-Theorem kommentieren:

1. Seine grundlegende Bedeutung für die Signaltheorie besteht zunächst darin, daß es auch für stochastische Signale über die FOURIER-Transformation einen gesetzmäßigen Zusammenhang zwischen zeitlichen und spektralen (frequenzabhängigen) Größen gibt. Die bei den determinierten Signalen kennengelernte Gleichwertigkeit der zeitlichen und spektralen Darstellung von Signalen gilt auch bei zufälligen Signalen. Man muß sich nur darüber klar sein, daß die unabhängige Variable bei den stochastischen Vorgängen die Korrelationszeit τ ist und die AKF die zeitabhängige Funktion.

2. Während bei determinierten Signalen die Fourier-Transformation auf die mathematische Darstellung des Signales $x(t)$ angewandt wird, $X(\omega) = \mathcal{F}\{x(t)\}$, erfolgt entsprechend dem Wiener-Chintschin-Theorem die Anwendung der Fourier-Operation auf eine Größe völlig anderer Dimension: $S(\omega) = \mathcal{F}\{\psi_{xx}(\tau)\}$. Hat z. B. das Signal $x(t)$ die Dimension A, dann ist die Dimension der AKF gleich A^2.

Die spektrale Amplitudendichte eines determinierten Signals ist eine *komplexe* Funktion der reellen Kreisfrequenz ω. Somit enthält $X(\omega)$ die vollständige Information über $x(t)$, d. h. über Betrag und Phase. Das Leistungsspektrum ist eine *reelle* Funktion der reellen Variablen ω. Da $S(\omega) \sim |X(\omega)|^2$ enthält $S(\omega)$ keine Phasenbeziehung mehr. Aus dem Leistungsspektrum ist die komplexe spektrale Amplitudendichte nicht berechenbar.

Entsprechend der zeitlichen Definition der AKF (Seite 90) kann aus dem Verlauf der Zeitfunktion $x(t)$ die AKF berechnet werden. Dagegen ist es nicht möglich, bei gegebener AKF den Signalverlauf $x(t)$ zu bestimmen. Als zeitlicher Mittelwert

$$\psi_{xx}(\tau) = \mathsf{E}[x(t)\, x(t-\tau)] = \mathsf{E}[x(t)\, x(t+\tau)]$$

enthält auch die AKF keine Phaseninformation mehr. Obwohl es möglich ist, das Wiener-Chintschin-Theorem auf determinierte Signale anzuwenden, liegt seine Domäne doch im Bereich der Stochastik. Hier stellt es den Zusammenhang zwischen den für stationäre Signale signifikanten Kennfunktionen AKF und Leistungsspektrum her.

3. Aus dem Wiener-Chintschin-Theorem folgt, daß bei $\tau = 0$ die Leistung des stationären Signals

$$\psi_{xx}(0) = \frac{1}{2\pi} \int_{-\infty}^{\infty} S(\omega)\, d\omega = \overline{x^2(t)} \tag{2.183}$$

ist. Andererseits ist

$$\psi_{xx}(0) = \lim_{T\to\infty} \frac{1}{T} \int_{-T/2}^{T/2} x^2(t)\, dt = \overline{x^2(t)}\,.$$

Daraus ergibt sich die Gleichwertigkeit der Leistungsbilanzen im Zeit- und Frequenzbereich

$$P = \lim_{T\to\infty} \frac{1}{T} \int_{-T/2}^{T/2} x^2(t)\, dt = \frac{1}{2\pi} \int_{-\infty}^{\infty} S(\omega)\, d\omega = \lim_{T\to\infty} \frac{1}{2\pi} \int_{-\infty}^{\infty} \frac{|X(\omega)|^2}{T}\, d\omega\,. \tag{2.184}$$

Die entsprechende Energiebilanz trägt die Bezeichnung Parseval-Theorem. Die Energie des Signales $x(t)$ sei endlich, d. h.

$$W = \int_{-\infty}^{\infty} x^2(t)\, dt < \infty\,.$$

Dann gilt

$$\int_{-\infty}^{\infty} x^2(t)\, dt = \frac{1}{2\pi} \int_{-\infty}^{\infty} |X(\omega)|^2\, d\omega = \int_{-\infty}^{\infty} |X(\omega)|^2\, df\,. \tag{2.185}$$

Nach dieser Beziehung ergibt sich die Signalenergie im Frequenzbereich aus der Fläche unterhalb der Kurve $|X(\omega)|^2$ (bei Integration über alle $f = \omega/2\pi$).

4. Aus dem WIENER-CHINTSCHIN-Theorem erhält man den Wert der spektralen Leistungsdichte bei $\omega = 0$ zu

$$S(0) = \int_{-\infty}^{\infty} \psi_{xx}(\tau)\, d\tau\,. \tag{2.186}$$

Damit kann man die bereits auf Seite 92 erwähnte Korrelationsdauer τ_K wie folgt berechnen

$$\tau_K = \frac{1}{\psi_{xx}(0)} \int_0^{\infty} \psi_{xx}(\tau)\, d\tau = \frac{S(0)}{2\psi_{xx}(0)}\,. \tag{2.187}$$

Das Korrelationsintervall τ_K des stationären Zufallssignals ist dem Wert $S(0)$ direkt proportional.

Die Zuordnung von zeitlichen und spektralen Kenngrößen (AKF und Leistungsspektrum) erfolgt bei stationären stochastischen Prozessen vermittels der FOURIER-Transformation. Damit ist es möglich, wichtige Aussagen, die wir bei der Diskussion der FOURIER-Transformation determinierter Signale getroffen haben (Abschnitt 2.2.2.) auf stochastische zu übertragen. Insbesondere betrifft dies die sog. Reziprozität von Zeit und Frequenz: Je breiter das Leistungsspektrum $S(\omega)$ eines stochastischen Prozesses oder Signals ist, desto schmaler ist die zugehörige AKF und umgekehrt. Die „Breite" des Leistungsspektrums oder Bandbreite eines stationären stochastischen Signals kann man als das Verhältnis von spektraler Signalleistung zur spektralen Leistungs*dichte* bei einer ausgewählten Frequenz ω_0 oder f_0 definieren, also z. B.

$$B = \Delta\omega = \frac{\frac{1}{2\pi}\int_{-\infty}^{\infty} S(\omega)\, d\omega}{S(\omega_0)} = \frac{\psi_{xx}(0)}{S(\omega_0)}\,. \tag{2.188}$$

Damit ergibt sich die interessante Feststellung, daß für stationäre stochastische Signale bekannter Bandbreite und Korrelationsdauer τ_K offenbar gilt

$$B\tau_K = \frac{S(0)}{2S(\omega_0)}\,. \tag{2.189}$$

Für Zufallssignale mit Leistungsspektren gleicher Form hat dieses Produkt stets den gleichen Wert.

Nimmt man die soeben definierte Bandbreite als Charakteristikum eines stationären Zufallsprozesses (bzw. Signals), dann gestattet dies eine Prozeßeinteilung in zwei große Klassen: Schmal- und Breitbandprozesse. Ein stationärer Zufallsprozeß heißt *Schmalbandprozeß*, wenn sein Leistungsspektrum auf einen relativ schmalen Frequenzbereich bezüglich der Frequenz ω_0 konzentriert ist. Im allgemeinen gilt dann $B \ll \omega_0$. Bei *Breitbandprozessen* (oder -signalen) verteilt sich das entsprechende Leistungsspektrum auf ein großes Frequenzintervall. Von den Breitbandprozessen sollen zwei Modellfälle behandelt werden.

1. *Weißes Rauschen.* Ein stationärer stochastischer Prozeß hat die Bezeichnung „weißes Rauschen", wenn sein Leistungsspektrum über alle Frequenzen gleichver-

teilt ist $S(\omega) = S_0 = \text{const}$. Die AKF dieses Prozesses ist

$$\psi_{xx}(\tau) = \frac{1}{2\pi} \int_{-\infty}^{\infty} S_0 \, e^{j\omega\tau} \, d\omega = \frac{S_0}{\pi} \int_0^{\infty} \cos \omega\tau \, d\omega = S_0 \delta(\tau) .$$

Ein Zufallsprozeß mit dem konstanten Leistungsspektrum $S(\omega) = S_0$ ist völlig unkorreliert, denn wegen

$$\delta(\tau) = \begin{cases} 0 & \text{für} \quad \tau \neq 0 , \\ \infty & \text{für} \quad \tau = 0 \end{cases}$$

ist seine AKF für $\tau \neq 0$ stets gleich Null.

2. *Begrenztes Breitbandrauschen.* Darunter versteht man einen stationären Zufallsprozeß mit scharf begrenztem Leistungsspektrum

$$S(\omega) = \begin{cases} S_0 & \text{für} \quad |\omega| < \omega_0 , \\ 0 & \text{für} \quad |\omega| < \omega_0 , \end{cases}$$

$$\psi_{xx}(\tau) = \frac{1}{2\pi} \int_{-\omega_0}^{\omega} S_0 \, e^{j\omega\tau} \, d\omega = \frac{S_0}{\pi} \int_0^{\omega_0} \cos \omega\tau \, d\omega$$

$$= \frac{S_0 \sin (\omega_0 \tau)}{\pi\tau} = 2 f_0 S_0 \frac{\sin (\omega_0 \tau)}{\omega_0 \tau}$$

$$= 2 f_0 S_0 \operatorname{si} \{\omega_0 \tau\} = \psi_{xx}(0) \operatorname{si} \{\omega_0 \tau\} .$$

Die AKF des begrenzten Breitrandrauschens ist durch den Verlauf der Spaltfunktion gekennzeichnet (Abb. 2.15). Die bereits zitierte Reziprozität von Zeit und Frequenz zeigt sich hier recht anschaulich: Je breiter das spektrale Leistungsspektrum ist, desto schmaler wird die Verteilung $\psi_{xx}(\tau)$. Im Grenzfall $|\omega_0| \to \infty$ geht die AKF in die Delta-

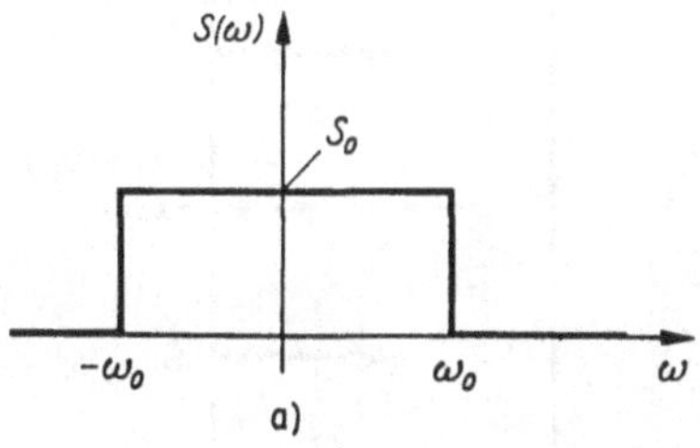

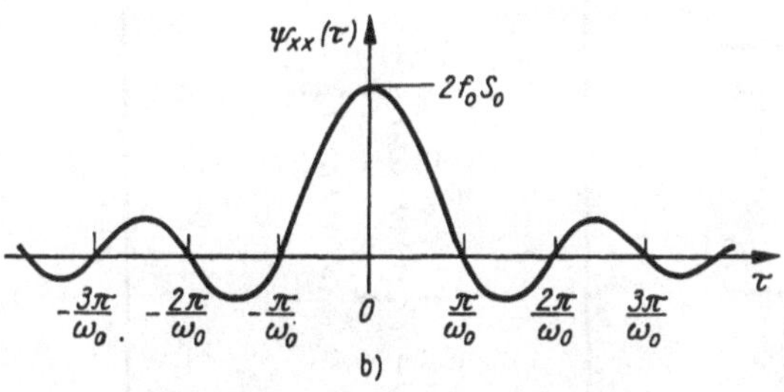

Abb. 2.15. Leistungsspektrum (a) und AKF des idealen, begrenzten Breitbandrauschens (b)

Tabelle 2.6 Leistungsspektrum $S(\omega)$ und Autokorrelationsfunktion $\Psi_{xx}(\tau)$ stationärer Zufallsprozesse

$S(\omega)$	$\Psi_{xx}(\tau)$
$S(\omega) = \begin{cases} S_0; & \lvert\omega\rvert < \omega_0 \\ 0; & \lvert\omega\rvert > \omega_0 \end{cases}$ 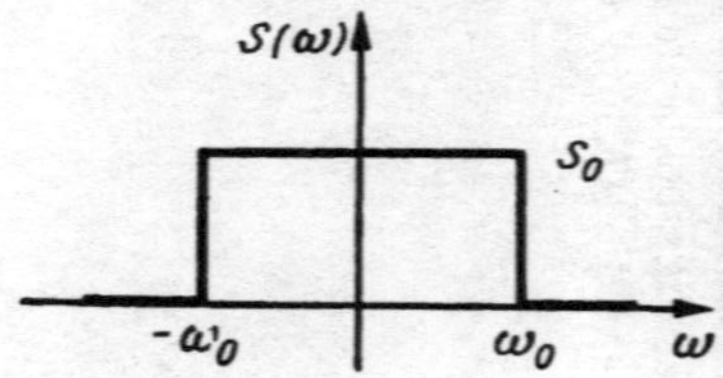	$\Psi_{xx}(\tau) = \frac{\omega_0 S_0}{\pi}\, si\,(\omega_0 \tau)$ 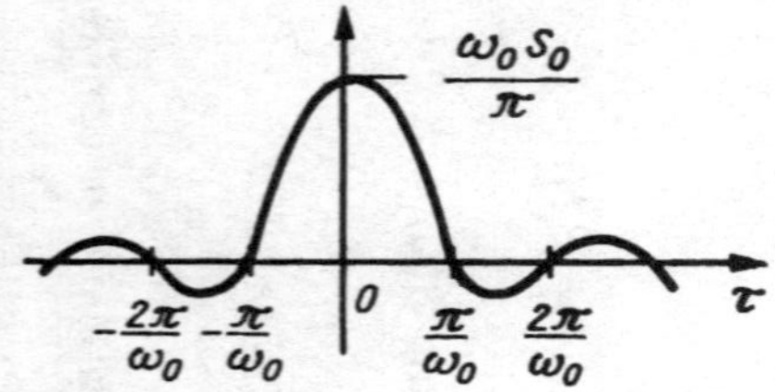
$S(\omega) = \pi \left\{ \delta(\omega-\omega_0) + \delta(\omega+\omega_0) \right\}$ 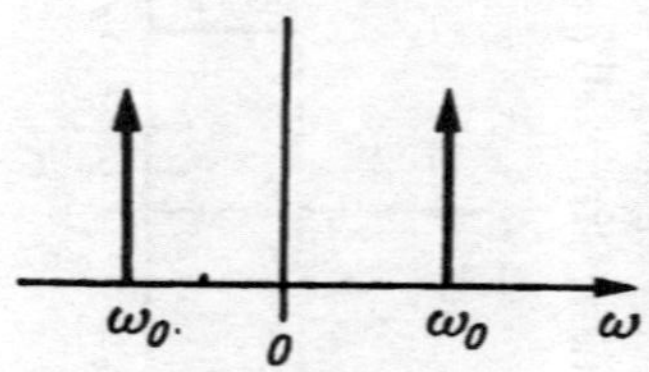	$\Psi_{xx}(\tau) = \cos \omega_0 \tau$ 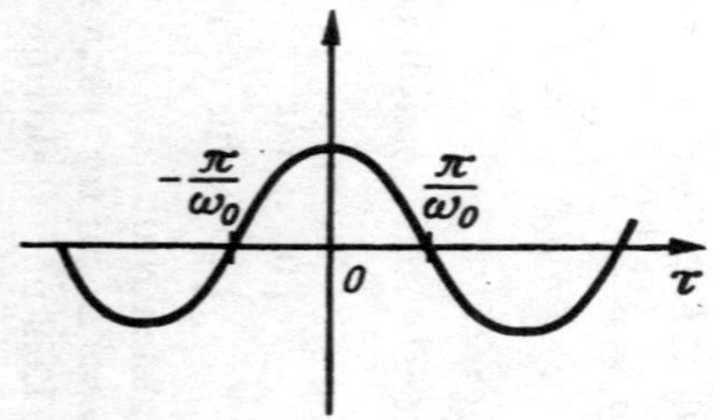
$S(\omega) = \sum_{-\infty}^{\infty} \delta\left(\omega - n\frac{2\pi}{T}\right)$ 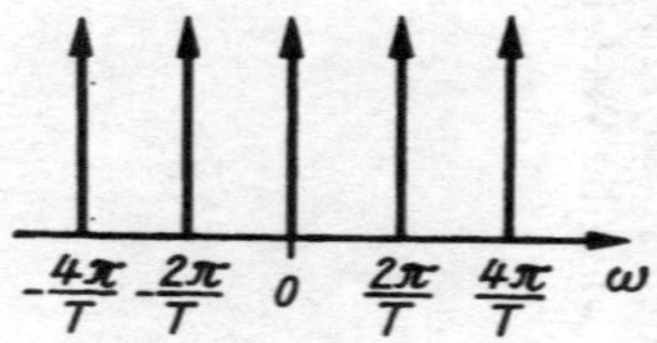	$\Psi_{xx}(\tau) = \sum_{-\infty}^{\infty} \delta(\tau - nT)$ 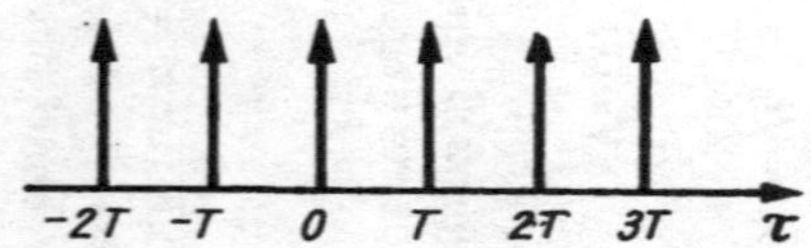

$S(\omega)$		$\psi_{xx}(\tau)$	
$S(\omega) = S_0 e^{-a\omega^2}$	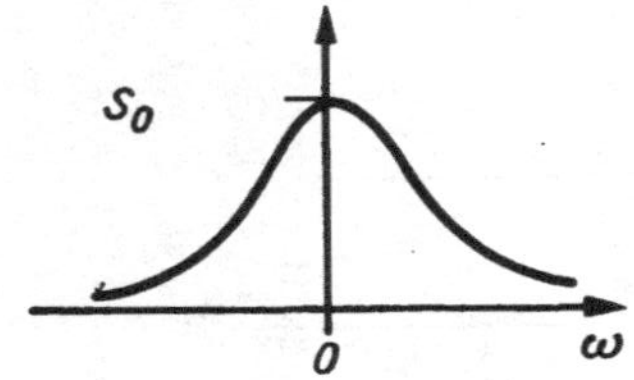	$\psi_{xx}(\tau) = \sqrt{\frac{\pi}{4a}}\, S_0\, e^{-\frac{\tau^2}{4a}}$	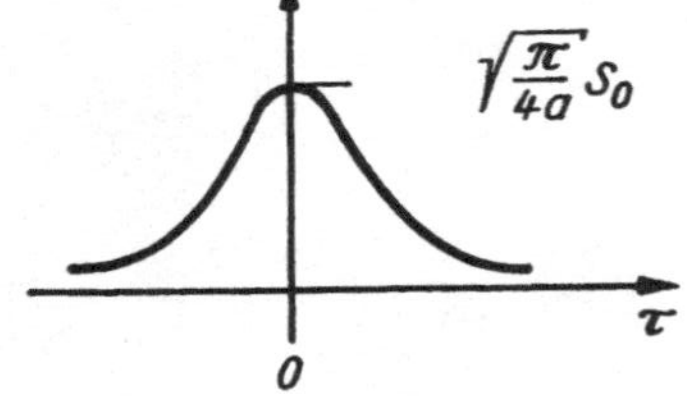
$S(\omega) = S_0 \frac{1}{1+(\omega T)^2}$	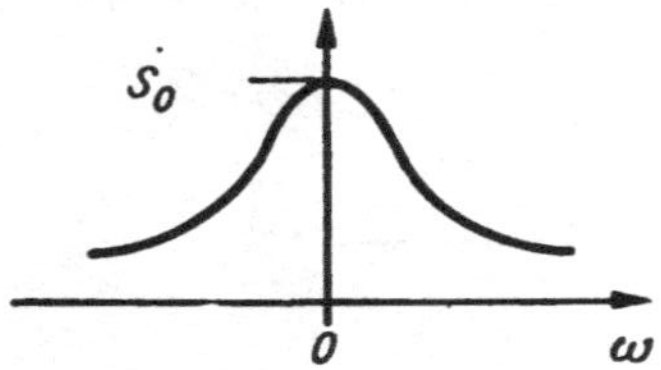	$\psi_{xx}(\tau) = \frac{S_0 \pi}{2T} e^{-\frac{\lvert\tau\rvert}{T}}$	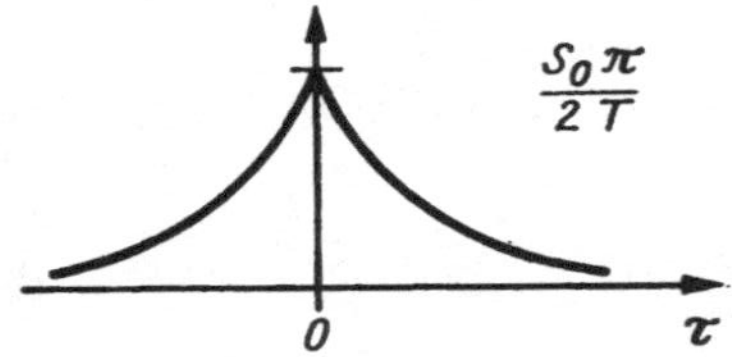
$S(\omega) = \frac{S_0}{2a\sqrt{2\pi}} \left(e^{-\frac{(\omega-\omega_0)^2}{2a^2}} + e^{-\frac{(\omega+\omega_0)}{2a^2}} \right)$	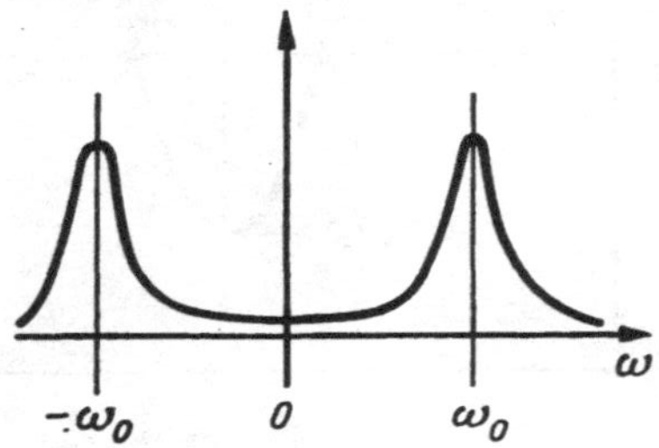	$\psi_{xx}(\tau) = S_0 e^{-\frac{a^2\tau^2}{2}} \cos \omega_0 \tau$	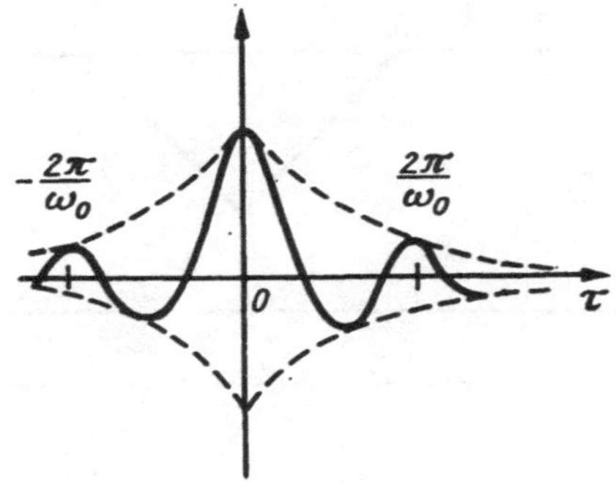

Tabelle 2.6 (Fortsetzung)

$S(\omega)$	$\psi_{xx}(\tau)$
$S(\omega) = S_0 T \left[si \frac{\omega T}{2} \right]^2$ 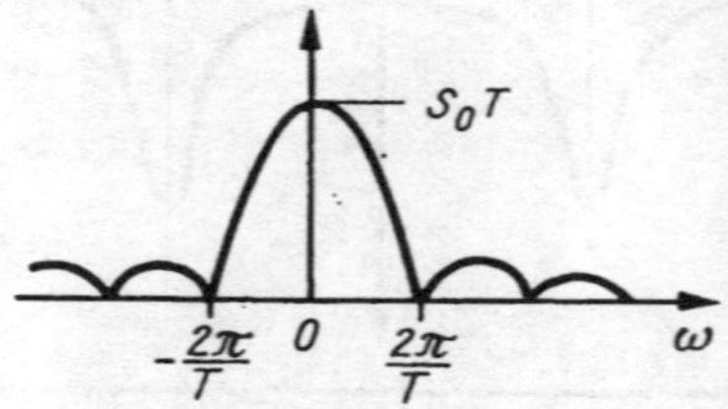	$\psi_{xx}(\tau) = \begin{cases} S_0\left(1 - \frac{\lvert\tau\rvert}{T}\right) & ; \lvert\tau\rvert < T \\ 0 & ; \lvert\tau\rvert > T \end{cases}$ 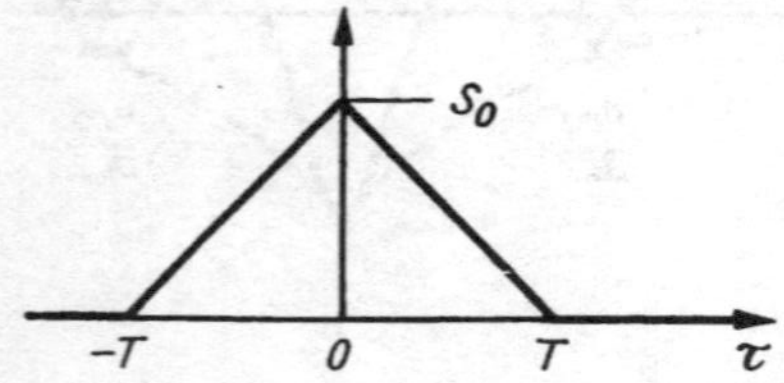

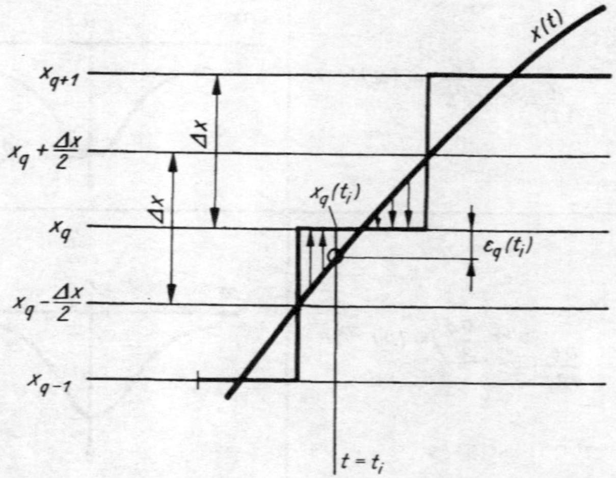

Abb. 2.16. Zur Berechnung des Fehlers bei der Amplitudenquantisierung eines analogen kontinuierlichen Signals $x(t)$

funktion über, und wir erhalten das Bild der AKF des weißen Rauschens. Dagegen wird die Funktion $\psi_{xx}(\tau)$ umso breiter, je kleiner das Intervall $-\omega_0 \dots \omega_0$ ist. Typische AKF und entsprechende Leistungsspektren zeigt Tabelle 2.6.

2.3. Signalquantisierung

Die Möglichkeiten der Signalquantisierung sind bereits in Abschnitt 2.1. erläutert worden. Im folgenden sollen Probleme behandelt werden, die mit den Fehlern bei der Signalquantisierung zusammenhängen. Fehlerhaftes Quantisieren von Signalen — und das ist praktisch stets der Fall — verursacht einen Informationsverlust. Somit wirken Quantisierungsfehler wie Störungen. Man spricht deshalb auch vom „Quantisierungsrauschen". Für die Signalübertragung und -verarbeitung ist es wichtig, die bei der Diskretisierung entstehenden Fehler zu kennen.

Fehler bei der Amplitudenquantisierung

Ein analoges kontinuierliches Signal $x(t)$ werde in seinem Amplitudenbereich $x_{\min} \dots x_{\max}$ in $m - 1$ Quantisierungsintervalle unterteilt. Der Abstand zwischen den einzelnen diskreten Amplitudenwerten sei $\Delta x = \text{const}$. Wir legen nun folgende Vereinbarung fest (Quantisierungsregel): Der Augenblickswert $x(t)$ wird stets der am nächsten liegenden diskreten Amplitudenstufe zugeordnet. Gemäß Abb. 2.16 wird also stets der Signalwert x_q übertragen, wenn $x(t)$ im Bereich $x_q - \Delta x/2$ bis $x_q + \Delta x/2$ liegt. Δx ist der Abstand zweier diskreter Amplitudenstufen. Wenn $\varepsilon_q(t_i)$ der zur Zeit t_i vorhandene Abstand zwischen dem quantisierten Signal und dem ursprünglichen, nichtquantisierten Signal $x(t)$ ist, gilt

$$x_q(t_i) = x(t_i) + \varepsilon_q(t_i)\,. \tag{2.190}$$

Die Größe des Fehlers $\varepsilon_q(t_i)$ hängt von der Wahrscheinlichkeit ab, daß $x(t)$ zur Zeit t_i einen bestimmten Wert $x(t_i)$ zwischen $x_q - \Delta x/2$ und $x_q + \Delta x/2$ annimmt. Der Erwartungswert von ε_q ist somit

$$\mathsf{E}[\varepsilon_q(t)] = \int\limits_{x_q - \Delta x/2}^{x_q + \Delta x/2} [x_q(t) - x(t)]\, p(x)\, \mathrm{d}x\,. \tag{2.191}$$

$p(x)$ ist die Wahrscheinlichkeitsdichte des Signals $x(t)$ zur Zeit t_i. Für ein genügend kleines Integrationsintervall kann $p(x) = p(\overline{x}_q) =$ const. angenommen werden. Dann ist bei konstant angenommener Quantisierungsstufe

$$\mathsf{E}[\varepsilon_q(t)] = p(\overline{x}_q) \cdot x_q \Delta x = \overline{\varepsilon_q(t)}\,.$$

Der quadratische Mittelwert des Fehlers $\varepsilon_q(t)$ lautet

$$\overline{\varepsilon_q^2(t)} = \mathsf{E}[\varepsilon_q^2(t)] = \int\limits_{x_q - \Delta x/2}^{x_q + \Delta x/2} [x_q(t) - x(t)]^2\, p(x)\, \mathrm{d}x\,. \tag{2.192}$$

Wir setzen auch hier $p(x) = p(\overline{x}_q)$ und erhalten

$$\overline{\varepsilon_q^2(t)} = \tfrac{1}{12}\, p(\overline{x}_q)\, (\Delta x)^3\,.$$

Summation über alle Amplitudenstufen ergibt

$$\overline{\varepsilon^2} = \sum_{q=1}^{m} \overline{\varepsilon_q^2(t)} = \tfrac{1}{12} \sum_{i=1}^{m} p(\Delta x_i)\, (\Delta x_i)^3\,. \tag{2.193}$$

Wegen der äquidistant angenommenen Quantisierung ist $\Delta x_i = \Delta x$ $(i = 1, \ldots, m)$. Außerdem gilt

$$\sum_{i=1}^{m} p(\Delta x_i)\,\Delta x = \sum_{i=1}^{m} \mathsf{P}(x_i) = 1 .$$

$\mathsf{P}(xi)$ ist die Wahrscheinlichkeit, daß sich das Signal $x(t)$ im Intervall Δx befindet. Damit wird der mittlere quadratische Fehler

$$\overline{\varepsilon^2} = (\Delta x)^2/12 . \tag{2.194}$$

Der mittlere Absolutfehler der Amplitudenquantisierung ist unter den getroffenen Voraussetzungen (Gleichverteilung des Signals $x(t)$ im gesamten Wertebereich, gleichmäßige Quantisierung):

$$\sigma_{\text{abs}} = \sqrt{\overline{\varepsilon^2}} = \frac{\Delta x}{\sqrt{12}} . \tag{2.195}$$

Wenn das zu quantisierende Signal Werte im Bereich $x = x_{\max} - x_{\min}$ annehmen kann, läßt sich diejenige Amplitudenstufenzahl berechnen, mit der ein Fehler von σ_{abs} bzw. ein mittlerer relativer Fehler $\sigma_{\text{abs}}/\hat{x}$ nicht überschritten wird. Aus

$$\frac{\sigma_{\text{abs}}}{\hat{x}} \leqq \frac{\Delta x}{\sqrt{12}\,(m-1)\,\Delta x} \tag{2.196}$$

folgen

$$m = \frac{\sigma_{\text{abs}}}{\hat{x}\sqrt{12}} + 1 \tag{2.197}$$

Quantisierungsniveaus bzw. $m - 1$ Quantisierungsintervalle. Der mittlere relative Fehler von $\varepsilon_{\text{q}}(t)$ ist

$$\sigma_{\text{q, rel}} = \left(\overline{\varepsilon_{\text{q}}^2(t)}/\overline{x^2(t)}\right)^{1/2} . \tag{2.198}$$

Bei den gleichen Annahmen wie oben erhalten wir

$$\sigma_{\text{q, rel}} = \left\{\frac{\int\limits_{x_{\text{q}}-\Delta x/2}^{x_{\text{q}}+\Delta x/2} (x_{\text{q}} - x)^2\,\mathrm{d}x}{\int\limits_{x_{\text{q}}-\Delta x/2}^{x_{\text{q}}+\Delta x/2} x^2\,\mathrm{d}x}\right\}^{1/2} = \left(1 + 12/(\Delta x(x_{\text{q}})^2\right)^{-1/2} . \tag{2.199}$$

Der mittlere relative Gesamtfehler ergibt sich aus der Summe der mittleren relativen Fehler der einzelnen Stufen. Ausführliche Rechnungen zeigen, daß man den relativen Quantisierungsfehler mit Hilfe der Formel

$$\sigma_{\text{q, rel}} = \frac{k_{\text{q}}}{m} \tag{2.200}$$

abschätzen kann. k_{q} ist ein Koeffizient, der vom Verteilungsgesetz des zu quantisierenden Signals abhängt. Bei gleich- und normalverteiltem Signal innerhalb des Quantisierungsbereiches (m Stufen) gilt

$$0{,}8 \leqq k_{\text{p}} \leqq 1{,}6 . \tag{2.201}$$

Fehler der Zeitquantisierung

Die Grundlage der Zeitquantisierung analoger kontinuierlicher Signale ist das Abtasttheorem von KOTELNIKOW (Abschnitt 2.2.). Die Gültigkeit des Abtasttheorems ist an zwei Voraussetzungen gebunden: an die strenge Frequenzbegrenzung des zu quantisierenden Vorganges (also $S(\omega) = 0$ für $|\omega| > \omega_{gr}$) und gemäß

$$x(t) = \sum_{n=-\infty}^{\infty} x_n \operatorname{si} \{\omega_{gr} t - n\pi\}$$

an das Vorhandensein einer unendlich großen Zahl von Abtastwerten $x_n = x(n\,\Delta t)$ für die vollständige Rekonstruktion des Signals $x(t)$. Die letzte Voraussetzung ist identisch mit der Annahme einer unendlichen Signaldauer oder einer unendlichen Beobachtungszeit. Das Verletzen der genannten Voraussetzungen bedingt zwei Arten von Zeitquantisierungsfehlern.

Fehler infolge unscharfer Frequenzbegrenzung

Hierzu gehen wir von Abb. 2.17 aus, in der das Leistungsspektrum des zu quantisierenden Vorganges aufgetragen ist. Da eine scharfe obere Grenze von $S(\omega)$ nicht vorliegt, werde der Vorgang mit der Frequenz $f^* = \omega^*/2\pi$ abgetastet. Dabei ist ω^*

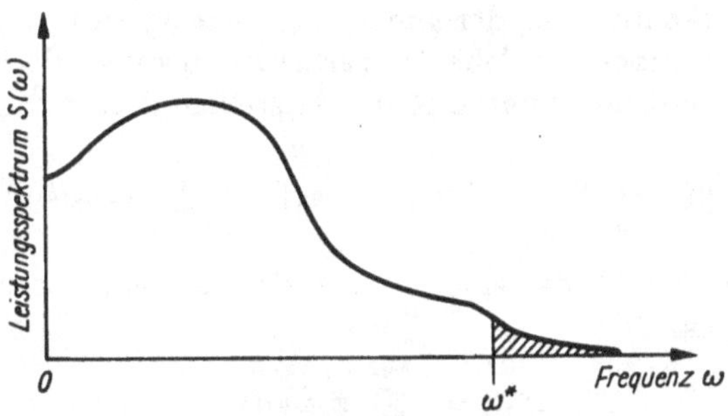

Abb. 2.17. Zur Berechnung des Zeitquantisierungsfehlers bei nicht scharf begrenztem Leistungsspektrum

zunächst eine willkürliche Kreisfrequenz. Im weiteren wollen wir annehmen, daß der Hauptanteil der Signalenergie im Bereich $\omega < \omega^*$ liegt. Wir führen als Fehlermaß ein

$$\sigma_f^2 = \frac{\text{Signalenergie für } \omega > \omega^*}{\text{Signalenergie im Bereich } 0 < \omega < \omega^*},$$

$$\sigma_f^2 = \frac{\int\limits_{\omega^*}^{\infty} |X(\omega)|^2 \,\mathrm{d}\omega}{\int\limits_{0}^{\omega^*} |X(\omega)|^2 \,\mathrm{d}\omega} = \frac{\Delta W}{W} = \frac{\Delta P}{P}. \tag{2.202}$$

Unter der Voraussetzung $\sigma_f^2 \ll 1$ gilt auch

$$\sigma_f^2 = \frac{\int\limits_{\omega^*}^{\infty} |X(\omega)|^2 \,\mathrm{d}\omega}{\int\limits_{0}^{\infty} |X(\omega)|^2 \,\mathrm{d}\omega} \approx \frac{\Delta W}{W}. \tag{2.203}$$

Aus dieser Gleichung kann man bei vorgegebenem relativen Fehler σ_f diejenige Frequenz ω^* berechnen, welche einen relativen Fehler der Signalkonstruktion von $\leq \sigma_f$ infolge der unscharfen Frequenzbegrenzung des Leistungsspektrums gewährleistet.

Fehler infolge endlicher Beobachtungsdauer

Wir gehen im folgenden davon aus, daß das nach der Zeit zu quantisierende stochastische Signal nur über ein Zeitintervall T der Beobachtung zugänglich ist. In diesem Intervall sei das Signal $x(t)$ im weitesten Sinne quasistationär. Das heißt, daß alle durch Mittelbildung gewinnbaren Kenngrößen des Signals innerhalb T zeitinvariant sind. Weiterhin sei $S(\omega)$ auf den Bereich $|\omega| < \omega_{gr}$ beschränkt. Der Zeitabstand der Abtastwerte, $\Delta t = \pi/\omega_{gr} = 1/(2 f_{gr})$, ist zugleich der maximal zulässige Wert: $\Delta t = \max \{\Delta t_i\}$. Wird Δt größer gewählt als obiger Beziehung entspricht, dann sind bei der Signalkonstruktion Fehler unvermeidbar. In das Zeitintervall Δt fallen nun

$$m = 1 + T/\Delta t = 1 + \omega_{gr} T/\pi = 1 + 2 f_{gr} T \tag{2.204}$$

Abtastwerte. Wenn $m \gg 1$ ist, gilt auch

$$m = \omega_{gr} T/\pi = 2 f_{gr} T . \tag{2.205}$$

Von m ist selbstverständlich nur der ganzzahlige Betrag zu nehmen. Die unendliche Summe der Abtastfunktionen, welche das verlustfrei rekonstruierte Signal $x(t)$ ergibt, kann man auch als spezielle FOURIER-Reihe darstellen, d. h.

$$x(t) = \sum_{n=-\infty}^{\infty} x_n \operatorname{si} (\omega_{gr} t - n\pi) = \sum_{n=-\infty}^{\infty} x_n \varphi_n(t) . \tag{2.206}$$

Wenn innerhalb der Teit T insgesamt m Abtastwerte liegen, kann nur ein analoges kontinuierliches Signal

$$x'(t) = \sum_{n=-m/2}^{m/2} x_n \varphi n(t) \tag{2.207}$$

aus den Abtastfunktionen rekonstruiert werden. Für $m \to \infty$ nähern sich $x(t)$ und $x'(t)$. Folglich ist die Differenz $\varepsilon_T = |x(t) - x'(t)|$ um so kleiner, je größer m gewählt wird. Das erfordert eine Verringerung des Zeitintervalls Δt.

Als mittleren quadratischen Fehler der Signalrekonstruktion infolge der auf das Zeitintervall T entfallenden m Abtastwerte erhalten wir

$$\sigma_T^2 = \frac{\int_0^T [x(t) - x'(t)]^2 \, dt}{\int_0^T x^2(t) \, dt} = \frac{\int_0^T \varepsilon_T^2(t) \, dt}{W} . \tag{2.208}$$

Der mittlere quadratische Gesamtfehler der Zeitquantisierung ist

$$\sigma_q^2 = \sigma_F^2 + \sigma_T^2 . \tag{2.209}$$

Wie bereits angedeutet, liegen die Möglichkeiten zur Minimierung des Quantisierungsfehlers in der Verkleinerung des Zeitabstandes Δt, also im redundanten Abtasten. Anstatt aus dem zu quantisierenden Signal $x(t)$ im Intervall T mindestens m Proben zu entnehmen, werden $m_r > m$ Abtastwerte entnommen. Als Redundanz der Abtastung definieren wir

$$r = \frac{m_r - m}{m_r}; \quad 0 \leqq r \leqq 1 . \tag{2.210}$$

Nach dem Abtasttheorem ist die erforderliche Abtastfrequenz $f_a = 2f_{gr}$ bzw. $m = 2f_{gr}T$. Bei redundantem Abtasten gilt

$$f_{a,r} = \beta f_{gr} \quad \text{bzw.} \quad m_r = \beta f_{gr} T; \quad \beta > 2 . \tag{2.211}$$

Die Redundanz der Abtastung zur Verringerung des Quantisierungsfehlers läßt sich damit auch in der Form schreiben

$$r = 1 - \frac{m}{m_r} = 1 - 2/\beta . \tag{2.212}$$

Die Verkleinerung des Quantisierungsfehlers, die man durch erhöhte Zahl der Abtastungen je Zeitintervall T gewinnt, geht zu Lasten der erhöhten Inanspruchnahme der Quantisierungseinrichtung und des Aufwandes für die Übertragung der (theoretisch unendlich) schmalen Abtastimpulse.

2.4. Modulation von Signalen

Die Übertragung informationsenthaltender Signale von Quellen zu territorial entfernten Informationssenken erfordert, folgende Aufgabenkomplexe zu lösen:

1. Die vorhandenen Übertragungskanäle sollen von mehreren Sendern genutzt werden.
2. Die zu übermittelnden Signale sind in Frequenzlagen zu transponieren, die für die Übertragung günstig sind. Die Funkübertragung bzw. Antennenabstrahlung erfordert das Umsetzen der zu übertragenden Signale im Frequenzbereiche oberhalb 150 kHz.
3. Wechselseitige Beeinflussungen zwischen den einzelnen Kanälen sollen bei gegebenem Störpegel und Sendeleistung möglichst vermieden werden.

Zur Lösung dieser Aufgaben werden Parameter determinierter Signale durch stochastische (d. h. durch die Information) beeinflußt. Dieser Prozeß heißt *Modulation*, und die technischen Einrichtungen hierzu nennt man Modulatoren. Das Trennen der modulierten (beeinflußten) Signale von dem Anteil, der die Information beinhaltet, heißt *Demodulation*. In den entsprechenden technischen Einrichtungen, den Demodulatoren, wird somit die zur Modulation inverse Operation vorgenommen. Besonders in der Datenübertragungstechnik, Datenfernverarbeitung und Rechnerkopplung tritt der Fall auf, daß eine echte Kommunikation zwischen den Informationspartnern erforderlich ist, also Sender und Empfänger ihre Rolle vertauschen. Dann finden für die Realisierung der *Mo*dulations- und *Dem*odulationsaufgaben Einrichtungen Verwendung, die *Modems* heißen und beide Funktionen zugleich erfüllen. Die für die Übertragung von Informationen in Frage kommenden realen Kanäle sind hinsichtlich ihrer physikalisch-technischen Beschaffenheit und Parameter sehr mannigfaltig, denken wir nur an Telegrafie-, Telefonie, Funk- und Fernsehkanäle oder an die Kanäle zur optischen Informationsübermittlung in Glasfasern. Das charakteristische Merkmal eines jeden Übertragungskanals ist seine *Bandbreite* und seine *Kanalkapazität*. Die Breiten der Frequenzbänder von Übertragungskanälen sind oft erheblich größer als die Frequenzbänder der informationstragenden Signale, die im jeweiligen Kanal übermitttelt werden sollen. Es wäre deshalb sehr unvorteilhaft, nur ein Signal über einen Kanal zu senden. Für die Ausnutzung der Kanalkapazitäten bzw. Bandbreiten ist es vielmehr wünschenswert, gleichzeitige Übertragungen mehrerer Sendesignale durchzuführen. Hierbei tritt nun folgendes Problem auf: Das gleichzeitige Einspeisen von Signalen unterschiedlicher Sender in einen Informationskanal führt — sofern keine spezifischen Vorkehrungen getroffen werden — zu irreversibler Signalsuperposition. Eine Signaltrennung an den entfernten Empfängern ist dann ohne weiteres nicht mehr möglich. Die Aufgabe, die physikalisch gegebenen Bandbreiten der Übertragungskanäle mehrfach und gleichzeitig auszunutzen und irreversible Überlagerungen von Sendersignalen unterschiedlicher Herkunft zu vermeiden, wird durch frequenz- und zeitgestaffelte Übertragung gelöst. Beachten wir zunächst die *frequenzgestaffelte* Übertragung (Abb. 2.18): Gegeben seien k Sender, die über einen Kanal stochastischer Signale (Informationen) $x_{iS}(t)$, $i = 1, \ldots, k$, zu k Empfängern oder Empfängerklassen übermitteln sollen. Es sei B_i die Bandbreite des i-ten informationstragenden Signals und B die Bandbreite des Übertragungskanals. Wenn

$$B > \sum_{i=1}^{k} B_i\,, \tag{2.213}$$

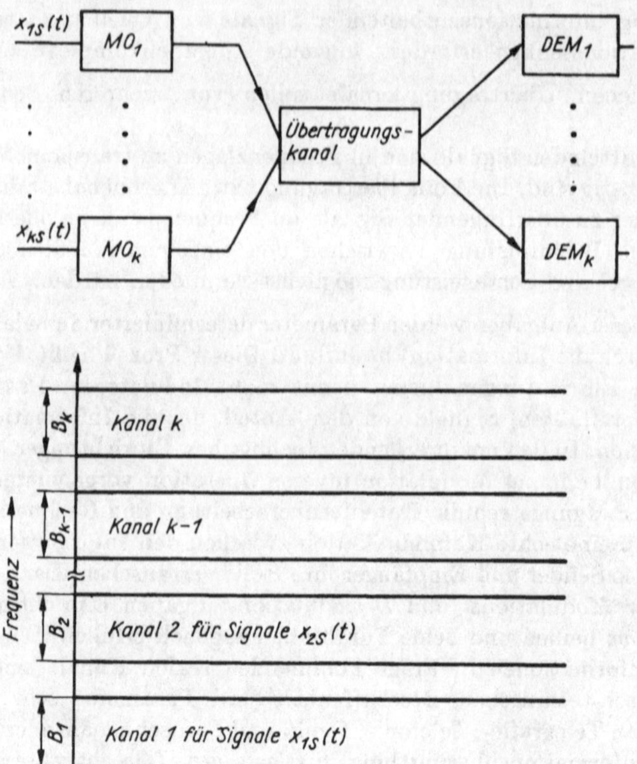

Abb. 2.18. Prinzip der frequenzgestaffelten Übertragung

ist es möglich, alle Sendesignale so im Frequenzband B zu staffeln (unterzubringen), daß keine Überlappung der Frequenzbänder der einzelnen Sendesignale auftritt. Die technischen Einrichtungen, die dies verwirklichen, sind die Modulatoren MO. Das Zuordnen der informationstragenden Signale zu den individuellen Empfängern geschieht mit den Demodulatoren DEM. Die frequenzmultiplexe Übertragung ist mit der Entwicklung der klassischen Nachrichtentechnik entstanden. Hier besteht das technische Problem vor allem darin, den Ausnutzungsgrad

$$\eta = \frac{\sum_{i=1}^{k} B_i}{B} \tag{2.214}$$

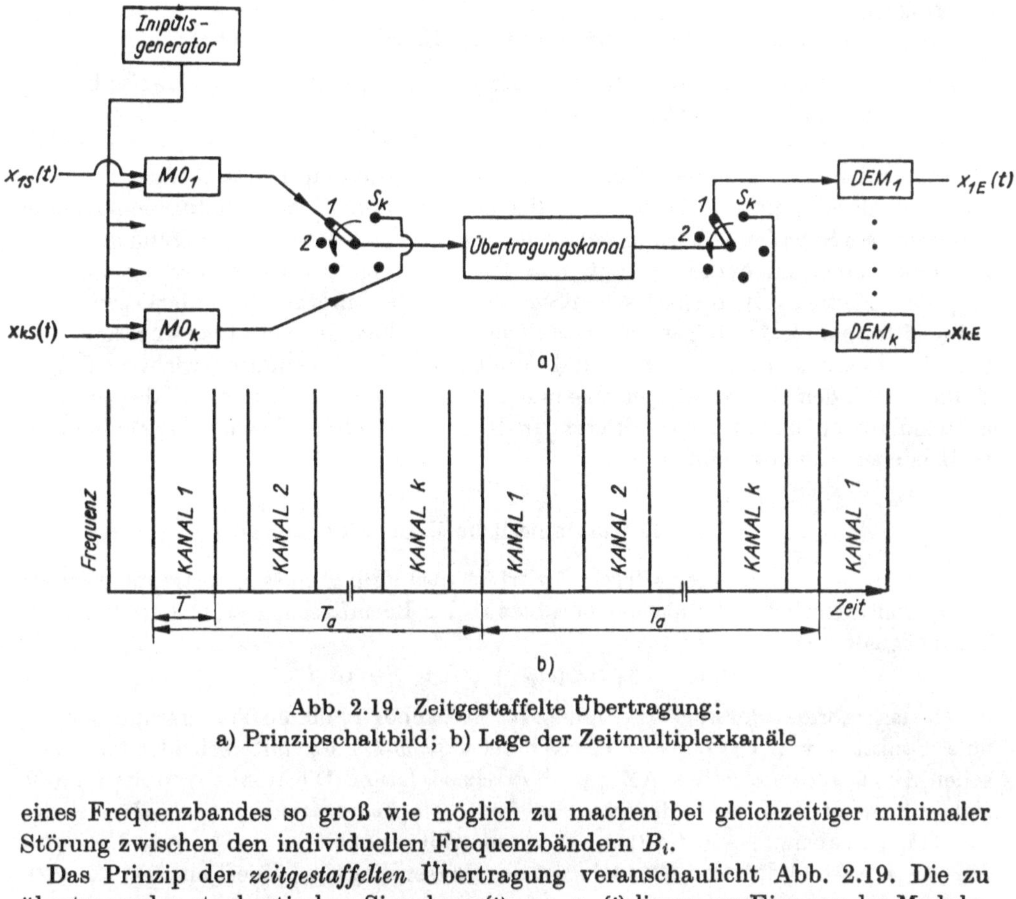

Abb. 2.19. Zeitgestaffelte Übertragung:
a) Prinzipschaltbild; b) Lage der Zeitmultiplexkanäle

eines Frequenzbandes so groß wie möglich zu machen bei gleichzeitiger minimaler Störung zwischen den individuellen Frequenzbändern B_i.

Das Prinzip der *zeitgestaffelten* Übertragung veranschaulicht Abb. 2.19. Die zu übertragenden stochastischen Signale $x_{1S}(t), \dots, x_{kS}(t)$ liegen am Eingang der Modulationseinrichtungen MO_i ($i = 1, \dots, k$) an. Zugleich liefert ein Generator Impulse der Folgefrequenz f auf den Eingang der Modulatoren. Sender- und empfängerseitig werden über Schalter S einander zugeordnete Modulatoren und Demodulationseinrichtungen DEM_i ($i = 1, \dots, k$) synchron verbunden, und zwar im periodischen Zeitabstand $T_a = 1/f_a$. Nach dem Abtasttheorem kann die in den Signalen $x_{is}(t)$ enthaltene Information verlustlos übertragen werden, wenn $f_a = 2f_{gr}$ ist. f_{gr} sei die obere Grenzfrequenz der stochastischen Vorgänge $x_{is}(t)$. Sollen während einer Periode T alle k

Informationspartner (d. h. alle k Sender/Empfängerpaare) den Übertragungskanal nacheinander benutzen, dann muß die folgende Bedingung erfüllt sein

$$k = \frac{f}{f_a} = \frac{T_a}{T} . \tag{2.215}$$

k ist die Zahl der Teilkanäle, die innerhalb einer Periode T_a den gemeinsamen Übertragungskanal nacheinander nutzen können.

Die Modulationsprinzipien hängen von der Art des Multiplexverfahrens ab. Wir unterscheiden

— die *kontinuierliche Modulation* für die frequenzgestaffelte Informationsübertragung und
— die *Pulsmodulation* für die Übertragung im Zeitmultiplexverfahren.

Es ist auch möglich, beide Modulationsarten zu kombinieren, beispielsweise bei der Funkübertragung zeitgestaffelter Signale.

Der Unterschied zwischen kontinuierlicher und Pulsmodulation ergibt sich aus dem Charakter der determinierten Signale, welche durch den zu übertragenden Vorgang (die Information) beeinflußt werden. Bei der kontinuierlichen Modulation ist das determinierte Signal eine harmonische Schwingung, auch Trägerschwingung genannt. Die Pulsmodulation beruht darauf, daß Parameter einer (determinierten) Impulsfolge dem Einfluß des stochastischen Signals bzw. der Information unterliegen.

Im Mittelpunkt der folgenden Ausführungen stehen die verfahrenstheoretischen Grundlagen der Modulationsarten und damit zugleich die technisch wichtige Fragestellung nach den gesetzmäßigen Zusammenhängen zwischen Bandbreite des zu übermittelnden Signals und der resultierenden Bandbreite infolge der mit der Modulation verbundenen Signalwandlung.

2.4.1. Kontinuierliche Modulation

Das Wesen der frequenzgestaffelten Mehrfachausnutzung eines Übertragungskanals durch kontinuierliche Modulation beruht auf der Beeinflussung eines harmonischen Trägersignals

$$x_T(t) = A_T \cos (\omega_T t + \varphi_T) = A_T \cos \Phi$$

durch das informationstragende Signal $x(t)$. Je nachdem, ob die Trägeramplitude A_T eine Funktion von $x(t)$ ist oder der Winkel $\Phi = \omega_T t + \varphi_T$ unterscheidet man zwischen *Amplitudenmodulation* AM und *Winkelmodulation*. Die Winkelmodulation läßt sich auf zweierlei Weise realisieren: Entweder als *Frequenzmodulation FM*, bei der die Trägerfrequenz $\omega_T = f(x(t)) = \omega_T(t)$ in Abhängigkeit von $x(t)$ verändert wird oder als Phasenmodulation PM. Hier ist der Phasenwinkel φ_T eine Funktion von $x(t)$.

Amplitudenmodulation

Amplitudenmodulation AM ist das Abhängigmachen der Amplitude des Trägersignals vom zu übermittelnden Signal $x(t)$, das die Information enthält. Dies schreiben wir:

$$A_T(x(t)) = A_T(t) = A_T + \Delta A_T \cdot x(t) . \tag{2.216}$$

A_T soll der Anteil der Trägeramplitude sein, der sich nicht mit $x(t)$ ändert, ΔA_T entspricht dem Maximalwert des Signals $x(t)$, und $\Delta A_T\, x(t)$ kennzeichnet den Einfluß des

Signals $x(t)$ auf die Amplitude der Trägerschwingung. Der Einfachheit wegen ist die Annahme zulässig, daß $x(t)$ dimensionslos ist. Vernachlässigt man die (konstante) Phase φ_T, dann lautet das amplitudenmodulierte Signal

$$x_{AM}(t) = [A_T + \Delta A_T\, x(t)] \cos \omega_T t = A_T[1 + m x(t)] \cos \omega_T t\,. \qquad (2.217)$$

Die Größe m heißt *Modulationsgrad*. Es gilt im allgemeinen $0 < m < 1$. Der Fall $m > 1$ heißt Übermodulation, wir schließen ihn im weiteren aus. Uns interessiert nun die spektrale Verteilung des AM-Signals bei gegebener spektraler Verteilung von $x(t)$. Wir erhalten unter Verwendung des Additions- und Verschiebungssatzes der FOURIER-Transformation (s. Seite 52)

$$\mathcal{F}\{x_{AM}(t)\} = x_{AM}(\omega) = \mathcal{F}\{A_T \cos \omega_T t\} + \mathcal{F}\{m A_T x(t) \cos \omega_T t\}\,. \qquad (2.218)$$

Der erste Term auf der rechten Seite ist die spektrale Amplitudendichte des nichtmodulierten Anteils des Trägersignals

$$\mathcal{F}\{A_T \cos \omega_T t\} = \pi A_T[\delta(\omega - \omega_T) + \delta(\omega + \omega_T)]\,. \qquad (2.219)$$

Der zweite Ausdruck lautet

$$\mathcal{F}\{m A_T x(t) \cos \omega_T t\} = \frac{m A_T}{2}[X(\omega - \omega_T) + X(\omega + \omega_T)]\,. \qquad (2.220)$$

Das amplitudenmodulierte Signal enthält somit folgende spektralen Bestandteile:

— je eine diskrete Spektrallinie bei den Frequenzen $-\omega_T$ und ω_T sowie
— bei den Frequenzen $-\omega_T$ und ω_T je ein (mit dem Faktor $m A_T/2$ multipliziertes) Spektrum des Signals $x(t)$(s. Abb. 2.20b).

Verfahrenstechnisch kann man den Trägeranteil $A_T \cos \omega_T t$ teilweise oder völlig unterdrücken. Im letzten Falle enthält das Spektrum des AM-Signals die beiden δ-Impulse an den Stellen $-\omega_T$ und ω_T nicht. Bei der Wiedergewinnung des Originalvorgangs am Empfänger muß dann aber zum Zwecke der eindeutigen Selektion die Trägerfrequenz mit hoher Genauigkeit reproduziert werden. Die Übertragung des unmodulierten Anteils $A_T \cos \omega_T t$, der keine Information enthält, erfordert die Leistung

$$P_T = \frac{1}{T}\int_0^T A_T^2 \cos^2 \omega_T t \,\mathrm{d}t = A_T^2/2\,. \qquad (2.221)$$

Der informationstragende Anteil des AM-Signals, $f(t) = m A_T x(t) \cos \omega_T t$, hat die Leistung

$$P_I = \overline{f^2(t)} = m^2 A_T^2\, \overline{x^2(t)}/2\,.$$

Das Verhältnis der Leistung P_I zur Gesamtleistung ist somit

$$\eta = \frac{P_I}{P_I + P_T} = \frac{m\, \overline{x^2(t)}}{1 + m\overline{x^2(t)}} < 1\,. \qquad (2.222)$$

Bei der Amplitudenmodulation mit unterdrücktem Träger fehlt der von $A_T \cos \omega_T t$ herrührende Anteil im Spektrum $X_{AM}(\omega)$. Das Leistungsverhältnis η ist in diesem Fall gleich Eins.

Wir wollen nun die Frage beantworten: Wie groß ist die Bandbreite, die ein AM-Signal in einem Übertragungskanal einnimmt? Nehmen wir an, das Frequenzband der

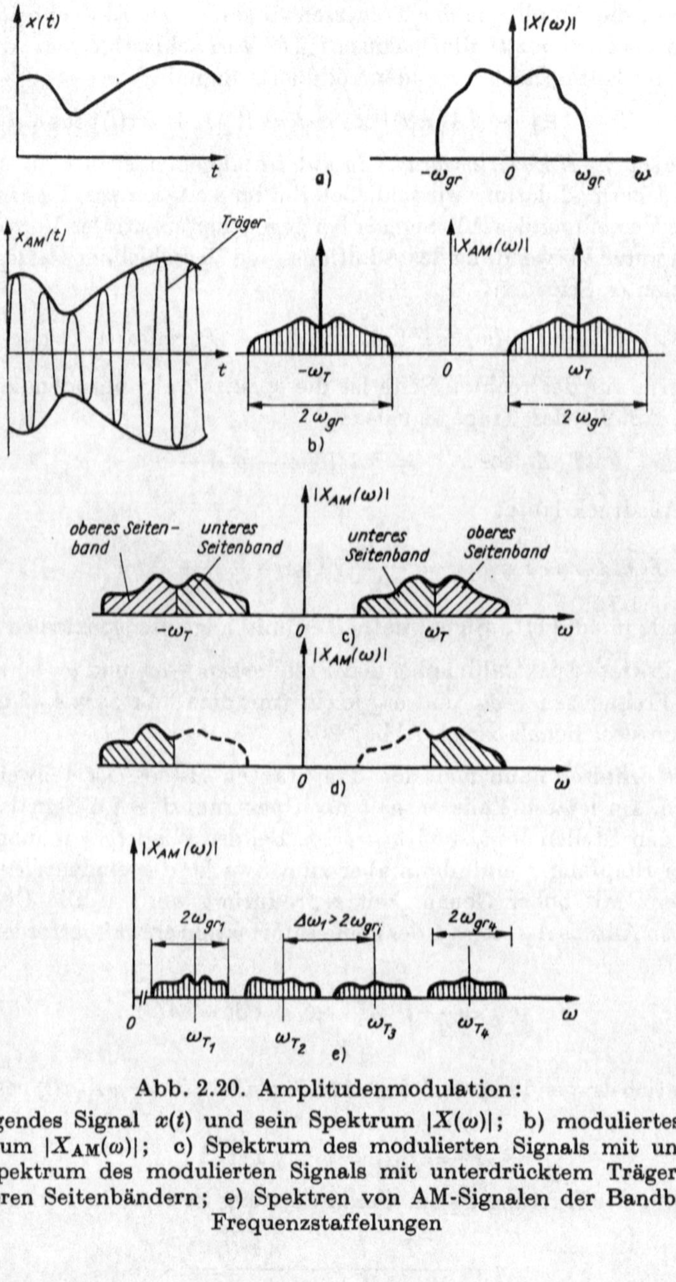

Abb. 2.20. Amplitudenmodulation:
a) zu übertragendes Signal $x(t)$ und sein Spektrum $|X(\omega)|$; b) moduliertes Signal und dessen Spektrum $|X_{AM}(\omega)|$; c) Spektrum des modulierten Signals mit unterdrücktem Träger; d) Spektrum des modulierten Signals mit unterdrücktem Träger und unterdrückten unteren Seitenbändern; e) Spektren von AM-Signalen der Bandbreite $2\omega_{gr}$ in Frequenzstaffelungen

zu übermittelnden Signale erstrecke sich im Bereich der physikalisch realen (d. h. positiven) Frequenz von 0 ... ω_{gr} (Abb. 2.20a). Das Spektrum $X_{AM}(\omega)$ des AM-Signals enthält dann auf der positiven und negativen Frequenzachse je zweimal das Originalspektrum: in Normallage bei $|\omega| > \omega_T$ und in „Kehrlage“ bei $|\omega| < \omega_T$. Der Anteil von $X_{AM}(\omega)$ im Frequenzbereich $|\omega| > \omega_T$ heißt *oberes Seitenband*. Der in der „Kehrlage“ befindliche Teil heißt unteres Seitenband ($|\omega| < \omega_T$). Eine grundlegende Gesetzmäßigkeit der AM besteht darin, daß die *Bandbreite des AM-Signals doppelt so groß ist wie die Bandbreite des modulierenden Signals $x(t)$*. Die mit AM realisierte frequenzgestaffelte Übertragung macht es also erforderlich, daß die gleichzeitig zu übermittelnden Vorgänge um mindestens die doppelte Grenzfrequenz (Bandbreite) auseinanderliegen. Die unteren und die oberen Seitenbänder enthalten die gesamte Information, die in $x(t)$ vorhanden ist. Durch Unterdrücken (Ausfiltern) der oberen oder unteren Seitenbänder läßt sich die im Übertragungskanal belegte Bandbreite auf die Hälfte reduzieren. Dieses Spezialverfahren der AM heißt *Einseitenbandmodulation*. Auch diese kann wiederum mit unterdrücktem Träger realisiert werden. Die beschriebenen Zusammenhänge sind in Abb. 2.20 schematisch dargestellt.

Winkelmodulation

Bei der Winkelmodulation ist der Winkel Φ des sinoidalen Trägersignals eine Funktion des Signals, das die zu übertragende Information enthält. Je nachdem, ob in $\Phi = \omega_T t + \varphi_T$ die Trägerfrequenz ω_T eine Funktion von $x(t)$ ist oder die Trägerphase φ_T unterscheidet man zwischen Frequenz- (FM) und Phasenmodulation (PM). Die Verwandtschaft von FM und PM kommt u. a. darin zum Ausdruck, daß die Ableitung des Winkels Φ die Momentenfrequenz ergibt

$$\frac{\mathrm{d}\Phi}{\mathrm{d}t} = \omega_T(t) \qquad \text{bzw.} \qquad \Phi(t) = \int \omega_T(t)\,\mathrm{d}t\,. \tag{2.223}$$

Die Proportionalität zwischen dem Signal $x(t)$ und der Trägerfrequenz schreiben wir im Falle der FM in der Form

$$\omega_T(t) = \omega_{T_0} + \Delta\omega_T \cdot x(t)\,. \tag{2.224}$$

Hier sind ω_{T_0} eine konstante Frequenz und $\Delta\omega_T$ der Anteil der Trägerfrequenz, der sich mit $x(t)$ verändert. Der Momentanwinkel $\Phi(t)$ ist bei FM

$$\Phi(t) = \int \omega_T(t)\,\mathrm{d}t = \omega_{T_0} t + \Delta\omega_T \int x(t)\,\mathrm{d}t + \Phi_0\,. \tag{2.225}$$

Ohne Beeinträchtigung der Allgemeingültigkeit kann man die Anfangsphase Φ_0 weglassen. Die Gleichung des frequenzmodulierten Signals lautet damit

$$x_{FM}(t) = A_T \cos\left[\omega_{T_0} t + \Delta\omega_T \int x(t)\,\mathrm{d}t\right]. \tag{2.226}$$

Bei PM ändert sich der Anteil der Trägerphase $\Delta\varphi_T$ mit $x(t)$. Für den Winkel Φ kann man dann schreiben

$$\Phi(t) = \omega_T t + \Phi_0 + \Delta\varphi_T\, x(t)\,. \tag{2.227}$$

Wir vernachlässigen im weiteren Φ_0 und erhalten die Gleichung des PM-Signals:

$$x_{PM}(t) = A_T \cos\left[\omega_T t + \Delta\varphi_T \cdot x(t)\right]. \tag{2.228}$$

Entsprechend den Zeitfunktionen $x_{FM}(t)$ und $x_{PM}(t)$ zeigen die beiden Arten der Winkelmodulation folgende Besonderheiten: Bei FM ändert sich die Phase proportional zum Integral über die modulierende Funktion $x(t)$; bei PM ist die Phase dem modulierenden Signal $x(t)$ direkt proportional. Somit ist es prinzipiell möglich, beide Modulationsarten ineinanderumzuwandeln. Wenn das zu übertragende Signal zuerst differenziert und dann frequenzmoduliert ausgesandt wird, erhält man ein PM-Signal. Wird das Signal $x(t)$ zuerst integriert und anschließend phasenmoduliert, so liegt FM vor.

Die technische Realisierung dieser Umwandlungen ist mit Differenzier- und Integriergliedern (RC-Schaltkreisen) relativ einfach durchzuführen. Der untrennbare Zusammenhang von PM und FM zeigt sich auch darin, daß eine beliebige Veränderung der Phase des Trägersignals zu einer Frequenzänderung führt und umgekehrt. Die gesetzmäßige Beziehung zwischen der Bandbreite des FM- oder PM-Signals und der Bandbreite des modulierenden Signals $x(t)$ ist komplizierter als bei der AM. Die Untersuchung der spektralen Komponenten von winkelmodulierten Signalen führen wir anhand von Spezialfällen durch. Zur Analyse der spektralen Zusammensetzung von FM-Signalen setzen wir $g(t) = \int x(t)\,\mathrm{d}t$.
Damit lautet die Gleichung der zeitabhängigen Trägerfrequenz

$$\omega_{\mathrm{T}}(t) = \omega_{\mathrm{T}_0} + \Delta\omega_{\mathrm{T}}\, g(t) = \frac{\mathrm{d}\Phi(t)}{\mathrm{d}t} \tag{2.229}$$

und die allgemeine Gleichung des FM-Signals

$$\begin{aligned} x_{\mathrm{FM}}(t) &= A_{\mathrm{T}} \cos\left[\omega_{\mathrm{T}_0} t + \Delta\omega_{\mathrm{T}}\, g(t)\right] \\ &= A_{\mathrm{T}} \cos \omega_{\mathrm{T}_0} t \cdot \cos\left(\Delta\omega_{\mathrm{T}}\, g(t)\right) - A_{\mathrm{T}} \sin \omega_{\mathrm{T}_0} t \sin \omega_{\mathrm{T}} g(t)\,. \end{aligned} \tag{2.230}$$

1. Sonderfall: *Schmalband*-FM

Unter Schmalband-FM ist eine FM zu verstehen, bei der

$$\Delta\omega_{\mathrm{T}} \cdot g(t) = \Delta\omega_{\mathrm{T}} \int x(t)\,\mathrm{d}t \ll \pi/2 \tag{2.231}$$

ist. Die Beschränkung des Winkelanteils $\Delta\omega_{\mathrm{T}}\, g(t)$ auf sehr kleine Werte führt in der allgemeinen Gleichung des FM-Signals zu den Näherungen

$$\cos\left(\Delta\omega_{\mathrm{T}}\, g(t)\right) \approx 1 \quad \text{und} \quad \sin\left(\Delta\omega_{\mathrm{T}} g(t)\right) \approx \Delta\omega_{\mathrm{T}}\, g(t)\,.$$

Damit lautet die Gleichung der Schmalband-FM

$$x_{\mathrm{FM}}(t) \approx A_{\mathrm{T}} \cos \omega_{\mathrm{T}_0} t - A_{\mathrm{T}}\, \Delta\omega_{\mathrm{T}}\, g(t) \sin \omega_{\mathrm{T}_0} t\,. \tag{2.232}$$

Das modulierte Signal $x_{\mathrm{FM}}(t)$ enthält danach eine Komponente, die sich nicht mit dem modulierenden Signal verändert (erster Term rechts). Das ist der Träger. Die andere Komponente des Schmalband-FM-Signals stellt das Seitenband dar, das in der Nähe von $\pm\,\omega_{\mathrm{T}_0}$ liegt. Mit $\mathcal{F}\{x(t)\} = X(\omega)$ und $\mathcal{F}\{g(t)\} = G(\omega)$ erhalten wir wegen $g(t) = \int x(t)\,\mathrm{d}t$ nach dem Integrationssatz der Fourier-Transformation

$$G(\omega) = \frac{1}{j\omega} X(\omega)\,. \tag{2.233}$$

Wenn das Spektrum des modulierenden Signals $x(t)$, $X(\omega)$, durch die Frequenz ω_{gr} begrenzt ist, dann trifft dies auch auf $G(\omega)$ zu. Die Fourier-Transformation des Schmalband-FM-Signals liefert das Spektrum

$$\begin{aligned} \mathcal{F}\{x_{\mathrm{FM}}(t)\} = X_{\mathrm{FM}}(\omega) &= \pi A_{\mathrm{T}}\left[\delta(\omega - \omega_{\mathrm{T}_0}) + \delta(\omega + \omega_{\mathrm{T}_0})\right] + \\ &+ \frac{jA_{\mathrm{T}}\Delta\omega_{\mathrm{T}}}{2}\left[G(\omega - \omega_{\mathrm{T}_0}) - G(\omega + \omega_{\mathrm{T}_0})\right]. \end{aligned} \tag{2.234}$$

Der Vergleich des Spektrums des Schmalband-FM mit dem Spektrum des AM-Signals (Gl. 2.218–2.220) führt zu folgendem Ergebnis: Beide Modulationsarten weisen trotz ihrer prinzipiell verschiedenen Natur bei den konstanten Werten $\pm\omega_{\mathrm{T}}$ bzw. $\pm\omega_{\mathrm{T}_0}$ Trägeranteile auf, die nicht vom modulierenden Signal abhängen. In beiden Fällen treten Seitenbänder auf. Während sich bei AM die Seitenbänder mit dem Träger in Phase befinden, sind bei Schmalband-FM die Seitenbänder zum Träger um $\pi/2$ phasenverschoben. Wenn für das zu übertragende Signal $x(t)$ | $X(\omega)| = 0$ für $|\omega| > \omega_{gr}$ zutrifft, dann ist wegen $|G(\omega)| \sim |X(\omega)|$ bei Schmalband-FM wie bei AM die Bandbreite des modulierten Signals doppelt so groß wie die Bandbreite des modulierenden Vorganges: $B = 2\omega_{gr}$. Die frequenzmultiplexe Übertragung erfordert bei beiden Modulationsarten die Bereitstellung des gleichen Frequenzbandes im jeweiligen Übertragungskanal. Man kann sich leicht davon überzeugen, daß eine adäquate Aussage für die Schmalband-PM zutrifft. Zum Beweis setzt man in (2.228) $\Delta\varphi_T x(t) \ll \pi/2$ und bildet $\mathcal{F}\{x_{PM}(t)\}$.

2. Sonderfall: *Breitband*-FM:

Breitband-FM liegt vor, wenn in der Zeitfunktion des FM-Signals $x_{FM}(t)$ der Frequenzanteil $\Delta\omega_T$ so groß wird, daß $\Delta\omega_T\, g(t) \ll \pi/2$ nicht mehr gilt. Eine allgemeine Beziehung für die funktionelle Abhängigkeit der Bandbreite des Breitband-FM-Signals von der Bandbreite eines beliebigen modulierenden Signals $x(t)$ ist noch nicht gefunden worden. Ist $x(t)$ ein sinusförmiges Signal, das wegen seiner Determiniertheit jedoch keine echte Information enthält, dann gelingt eine exakte spektrale Darstellung von $x_{FM}(t)$.

Wir wollen heuristisch an die Abschätzung des Bandbreitebedarfes bei Breitband-FM herangehen. Zunächst sei vorausgesetzt, daß der zu übertragende Vorgang bandbegrenzt ist, d. h., $X(\omega) = 0$ für $|\omega| > \omega_{gr}$. Nach dem Abtasttheorem ist $x(t)$ durch eine Folge von Abtastwerten mit dem Zeitabstand $\Delta t = \pi/\omega_{gr} = 1/2f_{gr}$ darstellbar. Zwischen zwei Abtastwerten kann man das Signal $x(t)$ als nahezu konstant betrachten.

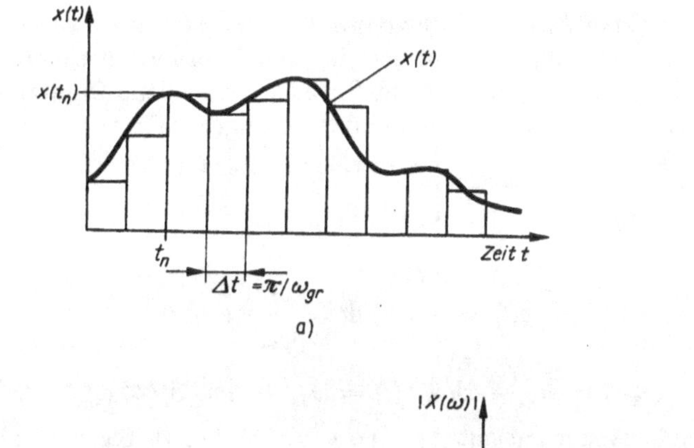

Abb. 2.21. Zur Abschätzung des Bandbreitebedarfes bei FM:
a) modulierendes Signal und dessen Approximation durch eine Stufenfunktion; b) FM-Signal eines Werts der modulierenden Stufenfunktion; c) Betrag des Amplitudenspektrums eines einmaligen Rechteckimpulses der Breite $\Delta t = \pi/\omega_{gr}$

Wir können somit $x(t)$ näherungsweise als Stufenfunktion der Intervallbreite π/ω_{gr} darstellen. Das FM-Signal, das der modulierenden Stufenfunktion entspricht, besteht dann aus einer Folge von harmonischen Schwingungen, deren Frequenz jeweils im Bereich $\Delta t = \pi/\omega_{gr}$ konstant ist (Abb. 2.21 a). Eine zeitlich begrenzte harmonische Schwingung ist darstellbar als Produkt eines einmaligen Rechteckimpulses und der harmonischen Schwingung: $x_{\text{Imp.}}(t) \cdot \cos \omega_0 t$. Durch Anwenden des Modulationstheorems der FOURIER-Transformation (vergl. S. 52) und unter der Verwendung der Ergebnisse in Tabelle 2.2 erhält man ein in Abb. 2.21 c veranschaulichtes Ergebnis: Das Frequenzspektrum des einmaligen Impulses erstreckt sich von $-(\omega_s + 2\omega_{gr})$ bis $\omega_s + 2\omega_{gr}$. Dabei ist ω_s die Frequenz der auf $\Delta t = \pi/\omega_{gr}$ beschränkten harmonischen Schwingung. Im vorliegenden Falle ist nun $\omega_s = \omega_{T_0} + \Delta\omega_T\, x(t_n)$; t_n: n-ter Abtastwert. Bezeichnet man mit $|x(t)|_{\max}$ den Betrag des größtmöglichen Werts von $x(t)$, dann ist offensichtlich, daß das Spektrum des FM-Signals im Intervall $-(\omega_{T_0} + \Delta\omega_T\,|x(t)|_{\max} + 2\omega_{gr})$ bis $(\omega_{T_0} + \Delta\omega_T\,|x(t)|_{\max} + 2\omega_{gr})$ liegen muß. Die gesuchte Bandbreite ist also

$$B_{FM} \approx 2\Delta\omega_T\,|x(t)|_{\max} + 4\omega_{gr} = 2(\Delta\omega + 2\omega_{gr})\,. \tag{2.235}$$

Breitband – FM zeichnet sich darin aus, daß

$$\Delta\omega = \Delta\omega_T\,|x(t)|_{\max} \gg \omega_{gr} \tag{2.236}$$

bzw.

$$B_{FM} \approx 2\Delta\omega$$

ist. Die Bandbreite der entsprechenden FM-Signale liegt also im Bereich der doppelten größtmöglichen Frequenzänderung.

3. Sonderfall: *Breitband-FM einer ungedämpften harmonischen Schwingung*: Obwohl ein solcher Vorgang determiniert ist und informationstheoretisch keine Information enthält, lassen sich an diesem Beispiel wesentliche Gesetzmäßigkeiten der spektralen Verteilung bei der Winkelmodulation zeigen. Wir setzen

$$x(t) = \begin{cases} A \cos \omega_{gr} t; & t \geqq 0\,, \\ 0\,; & t < 0\,. \end{cases}$$

Dann ist

$$g(t) = \int_0^t x(t)\,\mathrm{d}t = \frac{A}{\omega_{gr}} \sin \omega_{gr} t \tag{2.237}$$

und

$$\omega_T(t) = \omega_{T_0} + \Delta\omega_T\, x(t) = \omega_{T_0} + \Delta\omega_T\, A \cos \omega_{gr} t\,. \tag{2.238}$$

Die größte Frequenzänderung hat den Wert $\Delta\omega = \Delta\omega_T\, A$. Sie wird als ***Frequenzhub*** bezeichnet. Die Gleichung des FM-Signals lautet im vorliegenden Sonderfall

$$x_{FM}(t) = A_T \cos\left[\omega_{T_0} t + \frac{\omega}{\omega_{gr}} \sin \omega_{gr} t\right]. \tag{2.239}$$

Das Verhältnis $m = \Delta\omega/\omega_{gr}$ heißt *Modulationsindex* oder *Phasenhub*. Zur Bestimmung der spektralen Komponenten stellen wir $x_{FM}(t)$ gemäß Gl. (2.239) komplex dar

$$\hat{x}_{FM}(t) = A_T\, \mathrm{e}^{j(\omega_{T_0} t + m \sin \omega_{gr} t)} = A_T\, \mathrm{e}^{jm \sin \omega_{gr} t}\, \mathrm{e}^{j\omega_{T_0} t}\,. \tag{2.240}$$

Die erste Exponentialfunktion auf der rechten Seite ist eine periodische Funktion mit der Periode $2\pi/\omega_{gr}$. Als komplexe FOURIER-Reihe lautet sie

$$\mathrm{e}^{jm \sin \omega_{gr} t} = \sum_{n=-\infty}^{\infty} X_n\, \mathrm{e}^{jn\omega_{gr} t} \tag{2.241}$$

mit
$$X_n = \frac{\omega_{gr}}{2\pi} \int_{-\pi/\omega_{gr}}^{\pi/\omega_{gr}} e^{jm \sin \omega_{gr} t} e^{-jn\omega_{gr} t} dt .$$

Setzt man $x = \omega_{gr} t$, dann lauten die komplexen FOURIER-Koeffizienten

$$X_n = \frac{1}{2\pi} \int_{-\pi}^{\pi} e^{j(m \sin x - nx)} dx . \tag{2.242}$$

Das Integral läßt sich nicht geschlossen lösen. Eine Berechnung ist durch Überführen des Integranden in eine spezielle unendliche Reihe möglich und zwar in die BESSEL-Funktion n-ter Ordnung 1. Art, $J_n(m)$

$$e^{jm \sin \omega_{gr} t} = \sum_{n=-\infty}^{\infty} J_n(m) e^{jn\omega_{gr} t} . \tag{2.243}$$

Die BESSEL-Funktion (Abb. 2.22) besitzt die Eigenschaft

$J_n(m) = J_{-n}(m)$ für n gerade , $J_n(m) = - J_n(m)$ für n ungerade .

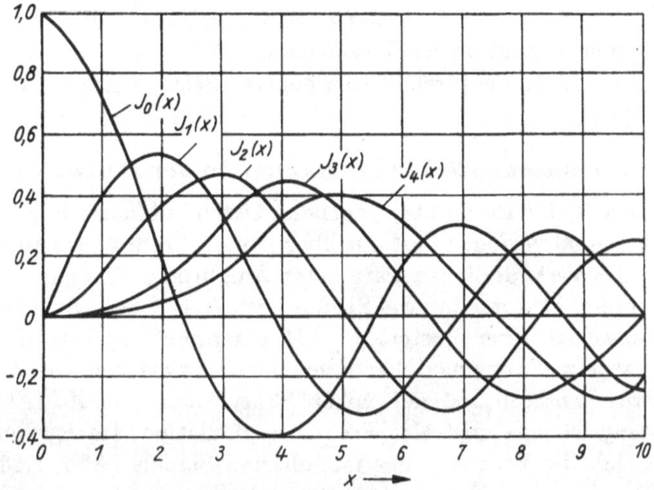

Abb. 2.22. Verlauf der BESSEL-Funktionen null-ter bis vierter Ordnung

Unter Verwendung der BESSEL-Funktion kann für das FM-Signal mit sinusförmigem modulierenden Signal geschrieben werden

$$\hat{x}_{FM}(t) = A e^{j\omega_{T_0} t} \sum_{n=-\infty}^{\infty} J_n(m) e^{jn\omega_{gr} t} \tag{2.244}$$

bzw.
$$x_{FM}(t) = A \sum_{n=-\infty}^{\infty} J_n(m) \cos (\omega_{T_0} + n\omega_{gr}) t . \tag{2.245}$$

Unter Berücksichtigung der Eigenschaften der BESSEL-Funktion ergibt sich

$$x_{FM}(t) = A_T \{J_0(m) \cos \omega_{T_0} t + J_1(m) [\cos (\omega_{T_0} + \omega_{gr}) t - \cos (\omega_{T_0} - \omega_{gr}) t] + + J_2(m) [\cos (\omega_{T_0} + 2\omega_{gr}) t + \cos (\omega_{T_0} - 2\omega_{gr}) t] + \ldots\} . \tag{2.246}$$

Die Auswertung dieser Gleichung zeigt: Wenn das modulierende Signal die (Kreis-) Frequenz ω_{gr} besitzt, treten im diskreten Spektrum des modulierten Signals $x_{FM}(t)$ folgende Frequenzen auf: Eine spektrale Komponente bei $\omega = \omega_{T_0}$ und Seitenfrequenzen bei $\omega = \omega_{T_0} \pm n\omega_{gr}$ ($n = 1, 2, 3 \ldots$). Genau genommen ist das Spektrum unendlich breit. Allerdings werden die spektralen Komponenten mit wachsendem n immer kleiner, so daß der überwiegende Energieanteil des FM-Signals auf ein endliches Frequenzband konzentriert ist. Bei einem Modulationsindex $m \ll 1$ spielen in Gl. 2.246 nur die BESSEL-Funktionen 0-ter und erster Ordnung, $J_0(m)$ und $J_1(m)$, eine Rolle. Das ist der Fall der Schmalband-FM. Bei $m > 1$ dürfen erst die BESSEL-Funktionen höherer Ordnung vernachlässigt werden, und zwar ist $J_n(m) \approx 0$ für $n > m$. Der Fall der Breitband-FM liegt vor, wenn $m \approx n$ ist. Die Breite des entsprechenden Spektrums kann dann durch die Näherung $B_{FM} \approx 2n\omega_{gr} \approx 2m\omega_{gr} = 2\Delta\omega$ beschrieben werden. Falls ω_{gr} nicht gegen $\Delta\omega$ zu vernachlässigen ist, gilt $B_{FM} \approx 2(\Delta\omega + 2\omega_{gr})$.

Zusammenfassend ist festzustellen: Während bei der AM eines sinusförmigen Signals der Frequenz ω_{gr} die Bandbreite $B_{AM} = 2\omega_{gr}$ (d. h. von $\omega_T - \omega_{gr}$ bis $\omega_T + \omega_{gr}$) erforderlich ist, gilt unter gleichen Bedingungen bei FM nur dann $B_{FM} = 2\omega_{gr}$, falls der Modulationsindex sehr klein ist (Schmalband-FM). Sonst ist der Bandbreitebedarf bei FM (und PM) größer, und zwar wegen des Auftretens von Seitenfrequenzen bei $\omega = \omega_{T_0} + n\omega_{gr}$. Bei großem Modulationsindex ist die Bandbreite des modulierten Signals etwa doppelt so groß wie der Frequenzhub. Der Vorzug der Winkelmodulation gegenüber der AM liegt in der erreichbaren höheren Störfestigkeit (näheres siehe z. B. WOSCHNI [2.29]).

Anwendung der kontinuierlichen Modulation in der Datenübertragung

Wir gehen davon aus, daß die zu übertragenden Daten in binärer Form vorliegen. Das zu übertragende Signal verfügt somit nur über zwei diskrete Wertestufen. Die je nach der Modulationsart veränderlichen Parameter Amplitude, Frequenz oder Phase des Trägersignals werden also nur in zwei Stufen „getastet" oder „umgetastet". Bei der *Amplitudentastung*, die einer unstetigen AM entspricht, springt das amplitudenmodulierte Signal je nach der modulierenden Bitfolge zwischen zwei Werten, im einfachsten Fall zwischen Null und der vollen Trägeramplitude A_T (Abb. 2.23b). Die *Frequenzumtastung* ist eine unstetige Frequenzmodulation. Im Rythmus der Binärzeichen ändert sich die Frequenz des modulierten Signals (Abb. 2.23c). Frequenzumtastung findet in der Datenübertragungstechnik bei Übertragungsgeschwindigkeiten bis zu 1200 bit/s Anwendung. Für höhere Übertragungsraten benutzt man Methoden der Phasenumtastung. Bei der gewöhnlichen *Phasenumtastung* (Abb. 2.23d) stimmt die Phase des modulierten Signals mit einer Bezugsschwingung überein, wenn das Binärzeichen L übertragen wird. Beim Übertragen des Zeichens 0 ist die Phase des modulierten Signals um 180° gegen die Bezugsschwingung verschoben. Auf der Empfängerseite ist die Kenntnis der Anfangsphase der Sendesignale erforderlich. Diese muß dem Empfänger entweder zusätzlich übermittelt werden, oder sie ist aus dem ankommenden Signal zurückzugewinnen. Der Nachteil der Phasenumtastung besteht darin, daß die Veränderung der Bezugsphase um 180° zu einem Übertragungsfehler führt. Sobald nämlich die Phase der Vergleichsschwingung im Empfänger zur Senderanfangsphase um 180° verschoben ist, würde das Komplementzeichen festgestellt werden. Der beschriebene Nachteil wird mit der sog. *Differenzphasenumtastung* vermieden (Abb. 2.23e). Hier dient nicht die Phasenlage des Trägers innerhalb eines

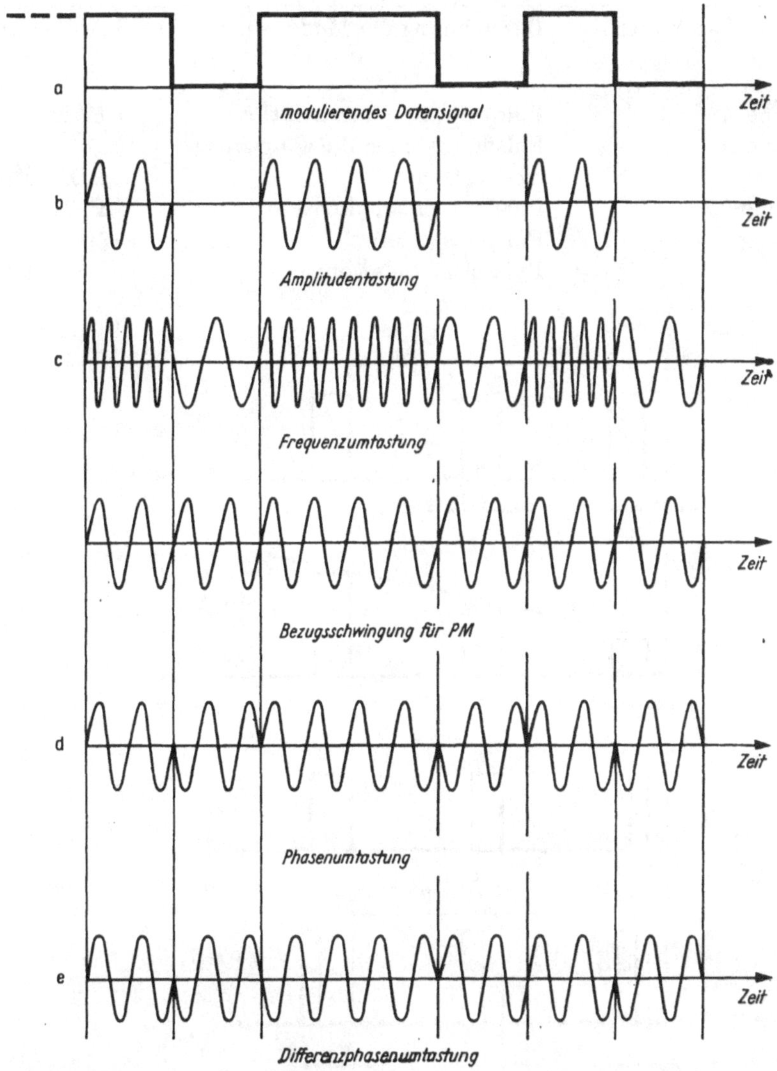

Abb. 2.23. Schematische Darstellung kontinuierlicher Modulationsarten bei der Datenübertragung

Zeichens als Kriterium für das gesendete Informationselement, sondern die Phasenänderung zwischen zwei Zeichen. Dem Binärelement 0 entspricht die entgegengesetzte Phase bezüglich des vorhergehenden Binärzeichens und dem Binärzeichen L die gleiche Phase. Damit ist eine Inversion ausgeschlossen. Ein etwaiger Phasensprung um 180° infolge einer Störung bewirkt dann nur einen einfachen Bitfehler.

2.4.2. Pulsmodulation

Bei dieser Modulationsart ist der determinierte Träger eine periodische Impulsfolge (Abb. 2.24). Je nach dem Parameter, der vom zu übertragenden Signal $x(t)$ beeinflußt wird, ergeben sich folgende Modifikationen der Pulsmodulation:

beeinflußter Parameter des Trägers	Bezeichnung der Modulation	Abkürzung
Impulshöhe A	Pulsamplitudenmodulation	PAM
Impulsdauer τ	Pulsdauer- oder Pulslängenmodulation	PDM, PLM
Impulsfrequenz	Pulsfrequenzmodulation	PFM
Impulsphase	Pulsphasen- oder Pulszeitmodulation	PPM, PZM

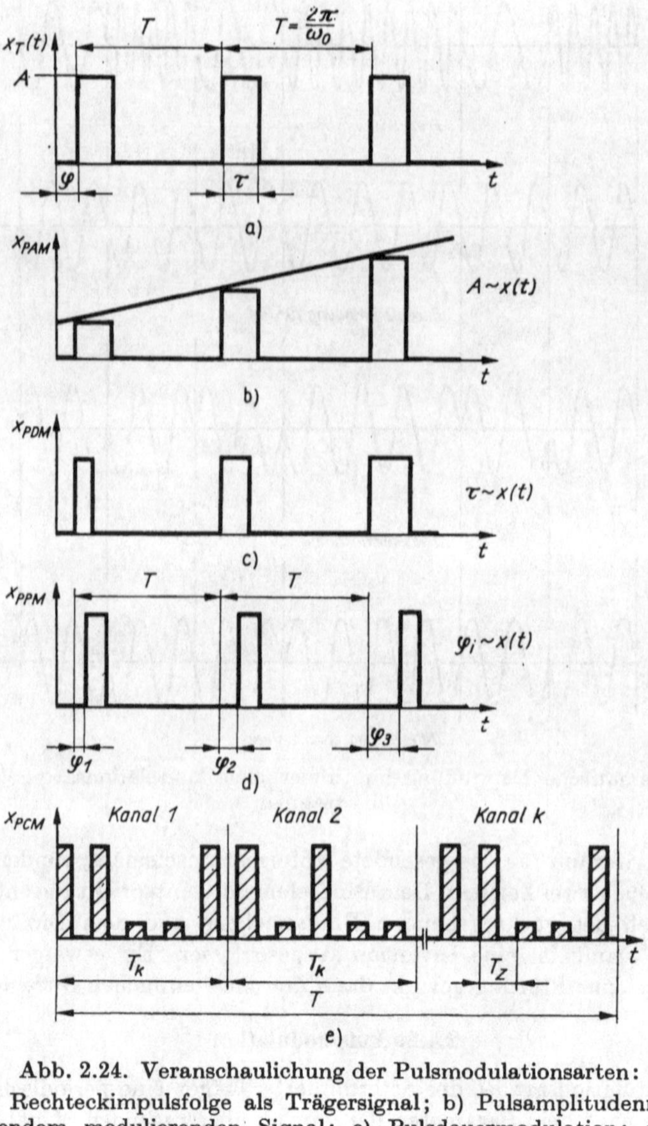

Abb. 2.24. Veranschaulichung der Pulsmodulationsarten:
a) periodische Rechteckimpulsfolge als Trägersignal; b) Pulsamplitudenmodulation bei linear ansteigendem modulierenden Signal; c) Pulsdauermodulation; d) Pulsphasenmodulation; e) Pulskodemodulation

Eine wichtige Sonderform der Pulsmodulation ist die Pulskodemodulation (PCM). Mit allen Arten der Pulsmodulation wird beabsichtigt, die Impulsfolgen mehrerer Sender zeitlich zu schachteln, um einen vorhandenen Übertragungskanal zeitmultiplex mehrfach zu nutzen. Somit ist das Abtasttheorem die theoretische Grundlage der Pulsmodulation. Andererseits gehört zur theoretischen Basis der Pulsmodulation die Spektraltheorie periodischer Impulsfolgen. Legt man der Pulsmodulation die Rechteckimpulsfolge

$$x_T(t) = \begin{cases} A & \text{für} \quad 0 \leqq t \leqq \tau , \\ 0 & \text{für} \quad \tau \leqq t \leqq T , \end{cases}$$

zugrunde, dann lautet die FOURIER-Reihe dieses Signals

$$x_T(t) = \frac{A\tau}{T} + \sum_{n=1}^{\infty} \frac{2A\tau}{T} \operatorname{si}\left(\frac{n\pi\tau}{T}\right) \cos n\omega_0 t \tag{2.247}$$

mit dem Betrag der spektralen Amplituden

$$|X_n| = \frac{A\tau}{T} \operatorname{si}(n\pi\tau/T) .$$

Das Trägersignal enthält theoretisch unendlich viele Spektrallinien, deren Hüllkurve die Spaltfunktion ist.

Pulsamplitudenmodulation PAM

Das Kennzeichen der PAM ist eine sich mit dem modulierenden Signal $x(t)$ ändernde Amplitude des Trägers. Dies schreiben wir in der Form

$$A(t) = A_0 + \Delta A\, x(t); \qquad A_0 > \Delta A\, |x_{\max}| . \tag{2.248}$$

Einsetzen in (2.247) ergibt mit $m = \Delta A/A_0$

$$x_{\text{PAM}}(t) = \frac{A_0\tau}{T}\left(1 + mx(t)\right) + \sum_{n=1}^{\infty} \frac{2A_0\tau}{T}\left(1 + mx(t)\right) \operatorname{si}\left(\frac{n\pi\tau}{T}\right) \cos n\omega_0 t . \tag{2.249}$$

Hier ist $\omega_0/2\pi = 1/T$ die unveränderliche Pulsfolgefrequenz. Wir nehmen nun an, daß das modulierende Signal als Summe harmonischer Schwingungen darstellbar ist:

$$x(t) = \sum_{k=1}^{l} A_k \cos(\Omega_k t + \varphi_k) . \tag{2.250}$$

Das PAM-Signal läßt sich dann in folgender Form schreiben

$$x_{\text{PAM}}(t) = A_{\text{PAM}} + B_{\text{PAM}}(\Omega_k, t) + \sum_{n=1}^{\infty} C_{\text{PAM}}(\Omega_k, n\omega_0, t) . \tag{2.251}$$

Dabei ist $A_{\text{PAM}} = A_0\tau/T$ eine vom modulierenden Signal unabhängige Größe. Der zweite Summand enthält nur spektrale Komponenten, die vom Signal $x(t)$ abhängen

$$B_{\text{PAM}}(\Omega_k, t) = \frac{A_0\tau}{T} m \sum_{k=1}^{l} A_k \cos(\Omega_k t + \varphi_k) . \tag{2.252}$$

Der Ausdruck unter der Summe in Gl. (2.251) lautet unter Berücksichtigung des Additionstheorems $\cos\alpha \cos\beta = \big(\cos(\alpha+\beta) + \cos(\alpha-\beta)\big)/2$:

$$C_{\text{PAM}}(\Omega_k, n\omega_0, t) = \frac{2A_0\tau}{T} \operatorname{si}(n\pi\tau/T) \{\cos(n\omega_0 t) + $$
$$+ \frac{m}{2} \sum_{k=1}^{l} [\cos(nw_0 t + \Omega_k t + \varphi_k) + \cos(n\omega_0 t - \Omega_k t - \varphi_k)]\} \,. \tag{2.253}$$

Demnach ist im Spektrum des PAM-Signals eine unendliche Folge von periodischen Spektrallinien enthalten. Periode im Frequenzband ist die Trägerfrequenz ω_0. Spiegelbildlich zu den ganzzahligen Vielfachem von ω_0 befinden sich die unteren und oberen Seitenfrequenzen an den Stellen $\omega = n\omega_0 + \Omega_k$. Typisch ist somit die periodische Wiederholung von Spektren, die identisch mit denen der kontinuierlichen AM sind. Allerdings folgen die Amplituden der Spektralkomponenten dem Verlauf der Spaltfunktion. Diese ist die Hüllkurve des Spektrums des PAM-Signals (Abb. 2.25).

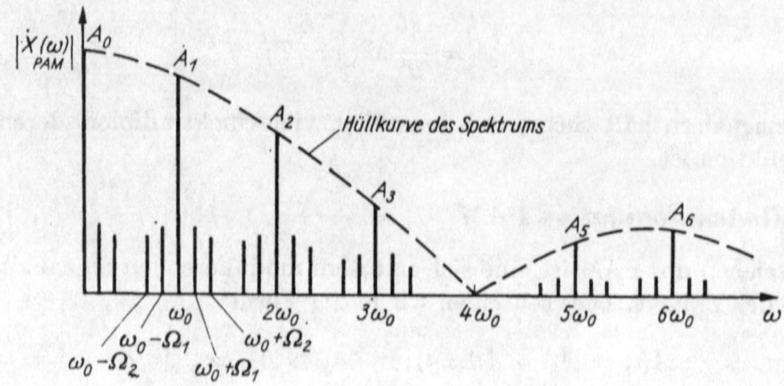

Abb. 2.25. Beispiel eines Frequenzspektrums bei PAM (modulierendes Signal enthält die diskreten Frequenzen Ω_1 und Ω_2)

Pulsdauermodulation PDM

Das Merkmal der Pulsdauer- oder Pulslängenmodulation besteht in der Abhängigkeit der Impulsdauer τ vom zu übermittelnden Signal $x(t)$. Diesen Zusammenhang kann man in der Form

$$\tau(t) = \tau_0 + \Delta\tau\, x(t)\,; \qquad \tau_0 \geqq \Delta\tau\, |x_{\max}|\,, \tag{2.254}$$

angeben. Durch Einsetzen dieser Beziehung in die Gleichung der unmodulierten Impulse (2.247) erhält man das PDM-Signal. Mit der Abkürzung $m = \Delta\tau/\tau_0$ ergibt sich

$$x_{\text{PDM}}(t) = \frac{A\tau_0}{T}\big(1 + mx(t)\big) + \sum_{n=1}^{\infty} \frac{2A\tau_0}{T}[1 + mx(t)] \operatorname{si}\left[\frac{n\pi\tau_0\big(1 + mx(t)\big)}{T}\right] \cos n\omega_0 t \,. \tag{2.255}$$

Der bemerkenswerte Unterschied dieser Gleichung zur Gleichung des PAM-Signals besteht darin, daß das modulierende Signal als Argument der Spaltfunktion in Erscheinung tritt. Über die spektralen Komponenten des PDM-Signals kann man sich Klarheit verschaffen, wenn der Modellfall behandelt wird, daß $x(t)$ eine harmonische

Schwingung ist. Wie die ausführliche Rechnung, die wir an dieser Stelle nicht durchführen, zeigt, wird das Spektrum durch die BESSEL-Funktion mit dem Argument $(n\omega_0\tau m)$ bestimmt. Es treten spektrale Komponenten an den Stellen $n\omega_0$ $(n = 1, 2, 3...)$ auf. Um diese Spektrallinien ordnen sich im Abstand $\pm\,\Omega_k$ die Seitenbänder (Näheres s. z. B. FRITZSCHE [2.6.]).

Pulsphasenmodulation PPM

Die Pulsphasenmodulation wird auch Pulszeitmodulation PZM genannt. Die Erklärung dafür ist einfach: Bei PZM ändert sich in Abhängigkeit vom Signal $x(t)$ auf der Zeitachse die Position der Impulse des Trägersignals und zwar in bezug auf eine festgelegte Anfangsphase. Mathematisch läßt sich das Wesen der PPM durch die Beziehung

$$\varphi(t) = \varphi_0 + \Delta\varphi\, x(t); \qquad \varphi_0 \geqq \Delta\varphi\, |x_{\max}|\,, \tag{2.256}$$

ausdrücken. Wir können in der Grundgleichung des impulsförmigen Trägers den Einfluß des zu übermittelnden Signals auch berücksichtigen, indem wir anstatt des Winkels ωt mit $\omega_0(t + t_x)$ rechnen. t_x ist eine Funktion von $x(t)$. Wir setzen für den Phasenwinkel

$$\varphi(t) = \omega_0\big(t + \Delta t\, x(t)\big)\,. \tag{2.257}$$

Die Ableitung des Winkels nach der Zeit ergibt die momentane Kreisfrequenz des Trägers

$$\omega(t) = \mathrm{d}\varphi(t)/\mathrm{d}t = \omega_0(1 + \Delta t\, \mathrm{d}x(t)/\mathrm{d}t)\,. \tag{2.258}$$

Wegen $T = 2\pi/\omega$ hängt dann auch die Trägerperiode vom informationstragenden Signal ab. Einsetzen von (2.258) in (2.247) liefert das PPM-Signal in allgemeiner Form. Wir untersuchen im folgenden den Modellfall, daß das modulierende Signal der Gleichung $x(t) = 1 \cos \Omega t$ gehorcht. Zeitabhängiger Phasenwinkel bzw. Kreisfrequenz lauten dann ($\Delta t\omega_0 = \Delta\varphi_0$ gesetzt)

$$\varphi(t) = \omega_0 t + \Delta\varphi_0 \cos \Omega t, \qquad \omega(t) = \omega_0 - \Delta\varphi_0\Omega \sin \Omega t\,. \tag{2.259}$$

Für das PPM-Signal erhält man eine Beziehung der Form

$$x_{\mathrm{PPM}}(t) = A_{\mathrm{PPM}} + B_{\mathrm{PPM}}(\Omega, t) + \sum_{n=1}^{\infty} C_{\mathrm{PPM}}(\Omega, n\omega_0, t). \tag{2.260}$$

Der Signalanteil A_{PPM} ist unabhängig vom Signal $x(t)$: $A_{\mathrm{PPM}} = A\tau\omega_0/2\pi$. Der zweite Summand hängt vom modulierenden Signal ab

$$B_{\mathrm{PPM}} = -\frac{1}{2\pi} A\tau\, \Delta\varphi_0\, \Omega \sin \Omega t\,. \tag{2.261}$$

Die Glieder der unendlichen Reihe weisen eine Abhängigkeit vom modulierenden und vom Trägersignal auf

$$C_{\mathrm{PPM}} = \frac{2A}{n\pi} \sin\left[\frac{n\tau\omega_0}{2}(1 - \Delta t\, \Omega \sin t)\right] \cos\,[n\omega_0(t + \Delta t \cos \Delta t)]\,. \tag{2.262}$$

Pulskodemodulation PCM

Entsprechend der Einführung zum Abschnitt 2.4. besteht das Ziel der Pulsmodulation in der Mehrfachnutzung von Nachrichtenkanälen durch Zeitschachtelung mehrerer Signale. Auf der Grundlage des Abtasttheorems wird hierzu stets eine Zeitquantisierung der zu übermittelnden Signale vorgenommen. Durch Amplitudenquantisierung der Abtastwerte und deren Überführen in Kodeworte gelangt man zur PCM. Bei der Übertragung von Datensignalen, die nur zwei Wertestufen besitzen, ist der zu übermittelnde Vorgang bereits nach der Amplitude quantisiert. Die PCM, die zunächst für die digitale Übertragung von Sprachsignalen entwickelt wurde, bietet sich also besonders für die Datenübertragung an.

Die PCM läßt sich charakterisieren als die Modulation einer Impulsfolge gemäß einem Kode bzw. durch die periodische Übermittlung von Kodeworten, die das eindeutig umkehrbare Abbild des informationsenthaltenden Primärsignals sind. Jedes Kodewort der zeitgestaffelt an den Übertragungskanal angeschlossenen Informationsquellen steht in einem sog. (Zeit-) Rahmen. Es ist auch möglich, mehrere Symbolgruppen in einem Rahmen unterzubringen und zeitmultiplex zu übertragen. Wir nehmen jetzt an, daß die Signale $x(t)$ einer jeden Informationsquelle höchstens 2^N diskrete Amplitudenwerte besitzt. Die Wortlänge für diese Zahl von diskreten Werten beträgt dann ld N bit. Wir setzen weiter voraus, daß den vorhandenen Übertragungskanal insgesamt k verschiedene Informationsquellen bzw. -sender in der Zeit T nutzen. Für jeden der k Teilkanäle steht die Zeit $T_k = T/k$ zur Verfügung. Mit T_k ist zugleich die maximale Dauer eines Kodewortes festgelegt. Bei Binärkodierung ist $T_z = T_k/$ ld N die Zeit, die für ein Binärzeichen in einem Kanal zur Verfügung steht (s. Abb. 2.33e). In der Praxis rechnet man mit der Dauer einer Bitposition von $T_B = 0{,}5\,T_z$. Die Übertragungsgeschwindigkeit beim PCM-Verfahren hat den Wert

$$v = \frac{k \operatorname{ld} N}{T}.$$

Bei einem PCM-System mit 32 Kanälen, einer Wortlänge von 8 bit und einer Abtastfrequenz von $1/T = 8$ kHz beträgt die Übertragungsgeschwindigkeit $v = 2{,}048$ Mbit/s. Je Kanal ist die Übertragungsgeschwindigkeit 64 kbit/s. Die erforderliche Bandbreite des mehrfach genutzten Übertragungskanals kann man mit Hilfe des Abtasttheorems abschätzen. Der Abstand zwischen zwei Bitimpulsen, T_B, muß danach kleiner oder höchstens gleich der Abtastzeit T_a sein. Aus $T_B \leqq T_a = 1/(2f_{gr})$ folgt die bereitzustellende Bandbreite $f_{gr} \geqq 1/(2T_B)$. Das PCM-Verfahren weist eine Reihe von Vorzüge auf. Es ist ein digitales Verfahren und eignet sich somit besonders für die zeitmultiplexe Datenübertragung. Von besonderem Wert ist die hohe Störfestigkeit. Das ergibt sich u. a. daraus, daß die Signaldetektion am Empfänger auf das Vorhandensein oder Fehlen von Impulsen hinausläuft. Für diese Prüfung können Schwellwertdiskriminatoren Verwendung finden. Alle Impulse, die größer als der Diskriminatorwert sind, werden als L gezählt, darunter liegende als 0-Zeichen. Die Impulsform ist relativ unkritisch.

Das Frequenzspektrum aller Pulsmodulationsarten ist durch die typische spektrale Verteilung, die Impulsfolgen besitzen, geprägt (s. Abschnitt 2.2.1.). Die von der Hüllkurve (Spaltfunktion) eingeschlossenen spektralen Komponenten von Rechteckimpulsen hängen wesentlich vom Tastverhältnis τ/T (Impulsbreite/Impulsperiode) ab. Beim Übertragungsprozeß treten physikalisch bedingt durch das entspr. Medium (Kabel, Leitung) insbesondere auch durch die Länge der Übertragungstrakte Impulsverformungen ein. Um diese Verformungen in Grenzen zu halten, werden in gewissen Abständen Impulsformer (Repeater) in die Übertragungswege eingebaut.

3. Nachrichtenverkehrstheorie

Für die Beschreibung, Berechnung und Bewertung des Informationstransports in Informationssystemen genügen die Informations- und Signaltheorie nicht. Ein Grund dafür besteht darin, daß der Informationstransport zunehmend automatisiert oder voll automatisch erfolgt, wobei zugleich Signal- und Informationsverarbeitungsprozesse stattfinden. Die Tendenz des Zusammenfließens von Informationstechnik, Rechentechnik und Informationsverarbeitung hält unverkennbar an. Sichtbarer Ausdruck dieser Entwicklung sind u. a. rechnergekoppelte, automatisierte Informationssysteme zur Leitung und Steuerung von Prozessen, der ständig wachsende Informationsaustausch zwischen einer großen Zahl territorial verteilter Kommunikationspartner, die Datenfernverarbeitung, die Rechner-Rechner-Kommunikation und der Verbundbetrieb von EDVA in Rechnernetzwerken. Eine wissenschaftliche Grundlage für die Beherrschung des Informationsverkehrs und für die Analyse und Synthese von Kommunikationseinrichtungen, in denen elektronische Rechenanlagen funktionelle Bestandteile oder auch Kommunikationspartner sind, stellt die Nachrichtenverkehrstheorie dar. Über die Bezeichnung und Abgrenzung der Nachrichtenverkehrstheorie gibt es noch keine einheitliche Auffassung. In der sowjetischen und angloamerikanischen Literatur werden häufig die Begriffe телетрафик bzw. *teletraffic* verwendet. Wir wollen unter dem Terminus Nachrichtenverkehrstheorie die Gesamtheit der Wissenschaftsdisziplinen und die entsprechenden Verfahren verstehen, deren Gegenstand sind:

- die Strukturuntersuchung von Netzen;
- die Analyse von Informationsströmen in Netzen und die Synthese von Kommunikationsnetzen entsprechend vorgegebener Optimierungskriterien;
- die Zuverlässigkeit des Informationstransports;
- die Untersuchung stochastischer Informationsströme und ihre Bedienung in Informationsübertragungs-, Vermittlungs- und Verarbeitungseinrichtungen;
- die Strategien der Informationsübertragung in Netzen und die Betriebsverfahren der Informationsübermittlung;
- die Analyse und Synthese von Datenfernverarbeitungssystemen;
- Rechnerkommunikationsnetze und Rechnernetzwerke.

Die Nachrichtenverkehrstheorie nutzt u. a. wesentliche Erkenntnisse, Ergebnisse und Lösungsmethoden der Graphentheorie, der Netzwerk-Flußtheorie, der diskreten Optimierung, der Bedienungstheorie und der Scheduling-Theorie. Da in den Informationsverkehr Rechnersysteme als Steuereinheiten und als Kommunikationspartner einbezogen sind, bedient sich die Nachrichtenverkehrstheorie auch der Methoden der automatisierten Informationsverarbeitung. Dabei steht zunächst weniger die Programmierung im Vordergrund als das Zeitverhalten von Steuerprogrammsystemen und

Verarbeitungseinheiten sowie der Informationsaustausch zwischen Digitalrechnern und ihrer Peripherie. Die nachrichtenverkehrstheoretischen Analysen sollen vielmehr zu Aussagen führen, welche dynamischen Eigenschaften ein Programmkomplex bzw. ein Rechnersystem besitzen muß, damit z. B. die automatengestützte Informationsübertragung optimal erfolgt oder vorgegebene Reaktionszeiten von Datenfernverarbeitungssystemen gewährleistet werden.

3.1. Struktureigenschaften von Kommunikationsnetzen und Informationsströme

Ein Kommunikationsnetz enthält Informationsquellen und -senken, Vermittlungseinrichtungen und Kanäle, über die der Informationsaustausch stattfindet. Ohne Beschränkung der Allgemeinheit können wir vorerst annehmen, daß die Informationskanäle leitungsgebunden verlaufen. In diesem Abschnitt wollen wir Möglichkeiten zur Darstellung von Netzstrukturen behandeln und wichtige Struktureigenschaften von Netzen untersuchen. Dies erfolgt auf der Grundlage der Graphentheorie. Davon ausgehend, widmen wir uns der Fragestellung, wie man Ströme in Netzen beschreiben und berechnen kann, wenn die Netzstruktur und bestimmte Netzparameter gegeben oder gefordert sind. Im Rahmen dieses Buchs kann es sich bei der Analyse und Synthese von Netzen nur um die Darlegung der Grundzüge bzw. um eine Einführung handeln. Das internationale Schrifttum zu diesen Problemen ist mittlerweile so angewachsen, daß es unmöglich ist, alle Fragestellungen oder Analyse- und Synthesealgorithmen hier nur annähernd vollständig anzugeben. Eine Auswahl der wichtigsten Spezialliteratur enthält das Literaturverzeichnis. Der Autor hat sich der Kürze der Ausführung wegen leider dazu entschließen müssen, mathematische Beweise nicht anzuführen. Auch in diesem Zusammenhang muß auf das Literaturverzeichnis verwiesen werden.

Beginnen wir mit der Untersuchung der Struktureigenschaften von Netzen auf der Grundlage der Theorie der Graphen.

Graphentheoretisches Modell von Kommunikationssystemen

Kommunikationssysteme lassen sich mit Graphen beschreiben. Als Graph G bezeichnet man die Gesamtheit zweier Mengen

$$G = [V, A]\,. \tag{3.1}$$

V ist die Menge der *Knoten* oder *Knotenpunkte*, und A ist die *Kanten-* oder *Bogenmenge*. Wir setzen im folgenden stets voraus, daß $V \neq \emptyset$ und endlich ist. Das ergibt sich daraus, daß ein Kommunikationssystem stets Teilnehmer- und Vermittlerknoten besitzt, deren Zahl von Null verschieden und kleiner als unendlich ist. Die entsprechenden Graphen heißen endliche Graphen

$$V = \{v_i \mid i = 1, \dots, n\}\,; \qquad n = \text{card}\, V\,. \tag{3.2}$$

Die unmittelbaren Verbindungen zwischen zwei Knoten können gerichtet oder ungerichtet sein. Eine ungerichtete direkte Verbindung zwischen den Knoten v_i und v_j (symbolisiert mit $(v_i v_j)$) nennt man *Kante*; eine gerichtete nennt man *Bogen*. Die einem Bogen oder einer Kante zugeordneten Knoten heißen *Endpunkte*. Ein gerichteter Graph liegt vor, wenn er nur Bögen enthält. Dann ist

$$A = \{(v_i v_j) \mid (v_i v_j) \in V \times V;\ \ \forall i \neq j\}\,. \tag{3.3}$$

Ein so gekennzeichneter Graph enthält keine Schlingen. Das sind die Bögen (oder Kanten), die (ohne Zwischenknoten) an einem Knoten $v_i \in V$ beginnen und am selben Knoten v_i enden. Ungerichtete Graphen besitzen außer Knoten nur Kanten. In diesem Falle ist

$$A \subseteq V \times V; \qquad \forall i, j: [(v_i v_j) \in V \times V \Rightarrow (v_j v_i) \in V \times V]. \tag{3.4}$$

Ein Informationsübertragungssystem im Halb- oder Vollduplexbetrieb läßt sich als ungerichteter Graph darstellen. Durch Angabe des Graphen $G = [V, A]$ ist die Struktur des Kommunikationssystems bekannt. Für die weitere Analyse der Struktureigenschaften sind noch einige Begriffe notwendig. Zwei Knoten eines Graphen heißen *adjazent* (benachbart), wenn sie Endpunkte ein- und derselben Kante oder Bogens sind. Die *Adjazenzmatrix* $||(v_i v_j)||$ ist eine mögliche Darstellungsform von Graphen. Das Bildungsgesetz dieser Matrix ist einfach. Für die Elemente $(v_i v_j)$ setzt man

$$(v_i v_j) = \begin{cases} \nu, & \text{falls der Bogen } (v_i v_j) \text{ oder die Kante } \nu\text{-mal existiert,} \\ 0, & \text{falls } (v_i v_j) \text{ nicht existiert,} \\ 0, & i{:}i = j\,. \end{cases} \tag{3.5}$$

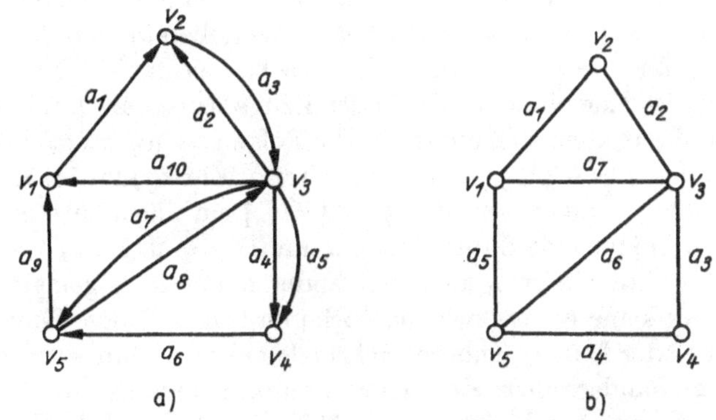

Abb. 3.1. Gerichteter Graph (a): v_i $(i = 1, 2, \ldots, n)$ — Knoten; a_j $(j = 1, 2, \ldots, q)$ — Bögen und ungerichteter Graph (b)

Mit der letzten Zeile von (3.5) wird vorausgesetzt, daß der Graph schlingenlos ist. Wenn in der Matrix $||(v_i v_j)||$ die Zahl $\nu > 1$ ist, nennt man den zugehörigen Graphen Multigraph. Die Adjazenzmatrix für den in Abb. 3.1a abgebildeten gerichteten Graphen lautet

$$||(v_i v_j)|| = \begin{pmatrix} 0 & 1 & 0 & 0 & 0 \\ 0 & 0 & 1 & 0 & 0 \\ 1 & 1 & 0 & 2 & 1 \\ 0 & 0 & 0 & 0 & 1 \\ 1 & 0 & 1 & 0 & 0 \end{pmatrix}.$$

Dieser Graph ist zugleich ein Multigraph, denn von v_3 nach v_4 gibt es $\nu = 2$ Bögen.

Ein Bogen $a_j \in A$ (oder eine Kante) ist mit einem Knoten v_i *inzident*, wenn v_i ein Endpunkt des Bogens ist. Zur Darstellung von Graphen ist die *Inzidenzmatrix* $||i_{ij}||$

geeignet. Für die Elemente dieser Matrix gilt

$$i_{ij} = \begin{cases} -1, & \text{falls ein Bogen } a_j \text{ mit } v_i \text{ inzident ist und } a_j \text{ in } v_i \text{ einmündet,} \\ 0, & \text{wenn ein Bogen } a_j \text{ mit } v_i \text{ nicht inzident ist,} \\ 1, & \text{falls } a_j \text{ mit } v_i \text{ inzident ist und aus } v_i \text{ herausführt.} \end{cases}$$

Dabei ist $i = 1, \ldots, n$ (Bogenindex) und $j = 1, \ldots, k$ (Knotenindex). Die Inzidenzmatrix für den gerichteten Graphen in Abb. 3.1a lautet

$$\|i_{ij}\| = \begin{array}{c} \\ v_1 \\ v_2 \\ v_3 \\ v_4 \\ v_5 \end{array} \begin{array}{c} \begin{array}{cccccccccc} a_1 & a_2 & a_3 & a_4 & a_5 & a_6 & a_7 & a_8 & a_9 & a_{10} \end{array} \\ \begin{pmatrix} 1 & 0 & 0 & 0 & 0 & 0 & 0 & 0 & -1 & -1 \\ -1 & -1 & 1 & 0 & 0 & 0 & 0 & 0 & 0 & 0 \\ 0 & 1 & -1 & 1 & 1 & 0 & 1 & -1 & 0 & 1 \\ 0 & 0 & 0 & -1 & -1 & 0 & 0 & 0 & 0 & 0 \\ 0 & 0 & 0 & 0 & 0 & -1 & -1 & 1 & 1 & 0 \end{pmatrix} \end{array}.$$

Eine Folge von zusammenhängenden Bögen (ohne Berücksichtigung des Richtungssinnes) heißt *Kette* μ. Die Zahl der Elemente der Kette ist die *Länge* $l(\mu)$ der Kette μ. Eine Kette ist *einfach,* wenn darin kein Bogen mehrfach enthalten ist; sie ist *elementar,* wenn kein Knoten mehrfach durchlaufen wird. Als *Bahn* bezeichnet man eine Folge von zusammenhängenden Bögen mit gleichem Richtungssinn. Eine geschlossene Kette nennt man *Zyklus*; eine geschlossene Bahn heißt *Kreis,* wenn der Endpunkt des letzten Bogens mit dem Anfangspunkt des ersten übereinstimmt. Wir betrachten wieder Abb. 3.1a und veranschaulichen die soeben erklärten Begriffe. Die Folge $\mu = (a_1, a_2, a_7, a_6)$ ist eine einfache Kette der Länge $l(\mu) = 4$. Man kann leicht überprüfen, daß diese Kette auch elementar ist. Die Folge $\mu = (a_1, a_3, a_7)$ bildet eine Bahn; $\mu = (a_1, a_3, a_{10})$ oder $\mu = (a_9, a_1, a_3, a_7)$ sind Kreise. Ein Zyklus ist z. B. $\mu = (a_9, a_{10}, a_8)$. Wir wollen jetzt voraussetzen, daß $G = [V, A]$ ein ungerichteter Graph sei. Die Kanten $a_1, a_j \ldots, a_q$ bilden eine Kantenfolge, wenn für $j = 2, 3, \ldots, q - 1$ die Kante a_j einen ihrer Endpunkte mit a_{j-1} und den anderen mit a_{j+1} gemeinsam hat. Eine Kantenfolge, in der keine Kante zweimal vorkommt, nennt man *Kantenzug*. Ein *Weg* ist ein Kantenzug, der keinen Knoten mehrmals enthält. Man kann einen Weg entweder durch Aneinanderreihen der Knotenpunkte und Kanten angeben, z. B. $w_{0z} = (v_0, a_1, v_1, \ldots, a_z, v_z)$, oder durch Aufzählung des Anfangsknotens v_0, aller Zwischenknoten und des Endknotens v_z: $w_{0z} = (v_0, v_1, \ldots, v_z)$.

Die Zahl der Kanten eines Weges ist die *Weglänge* $l(w)$. Ein *Kreis* in einem ungerichteten Graphen ist ein geschlossener Kantenzug $(v_0 = v_z)$, der keinen anderen Knoten mehrmals enthält. In Abb. 3.1b ist $(v_1, v_3, v_4, v_5, v_1)$ ein Kreis, jedoch kein Weg, denn v_1 kommt zweimal vor. Dagegen ist $w = (v_1, a_7, v_3, a_3, v_4, a_4, v_5) = (v_1, v_3, v_4, v_5)$ ein Weg der Länge $l(w) = 3$.

Ein Graph G heißt *zusammenhängend,* wenn je zwei Knotenpunkte $v_i, v_j \in V$ durch einen Weg bzw. eine elementare Kette verbunden sind. Symbolisiert man die Informationsquellen und -senken eines Kommunikationssystems als Knoten und die Informationskanäle als Kanten, dann ist leicht einzusehen, daß dieses System nur vollständig funktionieren kann, wenn der entsprechende Graph zusammenhängend ist. Für die weitere Analyse der Struktureigenschaften von Kommunikationssystemen führen wir *bewertete Graphen* ein. Eine Bewertung auf einen Graphen erhält man, indem jeder Kante $a_j \in A$ oder jedem Knoten $v_i \in V$ eine reelle Zahl zugeordnet wird. Die entsprechenden Graphen heißen *kanten- bzw. knotenbewertet.* Als Bewertungen kommen in Frage: die Übertragungskapazität eines Informationskanals, die territoriale

Entfernung zwischen den Knoten, die Übertragungskosten, die Ausfallwahrscheinlichkeit eines Kanals oder eines Knotens, die Zeitverzögerung in den betreffenden Elementen des Übertragungsweges usw. Von besonderer Bedeutung sind, wie wir noch sehen werden, die Informationsflüsse, die ebenfalls in Form von Bewertungen auf Graphen darstellbar sind. Wir verweilen vorerst noch beim Wegeproblem. Als *kürzesten Weg* der Informationsübertragung bezeichnet man den Weg zwischen zwei Knoten (Kommunikationspartnern), der im Vergleich zu allen anderen möglichen Wegen die kleinste *Gesamtbewertung* besitzt. In diesem Sinne ist z. B. ein Übertragungsweg zwischen zwei nichtadjazenten Kommunikationsknoten, der sich durch geringste Übertragungskosten auszeichnet, ein kürzester Weg. Die Methoden zur Bestimmung kürzester Wege begründen sich auf folgende einleuchtende Behauptung: Wenn der kürzeste Weg w_{iz} von einem beliebigen Knoten v_i zu einem Knoten v_z über Zwischenknoten $v_k \dots v_l$ führt, sind die kürzesten Wege $w_{kz} \dots w_{lz}$ Teile des kürzesten Weges w_{iz}. Ist $l_{kz} = l(w_{kz})$ die bewertete Länge des Weges w_{kz}, dann ist $l_{iz} = l_{ik} + l_{kz}$. Da der Weg w_{iz} der kürzeste sein soll, ist

$$l_{iz} = \min_{j=1,\dots,n} (l_{ij} + l_{jz}) . \tag{3.6}$$

Auch hierbei bedeutet n die Anzahl der Knotenpunkte des Graphen. Das Auffinden des kürzesten Weges erfordert, alle möglichen Wege zwischen den Knoten v_i und v_z zu bestimmen und den mit der kleinsten bewerteten Länge auszuwählen. Entsprechende Lösungsmethoden bedienen sich entweder der Enumeration oder der Matrizenrechnung. Letztere wenden auch wir an. Zunächst wird die Distanzmatrix $\boldsymbol{D} = ||d_{ij}||$ eingeführt mit

$$d_{ij} = \begin{cases} 0, & \text{falls } v_i = v_j\,, \\ \infty, & \text{wenn } v_i \neq v_j \text{ und } v_i \text{ zu } v_j \text{ nicht adjazent,} \\ d(v_i v_j), & \text{falls } v_i \neq v_j \text{ und } v_i \text{ zu } v_j \text{ adjazent}\,. \end{cases} \tag{3.7}$$

$d(v_i v_j)$ ist der Abstand zwischen den adjazenten Knoten v_i und v_j. Von der Matrix $\boldsymbol{D}$ läßt sich nun das Quadrat $\boldsymbol{D}^2 = \boldsymbol{DD}$ bilden mit den Elementen

$$d_{ij}^2 = \sum_{k=1}^{n} d_{ik} d_{kj} = d_{i1} d_{1j} + d_{i2} d_{2j} + \dots + d_{in} d_{nj} . \tag{3.8}$$

Wenn man eine Multiplikation als Hintereinanderschaltung und die Addition als Parallelschaltung von Kanten auffaßt, ist leicht einzusehen, daß z. B. das Produkt $d_{ik} d_{kj}$ einem Weg mit zwei Kanten entspricht (Weg vom Knoten v_i zum Knoten v_j über den Zwischenknoten v_k). Die Summe der drei Produkte $d_{ii} d_{ij} + d_{ij} d_{jj} + d_{ik} d_{kj}$ entspricht drei Wegen mit je 2 durchlaufenden Kanten. Die Produkte $d_{ii} d_{ij}$ und $d_{ij} d_{jj}$ bedeuten Wege mit nur einer durchlaufenden Kante, da die Abstände (bzw. Wege) in den Knoten selbst $(d_{ii};\, d_{jj})$ voraussetzungsgemäß keine Berücksichtigung finden. Für die Berechnung der bewerteten Weglängen macht es sich also erforderlich, die Produkte durch Summen zu ersetzen (z. B. anstatt mit $l_{ik} l_{kj}$ mit $l_{ik} + t_{kj}$ zu rechnen). Bei Vorhandensein von Wegen mit nur einer oder mit zwei durchlaufenden Kanten ergibt sich der kürzeste Weg aus

$$d_{ij}^2 = \min_{k=1,2,\dots,n} (d_{ik} + d_{kj}) = \min\,[(d_{i1} + d_{1j});\, (d_{i2} + d_{2j});\, \dots\, ;\, (d_{in} + d_{nj})]\,.$$

Das Element d_{ij}^2 der Matrix $\boldsymbol{D}^2$ ist somit gleich der bewerteten kürzesten Weglänge (minimaler Gesamtabstand) vom Knoten v_i zum Knoten v_j, falls der Weg über maximal zwei Knoten führt. Die r-te Potenz der Distanzmatrix, $\boldsymbol{D}^r = \boldsymbol{D}^{r-1}\boldsymbol{D}$, muß bei Anwendung der oben beschriebenen Verfahrensweise folgende Elemente besitzen

$$d_{ij}^r = \min_{k=1,\dots,n} (d_{ik}^{r-1} + d_{kj}) = \min_{k=1,\dots,n} (d_{i1}^{r-1} + d_{1j});\ (d_{i2}^{r-1} + d_{2j});\ \dots;\ (d_{in}^{r-1} + d_{nj})\,. \quad (3.9)$$

d_{ij}^r ist die bewertete Länge des kürzesten Weges vom Knoten v_i zum Knoten v_j mit höchstens r Zwischenkanten.

In einem Netzwerk mit n Knoten kann ein Weg nicht mehr als $n - 1$ Kanten enthalten. Für die Bestimmung der kürzesten Wege zwischen den Knoten wird es daher nicht notwendig sein, potenzierte Abstandsmatrizen von höherem Grade als $\boldsymbol{D}^r (r \leqq n - 1)$ zu berechnen. Für $r < n - 1$ kann bewiesen werden, daß

$$\boldsymbol{D} = \boldsymbol{D}^{r-1} \quad (3.10)$$

gilt. Bei Erfüllung von Gl. (3.10) ist aber auch $D^{r+1} = D^r$, und es ist dann

$$\boldsymbol{K} = \boldsymbol{D}^{r-1} = \boldsymbol{D}^r = ||k_{ij}|| \quad (3.11)$$

die *Matrix der kürzesten* (bewerteten) *Weglängen* zwischen den Knoten des gegebenen Netzes. Nehmen wir an, die Distanzmatrix $\boldsymbol{D} = ||d_{ij}||$ enthalte die Kosten der Informationsübertragung zwischen den einzelnen Netzwerkknoten. Dann gibt $\boldsymbol{K} = ||k_{ij}||$ die minimalen Gesamtübertragungskosten der Übertragungswege an (Abb. 3.2). Allerdings enthält $\boldsymbol{K}$ die Übertragungswege bzw. Wegeverläufe für minimale Kosten

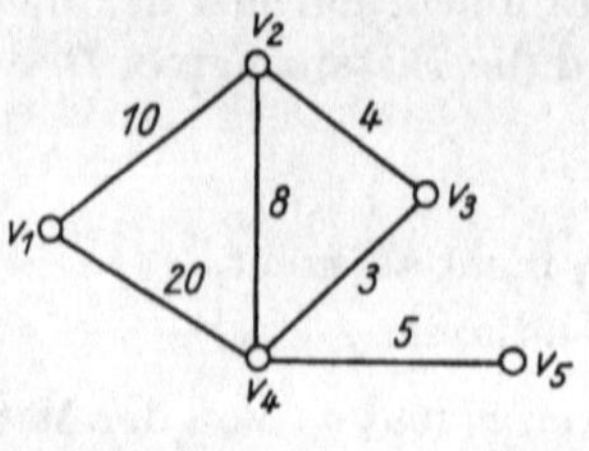

a)

$$||k_{ij}|| = ||d_{ij}^4|| = \begin{pmatrix} 0 & 10 & 14 & 17 & 22 \\ 10 & 0 & 4 & 7 & 12 \\ 14 & 4 & 0 & 3 & 8 \\ 17 & 7 & 3 & 0 & 5 \\ 22 & 12 & 8 & 5 & 0 \end{pmatrix}$$

b)

Abb. 3.2. Ungerichteter bewerteter Graph (a) und (b) Matrix der kürzesten Weglängen $\boldsymbol{K} = D^4$

nicht. Hierfür gibt es eine Reihe von Algorithmen (s. z. B. [3.39]). Ein funktionsfähiges Kommunikationssystem muß in seiner graphentheoretischen Darstellung stets zusammenhängend sein. Die Vielzahl der Topologien ergibt sich aus der Kombinatorik. Sind n die Zahl der Knoten und k die Zahl der Kanten, dann lassen sich mit den Nebenbedingungen

$$1 \leqq k \leqq n(n-1)/2, \qquad k - n + 1 \geqq 1$$

insgesamt

$$\frac{[n(n-1)/2]!}{[n(n-1)/2 - k]!\, k}$$

zusammenhängende Netzwerke bilden. Die unterschiedlichen Netzstrukturen können in zwei Klassen eingeteilt werden und zwar in Baumstrukturen und vermaschte Strukturen (Abb. 3.3). Netze mit baumartiger Struktur (hierzu gehören z. B. Sternnetze oder Datenfernverarbeitungsnetze mit einem Zentralrechner und einer Anzahl direkt oder über Konzentratoren und Multiplexoren angeschlossener Terminals) weisen sich graphentheoretisch durch eine Besonderheit aus. Ihr Graph ist ein sog. *Baum*. Wir wollen annehmen, daß der Graph ungerichtet ist und n Knoten besitzt. Je zwei der folgenden drei Bedingungen ergeben vollständige Definitionen eines Baumes $G_B = [V, A]$:

— Der Graph G_B ist zusammenhängend;
— der Graph G_B enthält keine Kreise;
— der Graph G_B besitzt $n - 1$ Kanten.

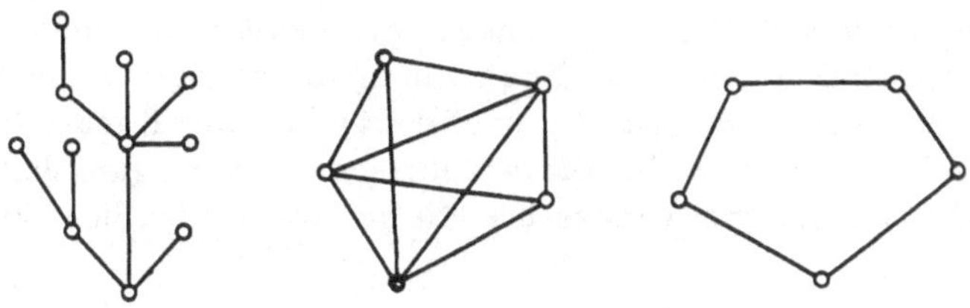

Abb. 3.3. Charakteristische Netzstrukturen:
a) Baumstruktur; b) vollvermaschtes Netz; c) Ringstruktur

Die Knotenpunkte eines Baumes, mit denen nur eine einzige Kante inzident ist, nennt man „hängende Knotenpunkte". Jeder Baum mit mehr als einem Knoten hat mindestens zwei hängende Knotenpunkte. Wichtige Eigenschaften von Baumstrukturen sind:

— Aus n Knoten lassen sich n^{n-2} vetschiedene Bäume konstruieren.
— Zwischen je zwei Knotenpunkten eines Baumes gibt es nur einen Weg. Diese Eigenschaft ist für Kommunikationsnetze mit Baumstruktur von großer Bedeutung, denn die Entfernung nur einer Kante führt zur Auflösung des Zusammenhanges. Der Informationsaustausch zwischen allen Partnern (Knoten) ist dann nicht mehr möglich. Kommunikationssysteme mit baumartiger Struktur sind also sehr störanfällig, denn bereits bei Ausfall eines einzigen Übertragungskanales sind nicht mehr alle Netzknoten wechselseitig erreichbar. Abgetrennte Teilgraphen G_{Bi} eines Baumes G_B können wiederum Bäume sein. Ist dies der Fall, dann spricht man von einem Wald.

Ein gerichteter Graph heißt *gerichteter Baum* mit der *Wurzel* v_0, wenn der entsprechende ungerichtete Graph ein Baum ist und die durch v_0 und jeden anderen Knoten v_i eindeutig bestimmte Kette eine Bahn von v_0 nach v_i darstellt.

Vermaschte Strukturen von Kommunikationsnetzen besitzen Graphen, die Kreise enthalten. Ist jeder Netzknoten mit jedem beliebigen anderen (ohne Zwischenknoten) durch eine Kante verbunden, so spricht man von vollvermaschten Netzen (Abb. 3.3b). Wir nennen die Zahl der Kanten, die mit einem Knoten inzident ist, den *Grad* des betreffenden Knoten. Wichtige Eigenschaften vollvermaschter Netze sind:

— Alle Knoten in vollvermaschten Netzen sind von gleichem Grad. Die entsprechenden Graphen nennt man *reguläre* Graphen. In einem regulären Graphen ungeraden Grades ist die Anzahl der Knoten stets eine gerade Zahl. Zu je zwei natürlichen

Zahlen $d \geqq 2$ und $t \geqq 2$ existiert ein regulärer Graph vom Grad d und der *Taillenweite* $t(G)$. Letztere ist die Länge eines kürzesten in G enthaltenen Kreises.

— Bei n Knotenpunkten gibt es in einem vollvermaschten Netz $k = n(n-1)/2$ Kanten.

— In einem vollvermaschten Netz gibt es zwischen je zwei Knoten mehr als einen Weg. Bei Unterbrechung einer Nachrichtenverbindung zwischen adjazenten Knoten existieren somit weitere Möglichkeiten der wechselseitigen Erreichbarkeit. Vollvermaschte Netze sind sehr stabil gegen Ausfall von Nachrichtenverbindungen. Ihre Funktionsfähigkeit ist sogar maximal im Vergleich zu allen anderen Netzkonfigurationen. Dennoch besitzen die meisten Kommunikationssysteme (insbesondere solche mit sog. Nachrichtenvermittlung) keine vollvermaschte Struktur. Mit der Knotenzahl n wächst nämlich die Kanalzahl (Kantenzahl) stark an. Da Kanäle (z. B. zu installierende Übertragungsleitungen) relativ teuer sind, würden vollvermaschte Netze außerordentlich kostenaufwendig werden.

Netze insbesondere für die Kommunikation zwischen EDVA besitzen in der Regel teilvermaschte Strukturen. Die Graphen von teilvermaschten Strukturen sind nicht regulär. Nicht jeder Kommunikationspartner ist direkt mit jedem anderen verbunden. Jedoch gibt es zwischen allen Knoten mindestens einen Weg. Netze dieser Art finden vor allem Anwendung, wenn das sog. store-and-forward-Übertragungsverfahren (s. Abschn. 3.3.) zum Einsatz kommt. Teilvermaschte Netzwerke können spezielle Strukturen besitzen. Wir behandeln zwei dieser Sonderfälle: Netze mit Brücken und Ringnetze. Ein teilweise vermaschtes Netz enthält eine *Brücke*, wenn es im zugehörigen Graphen G Kanten gibt, die zu keinem seiner Kreise gehören. In Abb. 3.4 ist die

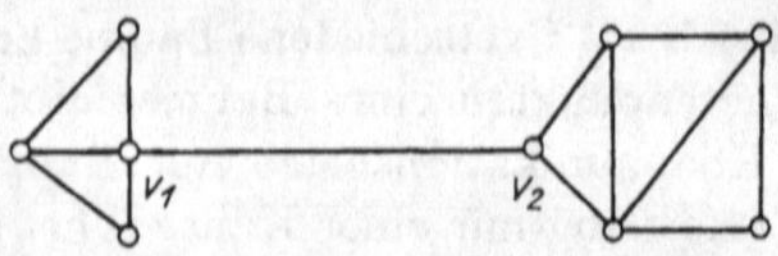

Abb. 3.4. Zusammenhängender Graph mit der Brücke (v_1v_2)

Kante (v_1v_2) eine Brücke. Die Streichung der Brücke führt zur Auflösung des zusammenhängenden Graphen in Teilgraphen. Enthält also ein Kommunikationssystem eine Brücke, dann stellt sie bezüglich der wechselseitigen Erreichbarkeit aller Knoten die Schwachstelle des Netzwerkes dar. Von einem vermaschten Netz kann ein Teilgraph gebildet werden, der ein Baum ist. Dieser Teilgraph wird *Gerüst* genannt. Jedes Gerüst eines zusammenhängenden Graphen G enthält alle Brücken von G. Für die Bestimmung von Gerüsten mit minimaler Kantenbewertung gibt es verschiedene Algorithmen, die wir hier jedoch nicht behandeln (s. z. B. [3.3, 3.5, 3.76]).

Als *Ringnetz* bezeichnet man ein Kommunikationssystem, dessen Graph einen einzigen Kreis besitzt (Abb. 3.3c). Derartige Netze finden u. a. bei Rechnernetzwerken Anwendung. Das Rechnernetzwerk DCS (Distributed Computing System) besitzt z. B. eine Ringstruktur mit 6 Knoten.

Für die Analyse und Synthese der Funktions- und Arbeitsfähigkeit von Netzen erweisen sich die Begriffe Halbschnitt, Schnitt und Zusammenhang von Graphen als besonders tragfähig. Ausgehend von der Knotenteilmenge

$$W \subseteqq V; \qquad W \neq \emptyset \tag{3.12}$$

und deren Komplement $\overline{W}$ kann der *Halbschnitt* S_w eines gerichteten Graphen durch die Menge

$$S_w = (W \times \overline{W}) \cap A \tag{3.13}$$

definiert werden. Gl. (3.13) besagt, daß ein Halbschnitt aus der Menge aller Kanten besteht, die von W ausgehen. Das Entfernen der Kanten des Halbschnittes S_w aus dem gerichteten Graphen $G = [V, A]$ wäre gleichbedeutend mit Unterbrechung aller Verbindungen (Kommunikationen) von W nach $\overline{W}$. Der dem Halbschnitt S_w entsprechende Halbschnitt $S_{\overline{w}} = (\overline{W} \times W) \cap A$ umfaßt alle Verbindungen von $\overline{W}$ nach W. Ein *Schnitt* stellt nun die Vereinigungsmenge

$$\left.\begin{aligned} S &= S_w \cup S_{\overline{w}}, \\ S &= [(W \times \overline{W}) \cap A] \cup [(\overline{W} \times W) \cap A], \\ S &= [(W \times \overline{W}) \cup (\overline{W} \times W)] \cap A \end{aligned}\right\} \tag{3.14}$$

dar. Da sich die Halbschnitte S_w und $S_{\overline{w}}$ entsprechen, gibt es in einem gerichteten Graphen doppelt soviel Halbschnitte wie Schnitte. Enthält die gegebene Knotenpunktmenge V insgesamt card $V = n$ verschiedene Elemente, dann ist die Zahl der voneinander verschiedenen Halbschnitte gleich den verschiedenen (nichtleeren) Teilmengen von V, die sich bilden lassen

$$\binom{n}{1} + \binom{n}{2} + \dots + \binom{n}{n-1} = 2(2^{n-1} - 1)\,. \tag{3.15}$$

Somit besitzt der Graph $G = [V, A]$ insgesamt $2^{n-1} - 1$ Schnitte. Die vorstehenden Ausführungen sind insofern von Bedeutung, als ein Graph dann in zwei selbständige Teilgraphen zerfällt, wenn die Kanten in dem Schnitt $S = S_w \cup S_{\overline{w}}$ weggenommen werden. Das führt zu der für die Praxis wichtigen Frage, welche Bedingungen erfüllt sein müssen, um die Geschlossenheit eines Netzwerks (selbst bei Ausfall bestimmter Knoten oder Übertragungskanäle) aufrechtzuerhalten.

Im folgenden sei $G = [V, A]$ ein ungerichteter Graph. Er sei zusammenhängend, d. h., zwischen jeweils zwei seiner Knoten besteht mindestens ein Weg. Der Graph ist m-fach zusammenhängend, bezüglich seiner Knoten oder Kanten, wenn $G = [V, A]$ zusammenhängend ist und jeder Teilgraph, der durch Löschung (Streichung) von m Knoten oder Kanten entsteht, ebenfalls zusammenhängend ist. Nun wird der Zusammenhang eines Graphen durch Vollzug eines sog. Knoten- oder eines Kantenschnittes gestört. Durch einen *Knotenschnitt* $S_{n,w}$ werden aus G die Knotenmenge $W \subseteq V$ und die Menge von $A_w \subseteq A$ Kanten, die mit diesem Knoten indizieren, gestrichen. Ein *Kantenschnitt* $S_{k,w}$ bezüglich zweier Knoten v_i und v_j $(v_i \neq v_j)$ entspricht der Streichung von $A_w \subseteq A$ Kanten aus dem Graphen. Die Knotenzusammenhangszahl $C_{ij}^n(G)$ zwischen den Knoten v_i und v_j $(v_i, v_j \in V)$ ist die kleinste Zahl von Elementen, die sich durch den Schnitt $S_{n,w}$ ergibt. Für die Knotenzusammenhangszahl des Graphen gilt

$$C^n(G) = \min\,[C_{ij}^n(G)]\,. \tag{3.16}$$

Ist m eine natürliche Zahl und gilt für den betrachteten Graphen $C^n(G) = m$, dann ist G m-fach zusammenhängend. Es ist leicht einzusehen, daß $C^n(G)$ der Mindestzahl von Kanten im Netzwerk entspricht, deren Ausfall zum Unterbrechen des Verbundbetriebes führt. In entsprechender Weise ergibt sich die Kantenzusammenhangszahl

$C_{ij}^k(G)$ zwischen den Knoten v_i und v_j als diejenige, die von allen möglichen Kantenschnitten $S_{k,w}$ am kleinsten ist. Für die Kantenzusammenhangszahl des Graphen $G = [V, A]$ gilt

$$C^k(G) = \min\,[C_{ij}^k(G)\,]. \tag{3.17}$$

Für $C^k(G) \geqq m$ (m: natürliche Zahl) ist G m-fach zusammenhängend. Wie $C^n(G)$, so kann auch $C^k(G)$ zur Verhaltensbeschreibung eines Netzes herangezogen werden. $C^k(G)$ entspricht der Mindestzahl von Informationsübertragungskanälen, die bei Ausfall den Informationsaustausch im Netzwerk unterbrechen. Die Zahlen $C^n(G)$ und $C^k(G)$ lassen sich mit dem kleinsten Grad des Graphen in Verbindung bringen. Bekanntlich ist der Grad d_i eines Knotens v_i gleich der Zahl der indizierenden Kanten. Hat der endliche Graph $G = [V, A]$ insgesamt card $V = n$ Knoten und card $A = k$ Kanten, dann gilt

$$\sum_{i=1}^{n} d_i = 2k\,. \tag{3.18}$$

Für den kleinsten Grad im Graphen G, $d_{\min}(G) = \min\,(d_i)$, gilt

$$d_{\min}(G) = d(G) = \frac{2k}{n}\,.$$

Nach dem Satz von WHITNEY ist nun

$$C^n(G) \leqq C^k(G) \leqq d_{\min}(G) \leqq \left[\frac{2k}{n}\right] \tag{3.19}$$

(Die eckige Klammer bedeutet die zu $2k/n$ nächst kleinere ganze Zahl).

Entsprechend Gl. (3.19) können die Knoten- und Kantenzusammenhangszahlen den kleinsten im graphen G vorkommenden Grad nicht überschreiten. Aus der Beziehung (3.19) ist das sog. maximal funktionsfähige Kommunikationsnetz definierbar. Ein solches Netz liegt vor, wenn für sein graphentheoretisches Modell gilt

$$C_{ij}^n(G) = C_{ij}^k(G) = \min\,(d_i, d_j)\,; \qquad \forall\,(i, j): (v_i, v_j \in V)\,, \tag{3.20}$$

Wie gezeigt wurde, lassen sich aufbauend auf die Graphentheorie wichtige Kriterien für die Funktionsfähigkeit von Netzen ableiten. Eine Reihe heuristischer Verfahren zur Konstruktion zusammenhängender Netze ist in der Vergangenheit entwickelt worden (vgl. z. B. [3.90]. Allerdings konnte bisher noch kein Zusammenhang hergeleitet werden, bei dem sich einerseits die Funktionsfähigkeit des Netzes unmittelbar aus graphentheoretischen Größen ergibt und aus dem andererseits im Falle einer Havarie die noch miteinander kommunizierenden Netzwerkkomponenten berechnet werden können. Die von der Praxis gestellte Forderung, daß ein Netz nicht „zusammenbrechen" bzw. seine Arbeitsfähigkeit bei Ausfall eines oder mehrerer Elemente keine signifikante Störung erleiden darf, wird bisher analytisch nicht beherrscht. Aus diesem Grunde sind z. B. die installierten Rechnernetzwerke in der Regel überdimensioniert worden und zwar entweder durch redundante Übertragungskanäle und Rechner oder durch das Vorhandensein von zwei oder mehr unabhängigen Wegen zwischen jedem Knotenpaar (d. h. der entsprechende Graph ist zweifach zusammenhängend). Da jede Redundanz kostspielig ist, gewinnt die weitere theoretische Arbeit auf dem genannten Gebiet an Bedeutung.

Informationsflüsse in Netzen

Im folgenden werden Grundzüge der Netzwerk-Flußtheorie behandelt. Diese Theorie stellt die Grundlage für die Analyse der Informationsströme in Netzen und für die Synthese von Netzen mit geforderten Transporteigenschaften dar. Es verseth sich, daß die Netzwerk-Flußtheorie nicht auf Kommunikationsnetze beschränkt ist. Man spricht daher allgemeiner von Transportnetzen. Das Transportgut Information bringt aber einige Besonderheiten mit sich, die wir nach der Einführung nennen werden. Ausgehend von der Graphentheorie wird zunächst erklärt, was ein Transportnetz ist und wie man die darin fließenden Ströme beschreiben kann. Dann werden wir die Hauptsätze der Netzwerk-Flußtheorie behandeln und schließlich wichtige Probleme der Analyse und Synthese von Kommunikationsnetzen kennenlernen.

Wie bereits angedeutet, legen wir der Netzwerk-Flußtheorie die Graphentheorie zugrunde. Das Netz ist zunächst durch den Graphen $G = [V, A]$ gegeben. Auf den Graphen G wird nun eine reellwertige Bewertungsfunktion

$$c = c\big((v_i v_j)\big); \qquad \forall (i, j): (v_i v_j) \in A \tag{3.21}$$

definiert, die wir *Kapazitätsfunktion* nennen. Mit $c\big((v_i v_j)\big)$ erhält jede Kante (bzw. jeder Bogen) von $G = [V, A]$ eine Kapazität zugeschrieben. Dabei ist unter dem Begriff Kapazität eine Transporteigenschaft zu verstehen. Man kann dafür auch den Begriff Durchlaßfähigkeit für das betreffende Transportgut setzen. Bei Informationsnetzen wird die Kapazität z. B. in bit/s angegeben. Bezüglich der Kapazitätsfunktion $c\big((v_i v_j)\big)$ besitzt jeder Halbschnitt S_w des gegebenen Graphen einen bestimmten Wert

$$|S_w|_c = \sum_{\forall i, j} \left[c\big((v_i v_j)\big) \mid (v_i v_j) \in S_w\right]. \tag{3.22}$$

Anschaulich bedeutet dies nichts anderes als die Summe der Bewertungen aller Bögen, die in einem gerichteten Graphen von der Knotenteilmenge $W \subseteq V$ zur Knotenteilmenge $\overline{W}$, $W \cup \overline{W} = V$, führen. Mit $G = [V, A]$ und $c = c\big((v_i v_j)\big)$ ist vorerst ein Transportnetz beschrieben. Kommen wir nun zum Fluß des Transportguts im Graphen. Auch ihn beschreiben wir mit einer reellwertigen Bewertungsfunktion. Wir nennen

$$\varphi = \varphi\big((v_i v_j)\big); \qquad \forall i, j: (v_i v_j) \in A \tag{3.23}$$

die Stromfunktion des Netzes. $\varphi\big((v_i v_j)\big)$ ist die Menge des Transportguts, die je Zeiteinheit im Bogen $(v_j v_j)$ fließt. $\varphi\big((v_i v_j)\big) > 0$ bedeutet einen Fluß in Richtung des Bogens $(v_i v_j)$; $\varphi\big((v_j v_j)\big) < 0$ bedeutet einen Fluß entgegen der Richtung des Bogens $(v_i\, v_j)$. Für beliebige nichtleere Knotenteilmengen $W \subset V$ eines gerichteten Graphen gelten folgende Bilanzgleichungen

$$\left.\begin{aligned} \Phi^+(W) &= \sum_{v_i v_j \in a^+(W)} \varphi\big((v_i v_j)\big), \\ \Phi^-(W) &= \sum_{v_i v_j \in a^-(W)} \varphi\big((v_i v_j)\big). \end{aligned}\right\} \tag{3.24}$$

Dabei ist $a^+(W)$ die Menge der Bögen, die aus W herausführt (nach außen inzident ist) und $a^-(W)$ die Menge der Bögen, die in die Teilmenge W hineinführt (nach innen inzident ist). Schließlich ist

$$\Phi(W) = \Phi^+(W) - \Phi^-(W) \tag{3.25}$$

der insgesamt aus $W \subset V$ ausströmende Fluß. Von Bedeutung ist folgender Erhaltungssatz

$$\Phi(V) = \sum_{v_i \in V} \Phi(v_i) = 0 . \tag{3.26}$$

Falls $\Phi(v_i) > 0$ ist, handelt es sich bei v_i um eine *Quelle*, wenn $\Phi(v_i) < 0$ ist, stellt der Knoten v_i eine *Senke* dar. Ein sog. *Zwischenknoten* liegt vor, wenn $\Phi(v_i) = 0$ ist. Der Erhaltungssatz (3.26) besagt, daß in jedem Netz die Summe der Quellflüsse gleich der Summe der Flüsse in die Senken ist. Es gibt Netze, die keine Quellen und Senken besitzen, sondern nur Zwischenknoten. In diesem Falle ist

$$\Phi(v_i) = 0; \quad \forall i : v_i \in V , \tag{3.27a}$$

oder

$$\sum_{v_i v_j \in a^+(v_i)} \varphi((v_i v_j)) = \sum_{v_i v_j \in a^-(v_i)} \varphi((v_i v_j)) . \tag{3.27b}$$

Bei Gültigkeit von (3.27) ist die Funktion φ gemäß (3.23) ein Strom. Beide Darstellungsformen von (3.27) bringen den Kirchhoffschen Knotenpunktsatz zum Ausdruck: Die vorzeichenbehaftete Summe aller Ströme in einem (Zwischen-)Knoten ist gleich Null.

Wir wollen im folgenden drei wichtige Stromprobleme nennen:

1. Bestimmung des Maximalstroms, wenn das Netzwerk nur eine Quelle, eine Senke und sonst nur Zwischenknoten besitzt.
2. Bestimmung des Maximalstroms zwischen sämtlichen Knotenpaaren im Netz.
3. Bestimmung des Maximalstroms, wenn in einem Netz ein Strom von ganz bestimmten Quellen zu ganz bestimmten Senken fließt.

Alle Aufgaben beinhalten den Begriff *Maximalstrom*. Die Erklärung des Begriffs ist einleuchtend, wenn man voraussetzt, daß für jedes Netz die Kapazitätsfunktion $c = c((v_i v_j))$ vorgegeben ist. Der Strom in jedem Bogen (bzw. jeder Kante) unterliegt dann der Einschränkung

$$\forall i, j : 0 \leqq \varphi((v_i v_j)) \leqq c((v_i v_j)) . \tag{3.28}$$

Zwischen zwei adjazenten Knoten v_i und v_j kann der Strom höchstens so groß sein wie die Kapazität des Bogens $(v_i v_j)$. Die erste Aufgabe besteht nun darin, zu berechnen, wie groß der Strom zwischen Quelle und Senke überhaupt sein kann. Das zweite Analysenproblem, Maximalstrombestimmung zwischen allen Knoten im Netz, wird auch *homogenes Stromproblem* genannt, d. h., es ist gleichgültig, nach welcher Senke der Strom aus einer Quelle fließt. Die dritte Aufgabe stellt ein sog. *inhomogenes Stromproblem* dar. Dabei ist der Strom von gegebenen Quellen zu ausgewählten Senken zu bestimmen. Es versteht sich, daß die Informationsübermittlung in Kommunikationsnetzen mit verschiedenen Sende- und Empfangsorten ein inhomogenes Stromproblem ist.

Unter der Bedingung (3.28) soll nun der größtmögliche Strom für den Fall bestimmt werden, daß es im Netz eine einzige Quelle (Knoten v_s), eine Senke (Knoten v_t) und sonst nur Zwischenknoten gibt. Der Beweis, daß es unter diesen Bedingungen einen Maximalstrom gibt, wurde 1956 von Ford und Fulkerson mit dem *Hauptsatz der Netzwerk-Flußtheorie* erbracht. Von beiden Autoren stammt auch ein Algorithmus zur Maximalstrombestimmung [3.18]. Wir formulieren den Hauptsatz der Netzwerk-Flußtheorie, oft auch Max-Flow-Min-Cut-Theorem genannt, wie folgt: *Für ein beliebiges Netzwerk stimmt der maximale Strom von der Quelle zur Senke mit der Kapa-*

zität des minimalen Halbschnittes überein, der Quelle und Senke trennt. Unter der Voraussetzung von (3.28) und $W \cup \overline{W} = V$ ist

$$\varphi_{\max}(v_s, v_t) = \min_{\substack{v_s \in W \\ v_t \in \overline{W}}} \{|S_{\mathrm{w}}|_c\} . \tag{3.29}$$

Die Werte aller möglichen Halbschnitte $|S_{\mathrm{w}}|_c$, ergeben sich aus (3.22). Anhand des einfachen Beispiels in Abb. 3.5 kann man sich davon überzeugen, daß der minimale Halbschnitt den Wert von 3 Kapazitätseinheiten hat und demnach der Strom von v_s nach v_t maximal 3 Einheiten beträgt. Den Algorithmus von FORD und FULKERSON

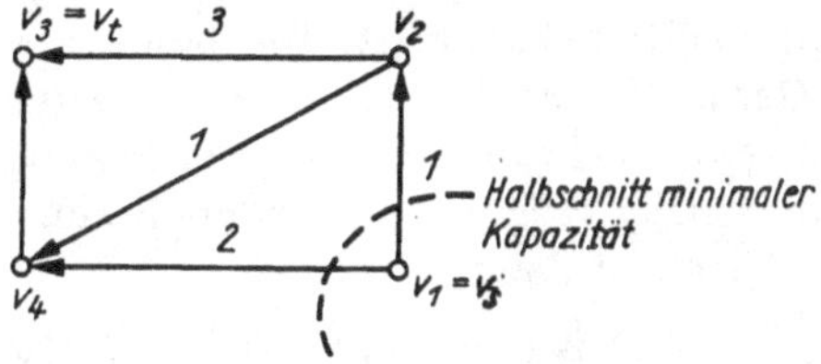

Abb. 3.5. Zur Bestimmung des Maximalstromes zwischen der Quelle v_s und der Senke v_t

zur Maximalstrombestimmung führen wir hier nicht an, da dieser in der Literatur unter gleichzeitiger Angabe von Rechenprogrammen hinreichend erläutert wird (s. z. B. [3.18, 3.82].

Nun behandeln wir die Maximalstrombestimmung zwischen sämtlichen Knotenpaaren des Netzwerks. Diese Aufgabe, in der Literatur oft als „Multiterminal-Problem" bezeichnet, wurde zuerst von GOMORY und HU gelöst [3.39]. Gegeben seien der ungerichtete Graph $G = [V, A]$ und die Kapazitätsfunktion $c = c((v_i v_j))$ des Netzes mit $\forall i, j$: $c((v_i v_j)) = c((v_j v_i))$. Die Bestimmung der Maximalströme zwischen allen Knotenpaaren (die jeweils Quelle und Senke darstellen, während die restlichen Knoten nur Zwischenknoten sind) ist identisch mit der Aufstellung der n,n-Matrix der Maximalströme, $||\varphi_{\max}(v_i v_j)||$. Die Existenz dieser Matrix beschreibt der Satz von GOMORY-HU, den wir wie folgt formulieren: Wenn für die Ströme in einem Netz die Bedingungen

$$\forall i, j\colon \varphi((v_i v_j)) = \varphi((v_j v_i)) , \tag{3.30 a}$$

$$\forall i\colon \varphi((v_i v_i)) = \infty , \tag{3.30 b}$$

$$\forall i, j, k\colon \varphi((v_i v_k)) \geqq \min \{\varphi((v_i v_j)), \varphi((v_j v_k))\} \tag{3.30 c}$$

erfüllt sind, ist die Strommatrix des Netzes zugleich die Matrix der Maximalströme, also $||\varphi((v_i v_j))|| = ||\varphi_{\max}((v_i v_j))||$. Der Beweis ergibt sich aus dem Hauptsatz der Netzwerk-Flußtheorie. Danach ist der Maximalstrom zwischen zwei beliebigen Knoten v_i und v_k

$$\varphi_{\max}((v_i v_k)) \leqq \min_{\substack{v_i \in W \\ v_k \in \overline{W}}} \{|S_{\mathrm{w}}|_c\} .$$

Im Falle $v_j \in W$, gilt

$$\varphi((v_j v_k)) \leqq \min_{\substack{v_j \in W \\ v_k \in \overline{W}}} \{|S_{\mathrm{w}}|_c\} = \varphi_{\max}((v_i v_k)) . \tag{3.31}$$

Wenn $v_j \in \overline{W}$ ist, erhält man

$$\varphi((v_i v_j)) = \min_{\substack{v_i \in W \\ v_j \in \overline{W}}} \{|S_w|_c\} = \varphi_{\max}((v_i v_k)) \,. \tag{3.32}$$

Da stets eine der beiden letzten Gleichungen zutrifft, muß auch immer

$$\varphi((v_i v_k)) \geqq \min \{((v_i v_j)), \varphi((v_j v_k))\} \tag{3.33}$$

sein. Durch Induktion folgt aus Gl. (3.30c) die gleichwertige Beziehung

$$\varphi((v_i v_q)) \geqq \min \{\varphi((v_i v_j)), \varphi((v_j v_k)), \ldots, \varphi((v_p v_q)) \,. \tag{3.34}$$

Wir nehmen jetzt an, daß es ein Netz gibt, das den Bedingungen (3.30) genügt und dessen Strommatrix $||\varphi((v_i v_j))||$ bekannt ist. Die bewertete Länge der Kanten sei $\varphi((v_i v_j))$. Nun wird ein Gerüst G_H maximaler Länge (maximal aufspannender Baum) gebildet. Falls eine Kante $(v_i v_q)$ nicht im Baum G_H vorkommt, sind die Knotenpunkte v_i und v_q durch einen Kantenzug verbunden, der dem Baum angehört (z. B. der Kantenzug $(v_i, v_j, v_k, \ldots v_p, v_q)$). Es ist dann

$$\varphi((v_i\, v_q)) \leqq \min \{\varphi((v_i v_j)), \varphi((v_j v_k)), \ldots \varphi((v_p v_q))\} \,. \tag{3.35}$$

Wegen Gültigkeit der umgekehrten Ungleichung (3.34) muß letztlich die Gleichung

$$\varphi((v_i v_q)) = \min \{\varphi((v_i v_j)), \varphi((v_j v_k)), \ldots \varphi((v_p v_q))\}$$

gelten. Das ist genau der Strombetrag im Netz G_H, wenn $c((v_i v_j)) = \varphi((v_i v_j))$ für $(v_i v_j) \in G_H$ und $c((v_i v_j)) = 0$ für $(v_i v_j) \notin G_H$. Daraus ergibt sich, daß $||\varphi((v_i v_j))||$ tatsächlich die Maximalstrommatrix ist.

Die Aufstellung der Matrix der Maximalströme eines gegebenen Netzes (Analyseproblem) kann auf verschiedene Weise erfolgen. Zunächst ist es möglich, unter Benutzung des Hauptsatzes der Netzwerk-Flußtheorie bzw. des Algorithmus von Ford und Fulkerson für alle Knotenpaare den Maximalstrom zu berechnen. Ein effektiveres Verfahren, das von Gomory und Hu angegeben wurde, bedient sich der *Verdichtung* mehrerer Knoten und der Konstruktion sog. *Schnittbäume*. Eine Knotenpunktmenge $W \subset V$ nennt man verdichtet (zusammengezogen), wenn W durch einen einzigen Knotenpunkt ersetzt wird und dieser mit den übrigen Knoten aus der Menge $\overline{W}$ so verbunden ist wie die Menge W. Ein Schnittbaum ergibt sich nach folgendem Verfahren:

1. Man wähle aus dem gegebenen Graphen $G = [V, A]$ zwei Knoten $v_i \in W$, $v_j \in \overline{W}$, $W \cup \overline{W} = V$ aus und bestimme mit dem Maximalstrom $\varphi_{\max}((v_i v_j))$ den Wert dieses minimalen Halbschnittes. Die entsprechende Kapazität nennen wir c_{ia}.
2. Der Betrag des minimalen Halbschnittes dient als Bewertung der Kante eines Baumes (die Kante verbindet bei erstmaligem Anwenden der Prozedur die verdichteten Knotenmengen W und $\overline{W}$). Sind $(n-1)$ Kanten konstruiert, so endet der Algorithmus. Andernfalls werden neue Knotenpaare bei gleichzeitigem Bilden von verdichteten Knotenmengen ausgesucht, und es wird zu Schritt 1 übergegangen. Enthält jede verdichtete Knotenmenge nur noch einen Knoten, so liegt schließlich ein neues Netzwerk (Schnittbaum) vor, aus dem der Maximalfluß zwischen allen Knotenpaaren entnommen werden kann. Es gilt nämlich der folgende, von Gomory und Hu bewiesene Satz: *Der Maximalstrom zwischen zwei beliebigen Knoten eines Netzes ist*

$$\varphi_{\max}((v_i v_j)) = \min \{c_{ia}, c_{ab}, \ldots, c_{zj}\} \,, \tag{3.36}$$

wobei $c_{ia}, c_{ab}, \ldots, c_{zj}$ *die Kantenbewertungen der Kette sind, die im Schnittbaum die Knoten* v_i *und* v_j *verbindet.*

Das einfache Beispiel gemäß Abb. 3.6 soll die soeben skizzierte Aufstellung der Matrix der Maximalströme veranschaulichen. Zunächst bilden wir $W = \{v_1, v_2\}$, $\overline{W} = \{v_3, v_4\}$. Der minimale Halbschnitt hat den Wert 17. Wir erhalten eine Kante des zu konstruierenden Schnittbaums (Abb. 3.6b). Auflösung der Verdichtung v_1, v_2

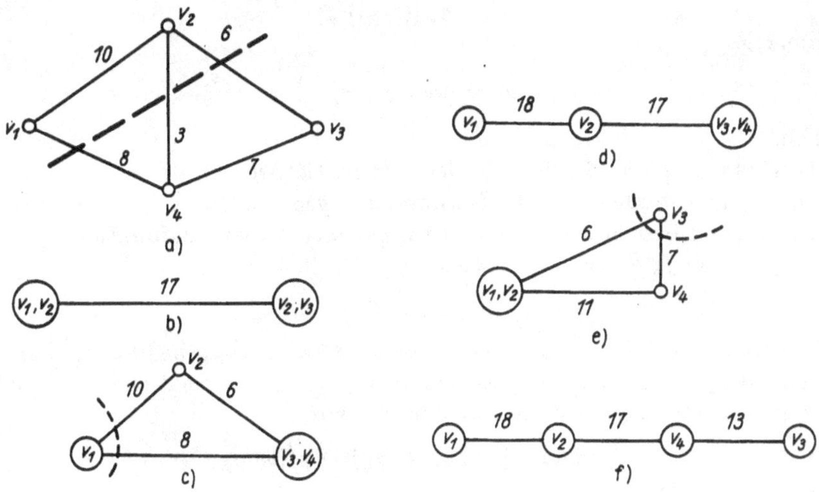

Abb. 3.6. Zum Algorithmus von GOMORY und HU

führt zu Abb. 3.6c. Der kleinste Halbschnitt des Knotens v_1 mit den restlichen hat den Wert 18. Damit ist die bewertete Kante (v_1v_2) des Schnittbaums bekannt (Abb. 3.6d). Schließlich verdichten wir v_1, v_2, v_4 und suchen den kleinsten Halbschnitt, der v_3 ablöst (Abb. 3.6e). Das Ergebnis ist in Abb. 3.6f dargestellt. Daraus ist entsprechend des Satzes von GOMORY-HU die Maximalstrommatrix $||\varphi_{\max}((v_iv_j))||$ leicht ablesbar:

$$||\varphi_{\max}((v_iv_j))|| = \begin{pmatrix} \infty & 18 & 13 & 17 \\ 18 & \infty & 13 & 17 \\ 13 & 13 & \infty & 13 \\ 17 & 13 & 13 & \infty \end{pmatrix}.$$

Nun behandeln wir inhomogene Flüsse. Sie zeichnen sich dadurch aus, daß es n_s Quellen sowie n_t Senken gibt ($s = 1, 2, \ldots p$; $t = 1, 2 \ldots q$) und verschiedene Flüsse gleichzeitig vorhanden sind. (Dieses Stromproblem wird manchmal auch „multicommodity"-Problem genannt). Informationsströme in Nachrichtennetzen, welche gleichzeitig dieselben Kanalkapazitäten belasten, sind inhomogene Flüsse. Wir nennen $\varphi_{st}((v_iv_j))$ den Fluß in der Kante (v_iv_j), der vom Gesamtstrom Φ_{st} zwischen der Quelle n_s und der Senke v_t herrührt. Bei verlustlosem Informationstransport gilt folgende Bilanzgleichung für die Knoten

$$\sum_i \varphi_{st}((v_iv_j)) - \sum_k \varphi_{st}((v_jv_k)) = \begin{cases} -\Phi_{st}; & j = s\,, \\ 0; & j \neq s, t\,, \\ \Phi_{st}; & j = t\,. \end{cases} \tag{3.37}$$

Es versteht sich, daß auch inhomogene Ströme nicht größer sein können als die Kapazitäten, d. h., für die Kanten (Kanäle) gilt

$$\forall i, j: c\big((v_i v_j)\big) \geqq \sum_{s,t} \varphi_{st}\big((v_i v_j)\big) . \tag{3.38}$$

Eine Optimierungsaufgabe für inhomogene Ströme besteht z. B. darin, unter den Bedingungen (3.37) und (3.38) sowie unter der Voraussetzung

$$\forall s, i, j: \varphi_{st}\big((v_i v_j)\big) \geqq 0 \tag{3.39}$$

die Zielfunktion

$$Z = \max \sum_{s=1}^{p} \Phi_{st} \tag{3.40}$$

zu erfüllen.

Wir bezeichnen mit $f_{st}(T)$ den Mindestinformationsstrom, der zur Zeit T von n_s nach n_t übertragen werden soll. Die Netzwerkanalyse beinhaltet dann, die Teilströme $\varphi_{st}\big((v_i v_j)\big)$ derart zu bestimmen, daß bei vorgegebener Kapazitätsfunktion $c = c\big((v_i v_j)\big)$ und vorgegebenem $f_{st}(t)$, die Bedingungen (3.37), (3.38) und

$$\Phi_{st} \geqq f_{st}(T) \tag{3.41}$$

für alle s, t und T erfüllt werden. Als weitere Optimierungsbedingung kann noch hinzutreten, daß die Übertragungskosten $k_{st}\big((v_i v_j)\big)$ je Informationskanal und Teilstrom zu minimieren sind, also die Bestimmung von

$$K = \min \sum_{s,t} \sum_{i,j} k_{st}\big((v_i v_j)\big) \quad \varphi_{st}\big((v_i v_j)\big) \tag{3.42}$$

unter Einhaltung von (3.37), (3.38) und (3.41).

Die optimale Netzwerksynthese umfaßt die Bestimmung der Kapazitätsfunktion mit den Randbedingungen (3.37), (3.38), (3.41) und Minimierung der Funktion

$$\sum_{s,t} \sum_{i,j} k_{st}\big((v_i v_j)\big) \cdot c\big((v_i v_j)\big) .$$

Der Kompliziertheitsgrad der beschriebenen Optimierungsprobleme wird geringer, wenn die Ströme zeitinvariant sind, also $f_{st}(T)$ eine Konstante ist. Eine Reihe von Lösungsmethoden sind in [3.39] beschrieben. Ihre Darlegung würde über den Rahmen dieses Buches hinausgehen. In Abschnitt 3.6 wenden wir die Theorie auf den Informationstransport in Rechnernetzwerken an.

3.2. Bedienungstheorie stochastischer Nachrichtenströme

Zahlreiche Prozesse in Nachrichtennetzen tragen Zufallscharakter. Dazu gehören die Entstehung der Nachrichten in den Quellen, das zeitliche Auftreten von Vermittlungswünschen, die Belegungsdauer von Fernsprechleitungen, die Wartevorgänge in Speichervermittlungseinrichtungen, die Vermittlungsprozesse selbst u. a. Zur Untersuchung dieser Prozesse ist die Bedienungstheorie geeignet. Diese Theorie entstand mit der Entwicklung der Nachrichtentechnik und zwar mit den ersten wahrscheinlichkeitstheoretischen Untersuchungen des Stroms von Vermittlungswünschen in Fernsprechzentralen durch den dänischen Ingenieur K. A. Erlang.

Im folgenden bringen wir eine Einführung in die Bedienungstheorie, die zu den wichtigsten Bestandteilen der allgemeinen Nachrichtenverkehrstheorie gehört.

3.2.1. Bedienungssysteme

Unter einem *Bedienungssystem* verstehen wir die Gesamtheit von *Forderungsquelle* und *Bedienungsanlage* (Abb. 3.7). Die Bedienungsaufträge entstehen in der Forderungsquelle. Zur Erfüllung der Bedienungswünsche treten die Forderungen in die Bedienungsanlage ein, deren wesentliche Bestandteile der *Warteraum* (oder Warte-

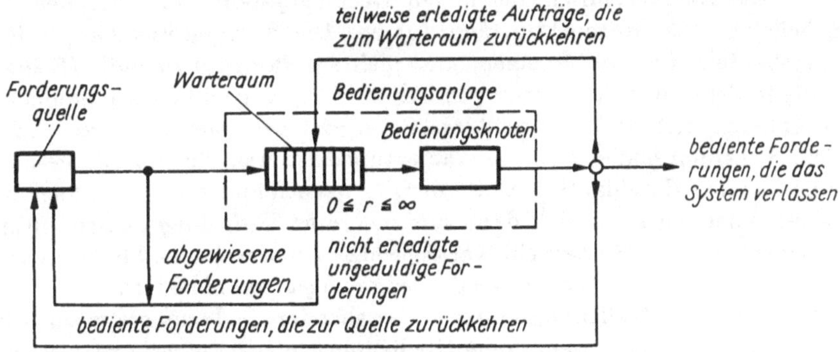

Abb. 3.7. Bedienungssystem

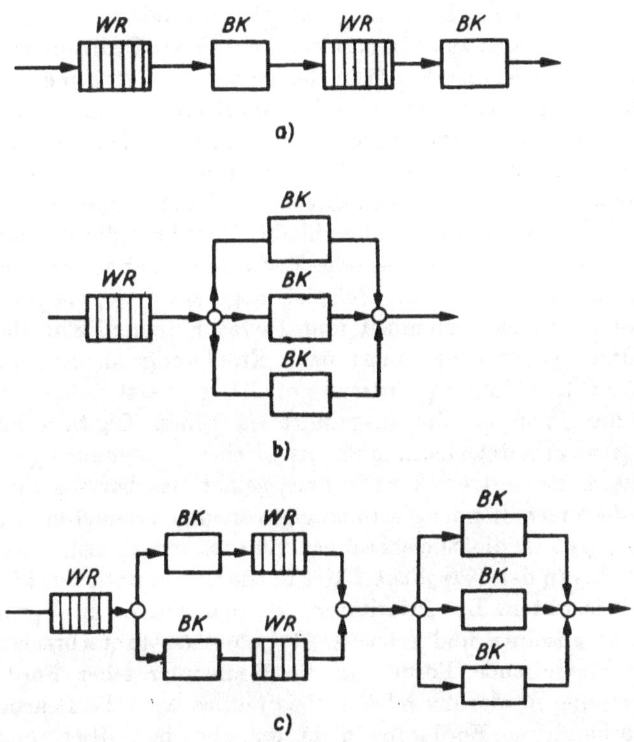

Abb. 3.8. Gekoppelte Bedienungssysteme:
a) Reihenschaltung; b) Bedienungssystem mit parallelen Bedienungskanälen; c) gemischtes Bedienungssystem; WR: Warteraum, BK: Bedienungskanal

speicher) und der *Bedienungsknoten* sind. Die *Kapazität* r des Warteraums (identisch mit der Anzahl der Forderungen, die auf Bedienung warten können), liegt zwischen $0 \leqq r \leqq \infty$. Bei $r = 0$ spricht man von Verlustsystemen, bei $r = \infty$ von reinen Wartesystemen und bei $0 < r < \infty$ von Warte/Verlustsystemen. Typische Beispiele für Verlustsysteme sind die üblichen Fernsprecheinrichtungen (ein besetzter Telefonapparat weist neuankommende Gesprächspartner ab). Beispiel eines reinen Wartesystems ist die Eingabeeinrichtung in ein Rechnersystem, denn vor der Eingabe können beliebig viele Rechneraufträge warten. Die Auftragserledigung erfolgt im Bedienungsknoten. Er enthält einen oder mehrere *Bedienungskanäle* (Bedienungsgeräte), die in Serie, parallel oder in gemischter Form angeordnet sein können (Abb. 3.8). In Abhängigkeit davon spricht man von *ein- oder mehrkanaliger Bedienung.* Vor jedem Bedienungskanal kann ein Warteraum existieren. Bei in Reihe geschalteten Bedienungskanälen durchläuft jede Forderung nacheinander die einzelnen Kanäle. Die Gesamtbedienung setzt sich dann aus mehreren *Bedienungsphasen* zusammen. Wenn in einem seriellen System ein Wartespeicher keine weiteren Forderungen mehr aufnehmen kann, wird der davor liegende Bedienungskanal blockiert.

Ein aus mehreren Bedienungsanlagen bestehendes Bedienungssystem wird als *Bedienungsnetz* bezeichnet, wenn keine Bedienungsanlage isoliert existiert und der Abgangsstrom der bedienten Forderungen mindestens einer Bedienungsanlage zum Ankunftsstrom von mindestens einer anderen Bedienungsanlage beiträgt bzw. wenn sich der Ankunftsstrom einer Bedienungsanlage aus mindestens zwei Teilströmen von anderen Bedienungsanlagen zusammensetzt. Ein offenes Bedienungssystem liegt vor, wenn die Zahl der Forderungen, die in das System eintritt, nicht davon abhängt, wieviele bzw. welche Forderungen sich schon im System befinden. Bei einem *offenen Bedienungssystem* ist die Forderungsquelle unbegrenzt. Immer neue Forderungen treten in das System ein bzw. gehen aus ihm weg. Von einem *geschlossenen Bedienungssystem* spricht man, wenn endlich viele Quellen vorhanden sind bzw. wenn die Anzahl der Forderungen im System unverändert bleibt. Dem liegt die Vorstellung zugrunde, daß eine Quelle während des Wartens oder Bedienens einer seiner Forderungen keine neuen Aufträge erzeugen kann. Als Beispiel möge ein dialogfähiges Rechnersystem mit angeschlossener Bildschirmeinheit und Tastatur dienen. Ein über die Tastatur ausgelöster Auftrag (Forderung) kehrt nach Erledigung zur Ergebnisausgabe zum Bildschirm zurück. Der Nutzer (Forderungsquelle) gibt erst wieder einen neuen Auftrag ab, wenn der davor erteilte ausgeführt ist. Einen Digitalrechner, welcher in Stapelbetriebsweise arbeitet, kann man als offenes Bedienungssystem betrachten. Der unbegrenzte Auftragsstrom verläßt nach seiner Bearbeitung die Rechenanlage. Stets neue Forderungen können unabhängig von den erledigten Aufträgen in das System eintreten (sofern die Speicherkapazität groß genug ist).

In Abhängigkeit von der *Dringlichkeit* der Forderungen unterscheidet man Systeme ohne und mit Prioritäten. Bei Prioritätensystemen gibt es zwei grundlegende Prioritätsdisziplinen: absolute und relative. Bei *absoluter* (unterbrechender) *Priorität* unterbricht die eintreffende Forderung die Bedienung einer Forderung niederer Priorität. Besitzt eine Forderung *relative Priorität,* so wird die Bearbeitung einer im Bedienkanal vorhandenen Forderung nicht unterbrochen. Hier nimmt jeweils die Forderung mit der höchsten Dringlichkeit den vordersten Platz im Warteraum ein. Aus dem Fernmeldewesen ist der Prioritätsbegriff schon allgemein bekannt: Bei Vermittlung eines Blitzgespräches werden Gespräche sofort unterbrochen (absolute

Tab. 3.1. Kenngrößen von Bedienungssystemen

Bezeichnung	Symbol	Erklärung	Bestimmungsgleichung
nkunftsräte oder orderungsstromintensität	λ	Erwartungswert der je Zeiteinheit eintreffenden Forderungen	$\lambda = E(t_a)^{-1}$ t_a: Ankunftsabstand zwischen 2 Forderungen
edienungsrate	μ	Erwartungswert der Bedienungen je Zeiteinneit	$\mu = E(t_B)^{-1} = \frac{1}{T_b}$
.ngebot	ϱ		$\varrho = \lambda/\mu$
'erkehrswert	Y	Erwartungswert der besetzten Bedienungskanäle; mittlere Anzahl der Forderungen, die gleichzeitig im Bedienungsknoten abgefertigt werden	$Y = \frac{\lambda(1 - V)}{\mu}$ V = Verlustwahrscheinlichkeit
eschäftigungskoeffizient geschlossene Systeme)	β		$\beta = \frac{E(t_b)}{E(t_a) + E(t_b)}$
ıittlere Warteschlangenınge	L_w	Erwartungswert der im Wartespeicher vorhandenen Forderungen	$L_w = E(l_w)$
ıittlere Wartezeit	T_w	Erwartungswert der auf Bedienung wartenden Forderungen	$T_w = E(t_w) = L_w/\lambda(1 - V)$
nittlere Anzahl der 'orderungen im System	L_v	Erwartungswert der wartenden und bedienten Forderungen	$L_v = E(l_v) = L_w + Y$
nittlere Verweilzeit	T_v	mittlere Aufenthaltszeit der Forderungen in der Bedienungsanlage	$T_v = T_w + T_b = \frac{L_v}{\lambda(1 - V)}$
uslastungsgrad	η	entspricht Verkehrswert je Bedienungskanal	$\eta = Y/m$
ıormierte Verweilzeit	T_{vN}	auf die mittlere Bedienungszeit bezogene Verweilzeit	$T_{vN} = \frac{T_v}{T_B} = \frac{L_v}{Y}$
;ütefaktor	Q	mittlere Auslastung des Systems; normierte Verweilzeit	$Q = \frac{\eta}{T_v/T_b} = \frac{(1 - V)\,Y/m}{T_v/T_b} = \frac{Y^2/m}{L_v\varrho}$

Priorität). Eilgespräche verdrängen normale Gespräche, ohne daß dieselben i. allg. unterbrochen werden (relative Priorität). Sie werden nur zurückgestellt.

Bei Wartesystemen unterscheidet man nach der *Abfertigungsdisziplin* der im Wartespeicher vorhandenen Forderungen. Die wichtigsten Abfertigungsdisziplinen sind FIFO (First In – First Out), LIFO (Last In – First Out) und SIRO (Service In Random Order). Bei FIFO erfolgt die Bedienung in der Reihenfolge der Forderungsankunft, bei LIFO wird die zuletzt eingetroffene Forderung zuerst bedient. Schließlich erfolgt bei SIRO die Bedienung der Forderungen in zufälliger Auswahl.

Es ist üblich, Bedienungssysteme nach KENDALL durch vier Größen in der Form $A/B/m/r$ zu kennzeichnen. Mit A wird der Forderungsstrom charakterisiert, B beschreibt den Bedienungsprozeß, die Größe m gibt an, wieviel Bedienungskanäle (Bedienungsgeräte) vorhanden sind und r verweist auf die Anzahl der Warteplätze. Bezüglich des *Forderungsstroms* werden folgende Symbole für A gesetzt:

A = G bedeutet einen generellen (allgemeinen) stochastischen Forderungsstrom,
A = M bedeutet einen POISSON-verteilten Forderungsstrom (M als Abkürzung für MARKOW-Prozeß),
A = E_k ist ein Forderungsstrom mit Abständen zwischen den Forderungen, die einer ERLANG-Verteilung vom Grade k gehorchen,
A = D bedeutet einen Forderungsstrom mit konstanten (deterministischen) Zeitabständen zwischen den Forderungen.

In der KENDALLschen Schreibweise wird für den *Bedienungsprozeß* gesetzt:

B = G, wenn die Bedienungszeit als Zufallsgröße einer allgemeinen (generellen) Verteilung unterliegt;
B = M, wenn die Bedienungszeit einer Exponentialverteilung gehorcht;
B = D bedeutet deterministische Bedienung (konstante Bedienzeit der Forderungen).

Bevor wir Ankunfts-, Warte- und Bedienungsprozesse genauer behandeln, sollen noch einige grundlegende Begriffe erläutert werden. Die Zahl der Forderungen (z. B. Nachrichten, Vermittlungsgesuche), die an einer Bedienungsanlage (z. B. Vermittlungseinrichtung) je Zeiteinheit eintreffen, nennen wir *Forderungsstrom.* Ein Forderungsstrom ist rekurrent, wenn zu jedem beliebigen Zeitpunkt t_i, $i = 1, 2 \ldots$, nur eine einzige Forderung eintrifft und die Zwischenankunftszeit t_{ZA} (Zeit zwischen zwei aufeinander eintreffenden Forderungen),

$$t_{ZA} = \Delta t = t_{i+1} - t_i\,, \qquad i = 1, 2, \ldots,$$

statistisch unabhängig und identisch verteilt ist. Ein für die Praxis bedeutsamer rekurrenter Forderungsstrom liegt vor, wenn die Anzahl der Forderungen POISSON-verteilt ist. Die Wahrscheinlichkeit, daß in einem Zeitintervall $(T, T + t)$ genau k Forderungen eintreffen, ist dann

$$P_k(t) = \frac{(\lambda t)^k}{k!}\,\mathrm{e}^{-\lambda t}\,; \qquad k = 0, 1, 2\,. \tag{3.43}$$

λ ist die mittlere Ankunftsrate. Der Erwartungswert der Forderungen, die in der Zeit $(T, T + t)$ eintreffen, stimmt mit der Dispersion überein: $\mathsf{E}[\xi(t)] = \mathsf{D}[\xi(t)] = \lambda t$. Aus (3.43) folgt unmittelbar die Verteilungsfunktion der Zwischenankunftszeiten

$$F(t) = \mathsf{P}(t_{ZA} \leqq t) = 1 - \mathsf{P}(t_{ZA} > t) = 1 - P_{k=0}(t) = 1 - \mathrm{e}^{-\lambda t}\,. \tag{3.44}$$

Der Erwartungswert der Zeit zwischen zwei eintreffenden Forderungen ist

$$\mathsf{E}[t_{ZA}] = \int\limits_0^\infty t\,\frac{\mathrm{d}\mathsf{P}(t_{ZA} \leqq t)}{\mathrm{d}t}\,\mathrm{d}t = \lambda^{-1}\,,$$

und für die Dispersion erhält man

$$\mathsf{D}[t_{ZA}] = \int\limits_0^\infty (t - t_{ZA})^2\,\frac{\mathrm{d}\mathsf{P}(t_{ZA} \leqq t)}{\mathrm{d}t}\,\mathrm{d}t = \lambda^{-2}\,.$$

Eine Gesetzmäßigkeit POISSONscher Forderungsströme besteht gemäß (3.44) darin, daß die Zwischenankunftszeit der Exponentialverteilung gehorcht. Weitere wichtige Eigenschaften von POISSON-verteilten Forderungsströmen sind

a) *Stationarität*: Die Wahrscheinlichkeit $P_k(T, T + t)$ ist unabhängig von der Zeit T.

b) *Nachwirkungsfreiheit*: Die Wahrscheinlichkeit $P_k(T, T + t)$ ist unabhängig davon, wieviel Forderungen vor dem Zeitintervall $(T, T + t)$ eingetroffen sind.

c) *Ordinarität*: Die Wahrscheinlichkeit für das Eintreffen von $k > 1$ Forderungen zu ein und derselben Zeit ist praktisch gleich Null:

$$P_k(t) = \begin{cases} \lambda t + o(t)\,, & k = 1\,, \\ o(t)\,, & k > 1\,; \end{cases} \qquad t \to 0\,.$$

3.2.2. Analytische Bedienungsmodelle

Ausgangspunkt der analytischen Modellierung sind die Beschreibung der im Bedienungssystem stattfindenden Elementarprozesse und die Analyse der Systemzustände. Besitzen die im Bedienungssystem vor sich gehenden Prozesse Exponential- oder ERLANG-Verteilungen, so kann man im allgemeinen die Zustandsgleichungen des Systems unter Verwendung der Theorie homogener MARKOWscher Ketten aufstellen. Die entsprechenden Systeme nennt man MARKOWsche Bedienungssysteme. Bei Nicht-MARKOWschen Bedienungssystemen (nicht alle oder überhaupt keine Verteilungen sind exponentiell) wird meistens versucht, die systemrelevanten Prozesse in MARKOW-Prozesse zu überführen. Solche „Markowisierungsverfahren" sind die Methode der eingebetteten MARKOWschen Ketten, der Zusatzvariablen, der Semi-MARKOW-Prozesse u. a. Wir konzentrieren uns vorerst auf MARKOWsche Bedienungssysteme und treffen folgende Voraussetzungen:

— alle Verteilungen, welche den Zustand der Elemente des Bedienungssystems charakterisieren (z. B. die Bedienungszeit) sind Exponentialverteilungen mit konstanten Parametern,

— alle Zufallsgrößen, welche das Verhalten der Systemelemente beschreiben (z. B. Warte- und Bedienungszeit) sind stochastisch unabhängig.

Wir nehmen weiterhin an, daß die Zeit stetig verläuft, und führen den Begriff der homogenen kontinuierlichen MARKOW-Kette ein. Darunter ist ein Zufallsprozeß zu verstehen, für dessen Zustände z_ν $(\nu = 1, 2, \ldots, n)$ gilt

1. Gegeben ist die Übergangsfunktion

$$\mathsf{P}(z_n, t_n \mid z_1, z_2, \ldots, z_n - 1; t_1, t_2, \ldots, t_{n-1}) = \mathsf{P}(z_n, t_n \mid z_{n-1}, t_{n-1}), t_1 < t_2 < \ldots < t_{n-1} < t_n \tag{3.45}$$

(MARKOW-Eigenschaft des Zufallsprozesses).

2. Die Übergangsfunktion hängt nicht von der Zeit, sondern von der Zeitdifferenz $\tau = t_n - t_{n-1}$ und nur von der Menge der möglichen Zustände (Kennzeichen der Homogenität) ab.

3. Die Zustandsmenge $Z = \{z_\nu\}$ besitzt abzählbar viele Elemente. Die Wahrscheinlichkeit $P_j(t)$, daß sich ein Prozeß zur Zeit t in einem Zustand $j \in Z$ befindet (z. B. daß zur Zeit t genau j Forderungen in den Bedienungsanlagen sind), heißt *Zustandswahrscheinlichkeit*

$$P_j(t) = \mathsf{P}(Z = j, t)\,.$$

Tab. 3.2. Wichtige Wahrscheinlichkeitsverteilungen stochastischer Prozesse

Bezeichnung	Parameter	Verteilungsfunktion $F(t) = \mathsf{P}(\xi \leqq t)$ bzw. Verteilungsgesetz $P(\xi = k)$	Wahrscheinlichkeitsdichte $p(t) = \frac{\mathrm{d}F}{\mathrm{d}t}$	Erwartungswert $E(\xi)$	Dispersion $D(\xi)$	LAPLACE-STIELTJES-Transformation
POISSON-Verteilung (diskret)	$\lambda > 0$	$\mathsf{P}(\xi = k) = \frac{\lambda^k}{k!} \mathrm{e}^{-\lambda}$ $k = 0, 1, 2, \ldots$	existiert nicht	λ	λ	
Exponentialverteilung (stetig	$\lambda > 0$	$F(t) = \begin{cases} 0, & t \geqq 0 \\ 1 - \mathrm{e}^{-\lambda t}, & t > 0 \end{cases}$	$\lambda\, \mathrm{e}^{-\lambda t}$	λ^{-1}	λ^{-2}	$\frac{\lambda}{\lambda + s}$
Gamma-Verteilung (stetig)	$\lambda > 0$ $k > 0$	$F(t) = \int\limits_0^t p(\tau)\, \mathrm{d}\tau$	$\frac{\lambda^k}{\Gamma(k)} t^{k-1} \mathrm{e}^{-\lambda t}$, $\Gamma(k) = \int\limits_0^\infty \mathrm{e}^{-t} t^{k-1}\, \mathrm{d}t$	$\frac{k}{\lambda}$	$\frac{k}{\lambda^2}$	$\left(\frac{\lambda}{\lambda + s}\right)^k$
ERLANG-Verteilung vom Grade k (stetig)	$\lambda > 0$ $k = 1, 2, \ldots$	$E_k(t) = 1 - \sum\limits_{i=0}^{k-1} \frac{(\lambda t)^i}{i!} e^{-\lambda t}$, $t \geqq 0$	$\frac{\lambda^k t^{k-1}}{(k-1)!} \mathrm{e}^{-\lambda t}$	$\frac{k}{\lambda}$	$\frac{k}{\lambda^2}$	$\left(\frac{\lambda}{\lambda + s}\right)^k$
WEIBULL-Verteilung (stetig)	$m > 0$ $a > 0$	$1 - \mathrm{e}^{-at^m}$, $t \geqq 0$	$ma\, t^{m-1}\, \mathrm{e}^{-at^m}$	$\frac{\Gamma\left(1 + \frac{1}{m}\right)}{a^{1/m}}$	$\frac{\Gamma\left(1 + \frac{2}{m}\right)}{a^{1/m}} - \{\mathsf{E}[\xi]\}^2$	$am \int\limits_0^\infty t^{m-1}\, \mathrm{e}^{-(st + at^m)}\, \mathrm{d}t$ keine geschlossene Lösung
GAUSS-Verteilung (stetig)	$a;\ \sigma > 0$	siehe GAUSSsches Fehlerintegral $\Phi(t)$	$\frac{1}{\sigma\sqrt{2\pi}} \mathrm{e}^{-\frac{(t-a)^2}{2\sigma^2}}$	a	σ^2	

Tab. 3.3. Übersicht über MARKOW-Prozesse

MARKOW-Prozesse (MP)			
Bezeichnung	Merkmal	Bezeichnung	Merkmal
diskrete MP	MP mit diskreter Zeit	kontinuierliche MP	MP mit kontinuierlicher Zeit
diskrete MARKOWsche Ketten	MP mit diskreter Zeit und abzählbarer Zustandszahl	kontinuierliche MARKOWsche Ketten	MP mit kontinuierlicher Zeit und abzählbar vielen Zuständen
homogene diskrete MARKOWsche Kette	1) wie diskrete MARKOWsche Kette 2) Übergangsfunktion unabhängig von der Zeit	homogene kontinuierliche MARKOWsche Kette	1) wie kontinuierliche MARKOWsche Kette 2) Übergangsfunktion zeitunabhängig DGL der Zustandswahrscheinlichkeit enthält Übergangsintensitäten
		Geburts- und Todesprozesse	Untermenge der homogenen kontinuierlichen MARKOW-Ketten mit den Übergangsintensitäten $q_{i,i+1} = \lambda_i \geqq 0$ $q_{i,i-1} = \mu_i \geqq 0$ $q_i = \lambda_i + \mu_i;\ q_{ij} = 0$

Für homogene MARKOW-Ketten ist

$$P_j(t) = \sum_i p_{ij}(t)\, P_i(0); \quad j = 0, 1, 2, \ldots$$

mit (3.46)

$$P_i(0) = \mathsf{P}(Z = i, t = 0)$$

($p_{ij}(t)$ ist die Übergangswahrscheinlichkeit von Zustand i in den Zustand j).

Zustandsgleichungen Markowscher Bedienungssysteme

Aus (3.46) läßt sich für jede Zustandswahrscheinlichkeit eine Differentialgleichung ableiten. Bevor wir diese Zustandsgleichungen angeben, führen wir den MARKOW-*Graphen* (Abb. 3.9) ein, in dem die *Übergangsintensitäten* q_{ij} dargestellt sind. Wir setzen voraus, daß

$$\forall i{:}\ \sum_{j \neq i} q_{ij} = q_i < 0 \tag{3.47}$$

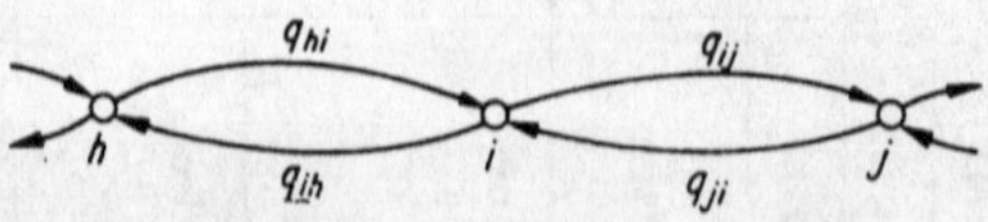

Abb. 3.9. MARKOW-Graph mit Übergangsintensitäten; h, i, j: Zustände

ist. In anschaulicher Weise bedeutet q_{ij} die Intensität des Übergangs vom Zustand i in den Zustand $j \neq i$, und q_i ist die Gesamtintensität dafür, daß der Zustand i verlassen wird. Analytisch erhält man die Übergangsintensitäten mit Hilfe der Übergangswahrscheinlichkeiten

$$\left.\begin{aligned} q_i &= \frac{\mathrm{d}}{\mathrm{d}t}\,(p_{ii}(t))\Big|_{t=0}, \\ q_{ij} &= p_{ij}(t = 0), \qquad i \neq j \end{aligned}\right\} \tag{3.48}$$

mit

$$p_{ii}(0) = 1, \qquad p_{ij}(0) = 0 \quad \text{für} \quad i \neq j\,.$$

Für die zeitabhängigen Zustandswahrscheinlichkeiten des MARKOWschen Bedienungssystems gilt folgendes System von Differentialgleichungen (KOLMOGOROW-*Gleichungen*)

$$\left.\begin{aligned} \frac{\mathrm{d}P_j(t)}{\mathrm{d}t} &= -\,q_j P_j(t) + \sum_{i \neq j} q_{ij} P_i(t)\,, \qquad j = 0, 1, 2, \ldots, \\ \sum_j P_j(t) &= 1; \qquad t \geqq 0\,. \end{aligned}\right\} \tag{3.49}$$

Mit der Anfangsbedingung $P_j(t = 0) = P_{j0}$. Im stationären Fall (eingeschwungener Zustand, $t \to \infty$) wird aus (3.49)

$$q_j P_j = \sum_{i \neq j} q_{ij} P_i; \quad j = 0, 1, 2, \ldots \tag{3.50a}$$

mit der Normalisierungsbedingung

$$\sum_j P_j = 1\,. \tag{3.50b}$$

Aus den *Zustandsgleichungen* (3.50) kann man bei bekannten Übergangsintensitäten q_i und q_{ij} die stationären Zustandswahrscheinlichkeiten berechnen.

Folgende Methodik hat sich bei analytischen Modellierungen bewährt:

1. Es ist zu überprüfen, ob das Bedienungssystem von MARKOWschen Typ ist (Gehorchen die Verteilungsfunktionen der Exponentialverteilung?).
2. Bestimmung der Übergangsintensitäten.
3. Aufstellung der Zustandsgleichungen und Lösung derselben.
4. Berechnung der systemrelevanten Parameter, wie Zahl der Forderungen in der Bedienungsanlage, Warte- und Bedienungswahrscheinlichkeit usw.

Für *offene Einphasenbedienungssysteme* (FIFO — Abfertigung) mit n Wartespeichern und m Bedienungsgeräten werden nun die wichtigsten Berechnungsgleichungen angegeben. Dabei bedeutet

$P_j = P(j_k; x)$ die Wahrscheinlichkeit, daß sich j Forderungen im k-ten Wartespeicher befinden ($1 \leqq k \leqq n$; $0 \leqq j_k \leqq r_k$); x ist die Anzahl der besetzten Bedienungsgeräte ($0 \leqq x \leqq m$).

$P_j = P(j; x)$ ist die Makrozustandswahrscheinlichkeit, daß insgesamt $0 \leqq j \leqq r$ Forderungen im System warten; x wie oben.

$P_j = P(j)$ ist die Makrozustandswahrscheinlichkeit, daß im Bedienungssystem insgesamt $0 \leqq j \leqq r + m$ Forderungen vorhanden sind (j wartende und in Bedienung befindliche Forderungen).

Die Bedienungswahrscheinlichkeit B ist die Wahrscheinlichkeit, daß eine eintreffende Forderung sofort nach dem Eintreffen bedient wird. Das ist der Fall, wenn mindestens ein freies Bedienungsgerät vorhanden ist

$$B = \sum_{j=0}^{m-1} P(j) = \sum_{x=0}^{m-1} P(0, x) . \tag{3.51}$$

Der Erwartungswert der Zahl der besetzten (arbeitenden) Bedienungsgeräte ist

$$Y = \sum_{x=1}^{m-1} x\, P(0, x) + m \sum_{j=0}^{r} P(j, m) . \tag{3.52}$$

Für den Erwartungswert der Anzahl der wartenden Forderungen gilt

$$L_w = \sum_{j=m+1}^{m+r} (j - m)\, P(j) . \tag{3.53}$$

Im Gesamtsystem sind im Mittel

$$L_w + Y = L_v = \sum_{j=1}^{m+r} j P(j) \tag{3.54}$$

Forderungen vorhanden.

Als *Verlustwahrscheinlichkeit* $V = P_{\text{verl}}$ bezeichnet man die Wahrscheinlichkeit, daß eine Forderung abgewiesen wird. Entsprechend ist die *Wartewahrscheinlichkeit* W die Wahrscheinlichkeit, daß eine Forderung vor dem Bedienen warten muß. Es gilt

$$P_{\text{verl}} + W + B = 1 . \tag{3.55}$$

Wenn unser Bedienungssystem nur einen Wartespeicher besitzt, gilt

$$V = P(r + m) = P(r; m) , \tag{3.56}$$

$$W = \sum_{j=m}^{r+m-1} P(j) = \sum_{j=0}^{r-1} P(j, m) . \tag{3.57}$$

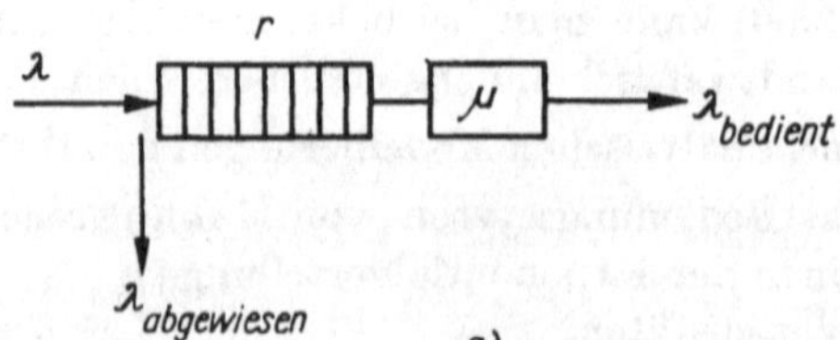

a)

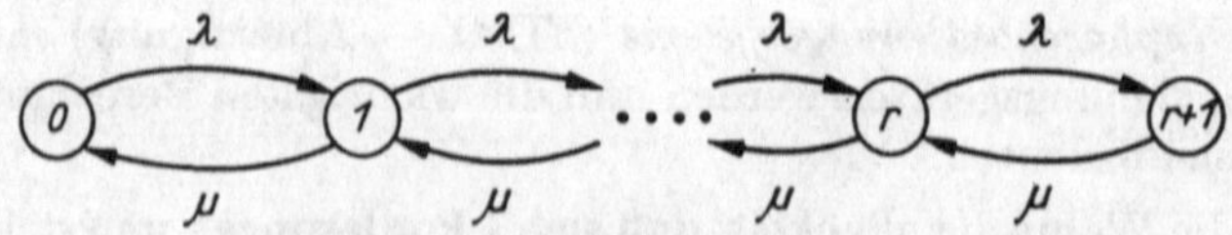

b)

Abb. 3.10. Modell eines M/M/1/r-Bedienungssystems (a) und (b) zugehöriger-Markow-Graph

Entsprechend Abb. 3.10 betrachten wir jetzt das M/M/1/r-Bedienungssystem und stellen anhand des Markow-Graphen die Zustandsgleichungen auf

$$\left.\begin{aligned} \lambda P(0) &= \mu P(1)\,, \\ (\lambda+\mu)\,P(j) &= \lambda P(j-1) + \mu P(j+1); \qquad 1 \leqq i \leqq r\,, \\ \mu P(r+1) &= \lambda P(r)\,. \end{aligned}\right\} \tag{3.58}$$

Daraus läßt sich eine Rekursionsformel für die stationären Zustandswahrscheinlichkeiten ableiten

$$\left.\begin{aligned} &P_j = P(j) = \varrho P(j-1) = \varrho^j P(0)\,; \\ &1 \leqq j \leqq r+1; \quad \varrho = \lambda/\mu\,. \end{aligned}\right\} \tag{3.59}$$

Die Bedingung $\sum_{j=0}^{r+1} P(j) = 1$ liefert die Wahrscheinlichkeit, daß keine Forderung im System ist (Leerwahrscheinlichkeit)

$$P(0) = \begin{cases} \dfrac{1-\varrho}{1-\varrho^{r+2}} & \text{für} \quad \varrho \neq 1\,, \\[2ex] \dfrac{1}{r+2} & \text{für} \quad \varrho = 1\,. \end{cases} \tag{3.60}$$

Mit (3.59) und (3.60) sind sämtliche Zustandswahrscheinlichkeiten $P(j)$ bekannt, und man kann die interessierenden Systemparameter mit Hilfe von (3.51) bis (3.57) berechnen. Das entsprechende Ergebnis ist in Tabelle 3.4 aufgeführt. Es sei hervorgehoben, daß r beliebig ist. Somit schließt das erhaltene Resultat das einkanalige reine Verlustsystem ($r = 0$) wie auch das Einkanal-Wartesystem ein.

Berechnung bedienungstheoretischer Kenngrößen mit der Laplace-Stieltjes-Transformation und erzeugenden Funktionen

Es erweist sich vorteilhaft, bei der Untersuchung von Bedienungssystemen die Laplace-Stieltjes-Transformation oder erzeugende Funktionen zu verwenden.

Tab. 3.4. Parameter des Systems M/M/1/r

Bezeichnung	$0 \leqq r < \infty$		$r = \infty$
	$\varrho \neq 1$	$\varrho = 1$	$\varrho < 1$
Bedienungswahrscheinlichkeit B	$\dfrac{1-\varrho}{1-\varrho^{r+2}}$	$\dfrac{1}{r+2}$	$1-\varrho$
Verlustwahrscheinlichkeit V	$\varrho^{r+1}\dfrac{1-\varrho}{1-\varrho^{r+2}}$	$\dfrac{1}{r+2}$	0
Wartewahrscheinlichkeit W	$\varrho\dfrac{1-\varrho^{r}}{1-\varrho^{r+2}}$	$\dfrac{r}{r+2}$	ϱ
Verkehrswert Y	$\varrho\dfrac{1-\varrho^{r+1}}{1-\varrho^{r+2}}$	$\dfrac{r+1}{r+2}$	ϱ
mittlere Warteschlangenlänge L_W	$\dfrac{\varrho^2}{1-\varrho}\cdot\dfrac{1-(r+1)\,\varrho^{r}+r\varrho^{r+1}}{1-\varrho^{r+2}}$	$\dfrac{r(r+1)}{2(r+2)}$	$\dfrac{\varrho^2}{1-\varrho}$
mittlere Anzahl der Forderungen im System L_V	$\dfrac{\varrho}{1-\varrho}\cdot\dfrac{1-(r+2)\,\varrho^{r+1}+(r+1)\,\varrho^{r+2}}{1-\varrho^{r+2}}$	$\dfrac{r+1}{2}$	$\dfrac{\varrho}{1-\varrho}$
mittlere Wartezeit T_W	$\dfrac{1}{\mu}\cdot\dfrac{\varrho}{1-\varrho}\cdot\dfrac{1-(r+1)\,\varrho^{r}+r\varrho^{r+1}}{1-\varrho^{r+1}}$	$\dfrac{r}{2\mu}$	$\dfrac{1}{\mu}\,\dfrac{\varrho}{1-\varrho}$
mittlere Verweilzeit T_V	$\dfrac{1}{\mu}\cdot\dfrac{1}{1-\varrho}\cdot\dfrac{1-(r+2)\,\varrho^{r+1}+(r+1)\,\varrho^{r+2}}{1-\varrho^{r+1}}$	$\dfrac{r+2}{2\mu}$	$\dfrac{1}{\mu}\cdot\dfrac{1}{1-\varrho}$
Gütefaktor Q	$\dfrac{\varrho(1-\varrho)}{1(-\varrho^{r+2})^2}\cdot\dfrac{(1-\varrho^{r+1})^3}{1-(r+2)\,\varrho^{r+1}+(r+1)\,\varrho^{r+2}}$	$\dfrac{2(r+1)^2}{(r+2)^3}$	$\varrho(1-\varrho)$

Dies erspart den komplizierten Umgang mit Verteilungsfunktionen und Verteilungsgesetzen.

Wir nehmen an, eine nicht negative Zufallsgröße ξ (z. B. die Wartezeit) sei stetig verteilt. Die Verteilungsfunktion von ξ sei $F(t) = \mathsf{P}(\xi \leqq t)$. Die komplexe Funktion $F^*(s)$,

$$F^*(s) = \mathcal{L}\mathcal{S}\{F(t)\} = \int_0^\infty \mathrm{e}^{-st}\,\mathrm{d}F(t), \qquad \operatorname{Re} s > 0 \tag{3.61}$$

ist die Laplace-Stieltjes-Transformierte der Verteilungsfunktion $F(t)$. Die Rückgewinnung der Verteilungsfunktion $F(t)$ im Zeitbereich aus der Verteilungsfunktion $F^*(s)$ im Bildbereich erfolgt im allgemeinen durch Gebrauch von Korrespondenzen (s. Tabelle 3.5). Einige Eigenschaften der Laplace-Stieltjes-Transformation zeigen folgende Sätze:

1. *Faltungs- oder Multiplikationssatz*: Es seien $\xi_1, \xi_2, \ldots, \xi_n$ stetig verteilte unabhängige Zufallsgrößen mit den Verteilungsfunktionen $F_1(t), F_2(t), \ldots, F_n(t)$. Weiterhin sei $F_i^*(s)$ die Laplace-Stieltjes-Transformierte der Verteilungsfunktion $F_i(t)$, $i = 1, \ldots, n$. Für die Laplace-Stieltjes-Transformierte der Summe $\zeta = \sum_{i=1}^{n} \xi_i$ gilt

Tab. 3.5. Korrespondenzen der LAPLACE-STIELTJES-Transformation

$$F^*(s) = \int_0^\infty e^{-st}\, dF(t)$$

$F^*(s)$	$F(t)$	$E[t]$	$D[t]$
$\dfrac{1}{1+as}$	$1 - e^{-(t/a)}$	a	a^2
$\dfrac{1}{(1+a_1s)(1+a_2s)}$	$1 - \dfrac{a_1}{a_1-a_2} e^{-(t/a_1)} + \dfrac{a_2}{a_1-a_2} e^{-(t/a_2)}$	$a_1 + a_2$	$a_1^2 + a_2^2$
$\dfrac{1}{(1+as)^n}$	$1 - e^{-t/a} \sum_{i=1}^{n-1} \dfrac{(t/a)^i}{i!}$	na	na^2
e^{-sa}	0 für $t < a$; 1 für $t \geqq a$	a	0
$\dfrac{1-e^{-sa}}{s}$	0 für $t < 0$; $\dfrac{1}{a}$ für $0 \leqq t \leqq a$; 1 für $t > a$	$\dfrac{a}{2}$	$\dfrac{a}{12}$
$\dfrac{1+a_1s}{1+a_2s}$	$1 + \left(\dfrac{a_1}{a_2} - 1\right) e^{-t/a_2}$	$a_2 - a_1$	$a_2^2 - a_1^2$

dann

$$F^*(s) = \prod_{i=1}^{n} F_i^*(s)\,. \tag{3.62}$$

2. *Differentiationssatz*: Aus dem Produkt $(-1)^k$ und dem k-ten Differentialquotienten der LAPLACE-STIELTJES-Transformierten an der Stelle $s = 0$ erhält man das k-te Moment einer stetig verteilten Zufallsgröße

$$\mathsf{E}[\xi^k] = (-1)^k \left.\frac{d^k F^*(s)}{ds^k}\right|_{s=0}. \tag{3.63}$$

Wir wenden die beiden Sätze an:

a) Gegeben sei eine nachrichtentechnische Vermittlungseinrichtung, bei der zwei unabhängige Eingangsströme eintreffen. Ein Forderungsstrom besitze Ankunftsabstände ξ_1 mit der Verteilungsfunktion $F_1(t) = 1 - e^{-\lambda t}$; beim anderen Strom sind die Ankunftsabstände ξ_2 äquidistant, nämlich T_a. Die Verteilungsfunktion von ξ_2 ist damit $F_2(t) = 1(t - T_a)$, und die Wahrscheinlichkeitsdichte ist $p_2(t) = \delta(t - T_a)$. Wir suchen nun den Erwartungswert und das 2. Moment der Zwischenankunftszeit des Gesamtstromes, $t_{ZA} = \xi_1 + \xi_2$. Für die einzelnen Verteilungsfunktionen gilt

$$F_1^*(s) = \int_0^\infty e^{-st} \lambda e^{-\lambda t}\, dt = \frac{\lambda}{\lambda + s}\,,$$

$$F_2^*(s) = \int_0^\infty e^{-st} \delta(t - T_a)\, dt = e^{-sT_a}\,.$$

Nach dem Faltungssatz ist

$$F^*(s) = F_1^*(s)\, F_2^*(s) = \frac{\lambda\, \mathrm{e}^{-sT_a}}{\lambda + s}.$$

Anwendung des Differentiationssatzes liefert den Erwartungswert

$$\mathsf{E}(t_{ZA}) = -\frac{\mathrm{d}}{\mathrm{d}s}\left(\frac{-sT_a}{+s}\right)\Bigg|_{s=0} = \frac{1}{\lambda} + T_a.$$

Für das zweite Anfangsmoment ergibt sich

$$\mathsf{E}(t_{ZA}^2) = \frac{\mathrm{d}^2}{\mathrm{d}s^2}\left(\frac{\lambda\, \mathrm{e}^{-sT_a}}{\lambda + s}\right)\Bigg|_{s=0} = \frac{1}{\lambda^2}\,[1 + (1 + \lambda T_a)^2].$$

Nun kann man auch die Dispersion der Ankunftszeitabstände des gesamten Forderungsstroms berechnen.

$$\mathsf{D}(t_{ZA}) = \mathsf{E}(t_{ZA}^2) - \big(\mathsf{E}(t_{ZA})\big)^2 = 1/\lambda^2.$$

Die Dispersion hängt nur vom Parameter des exponentialverteilten Teilstromes ab.

b) Gegeben seien die LAPLACE-STIELTJES-Transformierten der Warte- und Bedienungszeitverteilung eines Systems:

$$W^*(s) = \mathcal{L}\mathcal{S}\{F(t_w)\}, \tag{3.64}$$

$$B^*(s) = \mathcal{L}\mathcal{S}\{F(t_b)\}. \tag{3.65}$$

Die Verweilzeit ist die Summe zweier unabhängiger Zufallsgrößen: $t_v = t + t_b$. Folglich ist die Anwendung des Faltungssatzes zulässig. Für die LAPLACE-STIELTJES-Transformierte der Verweilzeitverteilung gilt dann

$$\mathcal{L}\mathcal{S}\{F(t_v)\} = V^*(s) = W^*(s)\, B^*(s). \tag{3.66}$$

Vom M/G/1-System ist die Wartezeitverteilung im Bildbereich bekannt:

$$W^*(s) = \frac{(1 - \varrho)\, s}{s - \lambda + \lambda B^*(s)}. \tag{3.67}$$

Setzen wir nun für die Bedienungszeitverteilung die Exponentialverteilung

$$F(t_b) = B(t) = 1 - \mathrm{e}^{-\mu t} \tag{3.68}$$

oder die Verteilungsfunktion für regelmäßige Bedienungen der Dauer T_b

$$F(t_b) = B(t) = 1(t - T_b) \tag{3.69}$$

ein, so erhalten wir die Bedien-, Warte- und Verweilzeitverteilungen der M/M/1- bzw. M/D/1-Systeme sowie deren Parameter:

M/M/1-System:

Hier ist

$$B^*(s) = \mu/(\mu + s). \tag{3.70}$$

Mit (3.67) erhält man

$$W^*(s) = 1 - \varrho + \frac{\varrho(\mu - \lambda)}{\mu - \lambda + s}, \tag{3.71}$$

$$V^*(s) = \frac{\mu - \lambda}{\mu - \lambda + s}, \tag{3.72}$$

$$T_\mathrm{w} = \mathsf{E}(t_\mathrm{w}) = \left.\frac{\mathrm{d}W^*(s)}{\mathrm{d}s}\right|_{s=0} = \frac{\varrho}{\mu - \lambda}, \tag{3.73}$$

$$T_\mathrm{v} = \mathsf{E}(t_\mathrm{v}) = -\left.\frac{\mathrm{d}V^*(s)}{\mathrm{d}s}\right|_{s=0} = \frac{1}{\mu - \lambda}, \tag{3.74}$$

$$W(t) = F(t_\mathrm{b}) = \begin{cases} 0 & \text{für} \quad t < 0\,, \\ 1 - \varrho + \varrho\,\mathrm{e}^{-(\mu-\lambda)t}\,; & t \geqq 0\,, \end{cases} \tag{3.75}$$

$$V(t) = F(t_\mathrm{v}) = 1 - \mathrm{e}^{-(\mu-\lambda)t}\,. \tag{3.76}$$

M/D/1-System

Für die Bedienungszeitverteilung im Bildbereich gilt

$$B^*(s) = \mathrm{e}^{-sT_\mathrm{b}}\,. \tag{3.77}$$

Damit wird die Wartezeitverteilung

$$W^*(s) = \frac{(1 - \varrho)\,s}{s - \lambda + \lambda\,\mathrm{e}^{-st_\mathrm{b}}} \tag{3.78}$$

und die Verweilzeitverteilung

$$V^*(s) = \frac{(1 - \varrho)\,s}{\lambda + (s - \lambda)\,\mathrm{e}^{-sT_\mathrm{b}}}\,. \tag{3.79}$$

Die Erwartungswerte von Warte- und Verweilzeit ergeben sich durch Anwendung des Differentiationssatzes

$$T_\mathrm{w} = \mathsf{E}(t_\mathrm{w}) = -\left.\frac{\mathrm{d}W^*(s)}{\mathrm{d}s}\right|_{s=0} = \frac{T_\mathrm{b}}{2(1 - \varrho)} \tag{3.80}$$

$$T_\mathrm{v} = \mathsf{E}(t_\mathrm{v}) = -\left.\frac{\mathrm{d}V(s)}{\mathrm{d}s}\right|_{s=0} = \frac{(2 - \varrho)\,T_\mathrm{b}}{2(1 - \varrho)}\,.$$

Unterliegt eine Zufallsgröße ξ einer diskreten Verteilung (z. B. die Zahl der Forderungen in einem Bedienungssystem), so lassen sich mittels erzeugender Funktionen wichtige Charakteristika berechnen. Wir nennen $P_k = \mathsf{P}(\xi = k)$, $k = 0, 1, 2, \dots$. Die erzeugende Funktion $G_\xi(z)$ der Verteilung P_k ist durch die Potenzreihe

$$G_\xi(z) = \sum_{k=0}^{\infty} P_k z^k = \mathsf{E}(z^\xi)\,, \qquad |z| > 1\,, \tag{3.82}$$

definiert. Dabei ist z eine komplexe Zahl. Aus der Definitionsgleichung folgt

$$P_0 = G_\xi(0) \tag{3.83}$$

und

$$P_k = \frac{1}{k!}\left.\frac{\mathrm{d}^k G_\xi(z)}{\mathrm{d}z^k}\right|_{z=0}; \qquad k = 1, 2, 3, \dots\,. \tag{3.84}$$

Wichtige Eigenschaften der erzeugenden Funktion erläutern wir in Satzform

1. *Faltungs- oder Multiplikationssatz*: Es seien $\xi_1, \xi_2, \ldots, \xi_n$ unabhängige diskrete Zufallsgrößen und $G_{\xi_1}(z), G_{\xi_2}(z), \ldots, G_{\xi_n}(z)$ die zugehörigen erzeugenden Funktionen. Die erzeugende Funktion der Summe $\zeta = \sum_{i=1}^{n} \xi_i$ ist dann

$$G_\zeta(z) = \prod_{i=1}^{n} G_{\xi_i}(z) \,. \tag{3.85}$$

Beispiel: Die erzeugende Funktion eines POISSONschen Stroms mit dem Erwartungswert λ ist bekannt:

$$G_\zeta(z) = \mathrm{e}^{(z-1)} \,. \tag{3.86}$$

Die Summe $\zeta = \xi_1 + \xi_2$ zweier unabhängiger POISSON-verteilter Zufallsgrößen mit den Parametern λ_1 und λ_2 besitzt die erzeugende Funktion

$$G_\zeta(z) = \mathrm{e}^{(\lambda_1+\lambda_2)(z-1)} \,. \tag{3.87}$$

2. *Differentiationssatz*: Die Ableitung der erzeugenden Funktion an der Stelle $z = 1$ ergibt den Erwartungswert der Zufallsgröße:

$$\mathsf{E}(\xi) = \left.\frac{\mathrm{d}G_\xi(z)}{\mathrm{d}z}\right|_{z=1} . \tag{3.88}$$

Für das zweite Moment gilt

$$\mathsf{E}(\xi^2) = \left.\frac{\mathrm{d}G_\xi(z)}{\mathrm{d}z}\right|_{z=1} + \left.\frac{\mathrm{d}^2G_\xi(z)}{\mathrm{d}z^2}\right|_{z=1} . \tag{3.89}$$

Wir wenden diese Gleichungen auf (3.87) an und erhalten für den Erwartungswert der Summe zweier unabhängiger POISSON-verteilter Zufallsgrößen

$$\mathsf{E}(\xi) = \lambda_1 + \lambda_2$$

und für das zweite Moment

$$\mathsf{E}(\xi^2) = \lambda_1 + \lambda_2 + (\lambda_1 + \lambda_2)^2 \,.$$

Die Dispersion einer Zufallsgröße erhält man aus der Beziehung

$$\begin{aligned}\mathsf{D}(\xi) &= \mathsf{E}[\xi - \mathsf{E}(\xi)]^2 \\ &= \left.\frac{\mathrm{d}G_\xi(z)}{\mathrm{d}z}\right|_{z=1} - \left\{\left.\frac{\mathrm{d}G_\xi(z)}{\mathrm{d}z}\right|_{z=1}\right\}^2 + \left.\frac{\mathrm{d}^2G_\xi(z)}{\mathrm{d}z^2}\right|_{z=1} .\end{aligned} \tag{3.90}$$

Anwendung dieser Beziehung auf (3.87) liefert für die Summe zweier POISSON-verteilter Zufallsgrößen $\mathsf{D}(\xi_1 + \xi_2) = \lambda_1 + \lambda_2$. Die Verallgemeinerung des soeben Dargelegten führt zu dem wichtigen Ergebnis: Die Superposition von n unabhängigen POISSON-Forderungsströmen mit den Intensitäten λ_i ($i = 1, 2, \ldots, n$) ergibt wieder einen POISSON-Strom mit der Intensität

$$\lambda = \sum_{i=1}^{n} \lambda_i \,. \tag{3.91}$$

3.2.3. Spezielle Bedienungssysteme

Nachdem im vorhergehenden Abschnitt einige Methoden für die Lösung bedienungstheoretischer Probleme behandelt wurden, widmen wir uns nun einer Reihe von Standardmodellen, die in der Nachrichten- und Rechentechnik häufig auftreten. Von diesen Modellen machen wir auch in den nachfolgenden Abschnitten Gebrauch. Wir beschränken uns bei den Standardmodellen stets auf den stationären Fall. Sofern nicht anders vermerkt, ist die Abfertigungsdisziplin stets FIFO.

Offene Einphasen-Bedienungssysteme

Das Verlustsystem M/G/m/0: Gegeben sei ein Bedienungssystem mit m gleichartigen, parallelen Bedienungskanälen. Es gibt keine Wartemöglichkeiten vor den Bedienungsgeräten. Sind beim Eintreffen von Forderungen freie Bedienungskanäle vorhanden, so erfolgt die Erledigung des Bedienungswunsches. Wenn alle Bedienungsgeräte besetzt sind, werden neu eintreffende Forderungen zurückgewiesen. Das beschriebene System stellt das einfache Modell einer Fernsprechzentrale dar, die m Anschlüsse besitzt. Ist eine der m abgehenden Leitungen beim Eintreffen eines Vermittlungsauftrages frei, so wird der gewünschte Teilnehmer angeschlossen. Das Gespräch beliebiger Dauer kann beginnen. Wenn keine freie Leitung mehr vorhanden ist (Besetztfall), erhält der Anrufende eine Absage. Sein Auftrag (Forderung) geht „verloren". Das System reagiert so, als ob es den betreffenden Vermittlungsauftrag nie gegeben hätte. Wir nehmen zunächst an, daß nicht nur die Zeit zwischen dem Eintreffen der Forderungen, sondern auch die Bedineungszeit exponentiell verteilt sei (M/M/m/0-System). $P(j)$ ist die (Makro)-Zustandswahrscheinlichkeit, daß j Bedienungskanäle (Leitungen) belegt sind. Das System der Zustandsgleichungen (3.50) nimmt unter den gegebenen Voraussetzungen folgende Form an

$$\left.\begin{aligned} \lambda P(0) &= \mu P(1)\,, \\ (\lambda + j\mu)\, P(j) &= \lambda P(j-1) + \mu(j+1)\, P(j+1) \qquad (1 \leqq j < m)\,, \\ \lambda P(m-1) &= m\mu P(m)\,. \end{aligned}\right\} \tag{3.92}$$

Es gilt die Normalisierungsbedingung $\sum\limits_{j=0}^{m} P(j) = 1$. Zur Auflösung des Systems der Zustandsgleichungen setzen wir $y_j = \lambda P(j-1) - j\mu P(m)$. Damit erhalten wir

$$\begin{aligned} y_1 &= 0; \qquad y_m = 0\,, \\ y_1 &= y_{j+1}; \qquad 1 \leqq j < m\,. \end{aligned}$$

Mit dieser Nebenrechnung ergibt sich schließlich

$$P(j) = \frac{\lambda}{j\mu} P(j-1); \qquad j = 1, 2, \ldots, m\,, \tag{3.93}$$

und

$$P(j) = \frac{\left(\dfrac{\lambda}{\mu}\right)^j}{j!} P(0); \quad j = 1, 2, \ldots, m\,. \tag{3.94}$$

Die Wahrscheinlichkeit, daß kein Bedienungskanal belegt ist (Null Forderungen im System), ist nun

$$P(0) = \left[\sum_{j=0}^{m} \frac{\varrho^j}{j!}\right]^{-1} ; \qquad \varrho = \frac{\lambda}{\mu} . \tag{3.95}$$

Für j besetzte Bedienungskanäle erhalten wir

$$P(j) = \frac{\varrho^j}{j!}\left[\sum_{k=0}^{m} \frac{\varrho^k}{k!}\right]^{-1} . \tag{3.96}$$

Die Beziehungen (3.95) und (3.96) heißen ERLANGsche Formeln, da sie von ERLANG, dem Begründer der Nachrichtenverkehrstheorie, zuerst aufgestellt wurden. SEWASTJANOW konnte nachweisen, daß die ERLANGschen Formeln auch für beliebige Bedienungszeitverteilungen gelten [3.27], also für alle M/G/m/0-Systeme. Aus (3.96) folgt für die Verlustwahrscheinlichkeit (alle Forderungen werden abgewiesen, da sämtliche Bedienungskanäle (Leitungen) belegt sind):

$$P(m) = \frac{\varrho^m}{m!}\left[\sum_{j=0}^{m} \frac{\varrho^j}{j!}\right]^{-1} . \tag{3.97}$$

Das M/G/1-System: Von diesem Bedienungssystem sind uns bereits aus Abschnitt 3.2.2 die LAPLACE-STIELTJES-Transformierten der Warte- und Verweilzeitverteilungen bekannt (vgl. Gl. (3.67)):

$$W^*(s) = \frac{(1-\varrho)\,s}{s-\lambda+\lambda B^*(s)}, \qquad V^*(s) = \frac{(1-\varrho)\,sB^*(s)}{s-\lambda+\lambda B(s)} .$$

Einsetzen von Bedienungszeitverteilungen $B(s)$ im Bildbereich und Anwendung des Differentiationssatzes (3.63) liefert die Momente der Verteilungen (s. Gl. (3.70) bis (3.81)). Die Anzahl l_v der Forderungen im Bedienungssystem wird am zweckmäßigsten unter Verwendung der erzeugenden Funktion berechnet. Für die erzeugende Funktion der Anzahl der im M/G/1-System vorhandenen Forderungen gilt die Formel von POLLACZEK-CHINTSCHIN

$$G_{l_v}(z) = \frac{(1-\varrho)\,(1-z)\,B^*(\lambda-\lambda z)}{B^*(\lambda-\lambda z)-z} . \tag{3.98}$$

Durch Anwendung des Differentiationssatzes erhält man Momente. Wir berücksichtigen beim Differenzieren der Funktion $\beta^*(z) = B^*(\lambda - \lambda z)$ den Zusammenhang

$$\left.\frac{\mathrm{d}\beta^*(z)}{\mathrm{d}z}\right|_{z=1} = -\lambda B^*(0) = \lambda T_b = \varrho \tag{3.99}$$

und erhalten für den Erwartungswert der Anzahl der Forderungen im M/G/1-System

$$L_v = \left.\frac{\mathrm{d}G_{l_v}(z)}{\mathrm{d}z}\right|_{z=1} = \varrho + \frac{\lambda^2 E(t_b^2)}{2(1-\varrho)} . \tag{3.100}$$

Für das zweite Moment der Bedienungszeit gilt

$$\mathsf{E}(t_b^2) = \int_0^\infty t\,\mathrm{d}B(t) = T_b^2 + \sigma_b^2 . \tag{3.101}$$

$\sigma_b^2 = \mathsf{D}(t_b)$ ist die Dispersion der stationären Bedienungszeit t_b und $T_b = \dfrac{1}{\mu}$ der Erwartungswert von t_b. Wir können damit für die Gesamtzahl im System vorhandener Forderungen schreiben

$$L_{\mathrm{v}} = \varrho + \frac{\varrho^2}{2(1-\varrho)}\left[1 + \left(\frac{\sigma_{\mathrm{b}}}{T_{\mathrm{b}}}\right)^2\right]. \tag{3.102}$$

Der erste Summand in (3.102) ist die mittlere Anzahl von Forderungen im Bedienungskanal; der zweite Ausdruck gibt den Erwartungswert der wartenden Forderungen an. Zur Vollständigkeit geben wir noch die mittlere Wartezeit je Forderung an, die man aus (3.67) ableiten kann

$$T_{\mathrm{w}} = \frac{\varrho T_{\mathrm{b}}}{2(1-\varrho)}\left[1 + \left(\frac{\sigma_{\mathrm{b}}}{T_{\mathrm{b}}}\right)^2\right]. \tag{3.103}$$

(3.67) sowie (3.98) bis (3.103) besitzen insofern universellen Charakter als sie für beliebige Bedienungszeitverteilungen gelten! Aus (3.102) und (3.103) ist sofort ablesbar, daß die Warteschlangenlänge $L_{\mathrm{w}} = L_{\mathrm{v}} - \varrho$ und die Wartezeit unter sonst gleichen Bedingungen für $\sigma_{\mathrm{b}}^2 = 0$ minimal sind. Nicht existierende Dispersion gibt es bei konstanter Bedienungszeit (M/D/1-System). Mit $B^*(s) = \mathrm{e}^{-sT_{\mathrm{b}}}$ gilt nämlich wegen $\mathsf{D}(t_{\mathrm{b}}) = \mathsf{E}(t_{\mathrm{b}}^2) - [\mathsf{E}(t_{\mathrm{b}})]^2$

$$\sigma_{\mathrm{b}}^2 = \mathsf{D}(t_{\mathrm{b}}) = \left.\frac{\mathrm{d}^2 B^*(s)}{\mathrm{d}s^2}\right|_{s=0} - \left\{-\left.\frac{\mathrm{d}B^*(s)}{\mathrm{d}s}\right|_{s=0}\right\}^2 = T_{\mathrm{b}}^2 - T_{\mathrm{b}}^2 = 0\,. \tag{3.104}$$

In Abb. 3.11 ist für zwei wichtige Sonderfälle des M/G/1-Systems (konstante und exponentiell verteilte Bedienungszeit) die normierte Verweilzeit $T_{\mathrm{v}}/T_{\mathrm{b}}$ über dem Verkehrswert ϱ aufgetragen. Zwischen beiden Kurven liegen M/G/1-Systeme mit $0 < \sigma_{\mathrm{b}}^2/T_{\mathrm{b}}^2 < 1$.

Legt man demnach verkehrstheoretischen Berechnungen das einfache M/M/1-Modell zugrunde, so ergeben sich in der Regel zu große Verweilzeiten (und Warte-

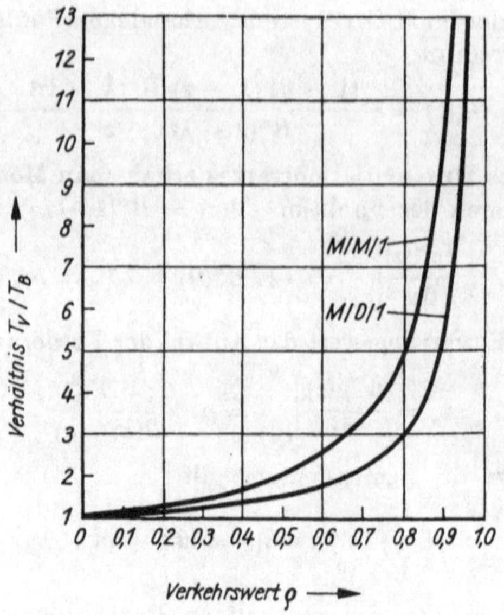

Abb. 3.11. Abhängigkeit der auf die mittlere Bedienungszeit bezogenen mittleren Verweilzeit vom Verkehrswert für das M/D/1- und das M/M/1-System

schlangenlängen). Die entsprechenden Systeme sind überdimensioniert. Andererseits ist man beim M/M/1-System auf der sicheren Seite.

M/M/m/r-System mit einem Wartespeicher: Das entsprechende Modell und seinen Zustandsgraphen zeigt Abb. 3.12. Wir setzen voraus, daß die parallelen Bedienungskanäle gleiche mittlere Bedienungszeiten $T_b = 1/\mu$ besitzen. Alle Bedienungskanäle sind gleichberechtigt. Eintretende Forderungen werden sofort bedient, solange mindestens ein Bedienungskanal frei ist. Sind alle Geräte besetzt, so müssen die

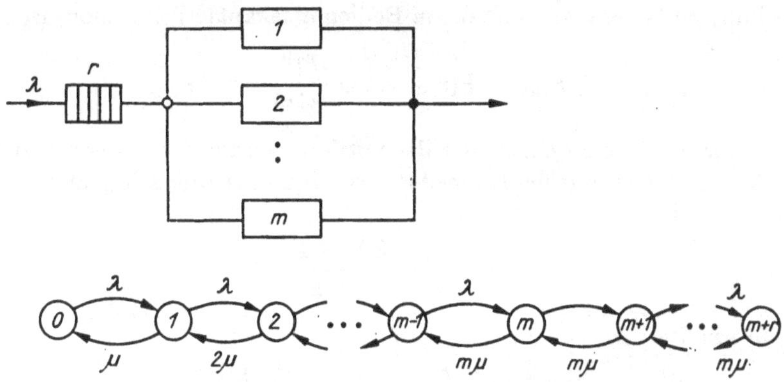

Abb. 3.12. Modell des offenen M/M/m/r-Bedienungssystems mit einem Wertespeicher (a) und (b) zugehöriger MARKOW-Graph (die Zustände 0, 1, ..., m sind wartefrei)

Forderungen im gemeinsamen Wartespeicher warten. Wenn sich im System $m + r$ Forderungen befinden, werden neueintretende abgewiesen. Für $r \to \infty$ (unbegrenzter Speicher) geht das System in ein reines Wartesystem über. Bei $r = 0$ liegt ein reines Verlustsystem vor. Für das gegebene System lauten die stationären Zustandsgleichungen

$$\left.\begin{aligned} \lambda P(0) &= \mu P(1), \\ (\lambda + j\mu)\, P(j) &= \lambda P(j-1) + \mu(j+1)\, P(j+1); \quad \text{für} \quad 1 \leqq j \leqq m\,, \\ (\lambda + m\mu)\, P(j) &= \lambda P(j-1) + m\mu P(j+1); \quad \text{für} \quad m \leqq j \leqq m+r\,, \\ P(m+r-1) &= m\mu P(m+r) \end{aligned}\right\} \tag{3.105}$$

mit der Normalisierungsbedingung

$$\sum_{j=0}^{m+r} P(j) = 1\,. \tag{3.106}$$

Die Auflösung des Gleichungssystems ergibt die stationäre Zustandswahrscheinlichkeit (j Forderungen im System)

$$P(j) = \frac{\varrho^j}{j!}\, P(0); \qquad 1 \leqq j < m\,,$$

$$P(j) = \frac{\varrho^j}{m!\, m^{j-n}}\, P(0); \qquad m \leqq j \leqq r + m\,. \tag{3.107}$$

Die Wahrscheinlichkeit, daß keine Forderung im System vorhanden ist, wird aus der Normalisierungsbedingung (3.106) gewonnen, wenn man die Werte für $P(j)$ aus (3.107) einsetzt. Die Rechnung ergibt

$$P(0) = \left[\sum_{j=1}^{m-1} \frac{\varrho^j}{j!} + \frac{\varrho^m}{m!} \sum_{j=m}^{r+m} \left(\frac{\varrho}{m}\right)^{j-m}\right]^{-1}. \tag{3.108}$$

Wir werden sehen, daß diese „Leerwahrscheinlichkeit" noch eine große Rolle spielt. Die Wahrscheinlichkeit, daß eine Forderung abgewiesen wird (Verlustwahrscheinlichkeit), weil alle r Warteplätze und alle m Bedienungskanäle belegt sind, ist

$$P_{\text{verl}} = P(r + m) = \frac{P(0)}{m!\, m^r} \varrho^{m+r}. \tag{3.109}$$

Als Verkehrswert Y bezeichnen wir die mittlere Anzahl der besetzten Bedienungskanäle. Er ergibt sich aus der Intensität des Ausgangsstromes λ_{bed} und der mittleren Bedienungsrate je Bedienungskanal

$$Y = \frac{\lambda_{\text{bed}}}{\mu} = \frac{\lambda(1 - P_{\text{verl}})}{\mu}.$$

Mit (3.109) erhalten wir für unser System

$$Y = \varrho \left[1 - \frac{\varrho^{m+r}}{m!\, m^r} P(0)\right]. \tag{3.110}$$

Für den Erwartungswert der wartenden Forderungen (Warteschlangenlänge) gilt

$$L_{\text{w}} = \sum_{j=m}^{r+m} (j - m)\, P(j). \tag{3.111}$$

Mit (3. 107) ergibt sich

$$L_{\text{w}} = \frac{P(0)}{m!} \varrho^m \sum_{j=m}^{r+m} (j - m) \left(\frac{\varrho}{m}\right)^{j-m}. \tag{3.112}$$

Die Gesamtzahl der Forderungen im System (im Wartespeicher und in den Bedienungskanälen) ist

$$L_{\text{v}} = \sum_{j=1}^{r+m} j\, P(j). \tag{3.113}$$

Unter Verwendung von (3.107) erhalten wir

$$L_{\text{v}} = \left[\sum_{j=1}^{m-1} \frac{j}{j!} \varrho^j + \sum_{j=m}^{r+m} \frac{j}{m!\, m^{j-m}} \varrho^j\right] P(0). \tag{3.114}$$

Die mittlere Wartezeit der Forderungen läßt sich aus den folgenden Überlegungen finden: Eine ankommende Forderung braucht nicht zu warten, wenn irgendein Bedienungskanal frei ist. Läuft eine Forderung zu einem Zeitpunkt ein, zu dem gerade alle Kanäle belegt sind (und keine Warteschlange vorhanden ist), so muß sie im Mittel die Zeit $t_{\text{w}} = (m\mu)^{-1}$ warten, denn die Intensität, mit der die Kanäle frei werden, ist gerade $(m\mu)^{-1} = T_{\text{b}}/m$. Wartet nun schon eine Forderung im Speicher, so muß die neu hinzukommende doppelt solange warten, nämlich die Zeit $2 \cdot (m\mu)^{-1}$ usw. Sind beim Eintreffen einer neuen Forderung schon r andere Forderungen im Wartespeicher, so wird die ankommende abgewiesen. Die mittlere Gesamtwartezeit erhalten wir aus der Summe der Produkte der einzelnen Wartezeiten und deren Wahrscheinlichkeiten

$$\mathsf{E}(t_w) = T_w = \frac{1}{m\mu} P(m) + \frac{2}{m\mu} P(m+1) + \ldots + \frac{r}{m\mu} P(m+r-1) .$$

Mit $P(m) = \frac{\varrho^m}{m!} P(0)$ erhalten wir beim betrachteten Modell nach einigen elementaren Umformungen

$$T_w = \frac{\varrho^m P(0)}{mm!\,\mu} \sum_{j=1}^{r} j \left(\frac{\varrho}{m}\right)^{j-1} . \tag{3.115}$$

Aus den abgeleiteten Beziehungen ergeben sich die Kenngrößen des Systems mit unbeschränkter Wartemöglichkeit, wenn $r \to \infty$ strebt. Selbstverständlich ist dann die Verlustwahrscheinlichkeit $P_{\text{verl}} = 0$. Für die mittlere Zahl der besetzten Kanäle ist $Y = \varrho$. Die mittlere Anzahl der wartenden Forderungen ergibt sich aus (3.112)

$$L_w = \frac{\varrho^{m+1} P(0)}{mm!\,(1 - \varrho/m)^2} . \tag{3.116}$$

Mit diesem Betrag wird die mittlere Anzahl der Forderungen im System $L_v = \varrho + L_w$ Bei unendlichem Warteraum ist die mittlere Wartezeit

$$T_w = \frac{\varrho^m P(0)}{mm!\,\mu(1 - \varrho/m)^2} . \tag{3.117}$$

Zur Effektivitätseinschätzung von M/M/m-Systemen ist der Gütefaktor Q^* geeignet. Er wird definiert als Verhältnis von Auslastungsgrad $\eta = Y/m$ zur normierten Verweilzeit $T_v/T_b = L_v/Y$.

$$Q^* = \frac{\eta}{T_v/T_b} . \tag{3.118}$$

Bei beschränkter Wartemöglichkeit muß Q^* mit dem Faktor $1 - P_{\text{verl}}$ multipliziert werden, um die abgewiesenen Forderungen zu berücksichtigen und um zu sichern, daß der Gütefaktor für $\varrho \to \infty$ den Betrag Null hat, also

$$Q = \frac{(1 - P_{\text{verl}})\, Y/m}{T_v/T_b} = \frac{Y^3/m}{L_v} . \tag{3.119}$$

Der so definierte Gütefaktor besitzt für alle Bedienungssysteme ein Maximum bei einem optimalen Angebot $\varrho = \varrho_{\text{opt}}$. Für $\varrho = 0$ und $\varrho \to \infty$ ist $Q = 0$.

Das hier behandelte M/M/m/r-Bedienungssystem kann man unter entsprechenden Voraussetzungen als Grobmodell einer elektronischen Rechenanlage mit parallelen Prozessoren betrachten. Es erwächst dabei u. a. das Problem, das Speichervolumen r für die zu verarbeitenden Aufgaben zu bestimmen, und zwar in Abhängigkeit von der mittleren Verarbeitungsgeschwindigkeit μ, dem zugeführten Aufgabenstrom (λ) und einer maximal zulässigen Verlustwahrscheinlichkeit P_{verl}. Durch Umformen von

(3.109) erhält man

$$r \geqq \frac{\ln \left\{ \dfrac{\left[m! \left(1 - \dfrac{\varrho}{m}\right) \sum\limits_{j=0}^{m-1} \dfrac{\varrho^j}{j!} + \varrho^m \right] P_{\text{verl}}}{\varrho^m \left[1 + \dfrac{\varrho}{m} (P_{\text{verl}} - 1) \right]} \right\}}{\ln \left(\dfrac{\varrho}{m} \right)} . \tag{3.120}$$

Das offene M/G/1-*System mit relativen und absoluten Prioritäten*: Entsprechend Abschnitt 3.2.1. versteht man unter Aufträgen mit relativer Priorität Forderungen, welche die Bearbeitung einer gerade im Bedienungskanal vorhandenen Forderung niedrigerer Dringlichkeit nicht unterbrechen. Entsprechend der KENDALLschen Notation setzen wir einen MARKOWschen Eingangsstrom voraus. Wir nehmen nun an, daß sich der Gesamteingangsstrom aus k POISSONverteilten Teilströmen mit den Intensitäten $\lambda_1, \lambda_2, \ldots, \lambda_k$ zusammensetzt. Die Forderungen des Eingangsstroms mit der Intensität λ_i sollen eine höhere Priorität besitzen als die Forderungen des Teilstroms der Intensität λ_j, falls $i < j$ ist. Der i-te Forderungsstrom wird also vor dem j-ten bedient. Die Bedienungsrate für den i-ten Forderungsstrom bezeichnen wir mit μ_i. Wir nehmen damit an, daß es für die Forderungen jeder Prioritätsklasse eine spezielle Bedienungszeitverteilung gibt. Der Verkehrswert der i-ten Prioritätsklasse ist $\varrho_i = \lambda_i/\mu_i$, und für den Gesamtstrom gilt

$$\varrho = \sum_{i=1}^{k} \varrho_i . \tag{3.121}$$

Die mittlere Bedienungszeit des Gesamtstroms der Forderungen ist

$$T_{\text{b}} = \frac{1}{\lambda} \sum_{i=1}^{k} \frac{\lambda_i}{\mu_i} = \frac{1}{\lambda} \sum_{i=1}^{k} \lambda_i T_{\text{b}i} . \tag{3.122}$$

Entsprechend gilt für die Verweilzeit

$$T_{\text{v}} = \frac{1}{\lambda} \sum_{i=1}^{k} \lambda_i T_{\text{v}i} , \tag{3.123}$$

wobei $T_{\text{v}i}$ die mittlere Verweilzeit der Forderungen der i-ten Prioritätsklasse ist.

Wir berechnen die Parameter des M/G/1-Systems unter Verwendung der LAPLACE-STIELTJES-Transformation. Zunächst führen wir den Begriff Belegungszeit (oder Beschäftigungszeit) ein. Das ist die Zeit, in der der Bedienungskanal ständig belegt ist bzw. ununterbrochen Forderungen bedient. Aus der Literatur (z. B. GNEDENKO/KOWALENKO [3.27]) ist die Verteilungsfunktion der Belegungszeit im Bildbereich für das M/G/1-System bekannt. Für das prioritätsfreie Modell lautet sie

$$\beta^*(s) = B^*(s + \lambda - \lambda\beta^*(s)) . \tag{3.124}$$

$B^*(s)$ ist die Bedienungszeitverteilung im Bildbereich. Die Verteilungsfunktion $\beta^*(s)$ tritt auch in der LAPLACE-STIELTJES-Transformierten der Wartezeitverteilung auf. Bevor wir diese zitieren, vereinbaren wir folgende Bezeichnung: Wir wählen eine bestimmte Klasse j von Forderungen aus dem gesamten Ankunftsstrom aus und geben allen Forderungen höherer Priorität den Index h, allen Forderungen niedrigerer Priorität als j den Index n. Unter Berücksichtigung der Tatsache, daß die Forderungen mit der größten Dringlichkeit den kleinsten Indexwert besitzen, schreiben wir

$$\lambda_h = \sum_{i=1}^{j-1} \lambda_i \quad \text{und} \quad \lambda_n = \sum_{i=j+1}^{k} \lambda_i \,. \tag{3.125}$$

Die Intensität des Gesamtankunftsstroms ist $\lambda = \lambda_j + \lambda_h + \lambda_n$. Für die Forderungen der j-ten Prioritätsklasse hat die Wartezeitverteilung im Bildbereich beim M/G/1-Modell das folgende Aussehen:

$$W_j^*(s) = \frac{(1-\varrho)\,[s + \lambda_h - \lambda_h \beta_h^*(s)] + \lambda_n [1 - B^*(s + \lambda_n - \lambda_n \beta_h^*(s)]}{\lambda_j B^*[s + \lambda_h - \lambda_h \beta_h^*(s)] - \lambda_j + s} \,. \tag{3.126}$$

In dieser Beziehung tritt die Funktionalgleichung (3.124) mehrfach auf. Die Differentiation von $\beta_h^*(s)$ und Nullsetzen der Ableitungen ergeben die ersten Momente der Belegungszeiten

$$T_h = \mathsf{E}(t_h) = \frac{\mathsf{E}(t_{bh})}{1-\varrho} = \frac{T_{bh}}{1-\varrho}\,, \tag{3.127}$$

$$\overline{T_h^2} = \mathsf{E}(t_h^2) = \frac{\mathsf{E}(t_{bh}^2)}{(1-\varrho)^3} = \frac{T_{bh}^2}{(1-\varrho)^3}\,. \tag{3.128}$$

Wir berücksichtigen diese aus (3.122) folgenden Teilergebnisse bei der Anwendung des Differentiationssatzes der LAPLACE-STIELTJES-Transformation auf (3.124). Für die mittlere Wartezeit der Forderungen der j-ten Prioritätsklasse erhalten wir nach Ausführung der Rechnung

$$T_{wj} = \frac{\sum_{i=1}^{k} \overline{T_{bi}^2}}{2\left(1 - \sum_{i=1}^{j-1} \varrho_i\right)\left(1 - \sum_{i=1}^{j} \varrho_i\right)}\,. \tag{3.129 a}$$

Einführen der Dispersion der Bedienungszeit $\mathsf{D}(t_b) = \sigma^2(t_b) = \mathsf{E}(t_b^2) - (\mathsf{E}(t_b))^2$ führt zu der äquivalenten Beziehung für die mittlere Wartezeit:

$$T_{wj} = \frac{\lambda T_{bi}^2 \left[1 + \dfrac{\sigma^2(t_b)}{T_b^2}\right]}{2\left(1 - \sum_{i=1}^{j-1} \varrho_i\right)\left(1 - \sum_{i=1}^{j} \varrho_i\right)} \quad \text{mit} \quad T_b^2 = \left(\sum_{i=1}^{k} \frac{\lambda_i}{\lambda}\, T_{bi}\right)^2. \tag{3.129 b}$$

Die mittlere Verweilzeit der j-ten Forderungsklasse ist auch hier $T_{vj} = T_{wj} + T_{bj}$. Die mittlere Anzahl von Forderungen der j-ten Priorität im Wartespeicher beträgt

$$L_{wj} = \lambda_j T_{wj}\,. \tag{3.130}$$

Insgesamt befinden sich im statistischen Mittel

$$L_{vj} = L_j + \varrho_j \tag{3.131}$$

Forderungen der Prioritätsklasse j im System.

Wir behandeln nun das M/G/1-System mit *absoluter Priorität*. Hier unterbricht eine ankommende Forderung höherer Dringlichkeit unmittelbar eine in Bearbeitung befindliche Forderung niedrigerer Priorität. Die unterbrochene Bedienung wird danach an der Stelle fortgesetzt, an der die Bearbeitung der Forderung niedrigerer Dringlichkeit gestoppt wurde (*preemptive resume priority*).

Im vorliegenden Falle haben auch (3.121) bis (3.123) volle Gültigkeit. Für die mittlere stationäre Wartezeit von Forderungen der j-ten Priorität gilt

$$T_{wj} = \mathsf{E}(t_{wj}) = \frac{1}{1 - \sum\limits_{i=1}^{j-1} \varrho_i} \left\{ T_{bj} \sum_{i=1}^{j-1} \varrho_i + \frac{\sum\limits_{i=1}^{j} \lambda_i T_{bi}^2 \left[1 + \frac{\sigma^2(t_{bi})}{T_{bi}^2} \right]}{2 \left[1 - \sum\limits_{i=1}^{j} \varrho_i \right]} \right\}. \tag{3.132}$$

Dabei ist $T_{bi}^2 = (\mathsf{E}(t_{bi}))^2$ und $\varrho_0 = 0$. Die Dispersion der Bedienungszeit der i-ten Prioritätsklasse ist $\sigma^2(t_{bi})$, und $\varrho_i = \lambda_i/\mu_i$ stellt wie sonst die Auslastung des Bedienungskanals durch die i-te Forderungsklasse (Verkehrswert) dar. Durch Multiplikation mit λ_j erhält man aus (3.132) die mittlere Anzahl der wartenden Forderungen. Für die mittlere Anzahl der Forderungen der j-ten Priorität im System gilt (3.131). Zieht man *alle* wartenden Forderungen in Betracht, so läßt sich der Erwartungswert der Wartezeit aller Forderungen mit

$$T_w = \mathsf{E}(t_w) = \frac{1}{\lambda} \sum_{i=1}^{k} \lambda_i T_{wi} \tag{3.133}$$

berechnen. Entsprechend gilt für die mittlere Anzahl aller auf Bedienung wartenden Forderungen

$$L_w = \mathsf{E}(l_w) = \frac{1}{\lambda} \sum_{i=1}^{k} \lambda_i T_{wi} \,. \tag{3.134}$$

Alle Berechnungsgleichungen des hier behandelten Bedienungssystems haben exponentialverteilte Zwischenankunftszeiten (Poisson-Strom) zur Voraussetzung und gelten für beliebig verteilte Bedienungszeiten. Wir wissen bereits, daß bei exponentiell verteilter Bedienungszeit die Dispersion $\mathsf{D}(t_{bi}) = \sigma^2(t_{bi}) = \mu_i^{-2}$ und bei konstanter Bedienungszeit $\mathsf{D}(t_{bi}) = \sigma^2(t_{bi}) = 0$ ist. Durch Einsetzen dieser Werte erhält man aus den obigen Gleichungen für das M/G/1-Modell auf einfache Weise die wichtigsten Parameter des M/M/1- bzw. M/D/1-Systems mit relativen und absoluten Prioritäten.

Geschlossene Bedienungssysteme

Aus Abschnitt 3.2.1. kennen wir das wichtigste Merkmal des geschlossenen Bedienungssystems: Die Zahl der Forderungen ist begrenzt. Das bedeutet mit anderen Worten, daß eine endliche Quelle von Bedienungsaufträgen vorliegt. Die im Bedienungskanal erledigten Aufträge kehren wieder zur Quelle zurück. Es wurde bereits erwähnt, daß geschlossene Bedienungssysteme, die für das Studium von Rechenanlagen geeignet sind, an die Displays angeschlossen sind. Man kann mit der Theorie geschlossener Bedienungssysteme z. B. die mittlere Reaktionszeit eines computergestützten Auskunfts- oder Platzbuchungssystems berechnen oder die Anzahl der Bildschirmeinheiten, die an eine elektronische Rechenanlage angeschlossen werden können.

Andere Anwendungen ergeben sich bei der Untersuchung rechnerinterner Prozesse. Die meisten EDVA arbeiten im sog. Multiprogrammbetrieb, bei dem (zeitgeteilt) mehrere Programme von einem Prozessor bearbeitet werden. Der damit verbundene Wechsel der Programmabarbeitung läßt sich mit der Theorie geschlossener Bedienungssysteme studieren.

Wir behandeln im folgenden das prioritätsfreie geschlossene M/M/m-Bedienungssystem sowie den Fall des geschlossenen Bedienungsmodells mit absoluten Prioritäten.

Das geschlossene M/M/m-*Bedienungssystem*: Das Modell des M/M/m-Bedienungssystems zeigt Abb. 3.13a. Die n Forderungen werden in der Quelle erzeugt und gelangen in die Bedienungsanlage, die aus einem unbegrenzten Warteraum und m gleichartigen, parallelen Bedienungskanälen besteht. Wir setzen voraus, daß keine Forderung zu warten braucht, solange irgendein Bedienungskanal frei ist. Ferner sei $m < n$. Es gibt also mehr Forderungen als Bedienungskanäle. Wenn die Forderungen die Bedienungsanlage verlassen haben, kehren sie wieder zur Quelle zurück. Hier verweilen sie eine gewisse Zeit, um dann erneut in die Bedienungsanlage einzutreten.

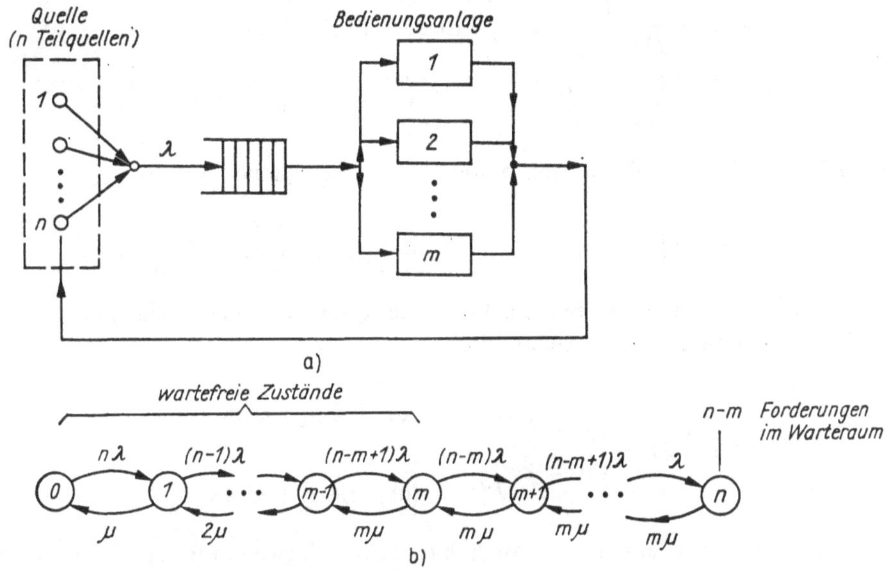

Abb. 3.13. Geschlossenes M/M/m-Bedienungssystem (a) und (b) und dessen Zustandsgraph

Die Zeit des Entstehens neuer Forderungen ist identisch mit der Aufenthaltszeit der Forderungen in der Quelle. Wir nehmen an, daß diese Zeit eine Zufallsgröße sei. Dann sind auch die Ankunftsabstände zufällig verteilt. Beim betrachteten Modell ist die Verteilungsfunktion eine Exponentialverteilung mit dem Erwartungswert λ^{-1}. Für die Verteilungsfunktion der Bedienungszeit wird bei allen Bedienungskanälen ebenso die Exponentialverteilung angenommen. Der Zustandsgraph des Systems ist in Abb. 3.13b dargestellt. Der linke Zustand kennzeichnet das System, wenn keine Forderung in der Bedienungsanlage ist. Der äußerste rechte Knoten des Graphen gibt den Zustand an, bei dem sich alle Forderungen in der Bedienungsanlage befinden und zwar m in den Bedienungskanälen und $n - m$ im Wartespeicher. Wenn gerade m Forderungen bearbeitet werden, ist die mittlere Bedienungsintensität $m\mu$. Ist ein Kanal frei, so tritt die Bedienungsintensität $(m - 1)\,\mu$ in Erscheinung usw. Die Intensität des Forderungsstroms nimmt in dem Maße ab, wie die Forderungsanzahl im System wächst. Für *eine* Forderung hat die Intensität den Wert λ. Nach dieser System- und Zustandsbeschreibung kann das System der Zustandsgleichungen entsprechend Abschnitt 3.2.2. aufgestellt werden. Vereinbarungsgemäß betrachten wir nur den stationären Fall. Das Gleichungssystem (3.50) lautet hier

$$\left.\begin{aligned} n\lambda P(0) &= \mu P(1)\,, \\ [(n-j)\,\lambda + j\mu]\,P(j) &= (n-j+1)\,\lambda P(j-1) + (j+1)\,\mu P(j+1),\, 1 \leqq j < m\,, \\ [(n-j)\,\lambda + m\mu]\,P(j) &= (n-j+1)\,\lambda P(j-1) + (j+1)\,\mu P(j+1),\, m \leqq j < n\,, \\ \lambda P(n-1) &= m\mu P(n)\,. \end{aligned}\right\} \tag{3.135}$$

Auflösung des Gleichungssystems nach der Wahrscheinlichkeit, daß j Forderungen in der Bedienungsanlage vorhanden sind, ergibt

$$\left.\begin{aligned} P(j) &= \frac{n!}{j!(n-j)!}\left(\frac{\lambda}{\mu}\right)^j P(0); \qquad 0 \leqq j \leqq m\,, \\ P(j) &= \frac{n!}{m!\,m^{j-m}(n-j)}\left(\frac{\lambda}{\mu}\right)^j P(0); \qquad m \leqq j \leqq n\,. \end{aligned}\right\} \tag{3.136}$$

Für den Zustand „keine Forderung in der Bedienungsanlage" gilt

$$P(0) = \left[\sum_{j=0}^{m} \frac{n!\,\varrho^j}{j!\,(n-j)!} + \sum_{j=m+1}^{n} \frac{n!\,\varrho^j}{n!\,n^{j-n}\,(n-j)!}\right]^{-1} \tag{3.137}$$

mit $\varrho = \lambda/\mu$. Es ist möglich, für die Berechnung der Zustandswahrscheinlichkeiten folgende Rekursionsformel zu verwenden

$$P(j+1) = \begin{cases} \dfrac{n-j}{j+1}\,\varrho P(j) & \text{für} \quad 0 \leqq j < m\,, \\[2ex] \dfrac{n-j}{m}\,\varrho P(j) & \text{für} \quad m \leqq j < n\,. \end{cases} \tag{3.138}$$

Die Systemparameter lassen sich auch hier unter Verwendung der Zustandswahrscheinlichkeiten berechnen. Für ein gegebenes geschlossenes Bedienungssystem ist die Forderungsanzahl n unveränderlich. Die Summe aus der Anzahl der wartenden, bedienten und in der Quelle verweilenden Forderungen muß somit stets gleich n sein. Der Erwartungswert der Anzahl der Forderungen in der Bedienungsanlage ist

$$L_{\mathrm{v}} = \sum_{j=1}^{n} jP(j)\,. \tag{3.139}$$

Die Wahrscheinlichkeit, daß eine Forderung warten muß, beträgt

$$P_{\mathrm{w}} = \sum_{j=m}^{n} P(j)\,. \tag{3.140}$$

Die mittlere Zahl von Forderungen im Wartespeicher ist

$$L_{\mathrm{w}} = \sum_{j=m+1}^{n} (j-m)\,P(j) = (1+\varrho)\,L_{\mathrm{v}} + n\varrho\,. \tag{3.141}$$

Die mittlere Zahl der besetzten Bedienungskanäle ergibt sich aus der Differenz zwischen den Erwartungswerten der Forderungen in der Bedienungsanlage und der wartenden Forderungen

$$Y = L_{\mathrm{v}} - L_{\mathrm{w}} = \varrho(n - L_{\mathrm{v}})\,. \tag{3.142}$$

Wie beim offenen kann man auch beim geschlossenen Mehrkanalsystem den Auslastungsgrad der einzelnen Kanäle nach der Beziehung $\eta = Y/m$ berechnen. Mit (3.142) erhalten wir

$$\eta = \frac{(n - L_{\mathrm{v}})}{m}\,. \tag{3.143}$$

Den Erwartungswert der Anzahl von Forderungen, die ständig in der Quelle verweilen, berechnet man nach der Beziehung

$$L_{\mathrm{q}} = \sum_{j=1}^{n} j\big(1 - P(j)\big) = n - L_{\mathrm{v}}\,. \tag{3.145}$$

Mit der universellen Formel von LITTLE,

$$L_{\mathrm{w}} = \lambda T_{\mathrm{w}}$$

ist schließlich auch die mittlere Wartezeit T_{w} vor der Bedienung berechenbar, wenn man für L_{w} (3.141) einsetzt.

Geschlossenes Bedienungssystem mit absoluten Prioritäten: Wir setzen wieder voraus, daß im geschlossenen Bedienungssystem eine bestimmte Anzahl von Forderungen zirkulieren. Jeder Forderung ordnen wir eine absolute Priorität zu. Die Aufenthaltszeit der Forderungen der i-ten Priorität in der Quelle gehorche der Verteilungsfunktion

$$A(t) = 1 - \mathrm{e}^{-a_i t}\,. \tag{3.146}$$

Tritt eine Forderung höherer Priorität in den Bedienungsknoten ein, so wird die Bearbeitung einer Forderung niedrigerer Priorität sofort unterbrochen, und sie wird in den Wartespeicher zurückgestellt. Die Bedienung der niederrangigeren Forderung wird danach an der Stelle fortgesetzt, an der die Unterbrechung erfolgte. Für die Bedienungszeit der Forderungen der i-ten Priorität setzen wir die Verteilungsfunktion $B_i(t) = \mathsf{P}(t_{\mathrm{b}i} \leqq t)$ voraus. Alle Bedienungszeiten seien unabhängig voneinander. Zur Berechnung der Verweilzeitverteilung in der Bedienungsanlage machen sich noch einige Angaben erforderlich. Dem Bedienungskanal ordnen wir für jede Forderung i eine bestimmte Lebensdauer zu. Das ist die Zeit, in der Forderungen der i-ten Priorität bedient werden können. Außerdem gebe es eine Erneuerungszeit (Zeit zur Beseitigung des Ausfalls des Bedienungskanals), in der der Bedienungskanal für Forderungen der i-ten Priorität nicht zugänglich ist. Lebenszeit und Wiederherstellungszeit des Bedienungskanals seien Zufallsgrößen mit den Verteilungsfunktionen $E_i(t)$ und $F_i(t)$. Weiterhin führen wir die Verteilungsfunktion $\beta(t)$ des Bedienungszyklus ein. Darunter verstehen wir die Zeitdifferenz zwischen dem Bedienungsbeginn der i-ten Forderung und der Bedienungsunterbrechung durch eine höherrangige. Die Wartezeit der Forderungen ist infolge des beschriebenen Bedienungsprinzips ebenfalls eine Zufallsgröße. Ihre Verteilungsfunktion bezeichnen wir mit $W(t)$. Unter den gegebenen Voraussetzungen gilt für die LAPLACE-STIELTJES-Transformierte der Verweilzeitverteilung der i-ten Priorität

$$V_i^*(s) = P_i \beta_i^*(s) + (1 - P_i)\, W_i^*(s)\, \beta_i^*(s)\,. \tag{3.147}$$

Hier bedeutet P_i die Wahrscheinlichkeit dafür, daß zum Zeitpunkt des Eintritts einer Forderung der i-ten Priorität in den Bedienungskanal dort keine niederrangigere Forderung vorhanden ist. $W_i^*(s)$ und $\beta_i^*(s)$ sind die LAPLACE-STIELTJES-Transformierten der Verteilungsfunktionen $W_i(t)$ und $\beta_i(t)$. Für die Wartezeitverteilung kann man schreiben

$$W_i(t) = f_i \int_0^t [1 - F_i(x)]\, dx \quad \text{mit} \quad f_i = \frac{1}{\int_0^\infty t\, dF_i(t)} . \tag{3.148}$$

Übergang in den Bildbereich ergibt

$$W_i^*(s) = \int_0^\infty e^{-st}\, dW_i(t) = f_i \int_0^\infty e^{-st} [1 - F_i(t)]\, dt .$$

Mit $\int_0^\infty t\, dF_i(t) = T_{ei}$ und $\mathcal{L}\mathcal{S}\{F_i(t)\} = F_i^*(s)$ erhält man

$$W_i^*(s) = \frac{1}{T_{ei}} [1 - F_i^*(s)] . \tag{3.149}$$

Zur Berechnung der Verteilungsfunktion $V_i^*(s)$ benötigten wir noch die Funktion $\beta_i^*(s)$. Wir entnehmen sie der Literatur [3.67]:

$$\beta_i^*(s) = \gamma_i^*[s + \lambda_i - \lambda_i F_i^*(s)] \quad \text{mit} \quad \lambda_i = \sum_{n=1}^{i-1} a_n . \tag{3.150}$$

Schließlich gilt für die noch unbekannte Größe P_i, die wir zur Berechnung der Verweilzeitverteilung benötigen

$$P_i = \frac{a_i}{\lambda_{i+1} - \lambda_i F_i^*(a_i)} . \tag{3.151}$$

Damit können alle Funktionen auf der rechten Seite von (3.147) aus der LAPLACE-STIELTJES-Transformierten von $F_i(t)$ berechnet werden. Diese wiederum bestimmt man auf folgende Weise: Wir nennen $C_i(t)$ die Verteilungsfunktion der Belegungszeit des Bedienungskanals durch eine Forderung der Priorität $\geqq i$. Damit ist $C_i(t) \equiv F_{i+1}(t)$. Übergang in den Bildbereich ergibt die LAPLACE-STIELTJES-Transformierte von $C_i(t)$

$$C_i^*(s) = \frac{\lambda_i}{\lambda_{i+1}} C_{i-1}^*(s + a_i) + \frac{a_i}{\lambda_{i+1}} \beta_i^*(s) + \frac{\lambda_i}{\lambda_{i+1}} [1 - C_{i-1}^*(s + a_i)] \frac{a_i}{s + a_i} C_{i-1}^*(s)\, \beta_i^*(s) . \tag{3.152}$$

Umformung und Berücksichtigung von (3.150) ergeben

$$\begin{aligned} C_i^*(s) = {} & \frac{\lambda_i}{\lambda_{i+1}} C_{i-1}^*(s + a_i) + \\ & + \frac{\lambda_i}{\lambda_{i+1}} [1 - C_{i-1}^*(s + a_i)] \frac{a_i}{s + a_i} C_{i-1}^*(s)\, \gamma_i^*[s + \lambda_i - \lambda_i C_{i-1}^*(s)] + \\ & + \frac{a_i}{\lambda_{i+1}} \gamma_i^*[s + \lambda_i - \lambda_i C_{i-1}^*(s)] . \end{aligned} \tag{3.153}$$

Im Falle $i = 1$ (höchste Priorität) ist $C_1(t) = B_1(t)$. Bei $i \geqq 2$ muß $C_i(t)$ aus (3.153) gewonnen werden. Wenn $C_i^*(s)$ bekannt ist, kann man P_i mit der Identität

$$F_i^*(s) \equiv C_{i-1}^*(s)$$

bestimmen und damit auch die Funktion $\beta_i^*(s)$ sowie die Verteilungsfunktion der Bedienungszeit im Bildbereich $V_i^*(s)$. Die entsprechende Verteilungsfunktion im Zeitbereich erhält man durch Rücktransformation bzw. unter Verwendung von Korrespondenztabellen.

Uns sollen im folgenden nur die Momente der Verteilungsfunktion $V_i(t)$ interessieren. Außerdem wollen wir voraussetzen, daß es nur zwei Prioritäten gibt. Praktisch kann man sich als Bedienungssystem eine EDVA vorstellen, die im Multiprogrammbetrieb zwei Programme ($i = 1, 2$) verarbeitet. Für das Programm der höchsten Priorität ist $V_1^*(s) = \gamma_1^*(s)$. Für die Verteilungsfunktion der Bedienungszeit $B_1(t)$ sei das erste Moment (Erwartungswert) gleich $1/b_1$. Die Funktion $F_2^*(s)$ kann durch $\gamma_1^*(s)$ ersetzt werden, denn für die Forderungen der zweiten Priorität sind beide Funktionen identisch. Mit $a_1 = \lambda_1$; $a_2 = \lambda_2$ wird aus (3.150)

$$V_2^*(s) = \frac{\lambda_2\gamma_2^*[s + \lambda_1 - \lambda_2\gamma_1^*(s)]}{\lambda_1 + \lambda_2 - \lambda_1\,\gamma_1^*(\lambda_2)} + \\ + \left(1 - \frac{\lambda_2}{\lambda_1 + \lambda_2 - \gamma_1^*(\lambda_2)}\right) \frac{(1 - \gamma_2^*(s))\,\gamma_2^*[s + \lambda_1 - \lambda_1\gamma_1^*(s)]}{s/b_1}. \qquad (3.154)$$

Wenn die Verteilungsfunktionen der Bedienungszeiten der Programme in der zentralen Verarbeitungseinheit bekannt sind, erhält man konkrete Ausdrücke für $V_1^*(s)$ und $V_2^*(s)$. Deren Momente ergeben sich mit Hilfe des Differentiationssatzes der LAPLACE-STIELTJES-Transformation.

Bedienungssysteme mit Rückkopplung; Round-Robin-Modelle

Die Bedienungssysteme, die wir nun behandeln, weisen folgende Besonderheit auf: Eine Forderung, die sich bereits im Bedienungskanal befand, kann zur Bedienungsanlage zurückkehren, um dann erneut das System zu durchlaufen (z. B. um vollständig bearbeitet zu werden). Es liegt somit ein Bedienungssystem mit Rückkopplung vor (Abb. 3.14). Durch Prioritätsregeln bzw. Scheduling-Algorithmen lassen sich Festlegungen treffen, ob und wie die zurückgeführten Forderungen mit Vorzug

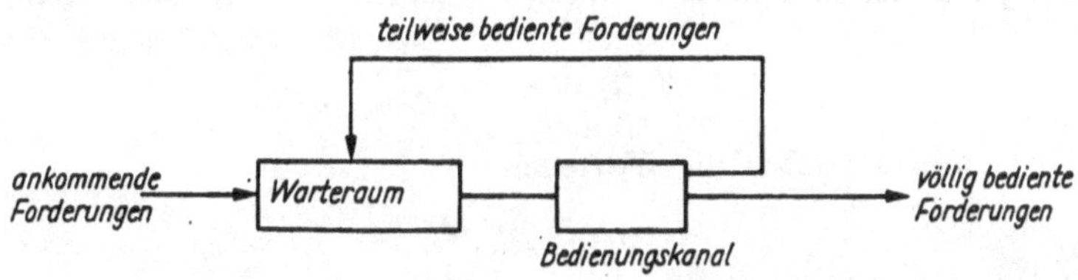

Abb. 3.14. Bedienungssystem mit Rückkopplung

abgefertigt werden oder nicht. Die Auswahlregel dafür, daß eine Forderung zurückgeführt wird, kann auf verschiedene Weise definiert werden. Wir legen sie wie folgt fest: Jede Forderung, die in den Bedienungskanal eintritt, darf nur ein bestimmtes *Zeitquantum* T_q verweilen. Ist die (zufällige) Bedienungszeit $t_b \leq T_q$, so kann der Auftrag als erledigt betrachtet werden. Folglich verläßt die entsprechende Forderung das Bedienungssystem. Andernfalls erfolgt nach der Rückführung eine erneute Bearbeitung. Dieser Vorgang wiederholt sich solange, bis der Auftrag völlig erledigt ist. Das beschriebene Bedienungsmodell bezeichnet man auch als sog. *Round-Robin-Modell.*

Es wurde von KLEINROCK für die Untersuchung von EDVA im *Time-Sharing-Betrieb* angewandt. Bei Rechnern dieser Art erhält jeder Nutzer (Job) für eine bestimmte Zeitdauer T_q den Prozessor zugeteilt. Genügt diese Zeit nicht für die Verarbeitung, so wird die Bedienung abgebrochen und die teilweise erledigte Aufgabe an das Warteschlangenende zurückgestellt. Zugleich wird mit der Bearbeitung einer neuen Aufgabe begonnen. Auf diese Weise werden kurze Jobs (Forderungen, die kurze Bedienungszeiten benötigen) schneller bearbeitet als Aufgaben, die hohen Rechenaufwand erfordern. Wenn das Zeitquantum T_q gegen Null geht, ergibt sich aus dem beschriebenen System das Modell des *Prozessor-Sharings*. Hier teilen sich alle Jobs (Aufgaben), die in der Anlage vorhanden sind, die Verarbeitungseinheit gleichartig auf.

Wir gehen bei der Untersuchung des Bedienungssystems mit Rückkopplung davon aus, daß die Verteilungsfunktion der Ankunftszeit zwischen den eintreffenden Forderungen $A(t)$ bekannt ist und ebenso die Bedienungszeitverteilung $B(t)$. Die Aufenthaltszeit einer Forderung im Bedienungssystem ist seine Verweilzeit t_v. Die mittlere Verweilzeit einer Forderung hängt davon ab, wie oft sie in der Bedienungsanlage war. Wir nennen diese Verweilzeit im folgenden $T_v(t)$. Eine Forderung, die im System die Bedienungszeit t in Anspruch nimmt, muß im Mittel

$$T_w(t) = T_v(t) - t \tag{3.156}$$

Zeiteinheiten auf Bedienung warten. Wir nehmen jetzt an, daß eine zum Warteraum zurückgekehrte Forderung an das Ende der vorhandenen Warteschlange tritt und mit den neuankommenden Aufträgen erneut dem Bedienungskanal zugeführt wird. Das jeder Forderung im Bedienungskanal zur Verfügung stehende Zeitquantum T_q soll infinitesimal klein sein. In diesem Grenzfall nimmt die Forderung unendlich oft (aber auch unendlich schnell) den Bedienungskanal in Anspruch, wobei jedesmal die Bedienungszeit $T_q \to 0$ beträgt. Wenn die akkumulierten Bedienungszeitabschnitte mit der notwendigen Bedienungszeit t übereinstimmen, verläßt schließlich die Forderung das System. Der beschriebene Bedienungsmechanismus (T_q infinitesimal klein) bietet für die analytische Lösung einige Vorzüge. Unter der Annahme, daß die Zwischenankunftszeit der ankommenden Forderungen exponentialverteilt ist, gilt nämlich bei beliebiger Bedienungszeitverteilung für das Round-Robin-Modell [3.47]

$$T_v(t) = \frac{t}{1 - \varrho}\,. \tag{3.157}$$

Daraus ergibt sich unmittelbar die Wartezeit

$$T_w(t) = \frac{t\varrho}{1 - \varrho}\,. \tag{3.158}$$

Sie ist ebenso wie die bedingte Verweilzeit $T_v(t)$ direkt proportional zur erforderlichen Bedienungszeit.

Bei exponentialverteilter Bedienungszeit erfordert die Erledigung eines Auftrages eine mittlere Bedienungszeit von $1/\mu$. In diesem Fall stimmen die Gleichungen (3.157) und (3.158) des Round-Robin-Modells mit den bekannten Ergebnissen des M/M/1-Systems für die mittlere Warte- und Bedienunsgzeit überein. Wenn eine Aufgabe bei exponentialverteilter Bedienungszeit eine Bearbeitungszeit $t_b < 1/\mu$ erfordert, besitzt die Round-Robin-Abfertigung natürlich den Vorzug der kleineren Verweilzeit. Entsprechend bleiben Aufgaben mit größerem Bedienungsaufwand als $1/\mu$ länger in der Anlage.

Wir betrachten nun das vereinfachte Modell eines Rechnersystems, das im interaktiven Betrieb arbeitet (Abb. 3.15). An den Rechner (Bedienungsanlage mit Round-Robin-Rückkopplung) sind n Terminals angeschlossen. Ist ein abgesetzter Auftrag erledigt, so kehrt er an das betreffende Terminal als Antwort zurück. Der am Terminal arbeitende Nutzer reagiert auf die erhaltene Antwort nach einer gewissen (zufällig verteilten) Zeit und gibt einen neuen Auftrag ab. Bis zum Eintreffen der nächsten Antwort wartet der Nutzer. Die Zeit zwischen zwei Forderungen, die von einem

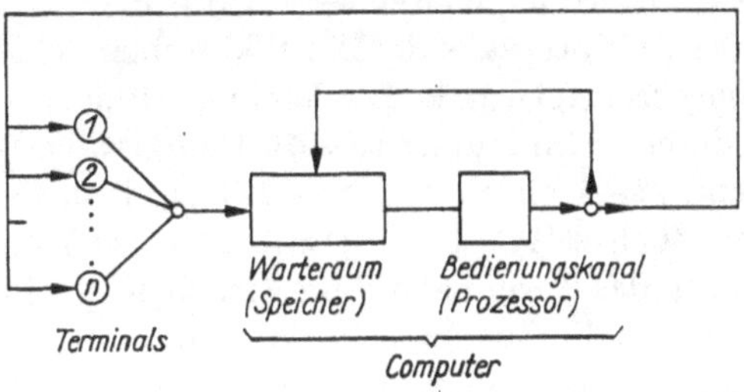

Abb. 3.15. Modell eines Rechnersystems im interaktiven Betrieb

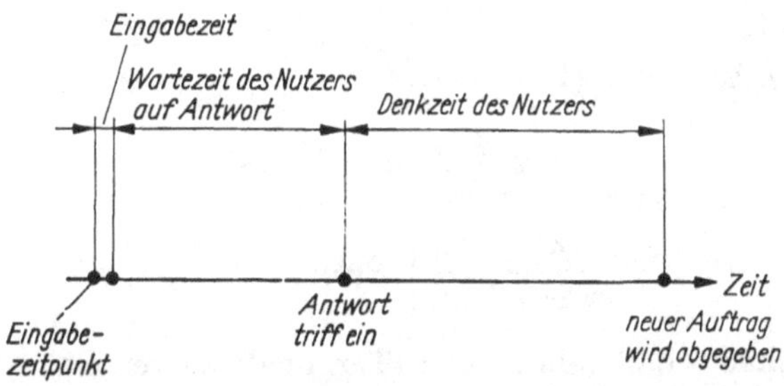

Abb. 3.16. Zur Bestimmung der Zwischenankunftszeit beim Bedienungssystem gemäß Abb. 3.15

Terminal abgehen (Zwischenankunftszeit t_{ZA}) setzt sich gemäß Abb. 3.16 aus der Eingabezeit des Auftrages, der Wartezeit des Nutzers auf die Reaktion des Rechners (Bedienungsanlage) und der Denkzeit des Nutzers (Zeit für die Formulierung eines neuen Auftrages) zusammen. Für die Zwischenankunftszeit und die Bedienungszeit der Aufträge nehmen wir Exponentialverteilungen mit den Erwartungswerten $1/\lambda$ bzw. $1/\mu$ an. In diesem Falle ergeben sich für die analytische Berechnung folgende Vorteile:

— Die Wahrscheinlichkeit, daß ein Auftrag im Rechner in der Zeit $\mathrm{d}t$ abgearbeitet ist, ist unabhängig von der bereits in Anspruch genommenen Bedienungszeit T:

$$\mathsf{P}\,(\text{verbleibende Bedienungszeit} \leqq \mathrm{d}t) = \frac{\mathsf{P}(T < t < T + \mathrm{d}t)}{\mathsf{P}(t > T)} = \frac{\mu e^{-\mu T}\,\mathrm{d}t}{\mathrm{e}^{-\mu T}} = \mu\,\mathrm{d}t\,. \tag{3.159a}$$

— Eine nach T Zeiteinheiten unterbrochene Bedienung besitzt bei exponentialverteilter Bedienungszeit eine Restbedienungszeit $t - T$, die ebenfalls der Exponentialverteilung unterliegt:

$$\mathsf{P}\,(\text{Restbedienungszeit} \leqq \Delta t) = \frac{\mathsf{P}(T < t < T + \Delta t)}{\mathsf{P}(t > T)} = \frac{e^{-\mu T} - e^{\mu(T+\Delta t)}}{e^{-\mu T}} =$$
$$= 1 - e^{-\mu \Delta t}. \tag{3.159b}$$

Somit geht die Dauer der Zeitquanten T_q der Round-Robin-Abfertigung gar nicht in die weitere Betrachtung ein. Das betrachtete interaktive System kann sich in $n + 1$ Zuständen befinden, da 0, 1, ..., n Terminals auf Antwort warten können. Die entsprechenden Zustandswahrscheinlichkeiten seien $P(0), P(1), \ldots, P(n)$. Wir betrachten das System während des Zeitintervalls $\mathrm{d}t$. Die Wahrscheinlichkeit, daß in dieser Zeit ein Auftrag das System verläßt, ist $\mu\,\mathrm{d}t$. Die Wahrscheinlichkeit für die Generierung eines neuen Auftrages durch einen Nutzer ist $\lambda\,\mathrm{d}t$. Dann ist die Wahrscheinlichkeit für eine Ankunft im Zustand $j - 1$ gleich $(n - j + 1)\,\lambda\,\mathrm{d}t$, denn $j - 1$ Terminals warten stets auf Antwort. Schließlich ist $1 - [(n - j)\,\lambda + \mu]\,\mathrm{d}t$ die Wahrscheinlichkeit dafür, daß weder eine Forderung das Terminalsystem verläßt noch eine Forderung eintrifft. Mit diesen Angaben erhalten die Zustandsgleichungen die Form:

$$\begin{aligned}
P(0) &= P(0)\,(1 - n\lambda\,\mathrm{d}t) + P(1)\,\mu\,\mathrm{d}t\,,\\
P(j) &= P(j-1)\,(n - j + 1)\,\lambda\,\mathrm{d}t + P(j)\,[1 - (n - j)\,\lambda + \mu)\,\mathrm{d}t] + P(j+1)\,\mu\,\mathrm{d}t,\\
&\qquad 0 < j < n\,,\\
P(n) &= P(n-1)\,\lambda\,\mathrm{d}t + P(n)\,(1 - \mu\mathrm{d}t)\,.
\end{aligned} \tag{3.160}$$

Mit der Normalisierungsbedingung $\sum_{j=0}^{n} P(j) = 1$ wird

$$P(j) = \frac{n!}{(n-j)!}\left(\frac{\lambda}{\mu}\right)^j P(0); \qquad 0 \leqq j \leqq n\,. \tag{3.161}$$

Die Wahrscheinlichkeit, daß kein Nutzer (Terminal) wartet, ist

$$P(0) = \left[\sum_{j=0}^{n} \frac{n!}{(n-j)!}\left(\frac{\lambda}{\mu}\right)^j\right]^{-1}. \tag{3.162}$$

Wir führen nun die Antwortzeit T_a und die Zirkulationszeit $T_z = 1/\lambda + T_a$ ein. Unter der Zirkulationszeit verstehen wir das mittlere Zeitintervall zwischen zwei aufeinanderfolgenden Forderungen durch denselben Nutzer. Das Verhältnis λ^{-1}/T_z ist der normierte Zeitanteil, während der ein Nutzer im Mittel eine neue Forderung formuliert (d. h., es ist seine mittlere relative Denkzeit). Bei n Nutzern, die mit der Intensität λ Forderungen erzeugen, ergibt sich eine mittlere Inputrate von

$$\lambda_{\text{input}} = n\lambda\,\frac{\lambda^{-1}}{T_z}\,.$$

Bei ständig belegtem Prozessor (Bedienungskanal) verlassen μ erledigte Aufträge je Zeiteinheit das System. Die Wahrscheinlichkeit, daß der Prozessor in Anspruch genommen wird, ist $1 - P(0)$. Daraus ergibt sich die mittlere Intensität von bedienten Aufträgen zu $\mu(1 - P(0))$. Im stationären Zustand ist die Intensität des Eingangsstromes der Forderungen gleich der Intensität der bedienten Aufträge, also

$$\lambda_{\text{input}} = \mu\big(1 - P(0)\big)\,.$$

Daraus ergibt sich die mittlere Antwortzeit je Auftrag zu

$$T_a = \frac{n}{\mu(1 - P(0))} - \frac{1}{\lambda}. \tag{3.163}$$

Die Antwortzeit T_a bleibt bei kleinem n konstant, um dann stetig mit der Anzahl der Terminals anzusteigen. Die Grenze, von der an T_a mit der Terminalzahl n zu wachsen beginnt, n_{gr}, kann man durch die folgende auf KLEINROCK zurückgehende Überlegung bestimmen: Angenommen jede Bedienung erfordere die Zeit $1/\mu$ und es gelänge, den eintreffenden Forderungsstrom so zu steuern, daß die Zwischenankunftszeit genau den Wert $1/\lambda$ hat. Solange das System ohne Wartezeit auf einen Auftrag reagiert, wird alle $(1/\lambda + 1/\mu)$ Zeiteinheiten der Prozessor für die Zeit $1/\mu$ von jedem Nutzer belegt. Die gesuchte Grenze ergibt sich aus dem Verhältnis

$$\frac{1/\lambda + 1/\mu}{1/\mu} = n_{gr} = 1 + \frac{\mu}{\lambda}.$$

Für den Subtrahenden $1/\lambda$ in (3.163) setzen wir den Wert $(n_{gr} - 1)/\mu$ ein und erhalten die Gleichung

$$T_a = \left(\frac{n}{1 - P(0)} - n_{gr} + 1\right)\mu^{-1}. \tag{3.164}$$

Falls $n \ll n_{gr}$ ist, hat die Antwortzeit einen fast unveränderlichen, kleinen Wert. Die Wahrscheinlichkeit, daß mehr als eine Forderung im System ist, kann dann vernachlässigt werden. $n/(1 - P(0))$ ist ungefähr konstant. Im Falle $n \gg n_{gr}$ sind stets Forderungen im System, und es ist $P(0) \approx 0$. Dann ist

$$T_a \approx (n - n_{gr} + 1) \cdot \mu^{-1}, \tag{3.165}$$

und die Antwortzeit des interaktiven Systems nimmt proportional mit der Nutzerzahl zu.

Gekoppelte Bedienungssysteme – Bedienungsnetze

Für die Untersuchung des Nachrichtenverkehrs in Netzen mit Speichervermittlung oder für das Studium des Verhaltens autonomer und gekoppelter EDVA mit Hilfe der Bedienungstheorie macht es sich erforderlich, gekoppelte Bedienungssysteme bzw. Bedienungsnetze einzuführen. Wie bei den bisher behandelten Einzelbedienungssystemen gibt es auch bei gekoppelten, mehrphasigen Systemen keine universelle Berechnungsmethode, die für alle Fälle gleichermaßen Gültigkeit besitzt. Wir können jedoch bei den im folgenden betrachteten gekoppelten Systemen vielfach auf das Einzelbedienungssystem zurückgreifen. Dabei wird stets nur der stationäre Fall betrachtet.

Serien- und Parallelschaltung von Einzelbedienungssystemen mit unbegrenztem Speicher

Es ist unsere Absicht, für ein Bedienungssystem aus hintereinander oder parallel geschalteten Einzelbedienungssystemen ohne innere Quellen eine Berechnungsmöglichkeit zu finden. Hierzu bedarf es neben der Annahme der Stationarität weiterer Voraussetzungen. Wir nehmen für beide Schaltungsarten an, daß keine der Forderungen, die in das Gesamtsystem eintreten, verloren gehen. Von den gekoppelten reinen Wartesystemen seien weiterhin die Verteilungsfunktionen der Verweilzeiten bekannt, und uns soll zunächst nur die Verteilungsfunktion der Gesamtverweilzeit interessieren.

Bei der Serienschaltung von k Einzelbedienungssystemen (Abb. 3.17a) mit der Verteilungsfunktion $V_i^*(s)$ der Verweilzeit im Bildbereich, $i = 1, \dots, k$, gilt für Verweilzeitverteilung im Gesamtsystem

$$V^*(s) = \prod_{i=1}^{k} V_i^*(s) \tag{3.166}$$

mit $V_i^*(s) = W_i^*(s)\, B_i^*(s)$. Die Einfachheit dieser Beziehungen darf nicht darüber

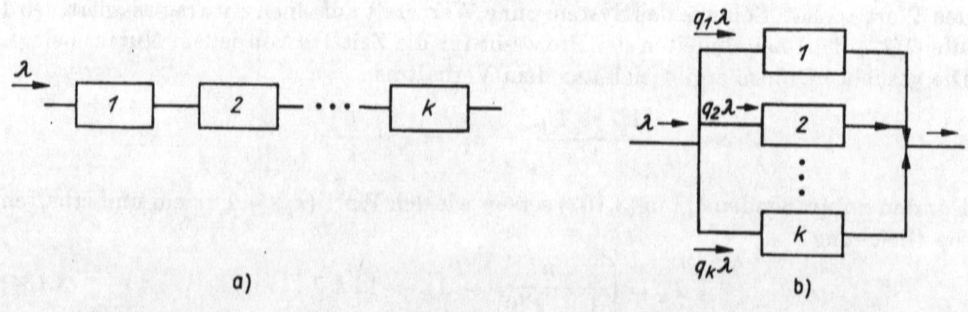

Abb. 3.17. Serien- und Parallelschaltung von Einzelbedienungssystemen

hinwegtäuschen, daß sich bei ihrer praktischen Anwendung z. T. unlösbare Probleme ergeben. Das liegt daran, daß die Wartezeitverteilungen $W_i^*(s)$ bzw. die statistischen Verteilungen der bedienten Forderungen oft nicht bekannt sind. Relativ unkompliziert ist die Serienschaltung von M/M/1-Systemen. Hier gilt nämlich der wichtige Satz (*Output-Theorem*): *Die Zeitabstände der bedienten Forderungen eines Einkanalbedienungssystems mit* POISSON-*Eingangsstrom und exponentialverteilter Bedienungszeit sind exponentialverteilt.* Dabei wird neben der Stationarität vorausgesetzt, daß die Abfertigung unabhängig von der Bedienungsdauer der wartenden Forderungen erfolgt. Das Output-Theorem läßt sich ohne Schwierigkeiten beweisen. Gegeben sind die Verteilungsfunktionen

$$\mathrm{P}(t_a = t) = A(t) = 1 - \mathrm{e}^{-\lambda t}, \quad t \geqq 0,$$
$$\mathrm{P}(t_b = t) = B(t) = 1 - \mathrm{e}^{-\mu t}, \quad t \geqq 0.$$

Vom Einkanalbedienungssystem ist bekannt, daß mit der Wahrscheinlichkeit $\varrho = \lambda/\mu$ der Kanal ausgelastet ist. Mit dieser Wahrscheinlichkeit ist die Abgangszeit einer Forderung gleich der Bedienungszeit: $t_{ab} = t_b$. Falls das System nach der Abfertigung einer Forderung leer ist, ergibt sich die (zufällige) Zeit bis zum nächsten Abgang einer Forderung aus der Zeit bis zum nächsten Eintreffen einer Forderung Zwischenankunftszeit t_a und der Bediendauer. Die Wahrscheinlichkeit, daß $t_{ab} = t_a + t_b$ ist, beträgt $1 - \varrho$. Für die Verteilungsfunktion der Abstandsintervalle der bedienten Forderungen gilt dann

$$F(t_{ab}) = B(t_{ab}) + (1 - \varrho) \int_0^{t_{ab}} B(t_{ab} - t_a)\, \mathrm{d}A(t_a). \tag{3.167}$$

Übergang zur LAPLACE-STIELTJES-Transformation ergibt

$$F^*(s) = \varrho B^*(s) + (1 - \varrho)\, B^*(s)\, A^*(s). \tag{3.168}$$

Alle Verteilungsfunktionen auf der rechten Seite sind bekannt (vgl. Tabelle 3.4). Wir erhalten schließlich

$$F^*(s) = \varrho \frac{\mu}{\mu + s} + \frac{(1 - \varrho)\, \mu\lambda}{(\mu + s)\,(\lambda + s)} = \frac{\lambda}{\lambda + s}\,. \tag{3.169}$$

Es ist also $F^*(s) = A^*(s)$. Folglich sind die Zeitabstände der bedienten Forderungen ebenso verteilt wie beim POISSONschen Eingangsstrom. Das Output-Theorem für MARKOWsche Bedienungssysteme besitzt weitreichende Bedeutung für die Untersuchung von Bedienungsnetzen, die wir unten behandeln.

Wir kommen nun zur *Parallelschaltung von reinen Wartesystemen* (Abb. 3.17b). Der Eingangsstrom mit der Intensität λ werde so auf die Teilsysteme aufgeteilt, daß

$$\lambda = \sum_{i=1}^{k} \lambda_i = \sum_{i=1}^{k} q_i \lambda; \qquad \sum_{i=1}^{k} q_i = 1 \tag{3.170}$$

ist. Bei bekannten Verteilungsfunktionen der Verweilzeiten im Bildbereich gilt für das Gesamtsystem:

$$V^*(s) = \sum_{i=1}^{k} q_i\, V_i^*(s)\,. \tag{3.171}$$

Offene MARKOW*sche Bedienungsnetze ohne Blockierung*

Ein offenes MARKOWsches Bedienungsnetz ohne Blockierung ist durch folgende Merkmale beschrieben:

- Alle Eingangsforderungsströme (Gesamtintensität λ) sind POISSON-Ströme.
- Die Bedienungszeiten aller Bedienungskanäle sind exponentialverteilt.
- Sämtliche Bedienungsanlagen besitzen unbegrenzte Warteräume.
- Die Abfertigungsdisziplin der wartenden Forderungen ist unabhängig von der Bedienungszeit und dem Weg der Forderungen im Netz.
- Der Forderungsdurchlauf im Netz ist durch eine Matrix der Übergangswahrscheinlichkeiten zwischen den Knoten gegeben (stochastische Wegauswahl).

Wenn die genannten Bedingungen auf ein Netz zutreffen, gilt folgendes Theorem: *In einem offenen* MARKOW*schen Bedienungsnetz ohne Blockierung arbeitet jede Bedienungsanlage im statistischen Sinne als unabhängiges Bedienungssystem* (*Satz von* JACKSON). Bei Netzen der beschriebenen Art gilt selbstverständlich das Superpositionsprinzip POISSONscher Ereignisströme und das Output-Theorem. Der Satz von JACKSON bildet die Grundlage für die sog. *Dekompositionsmethode.* Darunter versteht man ein methodologisches Hilfsmittel für die Untersuchung von Bedienungsnetzen, bei dem das Netz in seine einzelnen Bedienungsanlagen zerlegt und jede getrennt voneinander brechnet wird.

Die Anwendung des Satzes von JACKSON auf Netze mit Nachrichtenvermittlung bedarf einer zusätzlichen Annahme. Die Nachrichtenlänge bleibt gewöhnlich beim Durchgang durch ein Netz erhalten. Daher sind Bedienungszeiten und Ankunftszeiten korrelliert. KLEINROCK konnte zeigen, daß in vermaschten Bedienungsnetzen, in denen mehrere Forderungsströme existieren, die Ankunftszeit der Forderung eines Stromes λ_i weitestgehend unabhängig von der Länge einer Forderung (Nachricht) aus einem Forderungsstrom λ_{i+1} ist. Bei vermaschten Nachrichtennetzen ist daher folgende *Unabhängigkeitsannahme* zulässig: Beim Empfang einer Forderung an einer

Bedienungsanlage des Netzes wird für diese Forderung eine neue Länge l mit der Dichtefunktion

$$p(l) = \frac{1}{E(l)} \, e^{-l/E(l)}$$

so ausgewählt, daß die Exponentialverteilung der Forderungs-(bzw. Nachrichten-)längen erhalten bleibt. Damit ist die Dekompositionsmethode auch auf Netze mit Nachrichtenvermittlung anwendbar. Wir wollen die Einfachheit der mathematischen Beziehungen, die sich bei Anwendung der Dekompositionsmethode ergeben, am Beispiel eines Netzes mit Nachrichtenvermittlung veranschaulichen. Dabei soll uns die mittlere Verzögerungszeit je Nachricht interessieren. Es ist dies die mittlere Aufenthaltszeit einer Nachricht im Netz. Es sei T_{ij} die mittlere Verzögerungszeit für Nachrichten, die von einem Knoten i zu einem Knoten j übertragen werden. Die mittlere Ankunftszahl der entsprechenden Nachrichten sei n_{ij} je Zeiteinheit. Diese Zahl sei POISSON-verteilt. Die Nachrichtenlänge sei exponentialverteilt mit dem Erwartungswert $1/\mu$ bit je Nachricht. Die Gesamtzahl der je Zeiteinheit in das Netz eintretenden Nachrichten ist

$$n = \sum_{\forall i,j} n_{ij} \, . \tag{3.172}$$

Dann ist die mittlere Nachrichtenverzögerung im Netz die gewichtete Summe der einzelnen Verzögerungszeiten:

$$T = \sum_{\forall i,j} \frac{n_{ij}}{n} T_{ij} \, .$$

In jedem Kanal k sei die Durchsatzrate gleich λ_k (Nachrichten je Zeiteinheit); C_k sei die Kanalkapazität in bit/s und T_k sei die mittlere Zeit, die jede Nachricht vor der Übertragung warten muß und für die sie den i-ten Kanal belegt. Wenn wir den Durchsatz λ_k den Raten n_{ij} zuordnen, wird

$$T = \sum_{\forall k} \frac{\lambda_k}{n} T_k \, . \tag{3.173}$$

T_k wird aus der bereits bekannten Beziehung für die Verweilzeit von M/M/1-Systemen berechnet. Die mittlere Bedienungszeit für Nachrichten der mittleren Länge $1/\mu$ (bit/Nachricht) ist $T_{bk} = 1/\mu C_k$. Für die Verweilzeit T_k gilt dann

$$T_k = T_{wk} + T_{bk} = \frac{1}{\mu C_k - \lambda_k} \, . \tag{3.174}$$

Hinsichtlich der mittleren Verzögerungszeit ist damit das Nachrichtennetz nach der Dekompositionsmethode analysiert.

Reihenschaltnng von Warte/Verlustsystemen

In diesem Abschnitt befassen wir uns mit Warte-Verlustsystemen, speziell mit sog. Tandemsystemen. Darunter verstehen wir die Hintereinanderschaltung von zwei Bedienungssystemen gemäß Abb. 3.18. Es wird für Systeme dieser Art die Abkürzung WVS (r_1, r_2) eingeführt und damit die Zahl der Warteplätze in den einzelnen Systemen symbolisiert. Weiterhin wird stets vorausgesetzt, daß Ankunfts- und Bedienungszeiten exponentialverteilt sind.

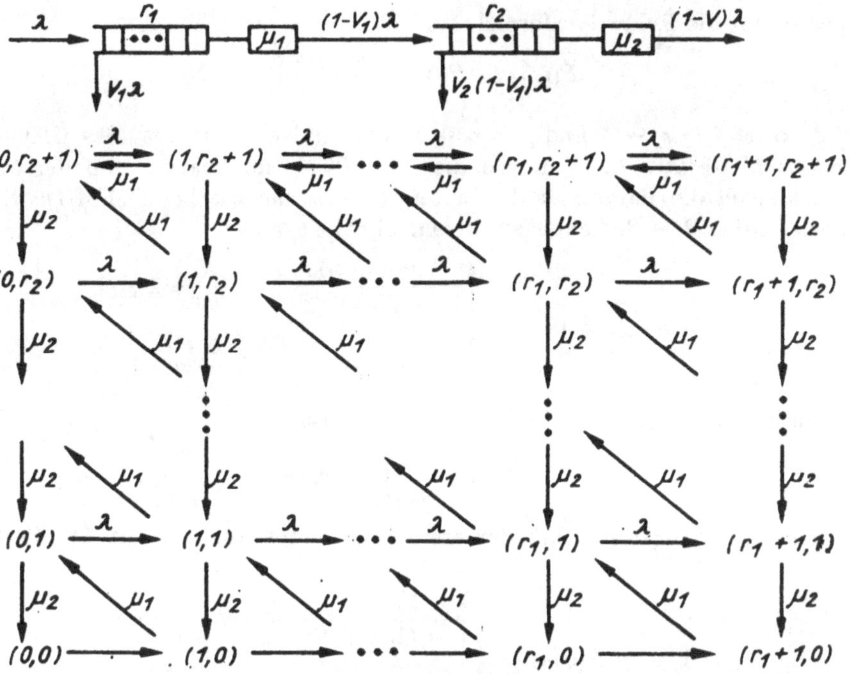

Abb. 3.18. Reihenschaltung von zwei Warte-Verlust-Systemen und Zustandsgraph des Tandemsystems

Zum Aufstellen des Gleichungssystems der stationären Zustandswahrscheinlichkeiten führen wir die Bezeichnung $P(i, j)$ ein. Das ist die stationäre Wahrscheinlichkeit dafür, daß sich im ersten System i und im zweiten j Forderungen befinden. Für das in Abb. 3.18 dargestellte Tandemsystem lauten die Kolmogorowschen Gleichungen:

$$P(0, 0)\,\lambda = P(0, 1)\,\mu_2\,,$$

$$P(i, 0)\,(\mu_1 + \lambda) = P(i - 1, 0)\,\lambda + P(i, 1)\,\mu_2; \quad 1 \leqq i \leqq r_1\,,$$

$$P(r_1 + 1, 0)\,\mu_1 = P(r_1, 0)\,\lambda + P(r_1 + 1)\,\mu_2\,,$$

$$P(0, j)\,(\lambda + \mu_2) = P(1, j - 1)\,\mu_1 + P(0, j + 1)\,\mu_2; \quad 1 \leqq j \leqq r_2\,,$$

$$P(0, r_2 + 1)\,(\lambda + \mu_2) = P(1, r_2)\,\mu_1 + P(1, r_2 + 1)\,\mu_2\,,$$

$$P(i, r_2 + 1)\,(\lambda + \mu_1 + \mu_2) = \lambda P(i - 1, r_2 + 1) + P(i + 1, r_2)\,\mu_1 + P(i + 1, r_2 + 1)\,\mu_1; \quad 1 \leqq i \leqq r_1\,,$$

$$P(r_1 + 1, r_2 + 1)\,(\mu_1 + \mu_2) = P(r_1 r_2 + 1)\,\lambda\,,$$

$$P(r_1 + 1, j)\,(\mu_1 + \mu_2) = P(r_1, j)\,\lambda + P(r_1 + 1, j + 1)\,\mu_2\,, \quad 1 \leqq j \leqq r_2\,,$$

$$P(i, j)\,(\lambda + \mu_1 + \mu_2) = P(i - 1, j)\,\lambda + P(i + 1, j - 1)\,\mu_1 + P(i, j + 1)\,\mu_2, \quad 1 \leqq i \leqq r_1, \quad 1 \leqq j \leqq r_2\,.$$

Mit der Normalisierungsbedingung (3.175a)

$$\sum_{i=0}^{r_1+1} \sum_{j=0}^{r_2+1} P(i, j) = 1\,. \tag{3.175b}$$

Für $r_1 = \infty$ gilt die Rekursionsformel

$$P(i, j) = P(0, 0) \left(\frac{\lambda}{\mu_1}\right)^i \left(\frac{\lambda}{\mu_2}\right)^j . \tag{3.176}$$

Bei $r_1 < \infty$ ist $i = r_1 + 1$ und $j = r_2 + 1$, und es ist notwendig, das Gleichungssystem (3.175) iterativ zu lösen. Da die erste Phase unabhängig von der zweiten arbeitet, können die Parameter des ersten Teilsystems wie beim M/M/1/r_1-System berechnet werden. Die Bedienungswahrscheinlichkeit lautet

$$B_1 = \sum_{j=0}^{r_2+1} P(0, j) = \begin{cases} \dfrac{1 - (\lambda_1/u_1)}{1 - (\lambda_1/u_1)^{r_1+2}}\,; & \dfrac{\lambda}{\mu_1} \neq 1\,, \\ \dfrac{1}{r_1 + 2}\,; & \dfrac{\lambda}{\mu_1} = 1\,. \end{cases}$$

Die Verlustwahrscheinlichkeit des ersten Systems ist

$$V_1 = \sum_{j=0}^{r_2+1} P(r_1 + 1, j) = \left(\frac{\lambda}{\mu_1}\right)^{r_1+1} B_1 = 1 - \frac{Y_1}{(\lambda_1/u_1)} . \tag{3.178}$$

Y_1 ist der Erwartungswert, daß der erste Bedienungskanal besetzt ist (Verkehrswert):

$$Y_1 = 1 - \sum_{j=0}^{r_2+1} P(0, j) = \begin{cases} \dfrac{1 - (\lambda_1/\mu_1)^{r_1+1}}{1 - (\lambda_1/\mu_1)^{r_1+2}} \cdot \dfrac{\lambda_1}{\mu_1}\,; & \dfrac{\lambda}{\mu_1} \neq 1 \\ \dfrac{r_1 + 1}{r_1 + 2}\,; & \dfrac{\lambda}{\mu_1} = 1\,. \end{cases} \tag{3.179}$$

Die mittlere Zahl der im 1. Teilsystem wartenden Forderungen ist

$$L_1 = \begin{cases} \dfrac{(\lambda_1/\mu_1)^2}{1 - (\lambda_1/\mu_1)} \, \dfrac{1 - (r_1 + 1)\,(\lambda_1/\mu_1)^{r_1} + r_1(\lambda_1/\mu_1)^{r_1+1}}{1 - \lambda_1/\mu_1}\,; & \dfrac{\lambda_1}{\mu_1} \neq 1\,, \\ \dfrac{r_1(r_1 + 1)}{2(r_1 + 1)}\,; & \dfrac{\lambda_1}{\mu_1} = 1\,. \end{cases} \tag{3.180}$$

Die mittlere Anzahl der Forderungen im ertsen Teilsystem ergibt sich damit zu $L_{v1} = L_1 + Y_1$. Die Erwartungswerte der Warte- und Verweilzeiten sind

$$T_{w1} = \frac{L_1}{(1 - Y_1)\,\lambda} = \frac{1}{\mu_1} \cdot \frac{L_1}{Y_1}\,, \tag{3.181}$$

$$T_{v1} = T_{w1} + T_{b1} = \frac{L_{v1}}{(1 - V_1)\,\lambda} = \frac{1}{\mu_1} \cdot \frac{L_{v1}}{Y_1}\,. \tag{3.182}$$

Die entsprechenden Parameter für das zweite Teilsystem werden mit Hilfe der Zustandswahrscheinlichkeiten $P(i, j)$ gewonnen:

$$Y_2 = 1 - \sum_{i=0}^{r_1+1} P(i, 0)\,, \tag{3.183}$$

$$L_2 = \sum_{j=2}^{r_2+1} (j - 1) \sum_{i=0}^{r_1+1} P(i, j)\,, \tag{3.184}$$

$$L_{v2} = L_2 + Y_2\,, \tag{3.185}$$

$$T_{w2} = \frac{1}{\mu_2} \frac{L_2}{Y_2}\,; \qquad T_{v2} = T_{w2} + T_{b2} = \frac{1}{\mu_2} \cdot \frac{L_{v2}}{Y_2}\,. \tag{3.186}$$

Die Bedienungswahrscheinlichkeit des gesamten Tandemsystems berechnet sich zu

$$B = \sum_{j=0}^{r_1+1} P(0, j) \left(\frac{\mu_2}{\mu_1 + \mu_2} \right)^j . \tag{3.187}$$

Für die Wahrscheinlichkeit, daß beim betrachteten System eine Forderung nicht bedient, sondern abgewiesen wird (Verlustwahrscheinlichkeit), nutzen wir die Beziehung $Y_2 = (1 - V)(\lambda_2/\mu_2)$ und erhalten

$$V = 1 - \frac{\mu_2 Y_2}{\lambda_2} . \tag{3.188}$$

Andererseits ist die Gesamtverlustwahrscheinlichkeit wie folgt definierbar:

$$V = V_1 + V_2 - V_1 V_2 .$$

Unter Benutzung der oben erhaltenen Beziehungen läßt sich daraus die Wahrscheinlichkeit berechnen, daß eine im ersten Teilsystem bediente Forderung vom zweiten abgewiesen wird

$$V_2 = 1 - \frac{(\lambda_1/\mu_1)\, Y_2}{(\lambda_2/\mu_2)\, Y_1} . \tag{3.189}$$

Der Verkehrswert des Gesamtsystems ist $Y = Y_1 + Y_2$. Für die vom Tandemsystem erfolgreich bedienten Forderungen gilt

$$Y_{\text{bed}} = Y_1(1 - V_2) + Y_2 = (1 - V)\,\varrho = \lambda_{\text{bed}}/\mu . \tag{3.190}$$

λ_{bed} ist der Erwartungswert der Stromintensität am Systemausgang. Da sich die mittleren Bedienungszeiten addieren lassen, gilt für das Gesamtsystem

$$T_{\text{b}} = T_{\text{b1}} + T_{\text{b2}} = \frac{1}{\mu_1} + \frac{1}{\mu_2} = \frac{1}{\mu} . \tag{3.191}$$

Entsprechendes gilt für die anderen Erwartungswerte

$$\left. \begin{aligned} T_{\text{w}} &= T_{\text{w1}} + T_{\text{w2}}; & T_{\text{v}} &= T_{\text{v1}} + T_{\text{v2}} , \\ L_{\text{w}} &= L_1 + L_2; & L_{\text{v}} &= L_{\text{v1}} + L_{\text{v2}} . \end{aligned} \right\} \tag{3.192}$$

Die Berechnung der Parameter des zweiten Teilsystems ist nur über die numerische Lösung des Gleichungssystems (3.175) möglich. Für Näherungsrechnung bietet sich die Dekompositionsmethode an, allerdings unter der Annahme eines Poisson-verteilten Eingangsstroms am zweiten System. Man rechnet dabei die Parameter des ersten Systems exakt nach (3.177) bis (3.182) aus und die zweite Phase näherungsweise als M/M/r_2-System mit der Ankunftsrate $\lambda_2 = \lambda(1 - V_1)$.

Serielle Bedienung mit Blockierung

Die Berechnung der Mehrphasenbedienungssysteme wird erheblich erschwert, wenn die Wartespeicher der einzelnen Teilsysteme begrenzt sind und gleichzeitig die Bedingung gestellt wird, daß die Forderungen alle Phasen durchlaufen. Das bedeutet Blockierung des bereits passierten Bedienungsgeräts (Kanals), falls der jeweilige Wartespeicher voll wird.

Im folgenden soll das Zweiphasensystem mit unbegrenztem Eingangswarteraum ($r_1 = \infty$) und begrenzter Anzahl der Warteplätze im zweiten Teilsystem ($r_2 = r < \infty$)

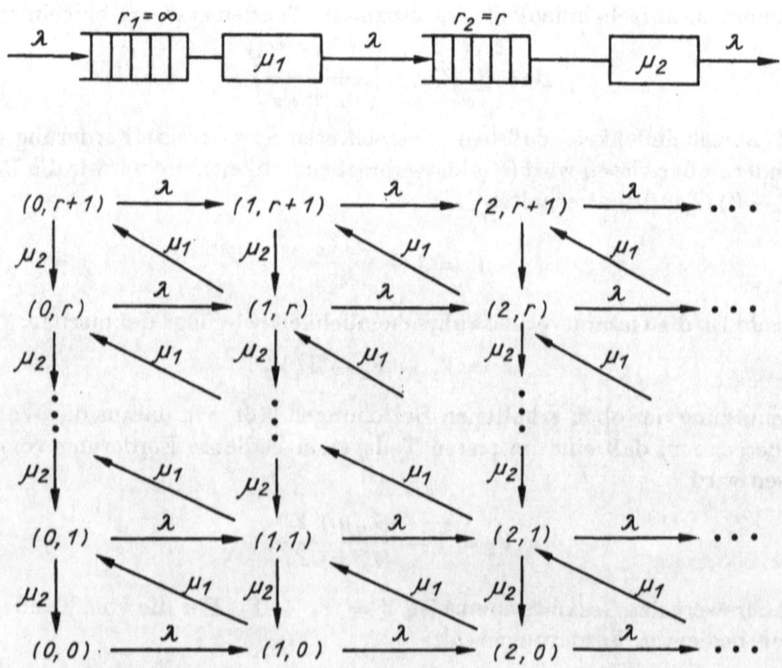

Abb. 3.19. Tandembedienungssystem mit Blockierung (a) und (b) seine stationären Zustände (i, j)

untersucht werden (Abb. 3.19). Das erste Teilsystem kann nur dann Forderungen bedienen, wenn der zweite Wartespeicher mindestens einen freien Warteplatz aufweist. Ist dieser Wartespeicher voll, dann wird das erste Teilsystem blockiert, und das Bedienungsgerät kann die nächste Forderung erst bedienen, wenn ihr Empfang in die zweite Warteschlange gewährleistet ist. Praktische Bedeutung besitzt dieses Bedienungssystem z. B. für die Untersuchung der Eingabe von Aufträgen in ein Rechner- oder Nachrichtenvermittluntssystem. Vor den Eingabegeräten (erstes Teilsystem) können beliebig viele Nutzer warten, während die Speicherkapazität der Rechner bzw. Vermittlungseinrichtungen (zweites System) begrenzt ist.

Es wird angenommen, daß der Eingangsstrom Poisson-verteilt mit der Ankunftsrate λ und die Bedienungszeiten im ersten und zweiten System exponentialverteilt mit den Bedienungsraten μ_1 bzw. μ_2 sind. Die Abfertigungsdisziplin sei FIFO. Alle Forderungen besitzen gleiche Priorität. Der Markow-Graph für die stationären Zustände (i, j) des Systems ist in Abb. 3.19b dargestellt.

$P(i, j)$ ist die Wahrscheinlichkeit, daß sich im ersten Teilsystem i und im zweiten j Forderungen befinden. Die Anzahl der wartenden Forderungen ist $i - 1$ bzw. $j - 1$, ausgenommen die „oberen“ Zustände $(i, r + 1)$, bei denen keine Forderungen vom ersten Teilsystem bedient werden und alle i Forderungen warten. Dies wird durch die Blockierung des Teilsystems hervorgerufen: Wenn eine Forderung zur Bedienung zugelassen würde, dann könnte die Bedienung in einem Moment abgeschlossen werden, in dem der zweite Wartespeicher noch vollbesetzt ist, und die bediente Forderung würde verlorengehen. (Man kann ein anderes Modell entwerfen, bei dem jede Forderung zuerst vom ersten Teilsystem bedient und erst dann der Zustand des zweiten Systems berücksichtigt wird, d. h., daß bei Blockierung die abgelehnte Forderung solange im Bedienungsgerät des ersten Systems verbleibt, bis das zweite Teilsystem bereit ist, sie zu empfangen. Dieses Modell wird hier nicht gesondert behandelt, da es nur einer Vergrößerung des zweiten Wartespeichers um einen Platz entspricht).

Das Gleichungssystem für die stationären Zustandswahrscheinlichkeiten lautet

$$\left.\begin{aligned}
&P(0,0)\,\lambda = P(0,1)\,\mu_2\\
&P(0,r+1)\,(\lambda+\mu_2) = P(1,r)\,\mu_1\\
&P(i,0)\,(\lambda+\mu_1) = P(i-1,0)\,\lambda + P(i,1)\,\mu_2, \qquad i = 1, 2, \ldots\\
&P(0,j)\,(\lambda+\mu_2) = P(1,j-1)\,\mu_1 + P(0,j+1)\,\mu_2, \quad 1 \leqq j \leqq r\\
&P(i,s+1)\,(\lambda+\mu_2) = P(i-1,r+1)\,\lambda + P(i+1,r)\,\mu_1,\\
&\qquad\qquad i = 1, 2, \ldots\\
&P(i,j)\,(\lambda+\mu_1+\mu_2) = P(i-1,j)\,\lambda + P(i+1,j-1)\,\mu_1\\
&\qquad + P(i,j+1)\,\mu_2, \quad 1 \leqq j \leqq r; \quad i = 1, 2, \ldots
\end{aligned}\right\} \tag{3.193}$$

Das homogene lineare Gleichungssystem ist linear abhängig; eine beliebige Gleichung kann weggelassen und durch die Normalisierungsbedingung

$$\sum_{i=0}^{\infty} \sum_{j=0}^{r+1} P(i,j) = 1$$

ersetzt werden. Das reduzierte System ist ein lineares inhomogenes Gleichungssystem mit ∞ vielen Gleichungen und kann nicht rekursiv berechnet werden. Für die Bestimmung der Parameter des Systems werden folgende erzeugende Funktionen definiert:

$$G_j(z) = \sum_{i=0}^{\infty} P(i,z)\,z^i, \qquad 0 \leqq j \leqq r+1\,,$$

$$G(z) = \sum_{j=0}^{r+1} G_j(z)\,.$$

Aus (3.187) läßt sich ein Gleichungssystem für die erzeugenden Funktionen $G_j(z)$ ableiten

$$\left.\begin{aligned}
&G_0(z)\,(\mu_1+\lambda-\lambda z) = G_1(z)\,\mu_2 + P(0,0)\,\mu_1\,,\\
&G_j(z)\,(\mu_1+\mu_2+\lambda-\lambda z) = G_{j-1}(z)\,\frac{\mu_1}{z} + G_{j+1}(z)\,\mu_2 +\\
&\qquad + P(0,j)\,\mu_1 - P(0,j-1)\,\frac{\mu_1}{z}; \qquad 1 \leqq j \leqq r\,,\\
&G_{r+1}(z)\,(\mu_2+\lambda-\lambda z) = G_r(z)\,\frac{\mu_1}{z} - P(0,r)\,\mu_1\,.
\end{aligned}\right\} \tag{3.194}$$

Die Berechnungen verschiedener Tandemsysteme mit Blockierung haben gezeigt, daß für die Zustandswahrscheinlichkeiten $P(0,j)$ folgende Annahme berechtigt ist

$$P(0,j) = P(0,0)\left(\frac{\lambda}{\mu_2}\right)^j; \quad 1 \leqq j \leqq r\,. \tag{3.195}$$

Setzt man (3.195) in das Gleichungssystem (3.194) ein, so ergibt sich ein lineares inhomogenes Gleichungssystem mit $r + 1$ Unbekannten, welches für $z = 1$ linear unabhängig und eindeutig lösbar ist

$$\left.\begin{aligned} G_0(z)\,(k + A_2 - A_2 z) &= G_1(z) + P(0)\,k\,, \\ G_j(z)\,(k + 1 + A_2 - A_2 z) &= G_{j-1}(z)\,\frac{k}{z} + \\ &\quad + G_{j+1}(z) + P(0)\,kA_2^{j-1}\left(A_2 - \frac{1}{z}\right), \qquad 1 \leqq j \leqq r\,, \\ G_{r+1}(z)\,(1 + A_2 - A_2 z) &= G_r(z)\,\frac{k}{z} - P(0)\,kA_2^r \cdot \frac{1}{z}\,, \end{aligned}\right\} \tag{3.196}$$

wobei $k = \dfrac{\mu_1}{\mu_2}$, $A_2 = \dfrac{\lambda}{\mu_2}$ und $P(0) = P(0, 0)$ bedeuten.

Mit Hilfe der Normalisierungsbedingung

$$\sum_{j=0}^{r+1} \sum_{i=0}^{\infty} P(i, j) = \sum_{j=0}^{r+1} G_j(z = 1) = G(z = 1) = 1 \tag{3.197}$$

werden die Leerwahrscheinlichkeit $P(0)$ und damit sämtliche $G_j(z)$ eindeutig bestimmt. Die erzeugenden Funktionen $G_j(z)$ für $z = 1$ bedeuten nichts anderes als die Makrozustandswahrscheinlichkeiten

$$G_j = \sum_{i=0}^{\infty} P(i, j)\,, \qquad 0 \leqq j \leqq r + 1\,,$$

d. h. die Wahrscheinlichkeiten, daß sich im zweiten Teilsystem genau j Forderungen befinden. Mit der Bezeichnung $G_j = G_j(z)$ und $z = 1$ reduziert sich (3.196) auf folgendes Gleichungssystem für G_j

$$\left.\begin{aligned} G_0 k &= G_1 + P(0)k\,, \\ G_j(1 + k) &= G_{j-1}k + G_{j+1} - P(0)\,kA_2^{j-1}(1 - A_2) \qquad 1 \leqq j \leqq r\,, \\ G_{r+1} &= G_r k - P(0)\,kA_2^r\,. \end{aligned}\right\} \tag{3.198}$$

Dieses Gleichungssystem kann rekursiv berechnet werden und liefert für die Makrozustandswahrscheinlichkeiten G_j

$$G_j = G_0 k^j - P(0)\,k^j\,\frac{1 - A_1^j}{1 - A_1}\,, \qquad 0 \leqq j \leqq r + 1\,,$$

wobei $A_1 = \dfrac{\lambda}{\mu_1}$ bedeutet. Das Gleichungssystem (3.192) für die Makrozustandswahrscheinlichkeiten $G_j = G_j(z = 1)$ ist linear abhängig und liefert keine Lösung von G_0. Durch folgende Überlegung ergibt sich eine Lösungsmöglichkeit: G_0 bedeutet die Wahrscheinlichkeit, daß das zweite Teilsystem unbesetzt ist ($j = 0$). Die Wahrscheinlichkeit, daß das zweite System besetzt wird, beträgt $1 - G_0$. Das ist zugleich der Verkehrswert des zweiten Teilsystems $Y_2 = A_2 = \dfrac{\lambda}{\mu_2}$. So wird G_0 zu

$$G_0 = 1 - A_2 = 1 - \frac{\lambda}{\mu_2}\,. \tag{3.199}$$

Die Normalisierungsbedingung (3.197) liefert für die Leerwahrscheinlichkeit $P(0)$

$$P(0) = \frac{G_0 \sum_{j=0}^{r+1} k^j - 1}{\sum_{j=0}^{r+1} k^j (1 - A_1^j)} (1 - A_1) = (1 - A_1) \frac{k \dfrac{1 - k^{r+1}}{1 - k} - A_2 \dfrac{1 - k^{r+2}}{1 - k}}{k \dfrac{1 - k^{r+1}}{1 - k} - A_2 \dfrac{1 - A_2^{r+1}}{1 - A_2}} \tag{3.200}$$

mit $A_1 = \dfrac{\lambda}{\mu_1}$, $A_2 = \dfrac{\lambda}{\mu_2}$ und $k = \dfrac{\mu_1}{\mu_2} = \dfrac{A_2}{A_1}$.

Für die Makrozustandswahrscheinlichkeiten G_j erhält man endgültig

$$G_j = k^j \left[1 - A_2 - \frac{k \dfrac{1 - k^{r+1}}{1 - k} - A_2 \dfrac{1 - k^{r+2}}{1 - k}}{k \dfrac{1 - k^{r+1}}{1 - k} - A_2 \dfrac{1 - A_2^{r+1}}{1 - A_2}} (1 - A_1^j) \right]. \tag{3.201}$$

Bei gleichen Bedienungsraten, $\mu_1 = \mu_2 = 2\mu$ und damit $A_1 = A_2 = A = \varrho/2$, wird

$$P(0) = (1 - A) \frac{(r + 1) - A(r + 2)}{(r + 1) - A \dfrac{1 - A^{r+1}}{1 - A}}$$

und

$$G_j = 1 - A - P(0) \frac{1 - A^j}{1 - A}, \qquad 0 \leqq j \leqq r + 1 .$$

Mit Hilfe der erzeugenden Funktionen $G_j(z)$ und der Makrozustandswahrscheinlichkeiten $G_j = G_j(z = 1)$ lassen sich alle Systemparameter wie folgt berechnen:

Der Erwartungswert der besetzten Geräte setzt sich aus der Summe der Besetzwahrscheinlichkeiten für beide Systeme Y_1 und Y_2 zusammen und ist gleich dem Angebot

$$Y = Y_1 + Y_2 = A_1 + A_2 = \varrho = \lambda T_\mathrm{b} = \frac{\lambda}{\mu}. \tag{3.202}$$

Die Bedienungswahrscheinlichkeit, d. h. die Wahrscheinlichkeit, daß eine Forderung von beiden Teilsystemen sofort bedient wird, lautet:

$$B = \sum_{j=0}^{r} P(0, j) \left(\frac{\mu_2}{\mu_1 + \mu_2} \right)^j = P(0) \frac{1 - \dfrac{A_1 A_2^{r+1}}{A_1 + A_2}}{1 - \dfrac{A_1 A_2}{A_1 + A_2}}. \tag{3.203}$$

Die Blockierwahrscheinlichkeit (die Wahrscheinlichkeit, daß das erste Teilsystem blockiert ist) ergibt sich aus der Summe der Zustandswahrscheinlichkeiten $P(i, r + 1)$

$$P_\mathrm{BL} = \sum_{i=0}^{\infty} P(i, r + 1) = G_{r+1} = k^{r+1}(1 - A_2 - P(0) \frac{1 - A_1^{r+1}}{1 - A_1}. \tag{3.204}$$

Die mittlere Anzahl der Forderungen im ersten Teilsystem, L_{v1}, ist gleich der ersten Ableitung von $G(z)$ an der Stelle $z = 1$

$$L_{v1} = \sum_{j=0}^{r+1} \sum_{i=0}^{\infty} i P(i, j) = \sum_{j=0}^{r+1} \left. \frac{\mathrm{d}G_j(z)}{\mathrm{d}z} \right|_{z=1} = \left. \frac{\mathrm{d}G(z)}{\mathrm{d}z} \right|_{z=1}. \tag{3.205}$$

Für die Berechnung der mittleren Anzahl der Forderungen im zweiten System werden nur die Makrozustandswahrscheinlichkeiten G_j benötigt

$$L_{v2} = \sum_{j=1}^{r+1} \sum_{i=1}^{\infty} j \cdot P(i, j) = \sum_{j=1}^{r+1} j \cdot G_j$$
$$= \frac{k - (s+2)\,k^{r+2} + (s+1)\,k^{r+3}}{(1-k)^2} \left(1 - A_2 - \frac{P(0)}{1 - A_1}\right) +$$
$$+ \frac{A_2 - (r+2)\,A_2^{r+2} + (r+1)\,A_2^{r+3}}{(1 - A_2)^2} \cdot \frac{P(0)}{1 - A_1}\,. \tag{3.206}$$

Die mittlere Anzahl der Forderungen im gesamten System ist: $L_v = L_{v1} + L_{v2}$. Für die mittleren Warteschlangenlängen im ersten und im zweiten Teilsystem erhält man

$$L_{w1} = \sum_{j=0}^{r} \sum_{i=2}^{\infty} (i-1)\, P(i, j) + \sum_{i=1}^{\infty} (r+1)\, P(i, r+1)\,, \tag{3.207}$$

$$L_{w2} = \sum_{i=1}^{\infty} \sum_{j=2}^{r+1} (j-1)\, P(i, j) = L_{v2} - Y_2\,. \tag{3.208}$$

Die mittlere Wartezeit T_w kann mit der Formel von LITTLE berechnet werden

$$T_w = L_w/\lambda = (L_{w1} + L_{w2})/\lambda\,.$$

Für die mittlere Verweilzeit je Forderung im Gesamtsystem gilt

$$T_v = T_w + T_b = T_w + 1/\mu = (L_{v1} + L_{v2})\,.$$

Ein wichtiges Kriterium für die Leistungsfähigkeit von Bedienungssystemen ist der bereits eingeführte Gütefaktor Q. Er besitzt für alle Bedienungssysteme ein Maximum (bei dem optimalen Wert des Angebots ϱ_{opt}) und ist gleich Null für $\varrho = 0$ und $\varrho = \varrho_{\max}$. Das maximale Angebot läßt sich mit Hilfe der Zustandswahrscheinlichkeiten $P(\infty, j)$, $0 \leqq j \leqq r + 1$, berechnen und lautet:

$$\left.\begin{aligned} \varrho_{\max} &= (1+k)\frac{1 - k^{r+1}}{1 - k^{r+2}} \quad \text{für} \quad k = \frac{\mu_1}{\mu_2} \neq 1\,,\\ \varrho_{\max} &= 2\,\frac{r+1}{r+2} \quad \text{für} \quad k = \frac{\mu_1}{\mu_2} = 1\,. \end{aligned}\right\} \tag{3.209}$$

Es ist zu beachten, daß alle abgeleiteten Formeln nur für das stationäre Bedienungssystem, d. h. für $\varrho = \dfrac{\lambda}{\mu} < \varrho_{\max}$ gelten. Für A_1 und A_2 lauten die Stationaritätsbedingungen entsprechend

$$\left.\begin{aligned} \frac{\lambda}{\mu_1} &= A_1 < \frac{1 - k^{r+1}}{1 - k^{r+2}}\,,\\ \frac{\lambda}{\mu_2} &= A_2 < k\,\frac{1 - k^{r+1}}{1 - k^{r+2}} \quad \text{für} \quad k \neq 1\,,\\ A_1 &= A_2 = A < \frac{r+1}{r+2} \quad \text{für} \quad k = 1\,. \end{aligned}\right\} \tag{3.210}$$

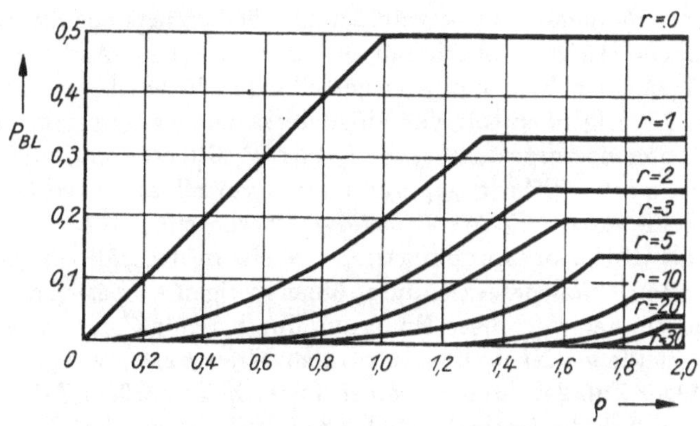

Abb. 3.20. Blockierungswahrscheinlichkeit P_{BL} als Funktion des Angebotes $\varrho = \lambda/\mu$ für das Tandemsystem in Abb. 3.19

Abb. 3.20 zeigt die Blockierwahrscheinlichkeit P_{BL} als Funktion des Angebots ϱ für gleiche Bedienungsraten ($k = 1$). Es ist ersichtlich, daß für $r > 30$ die Blockierwahrscheinlichkeit vernachlässigt und das behandelte Zweiphasensystem näherungsweise durch das Tandemsystem mit $r = \infty$ Warteplätzen berechnet werden kann. Abb. 3.21

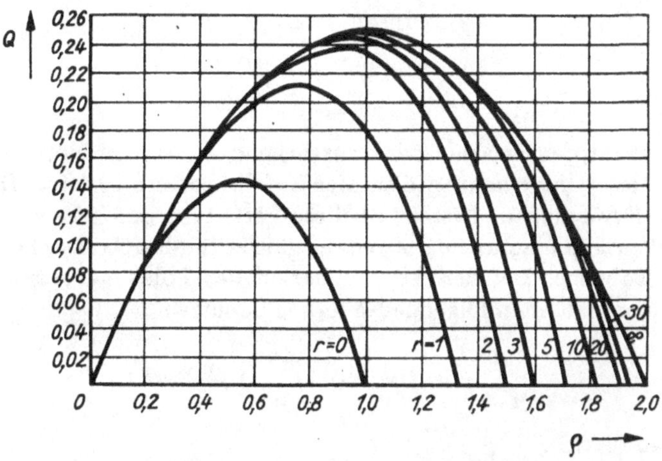

Abb. 3.21. Gütefaktor für das Tandemsystem in Abb. 3.19

stellt den Gütefaktor für verschiedene r und $k = \frac{\mu_1}{\mu_2} = 1$ dar. Der Gütefaktor nimmt mit der Zahl der Warteplätze im zweiten Teilsystem r zu und ist maximal für $r \to \infty$, wenn keine Blockierung stattfindet ($P_{BL} = 0$). Das Tandemsystem mit Blockierung bei $r_1 \leqq \infty$, $r_2 \leqq \infty$ wird z. B. in [3.57] ausführlich behandelt.

3.2.3. Näherungslösungen mit der Diffusionstheorie

Bei der Lösung nachrichtenverkehrstheoretischer Aufgabenstellungen mit Hilfe der Bedienungstheorie entsprechend den bisherigen Darlegungen ergeben sich zwei ernsthafte Probleme: Oft müssen stark vereinfachte Bedienungsmodelle benutzt werden, um eine praktische Aufgabe überhaupt lösbar zu machen. Andererseits erhöht die Einführung allgemeiner Bedienungszeitverteilungen in starkem Maße den Berechnungsaufwand. Im folgenden soll eine Möglichkeit zur Näherungslösung bedienungstheoretischer Probleme vorgestellt werden, die sog. *Diffusionsapproximation*. Wie die Erfahrung zeigt, ist die Diffusionsapproximation vorteilhaft zu verwenden, wenn die Bedienungssysteme *starker Verkehrsbelastung* unterliegen.

Das Wesen der Diffusionsapproximation besteht in der näherungsweisen Darstellung eines diskreten Zufallsprozesses durch einen stetigen – speziell durch einen Diffusionsprozeß. Begründet wird diese Näherung durch Schlußfolgerungen aus den zentralen Grenzwertsätzen. Nach dem zentralen Grenzwertsatz von LINDBERG-LEVI kann ein beliebiger Zufallsprozeß mit einer ausreichend großem Zahl von beobachteten Ereignissen gut an die Normalverteilung angenähert werden. Es sei ξ_i eine unabhängige, gleichverteilte Zufallsgröße und $\zeta_n = \sum_{i=1}^{n} \xi_i$. Weiterhin sei $\mu = \mathsf{E}(\xi_i)$, $n\mu = \mathsf{E}(\zeta_n)$, $\sigma^2 = \mathsf{D}(\xi_i)$, $n\sigma^2 = \mathsf{D}(\zeta_n)$. Dann ist

$$\lim_{n\to\infty} P\left\{\frac{\zeta_n - n\mu}{\sqrt{n\sigma^2}} < u\right\} = \Phi(u)\,. \tag{3.211}$$

Die Funktion auf der rechten Seite ist die standardisierte Verteilungsfunktion der Normalverteilung

$$\Phi(u) = \frac{1}{2\pi}\int_{-\infty}^{u} \mathrm{e}^{-t^2/2}\,\mathrm{d}t. \tag{3.212}$$

Bei der Diffusionsapproximation wird vorwiegend die stetige Normalverteilung für die näherungsweise Untersuchung diskreter Zufallsprozesse benutzt. Das erfolgt aus pragmatischen Erwägungen: Erstens ist diese Verteilung durch Erwartungswert und Dispersion vollständig beschrieben. Zweitens gibt es für das GAUSSsche Fehlerintegral umfangreiche Tabellen. Bei der Approximation der POISSON-Verteilung durch die Normalverteilung man man folgende Näherung benutzen

$$\sum_{k=0}^{y} \frac{\lambda^k}{k!}\,\mathrm{e}^{-\lambda} \approx \Phi\left(2\sqrt{y+1} - 2\sqrt{\lambda}\right) \tag{3.213}$$

mit $\Phi(u)$ gemäß (3.212).

Am Beispiel der Untersuchung eines *einkanaligen Bedienungssystems vom Typ* G/G/1 soll die Diffusionsapproximation erklärt werden. Wir definieren zunächst drei zeitabhängige Größen zur Beschreibung des Bedienungsprozesses:

$N(t)$: Gesamtzahl der Forderungen, die bis zum Zeitpunkt t in der Bedienungsanlage eintreffen.

$M(t)$: Gesamtzahl der Forderungen, die bis zum Zeitpunkt t die Bedienungsanlage verlassen haben.

$Q(t)$: Zahl der Forderungen, die sich zur Zeit t in der Bedienungsanlage befinden.

Dann gilt die einfache Bilanzgleichung

$$Q(t) = N(t) - M(t)\,. \tag{3.214}$$

Die Veränderungen in der Anzahl der Forderungen, welche in der Zeit $[t, t + \Delta t]$ auf Bedienung warten, ergeben sich aus den Gleichungen

$$Q(t + \Delta t) - Q(t) = N(t + \Delta t) - N(t) - [M(t + \Delta t) - M(t)]$$

bzw. (3.215)

$$\Delta Q(t) = \Delta N(t) - \Delta M(t) .$$

Wenn man voraussetzt, daß die Zwischenankunftszeiten und die Bedienungszeiten unabhängig und stets gleichartig verteilt sind $\left(\text{mit } E(t_{ZA}) = \lambda^{-1},\ D(t_{ZA}) = \sigma_a^2,\ E(t_b) = \mu^{-1},\ D(t_b) = \sigma_b^2\right)$, kann man folgende Annahme treffen: Falls in der endlichen Zeit Δt hinreichend viele Ereignisse stattfinden und stets $Q(t) \neq 0$ gilt, ist $\Delta Q(t)$ annähernd normalverteilt und zwar mit den Parametern

$$\left.\begin{aligned} \mathsf{E}[\Delta Q(t)] &= (\lambda - \mu)\,\Delta t\,, \\ \mathsf{D}[\Delta Q(t)] &= (V_{ZA}\lambda + V_b\mu)\,\Delta t \end{aligned}\right\} \tag{3.216a}$$

mit den Variationskoeffizienten der Ankunfts- und Bedienungszeit

$$V_{ZA} = \sigma_a^2\lambda; \qquad V_b = \sigma_b^2\mu\,. \tag{3.216b}$$

Anstelle des diskreten Prozesses $\Delta Q(t)$ gem. Gl. (3.215) verwendet man den stetigen Prozeß $x(t)$, der durch die Gleichung

$$\mathrm{d}x(t) = x(t + \mathrm{d}t) - x(t) \tag{3.217}$$

definiert wird. $\mathrm{d}x(t)$ sei normalverteilt mit

$$\left.\begin{aligned} \mathsf{E}[\mathrm{d}x(t)] &= (\lambda - \mu)\,\mathrm{d}t = \beta\,\mathrm{d}t\,, \\ \mathsf{D}[\mathrm{d}x(t)] &= (V_{ZA}\lambda + V_b\mu)\,\mathrm{d}t = \alpha\,\mathrm{d}t\,. \end{aligned}\right\} \tag{3.218}$$

Unter Verwendung dieser Gleichungen wird

$$\mathrm{d}x(t) = \beta\,\mathrm{d}t + y(t)\sqrt{\alpha\,\mathrm{d}t}\,, \tag{3.219}$$

wobei $y(t)$ ein standardisierter, normalverteilter Prozeß ist. Die Dichtefunktion des Prozesses $x(t)$ ist

$$p(x, t) = \frac{1}{\sqrt{2\pi\alpha t}}\,\mathrm{e}^{-(x-\beta t)^2/2\alpha t}\,. \tag{3.220}$$

Diese Dichtefunktion erfüllt die *Diffusionsgleichung*

$$p(x, t) = \frac{\alpha}{2}\cdot\frac{\partial^2}{\partial x^2}\,p(x, t) - \frac{\partial}{\partial x}\,p(x, t)\,, \qquad x(t) \geqq 0\,. \tag{3.221}$$

Die Nebenbedingung $x(t) \geqq 0$ ist identisch mit der plausiblen Annahme, daß die Bedienungsanlage nicht negativ belegt sein kann, also mit $Q(t) \geqq 0$. Für den stationären Fall $t \to \infty$ und $\beta < 0$ ergibt sich als Lösung der Diffusionsgleichung:

$$p(x) = \frac{2|\beta|}{\alpha}\,\mathrm{e}^{-2|\beta|x/\alpha}\,. \tag{3.222a}$$

Einsetzen der eingeführten Abkürzungen liefert mit $\varrho = \lambda/\mu$

$$p(x) = \frac{2(1-\varrho)}{V_{ZA}\varrho - V_b}\exp\left\{-\frac{2(1-\varrho)\,x}{V_{ZA}\varrho - V_b}\right\}. \tag{3.222b}$$

Für $\beta \geqq 0$ wird $p(x) = 0$. Aus der Voraussetzung $\beta < 0$ folgt, daß $\varrho = \lambda/\mu < 1$ sein muß.

Zur Berechnung der systemrelevanten Größen benötigen wir Wahrscheinlichkeiten (z. B. für die Anzahl der wartenden Forderungen). Aus dem Integral über die Dichtefunktion im Intervall $j \leqq x \leqq j + 1$, $j = 0, 1, 2, \ldots$, erhält man

$$P'(j) = \int_j^{j+1} p(x)\,\mathrm{d}x = (1 - \varrho')\,(\varrho')^j \tag{3.223a}$$

mit

$$\varrho' = \mathrm{e}^{-2(1-\varrho)/(V_{ZA}\varrho + V_b)} . \tag{3.223b}$$

Der exakte Wert von $P(0)$ ist bekannt, nämlich $P(0) = 1 - \varrho$. Es empfiehlt sich daher folgende Näherungsformel

$$P'(j) = \begin{cases} 1 - \varrho & \text{für} \quad j = 0\,, \\ \varrho(1 - \varrho')\,(\varrho')^{j-1} & \text{für} \quad j \geqq 1\,. \end{cases} \tag{3.224}$$

Für den Erwartungswert der Forderungsanzahl im System gilt die allgemeine Beziehung

$$L_v = \sum_{j=1}^{\infty} j P(j) .$$

Einen Näherungsausdruck für das G/G/1-System erhält man durch Einsetzen von (3.324)

$$L'_v = \sum_{j=1}^{\infty} j P'(j) = \frac{\varrho}{1 - \varrho'} \tag{3.225}$$

mit $\varrho < 1$ und ϱ' gemäß (3.223b). Falls $V_{ZA} = V_b = 1$ ist, wird $\varrho' \approx \varrho$. Wenn V_{ZA} und/oder $V_b > 1$ ist, gilt $\varrho' < \varrho$, und die Warteschlangenlänge wächst somit.

Wir definieren nun als Durchsatz Λ des Systems

$$\Lambda = \min\,\{\mu, \lambda\}$$

und setzen $\Lambda T'_v = L'_v$. Bei $\varrho < 1$ ist $\Lambda = \lambda$. Mit (3.225) ergibt sich dann für die mittlere Verweilzeit die Näherungslösung

$$T'_v = \frac{L'_v}{\Lambda} = \frac{1}{\mu(1 - \varrho')} = \frac{\varrho'}{\mu(1 - \varrho')} + \frac{1}{\mu} . \tag{3.226}$$

Der Ausdruck $\varrho'/\mu(1 - \varrho')$ stellt die mittlere Wartezeit je Forderung dar. Für die mittlere Wartezeit kann man auch die Approximation

$$T'_w = \frac{\varrho}{\lambda \varrho'} \tag{3.227}$$

verwenden.

Die Diffusionsapproximation ist vorteilhaft zu verwenden, wenn $\varrho \approx 1$ ist. Weitere Ausführungen siehe z. B. in [3.50, 3.85, 3.88, 3.92].

3.3. Vermittlungsprinzipien und Routing-Strategien

3.3.1. Leitungs- und Nachrichtenvermittlung

Im folgenden soll der Leser mit wichtigen Methoden der Informationsübermittlung in Kommunikationsnetzen vertraut gemacht werden. Wir gehen davon aus, daß das betreffende Netz den Informationsaustausch zwischen allen angeschlossenen Teilnehmern zu gewährleisten hat. Die Teilnehmer sollen über Endeinrichtungen (Terminals) verfügen, mit denen sowohl Informationen empfangen als auch abgesandt werden können. In der Fernsprechtechnik sind die Terminals die Telefonapparate und im Telexnetz sind die Endeinricntung die Fernschreibgeräte. In Datenfernverarbeitungsnetzen kommen als Endeinrichtungen sowohl programmierbare und nichtprogrammierbare Terminals vor als auch die (meistens zentralisierten) EDVA. Letztere sind die Kommunikationspartner der Nutzer, also zugleich Teilnehmer und Endeinrichtung. Das trifft ebenso für territorial verteilte Rechnerverbundsysteme zu, in denen Digitalrechner miteinander kommunizieren.

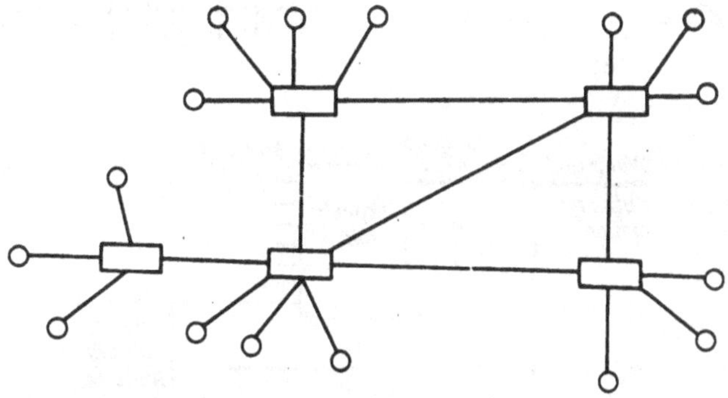

Abb. 3.22. Kommunikationsnetz mit Endeinrichtungen (○) und Vermittlungsknoten (▭)

Die Art und Weise, nach der die Verbindung zwischen zwei Kommunikationspartnern hergestellt wird, nennen wir *Vermittlungsprinzip*. Als *Routing-Strategie* bezeichnen wir die Entscheidungsregel für die Auswahl eines (oder mehrerer) Wege für den Informationsaustausch im Netz. Die Begriffe *Routing*- und *Wegsuchstrategie* sind gleichwertig. Im folgenden wollen wir den Fall ausschließen, daß zwischen den Kommunikationspartnern (Teilnehmern) Dauerverbindungen (z. B. sog. Standleitungen) existieren. Vielmehr sollen Vermittlungsknoten vorhanden sein, über die wahlweise die Verbindung der Teilnehmer bzw. Endeinrichtungen erfolgt (Abb. 3.22). Dies kann mit zwei grundsätzlich verschiedenen Vermittlungsprinzipien realisiert werden: durch Leitungsvermittlung oder Nachrichtenvermittlung. Bei der *Leitungsvermittlung* wird die Verbindung der Teilnehmer durch Zusammenschalten von Leitungen erreicht. Man spricht deshalb auch von Durchschaltevermittlung. Für das Zusammenschalten der Leitungen dienen elektromagnetische Vorrichtungen (Relais, Schrittschalter, Koordinatenschalter) oder elektronische Schalter. Das typische Kennzeichen der Leitungsvermittlung besteht darin, daß die Teilnehmer nach dem Herstellen der Verbindung direkt miteinander gekoppelt sind und somit ein unmittelbarer Informationsaustausch stattfinden kann. Die Zeitverzögerung zwischen dem Absenden und dem Empfang einer Nutzinformation hängt im wesentlichen von der physikalisch bedingten Laufzeit der elektrischen Signale auf den Übertragungswegen ab. Vorwiegendes Anwendungsgebiet der Leitungsvermittlung ist das öffentliche Fernsprechnetz. Abb. 3.23 zeigt in schematischer Darstellung einen Vermittlungsknoten mit N Eingangs- und M Ausgangsleitungen. Die Verbindung einer Eingangsleitung mit einer abgehenden Leitung erfolgt im sog. Koppelfeld. Dort werden die erforderlichen Schaltfunktionen ausgeführt. Während in Abb. 3.23a die Schalter mit dargestellt sind, gibt Abb. 3.23b die übliche Koppelfelddarstellung wieder. An den

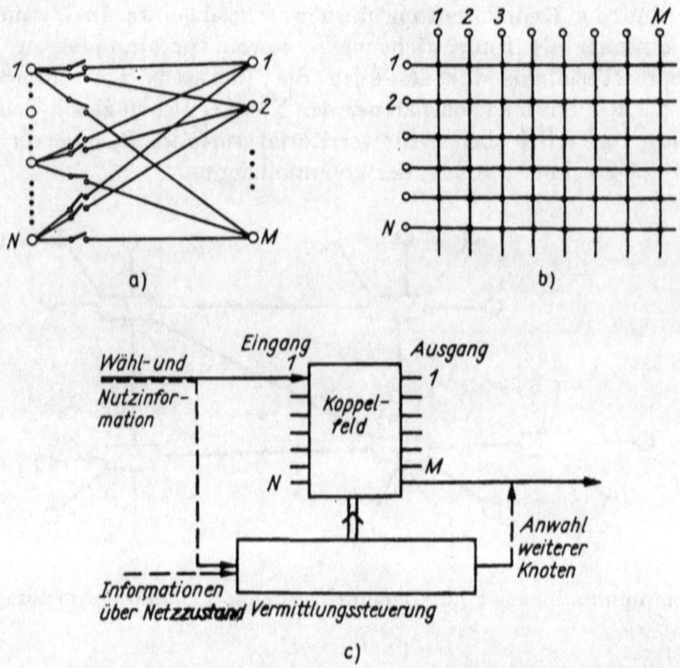

Abb. 3.23. Schematische Darstellung eines Vermittlungsknotens bei Leitungsvermittlung: a) Koppelfeld mit N Eingängen und M Ausgängen; b) übliche Darstellung von Koppelfeldern; c) Koppelfeld mit Steuerteil für die Vermittlung

Kreuzungspunkten der Koppelfeldmatrix befinden sich die jeweiligen Schalter. In Abb. 3.23c ist der Steuerteil eingezeichnet. Hier werden die eingehenden Informationen (Wählinformationen) für die Leitweglenkung (woher — wohin) analysiert und die Knoten des Koppelfeldes zum Verbindungsaufbau angesteuert. Während früher in der Fernmeldetechnik die Auswahl der Verbindungswege bzw. Leitungstrakte manuell erfolgte, finden heute Vermittlungsrechner Anwendung. Als Vermittlungsrechner dienen schnelle Prozeßrechenanlagen. Sie übernehmen folgende Hauptfunktionen: Analyse der momentan bestehenden Verbindungen im Netz, Identifikation von Vermittlungswünschen sowie Herstellung der erforderlichen Verbindungen (Ansteuerung der vermittlungstechnischen Peripherie d. h. Durchschaltung der Teilnehmer) in Abhängigkeit vom Belastungsgrad des Netzes. Programmgesteuerte Vermittlungsknoten unter Verwendung von Rechnern bieten den Vorzug eines hohen

Automatisierungsgrades der Leitungsvermittlung und der angepaßten Steuerung bei unterschiedlichen Netzstrukturen und -zuständen. Verbesserungen der Steuerung (z. B. durch vervollkommnete Steueralgorithmen) erfordern lediglich das Laden neuer Programme und keine gerätetechnischen Veränderungen. Zugleich werden die Vermittlungsknoten automatisch überwacht. Die Zuverlässigkeit und Vervollkommnung der Knoten kann durch Verwendung von mikroelektronischen Schaltkreisen und Steuerrechnern wesentlich erhöht werden. Die Vorzüge der rechnergesteuerten Leitungsvermittlung müssen durch höhere Kosten für die Anschaffung und Einsatzvorbereitung (z. B. für Algorithmen- und Programmentwicklung) erkauft werden. Für die Gewährleistung eines sicheren Netzbetriebes bzw. zur Verhinderung eines Ausfalls der Steuerung verwendet man Doppelrechnersysteme. Dabei führen zwei Rechner alle Operationen gleichzeitig aus (sog. „heiße Redundanz“). Bei Ausfall (oder Wartung) eines Rechners kann der Netzbetrieb aufrecht erhalten werden, da recht unwahrscheinlich ist, daß beide Vernmittlugsrechner gleichzeitig gewartet werden müssen oder versagen. Wenn die Vermittlungssteuerung mit einem Doppelrechnersystem in sog. „kalter Redundanz“ durchgeführt wird, arbeitet stets nur ein Rechner. Der zweite wird erst zugeschaltet, wenn der andere ausfällt oder gewartet werden soll (s. auch Abschnitt 3.6.).

Abschließend sei vermerkt, daß man bei der Leitungsvermittlung oft auch die Begriffe Raum- und Zeitteilung findet. Eine sog. Raumteilung liegt vor, wenn im matrizenförmigen Verbindungsnetzwerk (z. B. im Koppelfeld gemäß Abb. 3.23b) Zubringer- und Abnehmerleitungen Signale in gleichen Zeitlagen führen. Eine Zeitteilung (oder Raum/Zeitteilung) liegt vor, wenn bei der Zusammenschaltung von eingehenden und abgehenden Leitungen zugleich eine Transponierung der Signale in eine bestimmte Zeitlage erfolgt. Raum/zeitgeteilte Vermittlung hat natürlich nur einen Sinn, wenn die Übertragung zeitgestaffelt durchgeführt wird.

Wir behandeln nun ein vollkommen anderes Vermittlungsprinzip: die *Nachrichtenvermittlung*. Das kennzeichnende Merkmal der Nachrichtenvermittlung besteht darin, daß der Informationsübermittlungsprozeß von der Quelle zum Ziel ohne direkte Kopplung Informationsquelle-Informationssenke erfolgt. Jede zu übertragene Information erhält in der Quelle die Zieladresse des Empfängers. In den Vermittlungsknoten wird die so gekennzeichnete Nachricht *zwischengespeichert* und dann im Netz weitergegeben, bis sie schließlich das Ziel erreicht hat. Wegen der Speicherung der Nachrichten in den Vermittlungsknoten spricht man bei dem beschriebenen Vermittlungsprinzip auch von Speichervermittlung (oder von store-and-foreward-Technik). Da die Nachrichten im Netz von Vermittlungsknoten zu Vermittlungsknoten weitergereicht werden, ist auch die Bezeichnung „Teilstreckentechnik“ üblich. Das Verfahren der Nachrichtenvermittlung ist mit unvermeidbaren Zeitverzögerungen verbunden, bietet jedoch u. a. den Vorzug guter Leitungsausnutzung, gleichzeitiger Nachrichtenabgabe an mehrere Empfänger, prioritätsgesteuerter Übertragung und der Kode- und Geschwindigkeitswandlung.

Übrigens ist das Prinzip der Nachrichtenvermittlung das historisch ältere. Es wurde zuerst in der Telegrafentechnik angewandt, wobei die ankommenden (auf Lochstreifen befindlichen) Nachrichten in den Vermittlungsstellen nach ihren Zieladressen analysiert und danach auf abgehende Leitungen abgesetzt wurden. Heute erfolgt die Nachrichtenvermittlung rechnergesteuert (Abb. 3.24). Die Funktion des bei der Leitungsvermittlung üblichen Koppelfeldes übernimmt eine Leitungsanschlußeinheit. An den Vermittlungsrechner ist ein Nachrichtenspeicher angeschlossen. Hier wird die verfahrenstypische Zwischenspeicherung der zu vermittelnden Nachrichten realisiert. Im Rechner selbst erfolgen u. a. die Nachrichtenidentifikation (Auswertung der Zieladressen und der Nachrichtenprioritäten), die Berechnung des Übertragungswegs, die Analyse des Netzzustandes und die Steuerung der Leitungsanschlußeinheit.

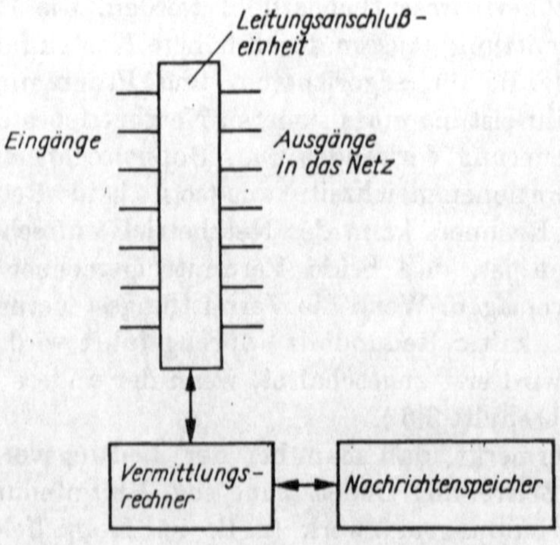

Abb. 3.24. Zur rechnergesteuerten Nachrichtenvermittlung

Eine Sonderform der Nachrichtenvermittlung ist die *Paketvermittlung*, die vor allem in Rechnernetzen Anwendung findet (s. Abschnitt 3.6). Bei der Paketvermittlung wird die zu übermittelnde Nachricht in Abschnitte bestimmter Länge zerlegt, in die sog. Pakete. Jedes Paket enthält Daten, Steuerzeichen, Zeichen für die Fehlerkontrolle und die Adressierung. Die paketweise Übertragung ist mit einer Reihe von Vorzügen verbunden, von denen die wesentlichsten sind:

— Jedes adressierte Paket belegt den Übertragungskanal nur für die Zeit, die für seine Übertragung notwendig ist. Der betreffende Übertragungskanal ist sodann belegbar durch Pakete anderer Nutzer. Außerdem kann der Nutzer über eine Anschlußleitung gleichzeitig mit mehreren Adressaten kommunizieren. Da die Pakete je nach Belastungszustand des Kommunikationssystems auf verschiedenen Wegen vom Quell- zum Zielsystem gelangen, ergibt sich insgesamt eine homogene Auslastung der Übertragungskanäle und eine effektive Anpassung des zu übertragenen Informationsvolumens an die vorhandenen Kanalkapazitäten.

— Bei fehlerhafter Übertragung eines Nachrichtenpakets infolge von Störungen im Übertragungskanal braucht nur das betreffende, fehlerbehaftete Paket wiederholt übertragen zu werden. Dies führt zur Verringerung des Nachrichtenverkehrs im Netz.

Beim heutigen Stand der Technik variieren die Paketlängen in installierten und projektierten Rechnernetzwerken zwischen 1000 bit und 10 000 bit. Die Tendenz geht dahin, Paketlängen von 255 bytes zu verwenden, was bei einem byte zu je 8 bit einer Paketlänge von 2040 bit entspricht.

3.3.2. Routingstrategien

Unabhängig davon, ob man in einem Netz mit Nachrichtenvermittlung die Paketübertragungstechnik anwendet oder nicht, ergibt sich die Frage, auf welcher Route eine zu übertragende Information von der Quelle zum Empfänger gelangen soll. Die Auswahl der Übertragungswege, auch *Routing-Strategie* oder *Leitweglenkung* genannt, steht in unmittelbarem Zusammenhang mit der Effektivität des Kommunikationssystems. Entscheidende Entwurfs- und Betriebsbedingungen für Kommunikationsnetze sind, daß sie einen zeitoptimalen, kostengünstigen, zuverlässigen und störfesten Informationstransport gewährleisten.

Die Anzahl von Wegauswahlstrategien für den Nachrichtentransport in Netzen ist groß. Durch die Entwicklung von territorial verteilten Rechnernetzwerken mit einem ausgeprägten Kommunikationssystem und die damit verbundene Paketvermittlung erfuhr die Ausarbeitung und Untersuchung von Wegauswahlmechanismen einen erneuten Aufschwung. Die Routing-Strategien lassen sich nach mehreren Kriterient klassifizieren. Wir wollen die Wegsuchstrategien zunächst nach ihrer Zeitabhängigkei einteilen. Legt man dieses Kriterium zugrunde, so gibt es zwei Strategien: zeitinvariante und zeitvariable.

Zeitinvariante Routing-Strategien sind dadurch gekennzeichnet, daß die Nachrichtenweitergabe im Netz stets auf gleiche Weise erfolgt. Eine deterministische Routing-Strategie, bei der die Übertragungswege der Nachrichten starr festgelegt sind, ist zugleich zeitinvariant. Im eigentlichen Sinne wird dann gar keine Auswahl mehr getroffen. Es versteht sich, daß bei zeitinvarianten Strategien die Gefahr des nichtzeitoptimalen Informationstransports recht groß ist. Vom Standpunkt der technischen Realisierbarkeit sind zeitinvariante, deterministische Routing-Strategien recht einfach. Man braucht nur eine feste sog. Routen- oder Wegetabelle in jedem Knoten zu speichern, in der z. B. für jeden möglichen Zielknoten der nächste zu wählende Vermittlungsknoten festgelegt ist.

Bei den *zeitvariablen Wegauswahlstrategien* sind die Nachrichtenübertragungsrouten veränderbar. Hier ist danach zu entscheiden, ob die Auswahl der Übertragungstrakte nach einem oder mehreren Kriterien erfolgt oder nicht. Liegt der Wahl kein Entscheidungskriterium zugrunde, dann ist sie zu jedem Zeitpunkt stochastisch. Erfolgt die zeitvariable Festlegung der Übertragungsroute nach Kriterien oder Vorinformationen über den Netzzustand, so spricht man von einer adaptiven Routingstrategie.

Bei *stochastischer Wegauswahl* sind Hilfsinformationen nicht notwendig. Infolge des Fehlens eines Auswahlkriteriums erfolgt bei dieser Routingstrategie der Informationsaustausch in der Regel nicht optimal. Die Möglichkeit der Entstehung von Zyklen, der Verlängerung der Übertragungswege und damit der Vergrößerung der Antwortzeit führt insgesamt zu geringer Effektivität des Informationsaustausches. Ein Vorteil dieser Strategie besteht in der Einfachheit seiner mathematischen Beschreibung, z. B. durch eine stochastische Wegematrix. Deshalb wird bei der Erforschung des Verhaltens von Rechnernetzwerken vielfach diese Wegauswahlstrategie zugrunde gelegt (siehe Abschnitt 3.6).

Bei *adaptiven Strategien* wird die Übertragung bzw. Vermittlung der Nachrichten (oder Pakete) vom Quell- zum Zielsystem an die Netzverhältnisse angepaßt. Auf Grund von Zustandsinformationen aus dem Netz ist eine optimale variable Routenwahl möglich. Die Informationen für die adaptive Nachrichtenverkehrssteuerung enthalten z. B. Angaben über die Länge der Warteschlagen in den Zwischenknoten, über aktuelle Fehlerhäufigkeiten auf bestimmten Übertragungsstrecken, über die von einer Nachricht bereits in Anspruch genommenen Zwischenknoten u. a. Das Wesen der adaptiven Routing-Strategie ist die laufende Entscheidung für den bestmöglichen Nachrichtentransport im Netz. Die der jeweiligen Netzsituation angepaßte Routenbestimmung hat durch ihren adaptiven Charakter hohe Flexibilität. Die Vorzüge dieser Strategie müssen jedoch mit erhöhter Inanspruchnahme der Vermittlungsrechner für die Berechnung des besten Übertragungsweges und mit dem notwendigen Aufwand für die Gewinnung, Übertragung und Verarbeitung der Kontrollinformationen erkauft werden. Bezeichnet man mit n die Anzahl der vorhandenen Knoten, mit r_z die Anzahl der von einer Nachricht passierten Zwischenknoten, so kann es in einem vermaschten Netz

$$w \leqq \sum_{r_z=0}^{n-2} (n-2)!/(n-r_z-2)!$$

verschiedene Wege zwischen zwei Knoten geben. Mit der Restriktion $r_z = 2 \dots 4$ ergibt sich eine erhebliche Einsparung für den Aufwand zur Berechnung der Wege zwischen den Kommunikationsknoten. Da von der Anzahl der in Anspruch genommenen Zwischenknoten die mittlere Gesamtverweilzeit einer Nachricht im Netz abhängt, führt die Beschränkung gleichzeitig zu einer Verbesserung des stationären Zeitverhaltens des Kommunikationssystems.

In Anlehnung an die Arbeiten [3.35, 3.36] sollen nun wichtige Routing-Strategien genauer formuliert werden. Ausgangspunkt soll folgendes Modell sein: Gegeben sei ein Vermittlungsknoten, von dem aus auf M verschiedenen Kanälen Nachrichten in das Netz abgesandt werden können. Der Vermittlungsknoten verfüge über einen sog. Kommunikationsprozessor KP, welcher folgende Eigenschaften besitzt: Er kann aus dem Netz eintreffende Informationen über die Kanalzustände speichern und analysieren, Steuerinstruktionen auf der Grundlage vorhandener bzw. eintreffender Informationen bilden und einen bestimmten Kanal für die Weitergabe (Vermittlung) von Nachrichten auswählen. Eine günstige Kanalwahl erfolge anhand einer bestimmten Gütefunktion $I(\boldsymbol{q})$. Es sei

$$\left.\begin{aligned} \boldsymbol{q}(n) &= \left(q_1(n), q_2(n), \dots, q_M(n)\right)^T \\ n &= t/\Delta t; \quad \Delta t > 0 \end{aligned}\right\} \tag{3.228}$$

der Vektor der Kanalparameter zum Zeitpunkt $t = n\,\Delta t$. Die im KP vorhandenen Informationen über die Belegung oder Bewertung der Kanäle bezeichnen wir mit

$$\boldsymbol{q}^*(n) = \left(q_1^*(n), q_2^*(n), \dots, q_M^*(n)\right)^T . \tag{3.229}$$

$\boldsymbol{q}^*(n)$ kann z. B. in Form einer aktuellen Wegetabelle zum Zeitpunkt $t = n\,\Delta t$ vorliegen. Es gelte der Einfachheit wegen

$$q_i(n), q_i^*(n) \in \{0, 1\}; \quad i = 1, 2, \dots, M; \quad n = 0, 1, 2, \dots .$$

Zu jedem Zeitpunkt erhält der KP Steuerinformationen aus dem Netz:

$$\left.\begin{aligned} \boldsymbol{S}(n) &= \left(S_1(n), S_2(n), \dots, S_M(n)\right), \\ S_i(n) &\in \{0, 1\} . \end{aligned}\right\} \tag{3.330}$$

Mit $U(n)$ bezeichnen wir die im KP getroffene Entscheidung, daß ein bestimmter Kanal ausgewählt wird, d. h.

$$U(n) \in \{K_1, K_2, \dots, K_M\} .$$

Unter Verwendung obiger Festlegungen werden nun Routing-Strategien definiert.

Definition 1: Ist M die Anzahl von Kanälen (Leitungen), die im Vermittlungsknoten für die Auswahl zur Verfügung stehen, so stellt die Routing-Strategie die Folge geordneter M-Tupel

$$\boldsymbol{R}(n) = (r_1(n), r_2(n), \dots, r_M(n)), \qquad n = 0, 1, 2, \dots \tag{3.331}$$

dar mit

$$r_i(n) = P(U(n) = K_i); \quad i = 1, 2, \dots, M \quad \text{und} \quad \forall n: \sum_{i=1}^{M} r_i(n) = 1 .$$

Demnach gibt $r_i(n)$ die Wahrscheinlichkeit an, daß sich der KP bei der Kanalauswahl für den Kanal K_i entscheidet. Unmittelbar daraus ergibt sich

Definition 2: Eine Routing-Strategie ist deterministisch, wenn genau ein Element des M-Tupels $\boldsymbol{R}(n)$ den Wert Eins besitzt. Bei der *deterministischen* Strategie erfolgt die Nachrichtenweitergabe mit Sicherheit über den Kanal, für den das entsprechende Element von $\boldsymbol{R}(n)$ den Wert 1 hat.

Definition 3: Eine Routing-Strategie heißt *stochastisch* (oder gemischt), wenn

$$\boldsymbol{R}(n) = \sum_{i=1}^{M} r_i(n)\, \boldsymbol{R}_i \tag{3.332}$$

gilt, wobei $\boldsymbol{R}_i$ die i-te deterministische Strategie ist.

Definition 4: Eine Routing-Strategie heißt *fest* oder invariant, wenn gilt

$$\boldsymbol{R}(n_l) = \boldsymbol{R}(n_m); \qquad \forall n_l, n_m > n_0 . \tag{3.333}$$

Bei der festen Routing-Strategie sind die Kanalauswahlwahrscheinlichkeiten $r_i(n)$ für $n > n_0$ unveränderlich.

Definition 5: Eine Routing-Strategie heißt *adaptiv*, wenn es einen Algorithmus a gibt, der aus den Steuerinformationen $\boldsymbol{S}(n)$ und dem Vektor $\boldsymbol{q}^*(n)$ der Kanalzustände (oder aktuellen Kanalbelegungen) die Routenfestlegung vornimmt:

$$\boldsymbol{S} \times \boldsymbol{q}^* \xrightarrow{a} \boldsymbol{R} . \tag{3.334}$$

Die adaptive Routing-Strategie ist damit Ergebnis eines Routing-Algorithmus. Den Prozeß der adaptiven Auswahl der Übertragungstrakte in einem Kommunikationsprozessor veranschaulicht in schematischer Darstellung Abb. 3.25. Aus dem Netz (z. B. von den Kanälen oder anderen Vermittlungsknoten) treffen Zustandsinformationen $\boldsymbol{S}_0$ ein, die für die Steuerung des Nachrichtentransports verwendet werden. Mit den Informationen über die aktuellen Übertragungswege (gespeichert in der Wegetabelle $\boldsymbol{q}^*$) wird die neue Nachrichtenroute festgelegt. Zugleich erfolgt eine Aktualisierung der Wegetabelle.

Adaptive Routing-Strategien

Nach der Einführung in die Probleme der Wegauswahl bzw. Leitweglenkung bei der Nachrichtenvermittlung in Netzen sollen nun spezielle adaptive Techniken behandelt

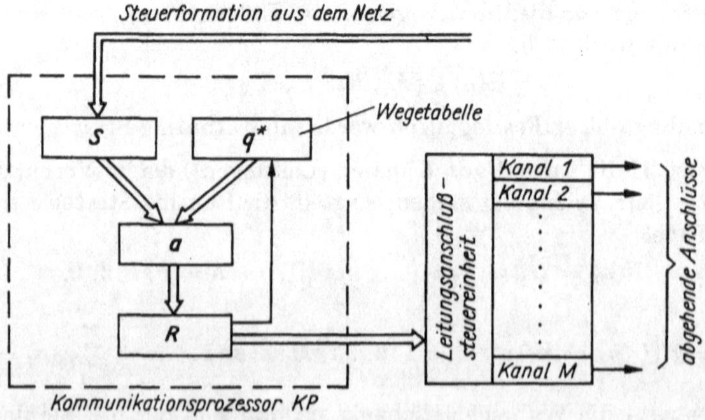

Abb. 3.25. Adaptive Routenauswahl in einem Nachrichtenvermittlungsknoten mit Kommunikationsprozessor

werden. Wir wissen bereits, daß bei adaptivem Routing der im Kommunikationsprozessor gespeicherte Vektor $\boldsymbol{q}^*$ eine große Rolle spielt. $\boldsymbol{q}^*$ repräsentiert im folgenden eine Liste oder Tabelle der Nachrichtenübertragungswege. Diese Routing- oder Wegetabelle enthält die Quell- und Zielknoten der Nachrichten sowie eine Bewertungsgröße für die subjektive Güte der Übertragung. Als Bewertungsgröße bietet sich z. B. die aktuelle Verzögerungszeit je Nachricht an oder die Anzahl der bereits durchlaufenen Vermittlungsknoten.

Die für die adaptive Wegauswahl notwendigen Informationen $\boldsymbol{S}$ können auf folgende Weise in den Vermittlungsknoten gelangen:

1. Die zu übertragenden Nachrichten sind Träger dieser Informationen. Ihr Nachrichtenkopf wird um Bitpositionen für „*Durchlaufzahlen*" (sog. „*handover numbers*") erweitert, welche die Anzahl der bereits durchlaufenen Knoten oder die individuelle Aufenthaltszeit im Netz darstellen (Abb. 3.26).

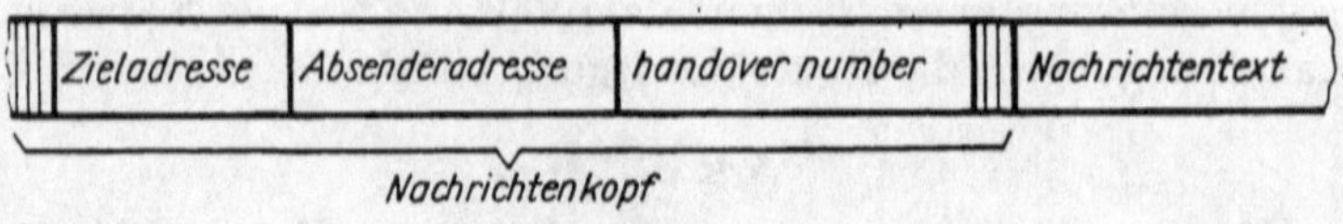

Abb. 3.26. Um die Durchlaufzahl erweiterter Nachrichtenkopf zur Kennzeichnung der aktuellen Verzögerungszeit oder der Anzahl durchlaufener Knoten

2. Es findet ein spezieller Austausch von Steuerinformationen zwischen den Vermittlungsknoten statt.

Zu den adaptiven Routing-Strategien, bei denen die Informationen für die Vermittlung in den zu übertragenden Nachrichten enthalten sind, gehören die „Technik der Sofortweitergabe" (hot potato routing technique) und die „Rückwärts-Lern-Technik" (backwards learning technique).

„*Technik der Sofortweitergabe*"; Es handelt sich hierbei um ein heuristisches Verfahren, bei dem die in einem Vermittlungsknoten ankommenden Nachrichten wie heiße Kartoffeln sogleich weitervermittelt werden, und zwar ohne das Freiwerden eines optimalen Weges abzuwarten. Die Weitervermittlung erfolgt auf dem zum jeweiligen Zeitpunkt gerade bestem Weg, der in der Regel suboptimal sein wird. Bei jedem Durchgang durch einen Vermittlungsknoten wird die „Durchlaufzahl“ um den Betrag Eins erhöht. Diese erfolgt so lange, bis entweder eine allen Vermittlungsknoten bekannte obere Grenze erreicht ist (beim Überschreiten wird die entsprechende Nachricht gestrichen) oder bis schließlich die Nachricht ihr Ziel gefunden hat. Das Ziel der Technik der Sofortweitergabe besteht u. a. darin, eine möglichst geringe Verweilzeit der Nachrichten in den Vermittlungsknoten und im ganzen Netz zu erreichen.

Rückwärts-Lern-Technik (backwards learning technique): Bei diesem Verfahren erfolgt wie beim vorgenannten die Nachrichtenvermittlung über Durchlaufzahlen in den Nachrichtenköpfen und mittels „Durchlaufzahltabellen“ (sog. „handover number tables“), die in den Knoten abgespeichert sind. Eine solche Tabelle zeigt Abb. 3.27.

Absender	Kanalnummer					Kanalbewertung					Empfänger
	1	2	3	4	5	1	2	3	4	5	
VK_1	22	∞	12	10	9	3	5	4	1	–	VK_1
VK_2	7	3	2	2	4	5	3	4	5	2	VK_2
VK_3	5	9	13	7	20	1	1	2	3	5	VK_3
VK_4	21	20	18	17	13	4	5	3	4	2	VK_4

Abb. 3.27. Beispiel einer Durchlaufzahltabelle in einem symmetrischen Netz

Zunächst entsprechen die Eintragungen in dieser Tabelle einem festen zulässigen Maximalwert. Dieser ist in Abb. 3.27 mit ∞ markiert. Treffen nun Nachrichten im betrachteten Vermittlungsknoten ein, so wird ihnen die Durchlaufzahl entnommen. An der Schnittstelle Eingangskanalnummer-Absenderadresse erfolgt in der Durchlaufzahltabelle eine Eintragung, wenn die neue Durchlaufzahl kleiner ist als der alte Eintrag. Die Weitervermittlung der Nachricht (mit um 1 erhöhter Durchlaufzahl) erfolgt über den Kanal, der auf der Zielseite der Tabelle den niedrigsten Durchlauf-Eintrag besitzt. Es sei h die Durchlaufzahl einer Nachricht, a sei ein Index zur Kennzeichnung des Absenders, i sei der Index für die Kennzeichnung desjenigen Kanals, über den die Nachricht am Vermittlungsknoten eintrifft und T_{ai} sei ein Eintrag in der Durchlaufzahltabelle. Die Änderung des Tabelleneintrags für abgehende Nachrichten, deren Ziel der Knoten a ist, ergibt sich dann beim „Rückwärts-Lernen“ aus

$$T'_{ai} = T_{ai} + l(h - T_{ai}) .$$

Auf der linken Seite dieser Gleichung steht die Neueintragung in der Durchlaufzahltabelle. Der Faktor l ist eine Lernkonstante, deren Werte im Intervall $[0, 1]$ liegen. Anstatt mit Durchlaufzahlen zu arbeiten, kann man die Rückwärts-Lern-Technik auch auf der Grundlage von subjektiven Nachrichtenverzögerungszeiten durchführen. Wir betrachten einen Vermittlungsknoten VK_x, der von einem Absenderknoten VK_a Nachrichten über den Kanal K_e empfängt. Mit $T'_{xa}(n)_e$ bezeichnen wir die individuelle Verzögerungszeit einer Nachricht bei der Übertragung von VK_x nach VK_a über den Kanal K_e zum Zeitpunkt $t = n\,\Delta t$. Angenommen, zur Zeit t treffe in VK_x aus VK_a eine Nachricht ein, die bereits eine Verzögerungszeit T_{ax} besitzt. Dann ergibt sich beim Rückwärts-Lernen die neue subjektive Verzögerungszeit für eine Übertragung von VK_x nach VK_a über den Kanal K_e (VK_a ist nunmehr Ziel!) aus

$$T'_{xa}(n+1)_e = T'_{xa}(n)_e + l(T_{ax} - T'_{xa}(n)_e). \tag{3.335}$$

Bei der beschriebenen adaptiven Routing-Strategie kann es nun dazu kommen, daß Nachrichten zwischen Knoten hin und her pendeln („Ping-Pong"-Effekt; Empfangskanal K_e = Ausgabekanal K_a). Durch sog. biadaptive Technik läßt sich diese Erscheinung verbessern. Ausgehend vom Algorithmus gemäß (3.335) ist dabei

$$T_{xa}(n+1)_e = \min \{T_{ax}, T_{xa}(n)_e\} \quad \text{für} \quad K_e \neq K_a$$

und

$$T_{xa}(n+1)_e = T_{xa}(n)_e + 2\Delta T \quad \text{für} \quad K_e = K_a$$

mit ΔT als Verzögerungszeit für die Übertragung auf Kanal K_a. Bisher wurde vorausgesetzt, daß die zu vermittelnden Nachrichten zugleich Träger der Informationen sind, welche eine adaptive Verkehrsflußsteuerung ermöglichen. Nun soll der Fall betrachtet werden, daß zwischen den Vermittlungsknoten des Netzes ein gesonderter Austausch von Informationen erfolgt. Das geschieht im allgemeinen in periodischen Zeitabständen (Im Kommunikationssystem des Rechnernetzwerkes ARPANET wird z. B. nach jeweils 0,5 s der Netzzustand aktualisiert.). Wir können das periodische Aktualisieren auch als *Synchronkorrektur* bezeichnen. Gegeben sei ein Vermittlungsknoten VK_x, der über die Kanäle K_{Ai} mit allen benachbarten Vermittlungsknoten VK_{Ai} ($i = 1, 2, \ldots, N$) verbunden ist. Im Knoten VK_x soll eine Matrix der Verzögerungszeiten vorhanden sein, deren Elemente $T'_{xz}(n)$ die minimale (subjektive) Verzögerungszeit für die Nachrichtenübertragung von VK_x zu einem Ziel-Vermittlungsknoten VK_z zur Zeit $t = n\,\Delta t$ repräsentieren

$$T'_{xz}(n) = \min_{i=1,2,\ldots N} \{T'_{xz}(n)_{Ai}\}. \tag{3.336}$$

Nun werden die Werte von $T'_{xz}(n)_{Ai}$ aktualisiert, und zwar durch den Austausch der subjektiven Verzögerungszeiten zwischen den benachbarten Knoten gemäß der Regel

$$T'_{xz}(n+1)_{Ai} = T'_{Aiz}(n) + \Delta T_{xAi}. \tag{3.337}$$

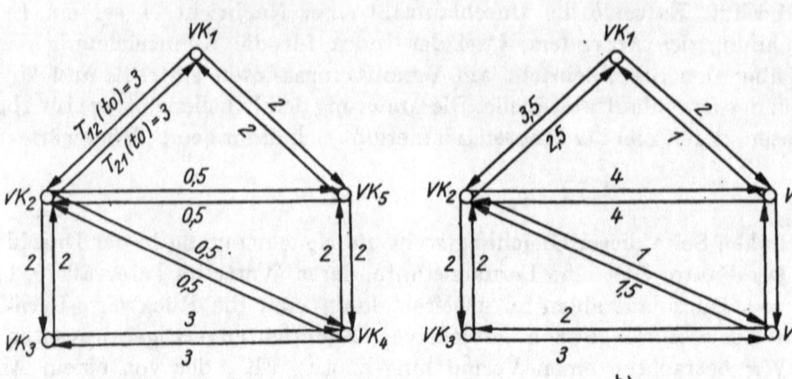

Abb. 3.28. Modellnetz mit 5 Vermittlungsknoten (Kantenbewertungen entsprechen den Verzögerungszeiten):
a) Anfangszustand ($t = t_0$); b) Zustand zur Zeit $t = t_0 + \Delta t$

Der zweite Summand ist die Nachrichtenverzögerungszeit auf dem Kanal K_{Ai} (Wartezeit und Übertragungszeit).

Wir wollen die adaptive Routingprozedur mit Synchronkorrektur an einem Beispiel erläutern. Gegeben sei das in Abb. 3.28a dargestellte Netzmodell mit den Vermittlungsknoten VK_1 bis VK_5. Die Kantenbewertungen des Graphen geben die zur Zeit $t = t_0$ vorhandenen Verzögerungszeiten des Nachrichtentransports zwischen adjazenten Knoten an. In jedem Knoten wird ein Vektor der Verzögerungszeiten und der günstigsten Kanalwahl aufgebaut. Bei $t = t_0$ sei dieser Vektor durch die Werte in folgender Tabelle gegeben (Anfangszustand):

nach	von						
	VK_1		VK_2		VK_3		...
	T_{1j}	über Knoten	T_{2j}	über Knoten	T_{5j}	über Knoten	
VK_1	0	—	3	VK_1	2	VK_1	
VK_2	3	VK_2	0	—	2,5	VK_4	
VK_3	5	VK_2	2	VK_3	4,5	VK_4	...
VK_4	3,5	VK_2	0,5	VK_4	2	VK_4	
VK_5	2	VK_5	2,5	VK_5	0	—	
	$\boldsymbol{T}_1$		$\boldsymbol{T}_2$		$\boldsymbol{T}_3$		

Zwecks Anpassung an den sich verändernden Zustand des Kommunikationsnetzes werden in periodischen Abständen Δt die Vektoren $\boldsymbol{T}_i$ an die Nachbarknoten übermittelt. Hier erfolgt die Aktualisierung des Verzögerungszeitvektors. Wir betrachten den Knoten VK_1. Dieser Knoten empfängt im Zeitraum $[t_0, t_0 + \Delta t]$ die Vektoren $\boldsymbol{T}_2(t_0)$ und $\boldsymbol{T}_5(t_0)$. Im gleichen Zeitraum möge sich der Netzzustand verändert haben (Abb. 3.28b). Knoten VK_1 verfügt somit über die Verzögerungswerte von VK_2 und VK_5 zur Zeit t_0 und über die Verzögerungszeiten zu den Nachbarknoten (T_{12}, T_{15}) zum Zeitpunkt $t = t_0 + \Delta t$. Daraus werden die Verzögerungszeitvektoren von VK_1 bei Übertragung über VK_2 oder VK_5 betrachtet

$$\boldsymbol{T}_{12}(t_0 + \Delta t) = T_{12}(t_0 + \Delta t) + \boldsymbol{T}_2(t_0)\,,$$

$$\boldsymbol{T}_{11}(t_0 + \Delta t) = T_{11}(t_0 + \Delta t) + \boldsymbol{T}_5(t_0)\,.$$

Durch Vergleich wird der für die Übertragung günstigste Kanal bzw. Übertragungsweg ausgesucht. Für den Vermittlungsknoten VK_1 erhält man anhand der in Abb. 3.28 b eingetragenen Angaben für den Knoten VK_1 die in folgender Tabelle angegebenen Werte.

nach	über	
	VK_1	VK_5
	$3{,}5 + T_2(t_0)$	$2 + T_5(t_0)$
VK_1	6,5	4*
VK_2	3,5*	4,5
VK_3	5,5*	6,5
VK_4	4*	4
VK_5	6	2*

$T_1(t + \Delta t)$	Zwischenknoten bei $t_0 + \Delta t$
0	—
3	VK_2
5	VK_2
4	VK_2
2	VK_5

Die mit * markierten Zahlen sind die Wege mit kleinster Kantenbewertung (Verzögerungszeit). Über diese Wege erfolgt dann die Nachrichtenübertragung. Selbstverständlich ist die beschriebene Prozedur für alle Knoten und für alle Zeitabschnitte $n\Delta t$, $n = 1, 2, \ldots$, durchzuführen.

3.4. Betriebsverfahren

Die Zweckbestimmung jedes Kommunikationssystems besteht darin, den Informationsaustausch unter den Benutzern zu gewährleisten. Für die Verwirklichung dieser Zielfunktion gibt es mannigfaltige technische Lösungen. Unter dem Begriff Betriebsverfahren sollen im folgenden die Methoden und Bedingungen verstanden werden, nach denen der Informations- bzw. Nachrichtenaustausch vollzogen wird. Die Betriebsverfahren lassen sich einteilen

- nach der Richtung des realisierbaren Informationsflusses (z. B. Simplex-, Halbduplex- oder Duplexbetrieb der Endeinrichtungen);
- nach der Verbindungsart (z. B. Punkt-Punkt- oder Mehrpunktverbindungen);
- nach den Synchronisationsverfahren bzw. nach der zeitlichen Aufeinanderfolge der übermittelten Zeichen (Synchron- oder Asynchronbetrieb);
- nach dem Vermittlungsprinzip (s. Abschnitt 3.3);
- nach den Übertragungsprozeduren (d. h. nach den Algorithmen, die der Übertragungssteuerung zugrunde liegen).

Diese Liste läßt sich fortsetzen, indem man z. B. die Kodes bei der Datenübertragung, die Fehlersicherungsverfahren, die Modulationsverfahren oder die Art der benutzten Übertragungskanäle einbezieht. Im folgenden beschränken wir uns auf eine Auswahl wichtiger Betriebsverfahren.

3.4.1. Methoden der richtungsabhängigen Informationsübermittlung

Entsprechend Abb. 3.29 seien zwei Endstellen (Station I und II) gegeben, zwischen denen der Informationsaustausch vollzogen wird. Die Stationen seien durch einen Übertragungskanal bzw. -weg miteinander gekoppelt. Je nachdem, ob der Informationsfluß einseitig gerichtet oder wechselseitig gerichtet erfolgt, unterscheidet man nach Simplex- oder Duplexbetrieb. Duplexbetrieb wird nach Halbduplex- oder Vollduplexbetrieb unterschieden.

Simplexbetrieb: Bei dieser Betriebsweise stellt die eine Endeinrichtung stets die Informationsquelle und die andere die Informationssenke dar. Die Informationsübertragung ist immer nur in einer Richtung möglich. Diese Betriebsweise tritt normalerweise im Daten- oder Fernsprechverkehr nicht auf, vielfach jedoch in der Prozeßdatenverarbeitung, wenn nur Meßwerte oder nur Steuersignale abgegeben werden.

Halbduplexbetrieb: Hier steht zu einer bestimmten Zeit ein Übertragungsweg nur in einer Richtung zur Verfügung. Zu anderen Zeiten kann die Übertragungsrichtung umgekehrt sei. Somit besteht das Wesen des Halbduplexbetriebes im zeitlich nacheinander möglichen Wechsel der Übertragungsrichtung. Stets muß beim Wechsel der Übertragungsrichtung am Endgerät von Senden auf Empfangen bzw. umgekehrt umgeschaltet werden. Der Halbduplexbetrieb ist die bevorzugte Betriebsweise z. B. der Datenübertragung auf 2-Drahtleitungen.

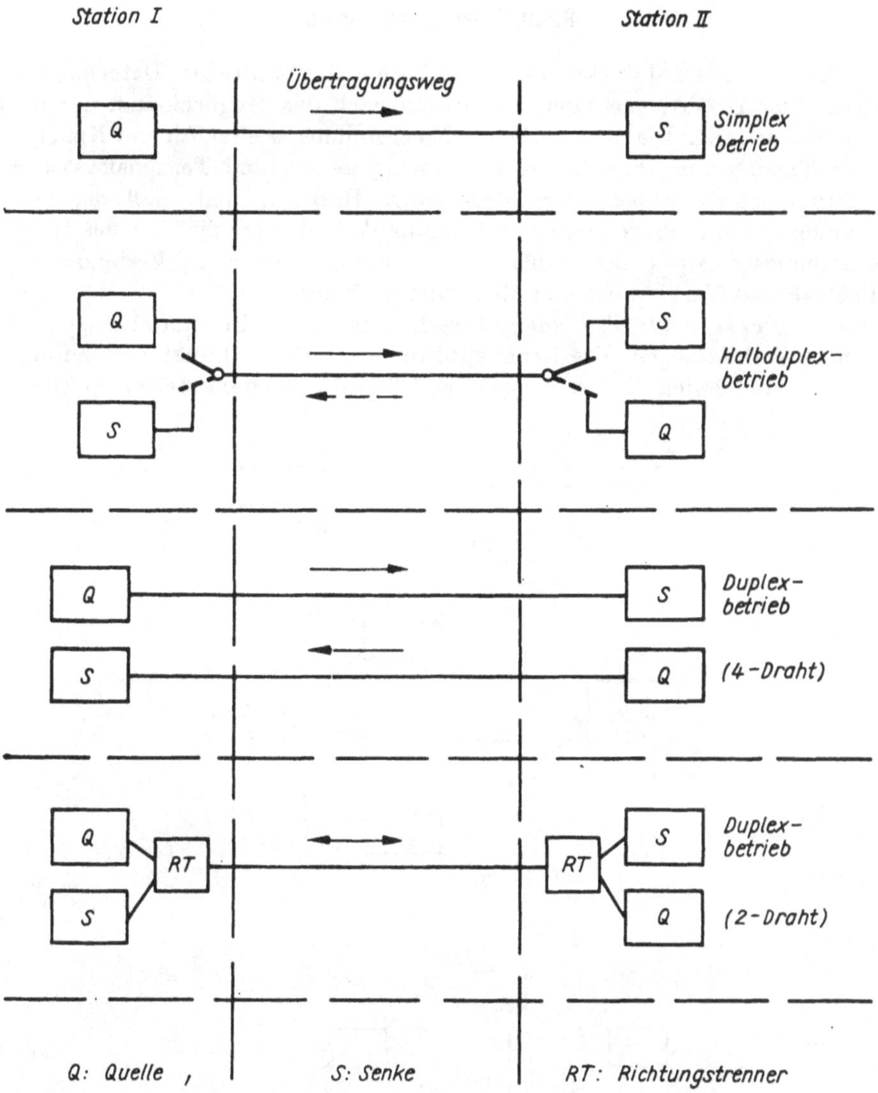

Abb. 3.29. Grundtypen des richtungsabhängigen Betriebes

Duplexbetrieb: Hier ist gleichzeitiges und unabhängiges Senden und Empfangen möglich. Der Vollduplexbetrieb ist also richtungsunabhängig. Diese Betriebsweise erfolgt vorwiegend bei Vorhandensein von 4-Drahtleitungen. In den meisten Nachrichtennetzen sind nun aber 2-Drahtleitungen verlegt. Will man dennoch Duplexbetrieb realisieren, so macht sich an den Eingängen in den Übertragungskanal das Vorschalten von Richtungstrennern RT (s. Abb. 3.29) erforderlich. Im einfachsten Fall (z. B. bei Gleichstromtastung) stellt der Richtungstrenner eine Brückenschaltung dar. Ein anderes Verfahren der Richtungstrennung beruht auf der Verwendung unterschiedlicher Frequenzlagen der Trägerfrequenzen und sog. Frequenzweichen.

3.4.2. Verbindungsarten

Wir wollen annehmen, daß zwei oder mehr Terminals (Endstellen, Datenein/ausgabestationen oder EDVA) existieren und fragen nach den Möglichkeiten der wechselseitigen Verbindung. Die entsprechende Fragestellung besitzt für die Konzipierung und den Betrieb von Datenfernverarbeitungssystemen und Terminalsystemen der Datenfernverarbeitung besondere Bedeutung. Hinzu kommt, daß der gewählte Verbindungstyp die Prozeduren der Kommunikation einschließlich des möglichen Unterordnungsprinzipes beeinflußt. Man unterscheidet zwei Verbindungsarten: die Punkt-Punkt-Verbindung und Mehrpunktverbindungen.

Bei einer *Punkt-Punkt-Verbindung* bestehen unter den Endeinrichtungen ständig verfügbare Verbindungen. Die Grundstruktur einer Punkt-Punkt-Verbindung zeigt Abb. 3.30a. Hier sollen die Terminals z. B. Datenstationen darstellen, welche Daten

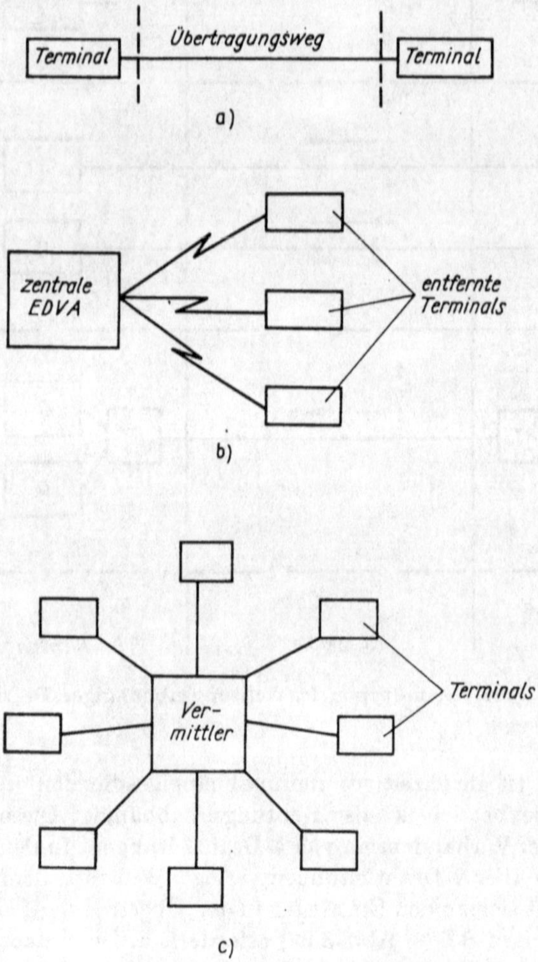

Abb. 3.30. Punkt-Punkt-Verbindungen:
a) Grundtyp; b) DFV-System mit Punkt-Punkt-Verbindungen; c) Verwendung einer Vermittlungseinrichtung

abgeben und/oder empfangen können. Falls eine Station eine EDVA ist, gibt Abb. 3.30b das Grundelement eines Datenfernverarbeitungssystems wieder. Eine Punkt-Punkt-Verbindung liegt ebenfalls vor, wenn dezentrale Terminals auf ständig verfügbaren Übertragungswegen mit einer zentralen Datenverarbeitungsanlage in Verbindung stehen. Von jedem Terminal kann praktisch simultan zur zentralen EDVA zugegriffen werden (s. Abschnitt 3.5.). Die Verwendung von dauernden Direktverbindungen (einzelner Standleitungen) zwischen den entfernten Terminals und dem zentralen Rechnersystem ist unökonomisch, und zwar wegen der hohen Kosten für die ständige Überlassung der Übertragungswege und wegen der im allgemeinen ungünstigen Ausnutzung der entsprechenden Kanalkapazitäten. Eine andere Form der Punkt-Punkt-Verbindung zeigt Abb. 3.30c. Hier erfolgt die Zusammenschaltung der Terminals über eine Vermittlungseinrichtung. Angewandt wird diese Art der Herstellung von Punkt-Punkt-Verbindungen z. B. im Datennetz der Deutschen Post.

Wenn unter mehreren Terminaleinrichtungen feste Verbindungen bestehen und der wechselseitige Informationsaustausch ohne Verwendung von Schaltvorrichtungen vollzogen wird, spricht man von *Mehrpunktverbindungen* (multi-point, multi-drop). Für die Steuerung des Nachrichtenverkehrs ist es dabei unerläßlich, daß ein Terminal bzw. eine Station eine bevorzugte Stellung einnehmen muß. Da die anderen Teilnehmer am Nachrichtenverkehr dieser Einrichtung untergeordnet sind, spricht man vom sog. *Unterordnungsbetrieb*. Bevor wir näher auf die Steuerhierarchien und entsprechenden Brtriebsweisen eingehen, sollen wichtige Einsatzgebiete und Grundtypen von Mehrpunktverbindungen genannt werden. Am häufigsten sind Mehrpunktverbindungen in Datenfernverarbeitungsnetzen und bei der hierarchischen Kopplung von Rechnern anzutreffen. In Abschnitt 3.5. dieses Buches findet der Leser eine Reihe von Entwurfs- bzw. Optimierungsproblemen für die zweckmäßige Gestaltung derartiger Netze. Wenn das Prinzip der Mehrpunktverbindung in einem Datenfernverarbeitungssystem zur Anwendung kommt, übernimmt die zentrale EDVA oder eine vorgeschaltete Steuereinheit (front-end-processor) die Funktion der Terminalansteuerung.

Am Beispiel von Datenfernverarbeitungssystemen bzw. -netzen sollen die *Grundtypen der Mehrpunktverbindungen* behandelt werden. Im elementarsten Fall sind mehrere Terminals (Datenstationen), die sich an verschiedenen Orten befinden, über *eine Leitung* mit einer EDVA verbunden (Abb. 3.31a). In einem solchen Mehrpunktnetz können zwei Terminals nicht gleichzeitig senden oder empfangen. Für die Leitungsbenutzung muß ein Betriebsablauf vereinbart werden. Hat ein Terminal Daten zu übertragen, so muß es so lange warten, bis die Leitung frei ist oder bis der Rechner eine Sendeaufforderung erteilt. Es versteht sich, daß bei der Informationsübermittlung im Mehrpunktnetz mit Adressierung des jeweiligen Nachrichtenziels gearbeitet wird. Ebenso muß Beginn und Ende jeder Nachricht gekennzeichnet sein. Ein Mehrpunktnetz gemäß Abb. 3.31a besitzt im allgemeinen recht ungünstige Verkehrseigenschaften. Das drückt sich u. a. in den unvermeidbaren Wartezeiten auf Nachrichtenein- oder ausgabe aus. Zudem können die Leitungskosten erheblich sein, wenn die territoriale Entfernung der einzelnen Stationen groß ist. Eine weitere Form von Mehrpunktnetzen ist das *Ringnetz* (*Loop-System*) gemäß Abb. 3.31b. Hier kreisen gewissermaßen die Nachrichten (z. B. adressierte Daten oder Steuerinformationen) auf einem Ring. Von Vorteil bei dieser Art der Mehrpunktverbindung

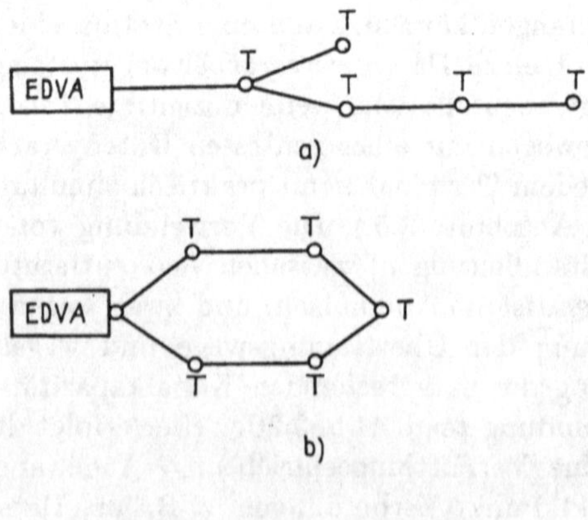

Abb. 3.31. Grundtypen von Mehrpunktverbindungen in DFV-Netzen (T: Terminal bzw. Datenstation):
a) einfache Mehrpunktverbindung; b) Schleifen-System; c) Mehrpunktnetz mit Konzentratoren und/oder Multiplexoren

sind der relativ einfache Steueralgorithmus und die einfache Erweiterbarkeit durch „Aufschneiden" einer Verbindungsleitung und Hinzufügen einer weiteren Terminalstation. Unvorteilhaft sind auch hier das ungünstige Verkehrsverhalten des Netzes (Wartezeiten) und die schlechte Leitungsausnutzung.

Zur Einsparung von Leitungen, für gute Leitungsausnutzung und zur Erhöhung des Nachrichten- bzw. Datendurchsatzes werden *Mehrpunktnetze mit Konzentratoren und Multiplexoren* verwendet (Abb. 3.31 c). Als Konzentrator bezeichnet man eine Einrichtung, die N Leitungen eines Zubringerbündels auf M Leitungen eines Abnehmerbündels zusammenfaßt bzw. M Zubringerleitungen auf N Abnehmerleitungen verteilt, wobei $M < N$ gilt. Damit wird die wahlfreie Anschaltung vieler Teilnehmer (Terminals) an wenige gut ausgenutzte digitale Übertragungskanäle eines Daten- oder Datenfernverarbeitungsnetzes ermöglicht. Es gibt unterschiedliche Konzentratortypen. Je nachdem, ob eine Zwischenspeicherung vorgenommen wird oder nicht, unterscheidet man

— Speicherkonzentratoren und
— nichtspeichernde Konzentratoren (sog. Leitungs- oder Durchschaltungskonzentratoren).

Bei Speicherkonzentratoren werden ganze Nachrichten oder Nachrichtensegmente (Einzelzeichen, Datenblöcke) zunächst abgespeichert, in eine Warteschlange eingereiht und nach Maßgabe freier Ausgangskanäle weitergegeben. Somit ergeben sich bei der

Informationsübermittlung unvermeidbare Verzögerungszeiten, die sich allerdings durch zweckmäßige Ablauforganisation minimieren lassen. Wenn ein Speicherkonzentrator außer der reinen Konzentrations- bzw. Verteilerfunktion noch zeitgestaffelte Kanalzuteilungen vornimmt, stellt er eine relativ komplexe Einrichtung dar. Man verwendet daher oft Kleinrechner, die speziell als Konzentrator programmiert sind.

Bei den nichtspeichernden Leitungskonzentratoren erfolgt eine bitweise Durchschaltung der Datenströme. Dieser Konzentratortyp ist kode-, format- und geschwindigkeitstransparent, Eigenschaften, die Speicherkonzentratoren nicht besitzen. Bei nichtspeichernden Konzentratoren kann Blockierung eintreten, wenn mehr Eingänge aktiv sind als Ausgangskanäle zur Verfügung stehen.

Ein *Multiplexor* hat die Aufgabe, den Nachrichtenverkehr von mehreren langsamen oder wenig ausgelasteten Anschlußleitungen auf einer oder wenigen gut ausgelasteten oder schnellen Leitung zusammenzufassen. Die an verschiedenen Eingängen des Multiplexors eintreffenden digitalen Signale werden dabei zeitlich ineinander geschaltet. Man unterscheidet zwei grundsätzlich verschiedene Verfahren der Multiplexierung:

- zyklischer (synchroner) Multiplex, d. h. Multiplexierung nach dem Abfrageprinzip und
- Adreßmultiplex, d. h. asynchrone Multiplexierung nach dem Anforderungsprinzip.

Die zyklische Multiplexierung ist dadurch gekennzeichnet, daß die gesamte Übertragungskapazität des Multiplexkanals für die Dauer einer Zeitlage jedem Teilnehmer (Terminal) zur Verfügung steht, und zwar unabhängig davon, ob ein Übertragungswunsch vorliegt oder nicht. Bei Adreßmultiplex wird der Multiplexkanal nur belegt, wenn ein Übertragungswunsch vorhanden ist. Für die Gewährleistung des Adreßmultiplexbetriebs muß jeder Übertragungsblock eine Übertragungsadresse besitzen. Da die Übertragungskapazität den einzelnen Terminalstationen zufällig zugeteilt wird, d. h. je nach Vorhandensein von Übertragungsandorderungen, muß der entsprechende Multiplexor über einen Zwischenspeicher verfügen. Auf diese Weise werden momentane Verkehrsspitzen ausgeglichen.

Wir haben bereits darauf hingewiesen, daß der Nachrichten- bzw. Datenverkehr in Mehrpunktnetzen nur möglich ist, wenn ein gewisses Unterordnungsprinzip unter den einzelnen Terminalstationen vereinbart ist. Die detaillierten Festlegungen für den wechselseitigen Informationsaustausch einschließlich Verbindungsaufbau und -abschluß sind durch die sog. *Übertragungsprozeduren* gegeben, die wir später behandeln. Hier sollen nur die grundsätzlichen Kommunikationsprinzipien angegeben werden. Wir wollen wieder annehmen, daß es eine bevorzugte Terminalstation gibt. In einem Datenfernverarbeitungsnetz ist das gewöhnlich der zentrale Rechner und in einem System hierarchisch gekoppelter Rechner der Leitrechner.

Die Einheiten in Mehrpunktnetzen, die im Hinblick auf die Steuerung des Informationsverkehrs eine bevorzugte Stellung einnehmen, sind die *Leit- oder Hauptstationen* (master station). Die untergeordneten Terminaleinrichtungen nennen wir *Trabantenstationen* (slave station). Das Unterordnungsprinzip, das in Mehrpunktverbindungen zur Geltung kommt, ist der *Aufrufbetrieb*. Der Informationsaustausch zwischen Leit-

und Trabantenstationen wird beim Aufrufbetrieb in zwei Modifikationen realisiert: durch Abfrage (polling) oder durch Auswahl (selection).

Bei *Abfrage* (polling) wird an die einzelnen Trabantenstationen z. B. zyklisch ein Aufruf gesandt, der mögliche Übertragungswünsche der einzelnen Terminals ermittelt und dann die Übertragung initiiert. Um den beim Abfrageprinzip verwendeten Sendeabruf empfangen zu können, müssen sich die Trabantenstationen in Abrufbereitschaft befinden. Sobald eine angesteuerte Trabantenstation sendebereit ist, übernimmt sie als Sendestation die Kontrolle über die dann folgende Übertragung. Nach Abschluß der Datenübertragung und im Falle, daß die angesteuerte Trabantenstation nicht sendebereit ist, wird die Steuerungskontrolle an die Leistation zurückgegeben, die dann den Sendeabruf bei den anderen Trabantenstationen fortgesetzt.

Im Falle der *Auswahl* (selection) wird eine bestimmte Trabantenstation als momentaner Kommunikationspartner von der Leitstation ausgewählt. Der Ablauf erfolgt dann wie beim Abfrageprinzip.

Der Verkehr beim Aufrufbetrieb erfolgt immer zwischen der Leitstation und einer untergeordneten Trabantenstation. Soll eine Nachricht von einer Trabantenstation zu einer anderen Trabantenstation übermittelt werden, so muß sie stets über die Leitstation gehen.

Die Steuerung des Informationsverkehrs in Punkt-Punkt-Verbindungen erfolgt durch *Konkurrenzbetrieb* (contention). Wenn zwei direkt miteinander verbundene Stationen gleichzeitig Daten übertragen wollen, entsteht eine Konflikt- oder Konkurrenzsituation. Um dies zu vermeiden, wird auch hier eine Endeinrichtung bevorzugt. Diese trägt die Bezeichnung *Primärstation*; die andere Einrichtung heißt *Sekundärstation*.

Vergleicht man nun die beiden Steuerungsverfahren, so läßt sich folgendes feststellen:

Beim Konkurrenzbetrieb kann sowohl die Primär- als auch die Sekundärstation eine Datenübertragung veranlassen. Wollen beide Stationen gleichzeitig Daten übertragen, so hat die Primärstation Vorrang. Beim Aufrufbetrieb ist dagegen eine Datenübertragung mit einer Trabantenstation nur möglich, wenn die betreffende Trabantenstation von der Leitstation aufgerufen worden ist. Demzufolge ist beim Konkurrenzbetrieb der Verwaltungsaufwand weniger kompliziert und zeitaufwendig, als dies beim Aufrufbetrieb der Fall ist. Andererseits ermöglicht der Aufrufbetrieb eine Erweiterung der angeschlossenen Trabantenstationen an die vorhandene Mehrpunktleitung, während eine Erweiterung beim Konkurrenzbetrieb zusätzliche Verbindungsleitungen erforderlich macht.

3.4.3. Synchronisierungsverfahren

In der Datenübertragungstechnik versteht man unter Synchronisation das Herstellen fester Frequenz- und Phasenbeziehungen zwischen den am Informationsempfänger eintreffenden Signalen und dem Zeitbezugssystem im Empfänger. Bei den meisten Datenübertragungsverfahren wird die sog. bitserielle Übertragung angewandt. Das bedeutet, daß die einzelnen Datenbits nacheinander übertragen werden. Seitens der Sendestation werden die Elemente des Datensignals in einem vorgegebenen Zeitraster auf den Übertragungsweg geschickt. Die eindeutige Detektion am Empfangsort erfordert, daß jedes Bit mit dem gleichen Zeitraster aufgenommen wird, mit dem es abgesandt wurde. Außerdem setzt die Rückgewinnung einer Zeichenfolge am Empfänger die Kenntnis des Zeichenbeginns voraus, um die jeweils zu einem Zeichen gehörenden Bits zusammenzufassen. Daraus ergeben sich am Empfangsort zwei Aufgaben zur Herstellung eindeutiger Gleichlaufbeziehungen:

— die Bit- oder Schrittsynchronisation und
— die Zeichensynchronisation.

Bevor die Bit- oder Schrittsynchronisation erläutert wird, soll erklärt werden, was ein *Schritt* ist. Man versteht darunter in der Telegraphie und Datentechnik die definierte Dauer eines Signalelements, dem eindeutig ein Wert des Signalparameters zugeordnet ist. Die *Schrittdauer* T_s ist eine vereinbarte konstante Zeit. Sie ist gleich dem minimalen Zeitabstand zwischen zwei Werten des Signalparameters. Die *Schrittgeschwindigkeit* v_s ist als Kehrwert der Schrittdauer definiert

$$v_s = \frac{1}{T_s}. \tag{3.228}$$

Die Maßeinheit der Schrittgeschwindigkeit ist das Baud (Bd): 1 Baud ist 1 Schritt pro Sekunde. Die Übertragungsgeschwindigkeit v ist abhängig von der Schrittgeschwindigkeit und der Anzahl der vereinbarten Wertebereiche des Signalparameters. Bei binärer Übertragung (zwei Wertestufen des Signalparameters) ist die Übertragungsgeschwindigkeit in bit/s gleich der Schrittgeschwindigkeit in Baud. Sonst gilt

$$v = \frac{\text{ld}\, N}{T_s} = v_s \,\text{ld}\, N\,, \tag{3.229}$$

wobei N die Zahl der möglichen Wertestufen des Signalparameters ist. Aus (3.229) folgt, daß eine Erhöhung der Übertragungsgeschwindigkeit durch verkürzte Schrittdauer T_s und Vergrößerung der Wertestufenzahl N möglich ist. Höhere Übertragungsgeschwindigkeiten sind außerdem erreichbar, wenn mehrere Übertragungskanäle parallel geschaltet und zugleich mehrere Signalparameter verändert werden. Dann ist

$$v = \sum_{i=1}^{k} \frac{\text{ld}\, N_i}{T_{si}} \tag{3.330 a}$$

mit N_i als Stufenzahl des Signalparameters auf dem i-ten Kanal und T_{si} als entsprechende Schrittdauer. Falls auf den k parallelen Kanälen die diskreten Wertestufenzahlen und Schrittdauern gleich sind ist

$$v = k \frac{\text{ld}\, N}{T_s}. \tag{3.330 b}$$

Bit- oder Schrittsynchronisation: Darunter ist das Herstellen des Gleichlaufs von Sende- und Empfängerzeitraster zu verstehen. Das Sendezeitraster wird von einem Schritttaktgenerator erzeugt. Damit jedem Bit der gleiche Stellenwert, den es beim Aussenden innehatte, auch beim Empfang zugeordnet wird, dürfen Sende- und Empfangszeitraster nicht zeitlich versetzt sein. Die entsprechende Synchronisation wird erreicht, indem der Empfängerschrittgenerator durch die eintreffenden Datenelemente (Bits) auf die Phase des Sendeschrittgenerators abgestimmt wird. Die Realisierung der Bitsynchronisation veranschaulicht Abb. 3.32a. Bei Eingabe ankommender Datenelemente in das Empfangsschieberegister erfolgt die Feststellung der richtigen (synchronen) Bitübernahmezeit.

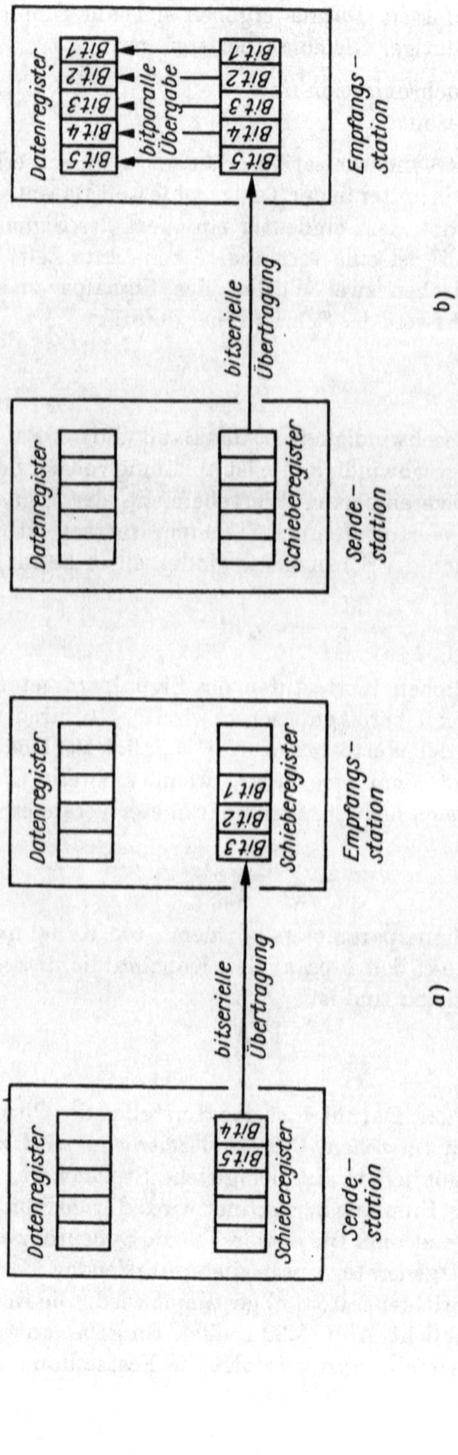

Abb. 3.32. Zur Bit- und Zeichensynchronisation:
a) bitsynchronisierte Eingabe in das Schieberegister der Empfangsstation;
b) zeichensynchronisierte Übernahme in das Datenregister der Empfangsstation

Zeichensynchronisation: Die Zeichensynchronisation dient der Feststellung des Zeichenübernahmezeitpunkts am Empfänger. Der Zeichenübernahmezeitpunkt ist derjenige Zeitpunkt, an dem alle Elemente (Bits) eines Zeichens im Schieberegister der Empfangsstation eingetroffen sind und in ihrer Gesamtheit in das Datenregister übernommen werden können (Abb. 3.32b). Die Zeichensynchronisation wird mittels Synchronisierinformationen, die von der Sendestation mitgesendet werden, verwirklicht. Die technische Realisierung von Bit- und Zeicheninformation hängt sehr wesentlich vom gewählten Synchronisationsverfahren ab. Hier sind grundsätzlich zwei Verfahrensarten möglich: Asynchron- und Synchronverfahren.

Asynchronverfahren (Start-Stop-Betrieb)

In einem Datenübertragungssystem, das auf der Grundlage des Asynchronverfahrens arbeitet, wird zeichenweise übertragen und synchronisiert. Das bedeutet, daß der Zeitrastergleichlauf für die Dauer eines Zeichens aufrechterhalten wird. Zur Kennzeichnung des Beginns eines Zeichens (zusammenhängende Schrittfolge) wird ein sog. Startschritt vorausgesetzt. Nach Abschluß der zum jeweiligen Übertragungszeichen gehörenden Bitfolge geht der Sender in eine definierte Ruhelage über. Dieser Ruhestand besitzt eine definierte Mindestdauer, die man Stop-Schritt nennt. Erst nach einem Stop-Schritt kann eine erneute Zeichenübertragung (eingeleitet von einem Start-Schritt) erfolgen. Aus der Beschreibung des Verfahrens wird deutlich, warum man anstatt von Asynchronverfahren auch von Start-Stop-Verfahren spricht. Die Dauer des Start-Schrittes wird im allgemeinen ebenso groß gewählt wie die Schrittdauer T_s. Die Dauer des Stop-Schrittes liegt im Bereich $T_s \leqq T_{stop} \leqq 2T_s$. Im Telex-Netz als typischen Vertreter für die Anwendung des Asynchronverfahrens, ist $T_{stop} = 1{,}5\ T_s$. Zusätzlich zu den Kodesymbolen, die zwischen dem Start- und dem Stop-Schritt liegen, kann noch ein Bit für die Paritätsprüfung eingebaut sein. Den entpsrechenden Aufbau eines Zeichens beim Asynchronbetrieb zeigt Abb. 3.33.

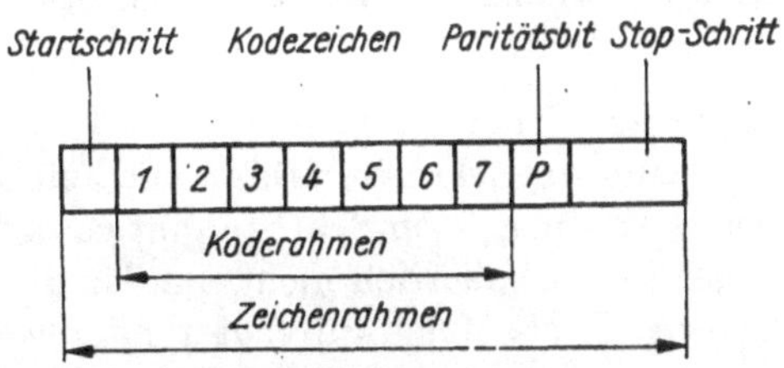

Abb. 3.33. Aufbau eines Zeichens beim Start-Stop-Verfahren (P: eventuell vorhandenes Paritätsprüfungsbit)

Abb. 3.34 veranschaulicht ein Einzelzeichen und verschiedene Zeichenfolgen bei Start-Stop-Betrieb. Daraus wird noch einmal das Charakteristische des Asynchronverfahrens deutlich: Gleichauf von Sender und Empfänger gibt es nur für eine begrenzte Schrittzahl, wobei jede zusammenhängende Schrittzahl durch einen Start-Schritt eingeleitet wird. Die Bezeichnung „asynchron" bezieht sich auf die zeitlich willkürliche Übertragung einer Zeichenfolge. Der Vorteil des Asynchronverfahrens liegt im geringen Aufwand für die gerätetechnische Realisierung. Die Anwendung empfiehlt sich dort, wo Zeichenfolgen mit geringer Zeichenanzahl übertragen werden

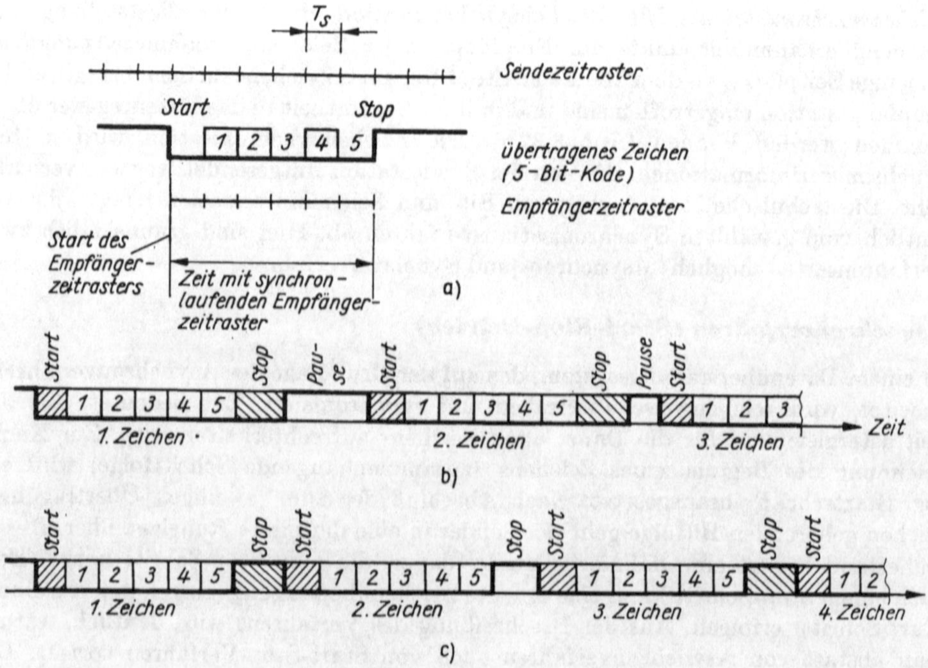

Abb. 3.34. Start-Stop-Verfahren:
a) Einzelzeichen; b) unregelmäßige Zeichenfolge; c) kontinuierliche Zeichenfolge

(Fernschreibtechnik, Dialogbetrieb Bildschirmterminal – EDVA). Falls große Datenmengen übertragen werden müssen, ist das Asynchronverfahren uneffektiv. Die Übertragung der Start- und Stop-Schritte erfordert zusätzlichen Zeitaufwand zu Lasten der theoretisch erreichbaren Übertragungsrate (ohne Start Stop-Schritte).

Synchronverfahren

Hier werden im Gegensatz zum Asynchronverfahren alle Zeichenschritte unmittelbar nacheinander übertragen. Start- und Stop-Schritte gibt es nicht. Infolgedessen muß der Zeitrastergleichlauf bei Synchronbetrieb nicht nur für die Dauer eines Zeichens, sondern während einer ganzen Zeichenfolge aufrechterhalten werden. Das bedarf einer hohen Stabilität der sender- und empfangsseitigen Schrittaktgeber. Beim Synchronverfahren wird zuerst die Bit- und dann die Zeichensynchronisation durchgeführt. Die Bitsynchronisation kann realisiert werden, indem

— ein spezielles Signal vom Sender zum Empfänger abgesandt wird, das den Schrittaktgebergleichlauf herstellt oder
— der Schrittakt des Senders aus dem ankommenden Nutzsignal in der Empfangsstation gewonnen wird („Einphasen" des Empfängers).

In der synchronen Datenübertragungstechnik macht man meistens von der zuletzt beschriebenen Methode Gebrauch.

Bevor die eigentliche Datenübertragung beginnt, wird die Zeichensynchronisation hergestellt. Dies ist erforderlich, um empfangsseitig die erhaltenen Schritte eindeutig den einzelnen Zeichen zuzuordnen. Für die Zeichensynchronisation gibt es beim Synchronbetrieb zwei Varianten:

— In die jeweiligen Zeichenfolgen werden periodisch spezielle Synchronisierimpulse eingeschoben oder
— es wird ein Synchronisierzeichen (SYN) vereinbart, das bei Übertragungsbeginn und bei auftretenden Lücken in die Sendezeichenfolge eingeschoben wird.

Üblich ist die zuletzt beschriebene Art des Einschiebens von SYN-Zeichen. Bei sehr langen Zeichenfolgen und beim Fehlen von Lücken (keine Nutzzeichen) erfolgt eine Zwangsunterbrechung für das Einfügen der SYN-Zeichen.

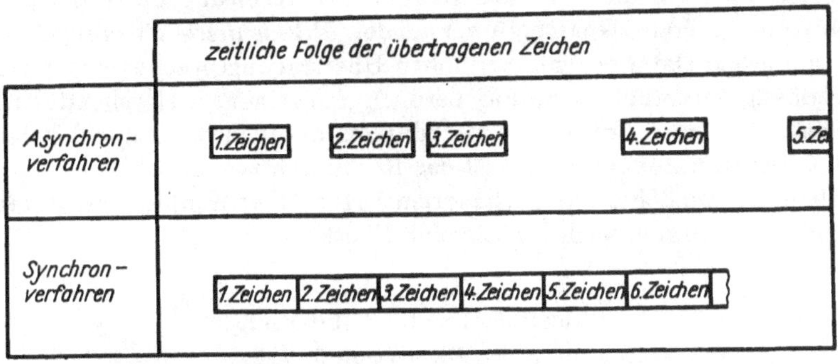

Abb. 3.35. Zeichenfolgen beim Asynchron- und Synchronverfahren

Während die Asynchronübertragung auf kleine Übertragungsgeschwindigkeiten beschränkt ist ($\leq$ 2400 bit/s), wird das Synchronverfahren vor allem bei höheren Übertragungsgeschwindigkeiten angewandt. Üblich ist zudem der Einsatz bei gepufferten Datenstationen. In Abb. 3.35 stellen wir Zeichenfolgen beim Synchron- und Asynchronbetrieb schematisch gegenüber.

3.4.4. Übertragungsprozeduren

Unter einer Übertragungsprozedur ist ein Algorithmus (Vorschrift) zu verstehen, der den Ablauf der Informationsübertragung detailliert beschreibt. Heute gibt es eine Reihe international verbindlicher Vereinbarungen sowie Empfehlungen für Übertragungsprozeduren. Das ermöglicht es, über Ländergrenzen hinaus Kommunikationssysteme miteinander zu koppeln. Zugleich wird eine gewisse Einheitlichkeit und Kompatibilität von Geräten und Programmen erreicht, die von verschiedenen Produzenten hergestellt werden.

Eine Übertragungsprozedur legt fest:

— die Kodierung der Nachrichten und die Bedeutung von Steuerzeichen;
— die Reihenfolge, in der die Kommunikationspartner miteinander verkehren (einschl. Prioritätsvergabe für die Realisierung des Unterordnungsbetriebes, um Konfliktsituationen bei etwa gleichzeitigem Übertragungswunsch von zwei Terminalstationen auszuschließen);

— die Maßnahmen, die beim Auftreten von Übertragungsfehlern durchzuführen sind (z. B. den Rhythmus der Übertragungswiederholung);
— die Quittierung empfangener Nachrichten;
— den Verbindungsaufbau und die Aufhebung einer Verbindung.

Es gibt zwei große Klassen von Übertragungsprozeduren: zeichen- und bitorientierte. Den *zeichenorientierten Prozeduren* liegt ein bestimmter Kode zugrunde, aus denen Steuerzeichen gebildet werden. Darunter ist jeweils eine geordnete Bitfolge fester Länge zu verstehen, mit denen bestimmte Steuerfunktionen realisiert werden. Die Benutzung der Steuerzeichen als Text bzw. Daten ist nicht erlaubt, da sonst ungewollte Steuerfunktionen aufgerufen würden. Die Übertragungssteuerung mittels Steuerzeichen wird vor allem in der Datenfernverarbeitung bei Halbduplexbetrieb unter den Kommunikationspartnern verwendet. *Bitorientierte Prozeduren* wurden geschaffen, um große Datenmengen bei hohen Übertragungsgeschwindigkeiten effektiv und zuverlässig auszutauschen. Sie beruhen auf einem weitgehend einheitlichen Blockformat. Sie können sowohl bei Halbduplex- als auch bei Duplexbetrieb verwendet werden. Ihr Haupteinsatzgebiet ist das Rechnernetzwerk.

Wir behandeln zunächst die zeichenorientierten Übertragungsprozeduren und bei den speziellen Prozeduren auch wichtige bitorientierte.

Tab. 3.6. Der ISO-7-bit-Kode

Bitposition 1, 2, 3, 4 \ Bitposition 5, 6, 7	000	100	010	110	001	101	011	111
0000	NUL	(TC$_7$)DLE	SPACE	0		P		p
1000	(TC$_1$)SOH	DC	!	1	A	Q	a	q
0100	(TC$_2$)STX	DC$_2$		2	B	R	b	r
1100	(TC$_3$)ETX	DC$_3$		3	C	S	c	s
0010	(TC$_4$)EOT	DC$_4$		4	D	T	d	t
1010	(TC$_5$)ENQ	(TC$_8$)NAK	%	5	E	U	e	u
0110	(TC$_6$)ACK	(TC$_9$)SYN	&	6	F	V	f	v
1110	BEL	(TC$_{10}$)ETB		7	G	W	g	w
0001	FE$_0$(BS)	CAN	(	8	H	X	h	x
1001	FE$_1$(HT)	EM	)	9	I	Y	i	y
0101	FE$_2$(LF)	SUB		:	J	Z	j	z
1101	FE$_3$(VT)	ESC	+	;	K		k	
0011	FE$_4$(FF)	IS$_4$(FS)			L		l	
1011	FE$_5$(CR)	IS$_3$(GS)	—	=	M		m	
0111	SO	IS$_2$(RS)	.		N		n	
1111	SI	IS$_1$(US)	/	?	O	—	o	DEL

Übertragungssteuerzeichen

Die Übertragungsprozeduren bauen auf international standardisierte Kodes auf. Zu den bekanntesten und wichtigsten Kodes der Datentechnik gehört der „ISO-7-bit-Kode" (oder CCITT-Kode Nr. 5; in der DDR durch TGL 23 207 verbindlich erklärt). Der Zeichenvorrat der jeweiligen Kodes unterteilt sich dabei in zwei Teilmengen: in die Menge der Schriftzeichen und die Menge der Steuerzeichen. Zu den Schriftzeichen gehören Ziffern, Groß- und Kleinbuchstaben sowie Sonderzeichen (+, –, <, >, . , * nsw.). Die Steuerzeichen umfassen (vgl. für den ISO-7-bit-Kode Tabelle 3.6)

- Übertragungssteuerzeichen (TC_1 bis TC_{10})
- Formatsteuerzeichen (FE_0 bis FE_5)
- Trennzeichen (IS_1 bis IS_4)
- Zeichen für Gerätesteuerungen (DC_1 bis DC_4)
- Steuerzeichen für die Kodeerweiterung (ESC, SO, ST) und
- sonstige Steuerzeichen (NUL, BEL, CAM, EM, SUB, DEL).

Uns interessieren im Zusammenhang mit den Übertragungsprozeduren nur die Übertragungssteuerzeichen. Die Bedeutung dieser Zeichen kann aus Tabelle 3.7 entnommen werden. Von den 10 Übertragungssteuerzeichen des ISO-7-bit-Kodes dienen acht der Begrenzung und Einteilung der kodierten Nachrichtentexte bzw. Daten. Diese acht Zeichen sind zugleich „vorwärtsgerichtet", d. h., sie tragen Informationen für die empfangende Station. Zwei Zeichen sind „rückwärtsgerichtet" (ACK und NAK).

Tab. 3.7. Bedeutung üblicher Übertragungssteuerzeichen

Zeichen	Name	Bedeutung
SOH	Start of Heading	Einleitung des Nachrichtenkopfs, der Adresse, evtl. Route u. a. Kopfinformationen enthält
STX	Start of Text	Signalisiert dem Empfänger, daß mit Übermittlung der Nachricht oder Nachrichtenblockes begonnen wird
ETX	End of Text	Abschluß der Nutzinformationsübertragung
ETB	End of Transmission Block	Trennzeichen; Abschluß eines übertragenen Blockes
EOT	End of Transmission	Ende der Übertragung
ENQ	Enquiry	Aufforderung an die Gegenstation zur Statusmeldung oder zur Adressenrückmeldung
ACK	Acknowledgement	Positive Rückmeldung des Empfängers an Sendestation
NAK	Negative Acknowledgement	Negative Rückmeldung des Empfängers an Sendestation
SYN	Synchronus Idle	Synchronisationszeichen; Füllzeichen
DLE	Data Link Escape	Umschaltzeichen, ändert Bedeutung der nachfolgenden Zeichen; dient zur Erweiterung von Steuerfunktionen

Sie dienen der Rückmeldung von der Empfangsstation an die Sendestation. Wie die einzelnen Übertragungssteuerzeichen für das Zusammenspiel der Sende- und Empfangseinrichtungen genutzt werden, ist in den jeweiligen Prozedurvorschriften verankert. Bevor wir darauf eingehen, soll auf Abb. 3.36 verwiesen werden. Dort ist der Aufbau einer Nachricht (obere Zeile) und eine vom Empfänger rückgesandte Meldung (Angabe der Adresse nach Erhalt des Zeichens ENQ) veranschaulicht.

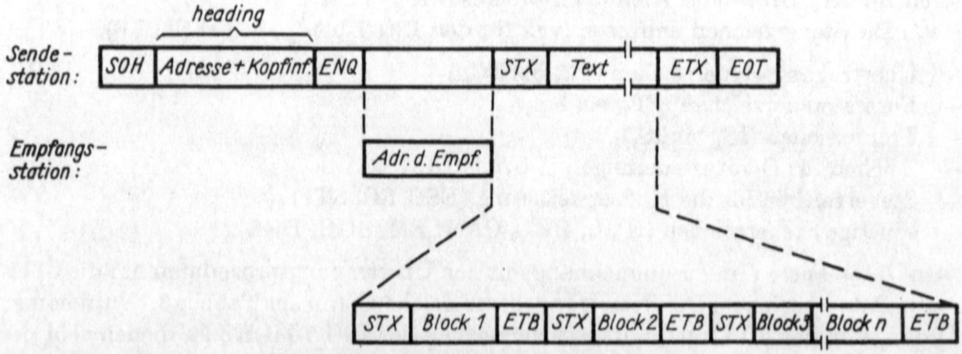

Abb. 3.36. Beispiel eines Nachrichtenformates mit Steuerzeichen des ISO-7-Bit-Kodes (CCITT-Kode Nr. 5)

Darstellung von Übertragungsprozeduren

Die verbale Beschreibung der Algorithmen, die der Übertragungssteuerung zugrunde liegen, ist uneffektiv und nicht übersichtlich. Zweckmäßiger ist die Verwendung von Graphen. Wir geben zwei graphische Darstellungen für die Beschreibung des Ablaufgeschehens bei der Übertragungssteuerung an:

— das Ablaufdiagramm (time-line-diagram) und
— den Ablauf- oder Übergangsgraphen.

Die Identität beider Darstellungsarten kommt darin zum Ausdruck, daß es letztlich Graphen sind, in denen die Knoten die Zustände und die Kanten die Zustandsübergänge der Kommunikationspartner repräsentieren. Am Beispiel eines Nachrichtentransfers zwischen zwei Endstellen (Station 1 und 2) werden Ablaufdiagramm und Ablaufgraph erklärt. Gemäß Abb. 3.37a sendet Station 1 eine Nachricht, beginnend mit SOH und endend mit ETX, an Station 2. Der fehlerfreie Empfang wird durch Rücksenden des Zeichens ACK quittiert. Danach kann Station 1 erneut senden. Bei fehlerhaftem Empfang sendet Station 2 eine Negativquittung NAK zurück, und Station 1 wird zur Sendewiederholung veranlaßt. Bei mehrfachen ergebnislosen Übertragungsversuchen wird das Wechselspiel abgebrochen und evtl. eine Fehlerwiederholungsprozedur eingeleitet (Zeichen ERP — Error Recovery Prozedur). Wenn von Station 2 überhaupt keine Quittung bzw. Antwort bei Station 1 eintrifft (z. B. bei einem Leitungsdefekt), erfolgt „time out". Das bedeutet ergebnisloser Abbruch des Übertragungsversuches. Es ist derselbe Zustand erreicht wie im Falle mehrfacher negativer Rückmeldungen. Das Ablaufdiagramm als Darstellungsform der Übertragungsprozedur ist übersichtlich. Es ist daraus entnehmbar, was jede Station zu einem beliebigen Zeitpunkt ausführt. Man kann das soeben skizzierte Ablaufgeschehen

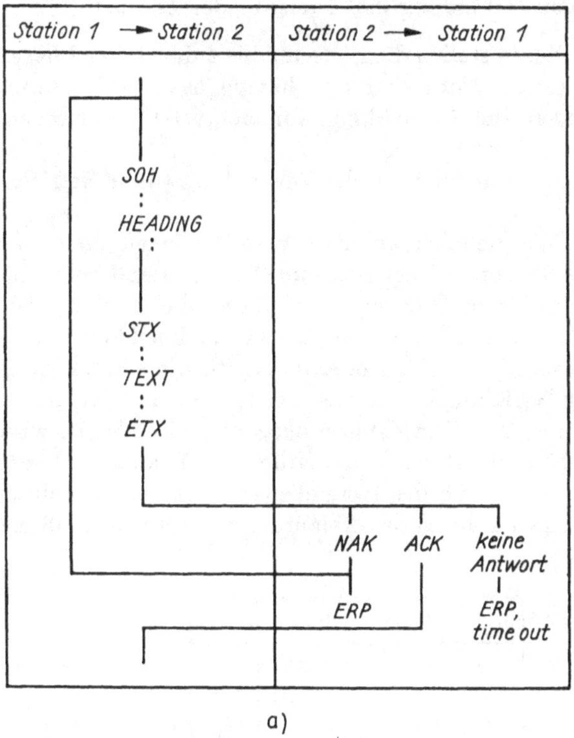

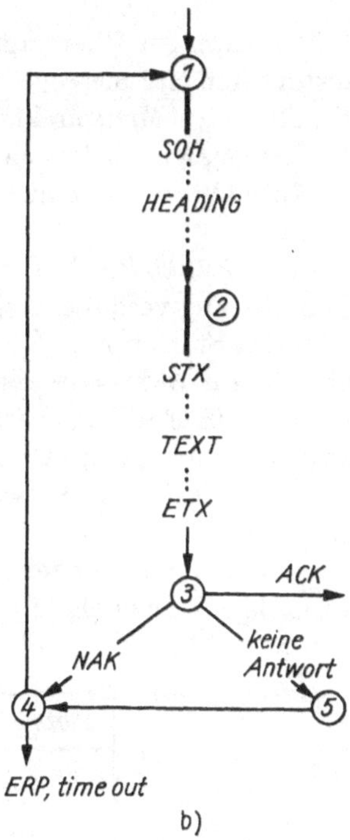

Abb. 3.37. Ablaufdiagramm (a) und Ablaufgraph (b) einer Übertragungsprozedur

ebenso mit Ablaufgraphen beschreiben (Abb. 3.37b). Die Verwendung dieser Darstellungsform ist besonders empfehlenswert, wenn Übertragungsprozeduren entworfen oder (festverdrahtet bzw. programmiert) implementiert werden.

Phasen der Übertragungsprozeduren

Entsprechend der Einführung zu Abschnitt 3.4.4. ist eine Übertragungsprozedur eine algorithmische Vorschrift über den Ablauf des Übertragungsgeschehens. Innerhalb dieses Geschehens lassen sich verschiedene Schritte unterscheiden, die Phasen genannt werden. Im Einzelnen sind dies folgende fünf Phasen:

Phase 1: Herstellung einer Verbindung im öffentlichen Wählnetz (falls die Kommunikation darüber läuft).

Phase 2: Herstellung der Datenverbindung (establishment). Hier wird festgelegt, wer Sender und Empfänger ist bzw. welchen Status die einzelnen Datenstationen besitzen (d. h. Herstellung eines logischen Sender-Empfänger-Verhältnisses).

Phase 3: Phase der Informationsübertragung (message transfer).

Phase 4: Beendigungsphase (termination). Im Verlauf dieser Phase wird die logische Verbindung Sender-Empfänger abgebaut, und das Kommunikationssystem geht in den Grundzustand zurück.

Phase 5: Aufheben der physischen Verbindung und Freigabe der Leitung.

Den Kern der Übertragungsprozeduren stellen die Phasen 2 bis 4 dar. Diese Phasen (establishment, message transfer, termination) sind unabhängig davon, ob Punkt-Punkt- oder Mehrpunktverbindungen zur Anwendung kommen, stets vorhanden. Deshalb lassen wir im folgenden Phase 1 und 5 weg.

Wir widmen uns nun Prozedurbeispielen für typische Verbindungs- und Betriebsarten.

Feste Punkt-Punkt-Verbindung: Wir nehmen an, daß zwei Stationen über eine Standleitung verbunden sind. Beide Stationen mögen sich im Grundzustand befinden. Will eine Station zur anderen Informationen übertragen, so gibt sie das Zeichen ENQ ab. Darauf antwortet die zweite Station mit einer positiven Rückmeldung ACK, wenn sie in Empfangsbereitschaft ist (Abb. 3.38). Andernfalls gibt die empfangende Station eine negative Rückmeldung NAK ab. Wenn eine nichtvereinbarte Rückmeldung oder gar eine Antwort von Station 2 (Empfänger) bei Station 1 eintrifft, wird erneut ENQ gesendet. Bei mehrfachen erfolglosen Durchlaufen des Zyklus wird eine Fehlermaßnahme eingeleitet oder der Versuch des Herstellens der Datenverbindung wird abgebrochen (ERP). Wir verfolgen anhand des Ablaufdiagramms Abb. 3.38 die

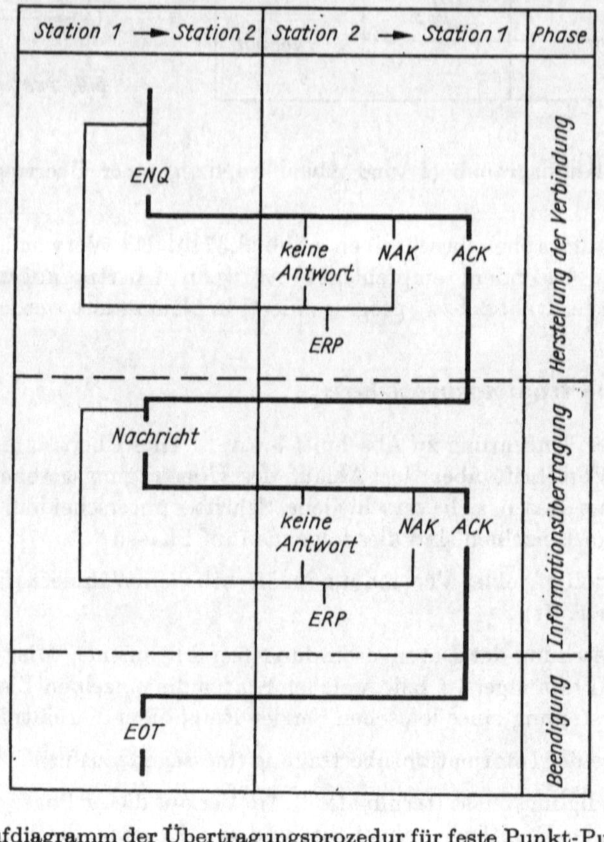

Abb. 3.38. Ablaufdiagramm der Übertragungsprozedur für feste Punkt-Punkt-Verbindung (stark ausgezogene Linie: erfolgreiche Übertragung)

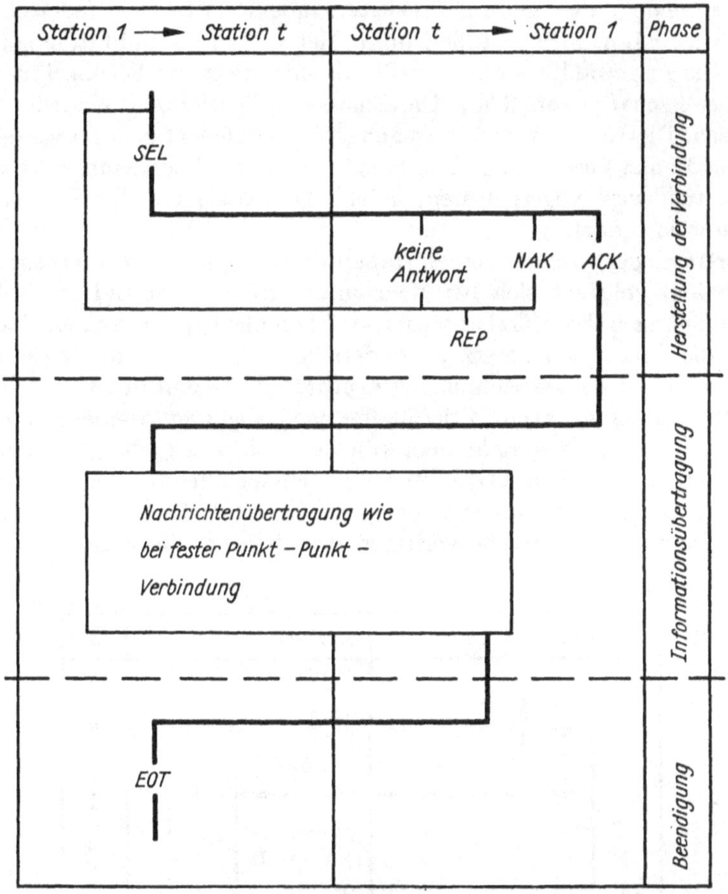

Abb. 3.39. Ablaufdiagramm der Übertragungsprozedur für Mehrpunktverbindung bei Aufrufbetrieb (Auswahl-selection)

Ereignisse nach der positiven Quittung (stark ausgezogene Linie). Es beginnt die Phase der Informationsübertragung. Hat die empfangende Station 2 in der erhaltenen Nachricht das Zeichen EOT erkannt und trat kein Fehler in Erscheinung, so wird durch Rücksenden von ACK der einwandfreie Nachrichtenempfang quittiert (andernfalls wird durch NAK eine Übertragungswiederholung initiiert). Die Phase der Informationsübertragung ist mit dem Erhalt des Zeichens ACK durch die Sendestation abgeschlossen. Um der Station 2 mitzuteilen, daß keine weitere Nachricht mehr übertragen werden soll, sendet Station 1 noch das Zeichen EOT aus (Beendigungsphase). Das System geht wieder in den Ausgangszustand zurück.

Mehrpunktverbindung und Aufrufbetrieb: Bereits in Abschnitt 3.4.2. wurde erklärt, daß es zwei Formen des Aufrufbetriebes gibt: Auswahl (selection) und Abfrage (polling). Gemeinsam ist beiden Betriebsarten, daß ein bestimmtes Unterordnungsprinzip zugrundeliegt. Wir nennen auch hier die bevorzugte Station Leitstation und die anderen Trabantenstationen. Zuerst behandeln wir den Fall, daß von der Leitstation (l) eine Nachricht an eine bestimmte Trabantenstation (t) gesandt werden soll.

Der entsprechende Vorgang wird eingeleitet, indem ein Zeichen (oder eine Zeichenfolge), das wir SEL nennen und die Adresse der ausgewählten Station enthält, abgesetzt wird. Die ausgewählte Station erteilt mit einer positiven Rückmeldung ACK ihre Empfangsbereitschaft (Abb. 3.39). Die Phase der Verbindungsherstellung ist damit abgeschlossen. Die Nachrichtenübertragungsphase vollzieht sich im weiteren wie bei fester Punkt-Punkt-Verbindung. Das betrifft auch die Beendigungsphase, d. h., die Kommunikation wird abgeschlossen, indem die Leitstation das Zeichen EOT zur Empfangsstation sendet.

Der Übertragungsprozeß von einer Trabantenstation (slave station) zur Leitstation (master station) vollzieht sich bei Mehrpunktverbindungen anders als bei Punkt-Punkt-Verbindungen. Eine Trabantenstation kann nicht spontan einen Übertragungswunsch an die Leitstation absetzen, sondern muß stets warten, bis die Leitstation danach fragt (daher die Bezeichnung Aufrufbetrieb). Wenn in einer Mehrpunktverbindung alle Trabantenstationen der Reihe nach abgefragt werden, ob es Übertragungsanforderungen gibt, spricht man von Sendeabfrage (polling). Hierzu wird gemäß Abb. 3.40 das Zeichen POLL (bzw. ein entsprechender Zeichensatz) von der Leitstation (l) an die Trabantenstationen (t) abgesetzt. Diese antworten mit EOT, falls keine Übertragungswünsche vorliegen. Damit ist die Kommunikation beendet.

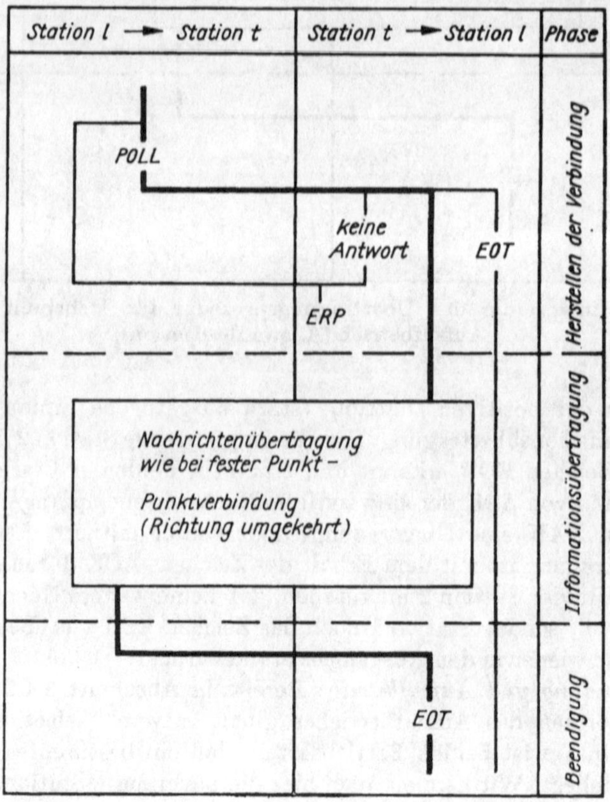

Abb. 3.40. Ablaufdiagramm der Übertragungsprozedur für Mehrpunkt-Verbindung bei Aufrufbetrieb (Abfrage-polling)

Liegen seitens der Trabantenstationen Übertragungswünsche vor, dann erfolgt jeweils nach Empfang des Symbols POLL die Übertragungsphase wie bei fester Punkt-Punkt-Verbindung. Die Senderichtung ist jedoch umgekehrt (Trabantenstation → Leitstation).

Die Standard-Übertragungsprozeduren, die zeichenorientiert sind, enthalten grundsätzlich die beschriebenen Phasen. Je nach der detaillierten Prozedurvorschrift unterscheiden sie sich in den Kodes, in den Formaten, in den Methoden der Fehlererkennung, im Füll- und Synchronisierzeicheneinfügen und der Statusvergabe unter den Kommunikationspartnern (Näheres s. z. B. [1.27, 3.83]).

Spezielle Übertragungsprozeduren

Die bekannt gewordenen Standard-Übertragungsprozeduren lassen sich in zwei große Klassen einteilen: in zeichenorientierte und in bit-orientierte. Die bisher behandelten Prozedurbeispiele gehören zur ersten Klasse. Ihr Merkmal besteht darin, daß die Steuerzeichen aus dem Kodevorrat des jeweiligen Alphabets entnommen werden. Hauptanwendungsgebiet der zeichenorientierten Übertragungsprozeduren ist die übliche Datenfernverarbeitung. Vorzugsweise erfolgt dabei der Informationsaustausch im Halbduplexbetrieb zwischen den zentralen EDVA und den dezentralisierten (entfernten) Terminalstationen. Zu den bekanntesten zeichenorientierten Übertragungsprozeduren zählt das *BSC-Verfahren* (Binary Synchronous Communication). Die BSC-Prozedur ist kodeunabgängig, jedoch auf den ISO-7-bit-Kode orientiert. Bei der Nachrichtenübertragung sind beliebig lange Zeichenfolgen erlaubt. Diese können als ein oder mehrere Übertragungsblöcke übermittelt werden. Die Länge der Blöcke ist frei wählbar. Jeder Block muß am Anfang und Ende durch Steuerzeichen STX und ETB markiert werden. Der letzte Block schließt mit ETX ab. Zusätzlich wird jedem Übertragungsblock ein Synchronisationszeichen vorangestellt, da die Synchronisation beim BSC-Verfahren nach jedem Wechsel der Übertragungsrichtung erfolgt. Die Sicherung gegen Übertragungsfehler erfolgt bei der BSC-Prozedur, indem aus dem Text eine Prüfinformation gebildet wird und an den jeweiligen Block als BCC (Block Check Character) angefügt wird. Das Ablaufdiagramm für eine BSC-Prozedur zeigt Abb. 3.41. Eingezeichnet ist der Fall, daß der zweite Übertragungsblock nach Eintreffen von SYN, NAK bei der Station 1 wiederholt wird.

Beim Übertragen großer Datenmengen und für hohe Übertragungsgeschwindigkeiten im Duplexbetrieb sind zeichenorientierte Prozeduren ungünstig. Das ergibt sich u. a. aus folgendem:

— Der Aufwand für die Interpretation der Steuerzeichen ist relativ groß und wirkt sich negativ auf hohe Transferraten aus.
— Für Nachrichten und Quittungen werden unterschiedliche Formate verwendet; Quittungszeichen sind außerdem nicht geschützt.
— Jeder Block muß gesondert quittiert werden. Eine Blocknumerierung gibt es nicht.
— Die Kodetransparenz wird durch Verdopplung der Steuerzeichen erreicht (z. B. durch Vorsetzen des Zeichens DEL vor andere Steuerzeichen), was ebenfalls zeitaufwendig ist.
— Schließlich sind die zeichenorientierten Übertragungsprozeduren nicht auf beliebige Datenstrukturen anwendbar.

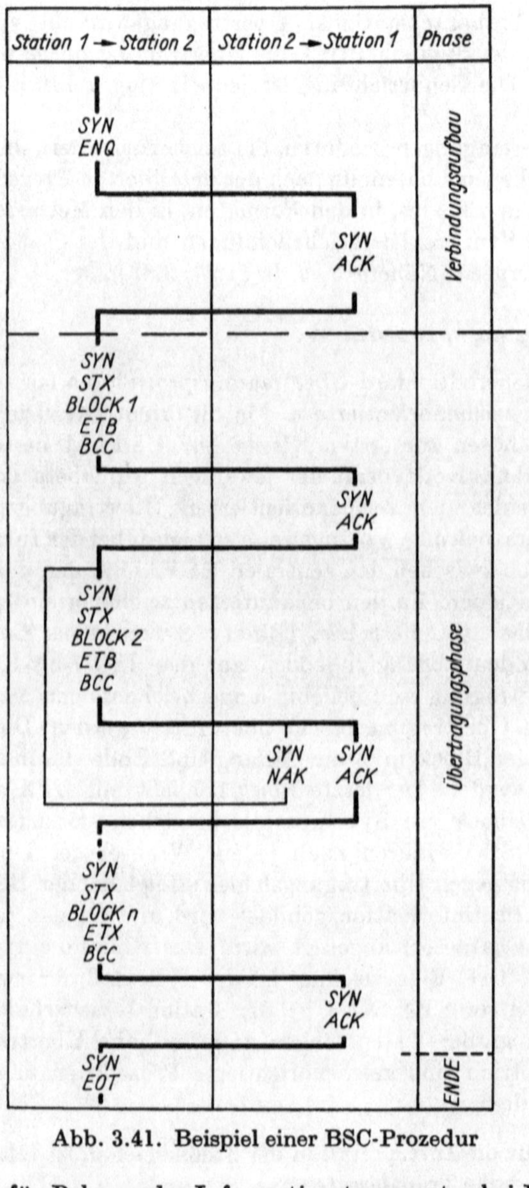

Abb. 3.41. Beispiel einer BSC-Prozedur

Es wurden daher für Belange des Informationstransportes bei Rechnerkopplungen insbesondere für Rechnernetze schnelle bitorientierte Übertragungsprozeduren entwickelt. Am bekanntesten sind

— die SDLC-Prozedur (Synchronous Data Link Control Procedure)
— die ADCCP-Prozedur (Advanced Data Communication Control Procedure)
— die HDLC-Prozedur (High Level Data Link Control Procedure).

Alle Prozeduren verwenden einheitliche Blockformate. Außerdem sind sie untereinander weitgehend kompatibel. Wir widmen uns nur der HDLC-Prozedur, die einem ISO-Standard-Vorschlag entspricht.

Die *HDLC Übertragungsprozedur* ist eine bitorientierte Übertragungsprozedur für die effektive und zuverlässige Datenübertragung bei hoher Übertragungsgeschwindigkeit sowohl im Duplex- als auch im Halbduplexbetrieb. Die HDLC-Prozedur verwendet für alle zu übertragenden Informationsblöcke, Kommandos bzw. Quittungen ein einheitliches Format, den sogenannten Frame, dessen Aufbau in Abb. 3.42 dargestellt ist. Dabei dienen die „Flag-Bytes" zur Kennzeichnung des Beginns bzw. Endes. Das Adressenfeld (A-Feld) enthält die Adresse des Empfängers. Frame-Zähler, Quittungszähler bzw. Steuerinformationen sind im Control-Feld (C-Feld) enthalten. Im Informationsfeld (I-Feld) sind die Daten, die übertragen werden sollen, enthalten. Das Feld FCS (frame checking sequenz) enthält die durch zyklische Kodierung gebildeten Redundanzzeichen.

FLAG	A-Feld	C-Feld	I-Feld	FCS-Feld	FLAG
OLLLLLLO	8 bit	8 bit	beliebig	16 bit	OLLLLLLO

Abb. 3.42. Frame-Format der HDLC-Prozedur

Es werden drei Arten von Frames unterschieden:

— der Informations-Frame (I-Frame) dient der Informationsübertragung:
— der Supervisor-Frame (S-Frame) realisiert bestimmte Steuerfunktionen. Er enthält kein I-Feld;
— der unnummerierte Frame (U-Frame) dient zum Eröffnen und Beenden einer Übertragungsfolge, der Festlegung eines Operationsmodus bzw. der Quittierung anderer U-Frames. Er enthält ebenfalls kein I-Feld.

Die Kode-Transparenz wird dadurch erreicht, daß nach je fünf aufeinanderfolgenden L-Bits beim Senden ein O-Bit eingefügt und beim Empfang wieder entfernt wird. Dadurch ist eine Erkennung der Flags möglich.

Operationsmodi der HDLC-Prozedur: Es werden im folgenden zwei Stationen des Kommunikationssystems betrachtet, von denen eine die Verantwortung für den Prozedurablauf übernimmt (Primärstation PS). Die andere wird als Sekundärstation (SS) bezeichnet.

Für die Sekundärstation sind zwei Operationsmodi definiert:

1. der normale Antwortmodus NRM (Normal Response Mode), in dem die SS Frames nur nach Empfang einer Erlaubnis der Primärstation senden darf und

2. der asynchrone Antwortmodus ARM (Asynchronous Response Mode), in dem die SS zu beliebigem Zeitpunkt Frames senden kann.

An dieser Stelle soll auf die besondere Funktion der P- und F-Bits hingewiesen werden. Diese Bits befinden sich im C-Feld und erfüllen in Frames der Primärstation eine Poll- und in Frames der Sekundärstation eine Final-Funktion. Das Poll (P)-Bit wird im NRM dazu genutzt, eine Antwort von der SS anzufordern. Die SS darf erst nach Erhalt des P-Bits senden.

Im Halbduplexbetrieb kann die PS erst wieder senden, wenn sie auf ein von ihr gesetztes P-Bit von der SS ein F-Bit als Antwort empfangen hat, welches die Be-

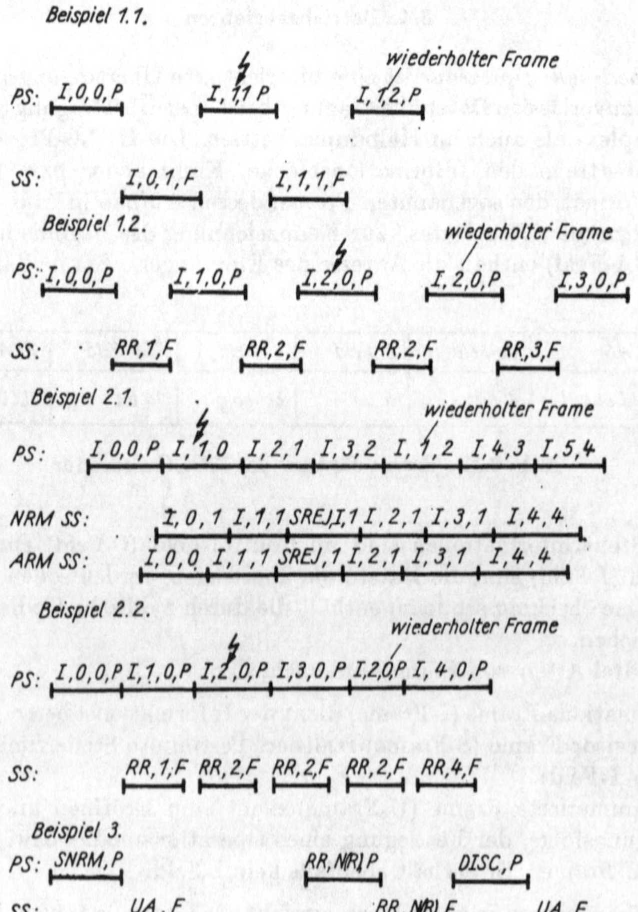

Abb. 3.43. Beispiele der HDLC-Prozedur; PS: Primärstation, SS: Sekundärstation

I, N(S), N(R), P/F — I-Frame

N(S):	Sendezähler, gibt Nummer des I-Frame an
N(R):	Empfangszähler, gibt Nummer des nächsten in der Gegenrichtung erwarteten Frames an, Quittung bis Frame Nummer N(R)-1
P/F:	Hinweis, ob P- oder F-Bit gesetzt ist

RR, N(R), P/F — S-Frame

RR:	Empfangsbereitschaft
N(R):	s. o.
P/F:	s. o.

SREJ, N(R), P/F — S-Frame

SREJ:	(Selective Reject) Selektive Übertragungswiederholung des Frames N(R)
N(R):	s. o.
P/F:	s. o.

SNRM, P/F — U-Frame

SNRM:	normalen Antwortmodus einstellen
P/F:	s. o.

UA, P/F — U-Frame

UA:	unnummerierte Quittung
P/F:	s. o.

DISC, P/F — U-Frame

DISC:	Verbindung trennen (disconnect)
P/F:	s. o.

endigung der Sendung der SS anzeigt. Im ARM kann die SS ohne Erlaubnis durch die PS senden. Das P-Bit wird genutzt, um für bestimmte Kommandos eine Antwort mit auf „1“ gesetztem F-Bit anzufordern.

Die Antwortmodi können sowohl bei Duplex- als auch bei Halbduplexbetrieb Anwendung finden, wobei der NRM besonders für Halbduplexbetrieb empfohlen wird.

Wir stellen nun das Modell einer Frameübertragung vor, das gegenüber der HDLC-Prozedur einige Einschränkungen aufweist:

1. Es wird angenommen, daß zur Vereinbarung des Antwortmodus und zum Trennen der Verbindung insgesamt 6 Steuerframes benötigt werden. Dies verdeutlicht Beispiel 3 (Abb. 3.43) für den NRM. Analoges gilt für den ARM.
2. Bevor ein Datensatz übertragen werden kann, sind zwischen den beteiligten Stationen eine Reihe von Steuerinformationen auszutauschen. Diese beinhalten Angaben über den Arbeitszustand der Stationen, freie Speicherkapazität für Frames u. a.
3. Bei der Wiederholung von Frames aufgrund von Fehlern wird nur der Fall berücksichtigt, daß der fehlerhafte Frame wiederholt wird. Die zweite Möglichkeit, die Wiederholung aller Frame ab dem fehlerhaft empfangenen wird nicht betrachtet.
4. Werden I-Frames nur in eine Richtung übertragen, so sendet die Empfangsstation ein Supervisor-Frame als Quittung, wenn sie durch ein gesetztes P-Bit dazu aufgefordert wird. In dem vereinfachten Modell der Übertragungsprozedur wird angenommen, daß für jedes übertragene I-Frame eine Quittung angefordert wird.
5. Im ARM kann bei Halbduplexbetrieb der Fall auftreten, daß beide Stationen gleichzeitig mit dem Senden von I-Frames beginnen wollen, was zu einer Streitsituation führt. Dieser Konkurrenzzustand führt letztendlich zur Unterbrechung (time-out). Im Modell wird dieser Ausnahmefall nicht berücksichtigt.
6. Im vereinfachten Modell der Übertragungsprozedur wird die Möglichkeit der Unterbrechung (time-out) nicht betrachtet.
7. Auf die Möglichkeit des Wechsels des Antwortmodus während der Übertragung wird in dem Modell verzichtet.

Abb. 3.43 zeigt einige Beispiele der HDLC-Prozedur unter den genannten Einschränkungen. Wir geben dazu kurze Erläuterungen.

a) *Halbduplexbetrieb*: NRM und ARM unterscheiden sich dadurch, daß im NRM die Sekundärstation erst senden darf, wenn sie eine Erlaubnis dafür erhalten hat, während die Sekundärstation im ARM eine Übertragung ohne Empfang einer Erlaubnis von der Primärstation initieren kann. Da im Halbduplexbetrieb stets nur eine Station senden kann, unterscheiden sich NRM und ARM nicht.

Je nach Auslastungsgrad des Kommunikationssystems lassen sich zwei Fälle unterscheiden:

- Beide Stationen wollen an die Gegenstation Informationsframes übertragen. Dies ist bei einer relativ hohen Auslastung des Netzes zu erwarten (Beispiel 1.1.).
- Nur eine Station will Informationsframes übertragen. Deren korrekter Empfang muß von der Gegenstation durch Supervisor-Frames bestätigt werden. Vereinfachend wird hierbei angenommen, daß für jedes I-Frame eine Quittung angefordert wird (Beispiel 1.2.).

b) *Duplexbetrieb*: Bei dieser Betriebsart lassen sich ebenfalls zwei Fälle der Frame-Übertragung unterscheiden:

— Beide Stationen übertragen Informationsframes an die Gegenstation. Beim NRM darf die SS erst nach Empfang des von der PS gesetzten Poll-Bits mit dem Senden beginnen. Im Beispiel 2.1. sind deshalb für gegebene Sendefolgen der PS je eine mögliche Sendefolge der SS bei Verwendung des NRM und des ARM angegeben.
— Wenn nur eine Station Informationsframes übertragen will, können bei Duplexbetrieb parallel hierzu S-Frames als Quittungen übertragen werden. Beispiel 2.2. zeigt eine mögliche Übertragungsfolge, wenn für jeden übertragenen I-Frame eine Quittung gewünscht wird.

3.5. Datenfernverarbeitungsnetze

3.5.1. Grundlagen

Datenfernverarbeitung (DFV) ist Datenverarbeitung unter Einbeziehung der Datenfernübertragung. Im folgenden schließen wir aus unseren Betrachtungen den Fall aus, daß der Informations- bzw. Datentransport zwischen einer EDVA (bzw. einem Rechenzentrum) und dem Ort, an dem die zu verarbeitenden Daten anfallen, auf (Zwischen-)Datenträgern (z. B. Lochkarten, Magnetbändern) erfolgt. Wir behandeln nur die Form der Datenfernverarbeitung, bei welcher für die Informationsübertragung nachrichtentechnische Mittel eingesetzt werden. Zugleich wird vorausgesetzt, daß der Gesamtprozeß der entfernten Dateneingabe — Übertragung — Verarbeitung — Rückübertragung — Ergebnisausgabe vorwiegend automatisch gesteuert (ohne Zwischenschaltung des Menschen) erfolgt. Unter diesen Annahmen verschmelzen bei der Datenfernverarbeitung Nachrichten- und elektronische Rechentechnik, Informationsübertragung und -verarbeitung zu einem einheitlichen Ganzen.

Im folgenden werden kurz die Grundlagen der *Datenfernverarbeitung* (DFV) einschließlich der wichtigsten Struktur- und Organisationsprinzipien behandelt.

Während es in einer frühen Phase der DFV darum ging, entfernte Datenein/ausgabeterminals an ein zentrales Rechnersystem anzuschließen, um die zentralisierten Betriebsmittel zu nutzen, beruhen moderne DFV-Konzepte auf einem Netzaspekt. Hierbei werden rechentechnische Mittel nicht nur für die zentralisierte Verarbeitung benutzt, sondern sowohl für dezentralisierte Informationsverarbeitung als auch für die vielfältigen Kommunikationsaufgaben. Insofern besteht ein Zusammenhang (bzw. ein stufenweiser Übergang) zwischen DFV-Netzen, territorial verteilten Rechnerkommunikationsnetzen und Rechnernetzwerken (Abschnitt 3.6). Wir konzentrieren uns vor allem auf Optimierungsprobleme in DFV-Netzen und auf einfache Verhaltensmodelle.

Datenfernverarbeitungssysteme

Ein Standard-DFV-System besteht aus drei Hauptbestandteilen: dem zentralen System, dem Übertragungssystem und dem dezentralen Ein/Ausgabesystem (Abb. 3.44). Im zentralen System stehen eine oder mehrere gekoppelte EDVA dem Nutzer zur Ausführung von Datenverarbeitungsaufgaben zur Verfügung. Außerdem umfaßt das zentrale System eine Fernverarbeitungssteuereinheit. Sie dient der Entlastung des zentralen Verarbeitungsrechners von Aufgaben der Übertragungssteuerung. Zugleich kann sie Konzentrator- und Multiplexorfunktionen wahrnehmen. Das Übertragungssystem ist das Bindeglied zwischen dem zentralen System und der territorial entfernten Systemkomponente. Letztere umfaßt die Terminaleinrichtungen. Im Einheitlichen System der Elektronischen Rechentechnik (ESER) spricht man von Abonnentenpunkten. Das sind Einrichtungen zum Erfassen, Speichern, Übertragen und Ausgeben von Daten. Bei den Terminals bzw. Abonnentenpunkten ist zwischen einfachen (nicht programmierbaren) und „intelligenten" (programmierbaren) zu unterscheiden.

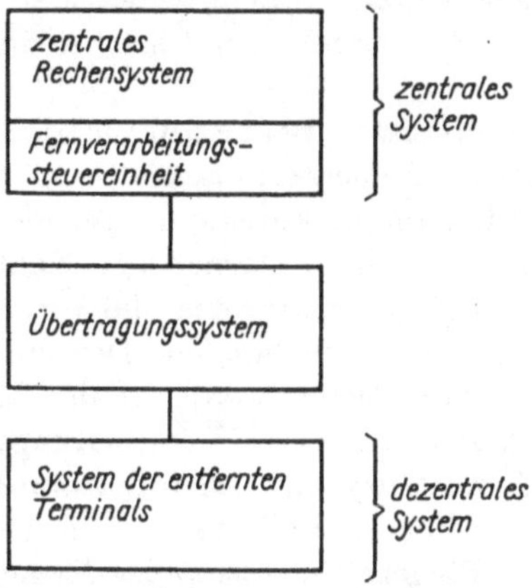

Abb. 3.44. Bausteine eines DFV-Systems

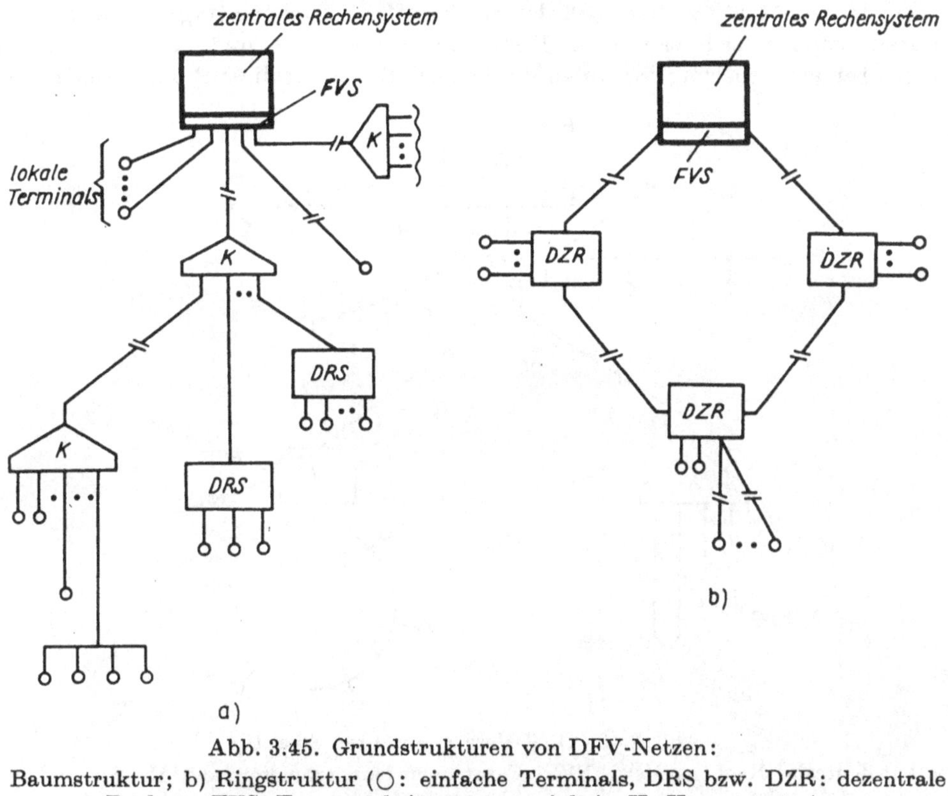

Abb. 3.45. Grundstrukturen von DFV-Netzen:
a) Baumstruktur; b) Ringstruktur (○: einfache Terminals, DRS bzw. DZR: dezentrale Rechner, FVS: Fernverarbeitungssteuereinheit, K: Konzentrator)

Programmierbare Terminals sind z. B. kleine Prozeßsteuerrechner, Rechner, die eine gewisse Datenvorverarbeitung vor der Übertragung zum zentralen System ausführen oder programmierbare Displays. In modernen DFV-Netzen gibt es außer einer zentralisierten eine oder mehrere dezentrale Fernverarbeitungssteuereinheiten. Diese übernehmen die Steuerung von Subnetzen, sind jedoch der zentralisierten bezüglich der Steuerungshierarchie untergeordnet.

Bezüglich der *topologischen Struktur* unterscheidet man DFV-Systeme mit Baumstruktur, DFV-Systeme mit Ringstruktur und solche, die beide Strukturmerkmale aufweisen.

Die meisten DFV-Systeme besitzen Baumstruktur, d. h., ihr Graph ist ein Baum (s. Abschnitt 3.1.). Der zentrale rechentechnische Komplex ist dabei die Wurzel des Baumes, und die hängenden Knotenpunkte sind die Terminals. Zu den DFV-Systemen mit Baumstruktur gehören natürlich die sternartigen Konfigurationen.

Bei einem DFV-System mit Ringstruktur sind die Terminalstationen ringartig mit dem zentralen Verarbeitungssystem verbunden. Der entsprechende Graph ist ein Kreis. Die dezentralen Terminalstationen werden in der Regel Rechner sein (in Abb. 3.45 mit DZR gekennzeichnet), die außer Verarbeitungs- auch Kommunikationsfunktionen im Ring- bzw. Schleifensystem (Loop-System) ausführen.

Abb. 3.46 zeigt die Struktur eines DFV-Systems, in dem sowohl Baum- als auch Ringstrukturen vorkommen. Eingezeichnet ist außer der zentralen Fernverarbeitungssteuereinheit eine dezentrale, welche ein bestimmtes Subnetz steuert.

Die in den Abb. 3.45 und 3.46 dargestellten DFV-Systeme tragen Netzcharakter. Daraus ergeben sich zahlreiche Kommunikationsdienste und Koordinierungsaufgaben bei der Steuerung des Ablaufgeschehens. Bevor wir diese Probleme behandeln,

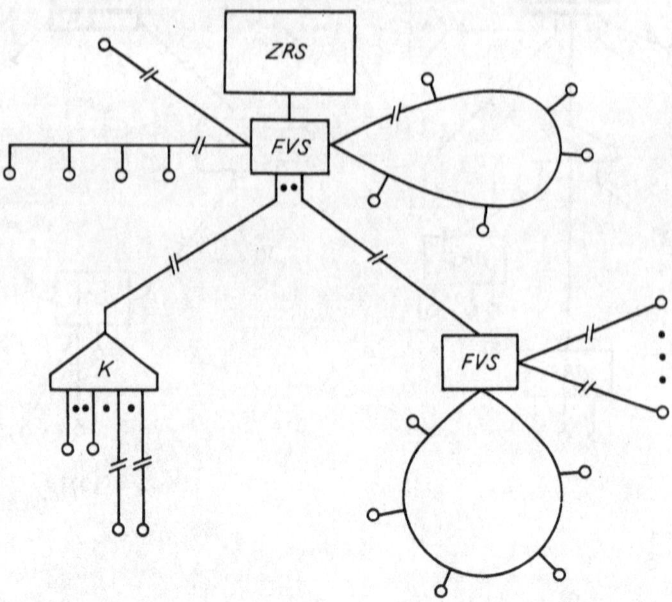

Abb. 3.46. DFV-Netz gemischter Struktur
ZRS: Zentrales Rechensystem, FVS: Fernverarbeitungssteuereinheit, K: Konzentrator, ○: Terminal

ist es notwendig, den Bezug zwischen dem Übertragungssystem bei der DFV und den Betriebsarten der Informationsübertragung (Abschnitt 3.4) herzustellen. Die in Abschnitt 3.4 behandelten Betriebsarten sind generell auf DFV-Systeme übertragbar bzw. in nahezu allen Varianten bei konkreten DFV-Systemen anzutreffen. Generell gilt das auch für die Modulationsarten, die wir bereits in Abschnitt 2. erklärten. Vorwiegend wird die Übertragung der Datensignale in DFV-Systemen über Modems realisiert, bei kleinen Entfernungen mit GDN-Technik (Gleichstrom-Daten-Niederspiegelübertragung). Die Tendenz geht dahin, in stärkerem Maße die PCM-Übertragungstechnik in DFV-Netzen einzusetzen (geringe Störanfälligkeit, hohe Übertragungsraten).

Die weitere Behandlung von DFV-Netzen macht es notwendig, einen bereits erwähnten Gedanken ausdrücklich hervorzuheben: *Datenfernverarbeitung ist die Einheit von Geräte-, Nachrichten-, Rechentechnik und Informationsverarbeitung.* Dabei hängt die Leistungsfähigkeit und Betriebsweise eines DFV-Systems entscheidend von den verfügbaren programmtechnischen Systemmitteln ab, insbesondere vom Betriebssystem des zentralen Rechnersystems und den Zugriffsmöglichkeiten (Zugriffsmethoden).

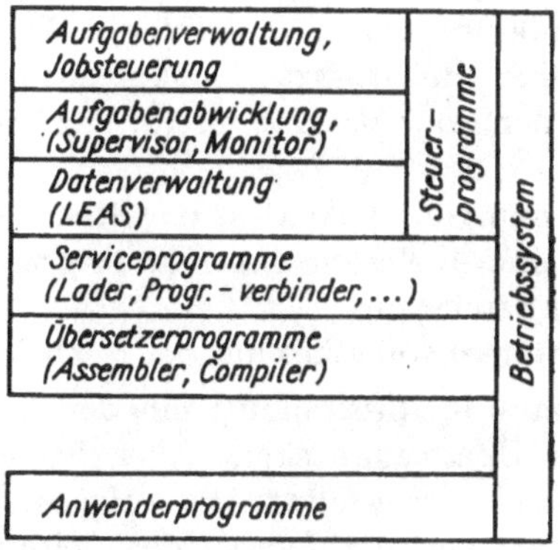

Abb. 3.47. Betriebssystemkomponenten

Das Betriebssystem einer EDVA ist die Gesamtheit von Programmen, welche die wirtschaftliche Ausnutzung aller Betriebsmittel und Komponenten des Rechnersystems ermöglicht sowie die rationelle Bedienung und Programmierung gewährleistet. Betriebs- oder Systemmittel sind die Speicher, die Prozessoren, das Ein-/Ausgabesystem, Dateien, Programme usw. Die wesentlichen Komponenten eines Betriebssystems zeigt Abb. 3.47. Im Zusammenhang mit der DFV können dem Betriebssystem folgende wichtige Steuerungs- und Überwachungsfunktionen zugeordnet werden.

— die Leitungssteuerung,
— die Nachrichtensteuerung und
— die Nachrichtenverarbeitung.

Hinzu kommt die Fehlerbehandlung (Behandlung von Unterbrechungen, Diagnose und Behebung von Störungen und Fehlern) sowie die Bedienerkommunikation (Eingriffe in das System bei Störungen, falls diese nicht automatisch durch die Fehlerbehandlung behoben werden; Inbetriebnahme und Abschaltung). Die genannten

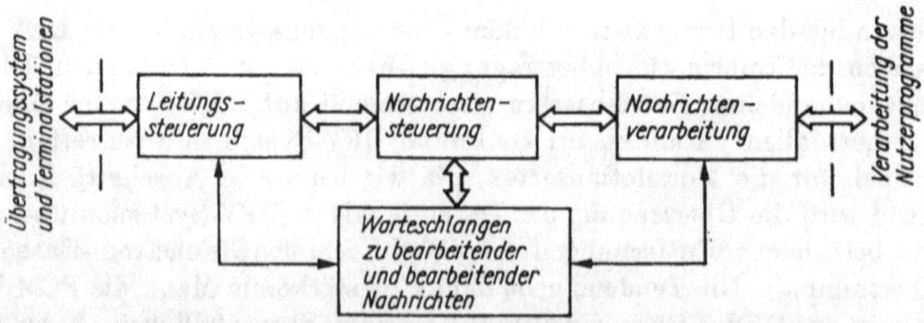

Abb. 3.48. Zusammenwirken der drei typischen DFV-Steuerkomplexe

drei DFV-Teilkomplexe sind in Abb. 3.48 schematisch dargestellt. Im einzelnen entfallen auf die Leitungssteuerung, Nachrichtensteuerung und -verarbeitung folgende Aufgaben:

Leitungssteuerung: Sie steuert und überwacht das Senden, Empfangen und Puffern von Nachrichten. Insbesondere hat die Leitungssteuerung folgende Aufgaben zu erfüllen:

— Herstellen des Verbindungsaufbaus und des Abbaus,
— Einleitung der Datenübertragung zu und von den Terminals (E/A-Geräten) entsprechend der jeweiligen Betriebsart (Konkurrenzbetrieb, Aufrufbetrieb) einschließlich des Starts der Kanalprogramme für das Senden und Empfangen von Nachrichten,
— Übertragungsüberwachung durch Analyse der Steuerzeichen,
— Meldung von Fehlern und Auslösung von Korrekturmaßnahmen,
— Verwaltung von Pufferbereichen,
— Auslösen des Informationsaustausches mit der Nachrichtensteuerung.

Die Leitungssteuerung muß in Abstimmung mit den Betriebsverfahren der Übertragung einschließlich der Übertragungskodes, der Fehlersicherungsverfahren und der Übertragungsgeschwindigkeiten erfolgen. Die Aufgaben der Nachrichtensteuerung werden fast ausschließlich von den Zugriffsmethoden (Seite 230) erfüllt, die Bestandteil des Betriebssystems sind.

Nachrichtensteuerung: Sie dient der Steuerung des Informationsaustausches zwischen der Leitungssteuerung und der Nachrichtenverarbeitung in der EDVA. Zu den Aufgaben der Nachrichtensteuerung gehört insbesondere:

— die Verwaltung von Warteschlangen bearbeiteter oder zu verarbeitender Nachrichten,
— die Steuerung und Überwachung des Datentransfers,
— die Aufbereitung und evtl. Ergänzung der zu verarbeitenden Nachrichten,
— die Dateienverwaltung,
— die Erledigung von Kodetransformationen.

Nachrichtenverarbeitung: Dieser Teilkomplex eines DFV-Programms veranlaßt die Verarbeitung der von der Nachrichtensteuerung empfangenen Informationen und gibt danach die Ergebnisse an die Nachrichtensteuerung zurück. Der Verarbeitungsprozeß selbst erfolgt entsprechend den individuellen Anwendungsprogrammen der Nutzer des DFV-Systems. Zu den speziellen Aufgaben der Nachrichtenverarbeitung gehören u. a.

- die Steuerung der Mehrfachverarbeitung entsprechend der jeweiligen inneren Organisation bzw. Verarbeitungstechnik wie multiprogramming (gestaffelter Parallellauf mehrerer unabhängiger Programme), multitasking (Parallellauf verschiedener Teile eines Programmes), multiprocessing (Parallelverarbeitung auf mehreren Prozessoren in einer EDVA), time-sharing (parallele Nutzung eines Rechners durch mehrere unabhängige Nutzer mittels „Zeitscheibentechnik")
- Speicherplatzverwaltung einschließlich eventueller Programmverschiebungen oder Programmauslagerungen auf externe Speicher (swapping)
- Speicher- und Programmschutz gegen unberechtigten Zugriff
- Datensicherung bei Systemausfall.

Die drei typischen DFV-Steuerkomplexe sind nicht in vollem Umfang in allen zentralen Rechnersystemen realisiert. Vielfach hängt dies von den anwendungsspezifischen Aufgaben ab, die ein DFV-System erfüllen soll. Oft muß nach Installierung einer EDVA die zugehörige DFV-Software selbst erstellt werden. Bevor wir auf die Zugriffstechniken zu sprechen kommen, sollen kurz die DFV-Betriebsweisen behandelt werden.

Betriebsweisen der DFV

Es liegt in der Natur der Dinge, daß ein für die DFV eingesetzter Rechner (einschl. seines Betriebssystems) ein sog. Mehrfachzugriffssystem sein muß, welches mehreren Benutzern den Zugriff und die Nutzung der Ressourcen ermöglicht.

Unterscheidet man DFV-Systeme nach dem Verarbeitungsablauf, so gibt es zwei Arbeitsregimes: die Stapel- und die interaktive Betriebsweise. Bei der Stapelverarbeitung werden die Jobs (d. h. jeweils eine abgegrenzte Informationsverarbeitungsaufgabe) in das zentrale Rechnersystem eingegeben, in deren natürlichen Reihenfolge oder nach Prioritäten abgearbeitet und anschließend die Ergebnisse zurückübertragen und ausgegeben. Das interaktive Arbeitsregime ermöglicht den Nutzer/EDVA-Dialog. Während der Bearbeitung einer Aufgabe durch den Rechner kann ein wechselseitiger Informationsaustausch stattfinden. Falls bei interaktivem Betrieb noch bestimmte Zeitkriterien einzuhalten sind (z. B. Einhaltung einer bestimmten Reaktionszeit), liegt Echtzeitbetrieb vor. Es hat sich eingebürgert, DFV-Systeme nach Nutzungsformen einzuteilen und dafür den Begriff Betriebsweise zu verwenden. Danach unterscheidet man Teilhaber- und Teilnehmerbetrieb. Bei Teilhaberbetrieb können mehrere Benutzer zum zentralen System zugreifen, jedoch bestimmt das System, welche Aufgaben in welcher Form erledigt werden. Teilhaberbetrieb kann als Stapel- oder Dialogbetrieb realisiert werden. Bei Teilhaberbetrieb befinden sich die Verarbeitungsprogramme im zentralen Rechnersystem. Sie werden je nach den eingehenden Nachrichten aufgerufen. Teilnehmerbetrieb erlaubt unabhängigen entfernten Nutzern freizügige Systemnutzung. Dabei ermöglicht die Teilnehmerbetriebsweise:

- Jobfernverarbeitung (Übertragung und Verarbeitung kompletter Jobs, deren Erledigung von entfernten Terminals annulliert werden kann),
- Dialog-Jobfernverarbeitung (schrittweise Ferneingabe von Aufgaben, über deren Bearbeitungsstatus sich der Nutzer informieren und die er auch abbrechen kann),
- programm- und benutzergesteuerte Dialogverarbeitung.

Bei programmgesteuertem Dialog werden die Jobs schrittweise eingegeben. Ihre Bearbeitung erfolgt im Stapelbetrieb. An vorher im Programm festgelegten Stellen kann ein Dialog mit dem entfernten Terminal stattfinden. Im Falle des benutzergesteuerten Dialogs hat der am entfernten Terminal befindliche Nutzer freie Verfügbarkeit über die Eingabe, Ausführung und evtl. Änderung seiner Aufgaben. Der Benutzer kann bei dieser höchsten Form der Dialogverarbeitung nicht nur im Dialog programmieren und verarbeiten lassen, sondern in der Vorstufe sein zu lösendes Problem in direkter Kommunikation mit der EDVA analysieren und aufbereiten.

Zugriffsmethoden

Wir wissen bereits, daß das Betriebssystem der zentralen EDVA in einem DVF-System die Funktionen der Leitungs- und Nachrichtensteuerung zu gewährleisten hat. Die zuerst genannten Aufgaben ergeben sich aus den Besonderheiten, daß die Kommunikation über Leitungen erfolgt und der Nachrichtenverkehr (z. B. die Ankunft zu bearbeitender Aufträge) stochastischen Charakter trägt. Daraus resultiert ein höherer Organisationsaufwand, der durch das Betriebssystem zu erledigen ist. Zugleich tritt ein neues Problem bei der DFV auf: der programmtechnische Zugriff zu den Systemmitteln bzw. Geräten. Die Realisierung des Zugriffs kann auf zweierlei Weise erfolgen: durch Kanalprogrammierung oder mit Hilfe von Zugriffsmethoden. Im Falle der Kanalprogrammierung muß jeder E/A-Befehl für eine E/A-Operation vom Anwender der DFV-Technik programmiert werden. Das ist unökonomisch, denn es erfordert hohen Programmieraufwand.

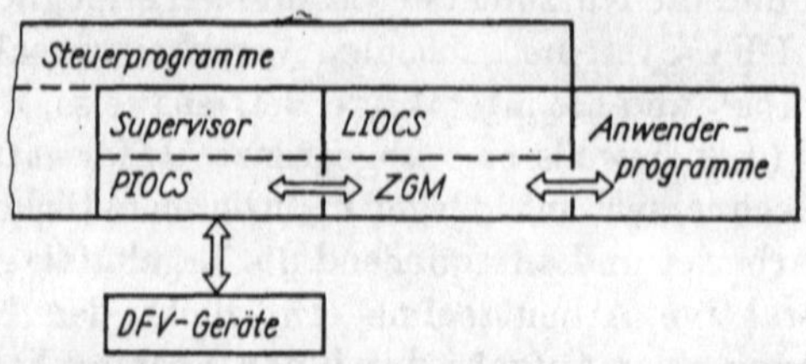

Abb. 3.49. Zur Stellung der Zugriffsmethoden ZGM in einem Betriebssystem (PIOCS: physisches E/A-Steuersystem, LIOCS: logisches E/A-Steuersystem)

Eine höhere Form des gesteuerten Nutzerzugriffs gewährleisten die Zugriffsmethoden. Die Stellung der Zugriffsmethoden in einem Betriebssystem veranschaulicht schematisch Abb. 3.49. Danach sind sie Bestandteil des logischen Ein/Ausgabesteuersystems (LEASS oder LIOCS). Sie stellten das Bindeglied zwischen dem physischen Ein/Ausgabesteuersystem (PIOCS) und den Anwenderprogrammen her. Die Zugriffsmethoden bestehen aus Routinen und Makros. Aus der Sicht der Nutzer eines DFV-Systems besteht der Vorzug der Verwendung von Zugriffsmethoden in der Verringerung des Programmieraufwandes für die physische Ein/Ausgabe. Vollkommene Zugriffsmethoden müßten die Leitungs- und Nachrichtensteuerung sowie Einleitung der Nachrichtenverarbeitung realisieren und zwar für das gesamte Spektrum der DFV-Gerätetechnik. Derartige ideale Zugriffsmethoden gibt es so gut wie nicht. Vielmehr gibt es gewisse Abstufungen innerhalb der Dienste, welche die Zugriffsmethoden gewährleisten. Nach dem Automatisierungsgrad der Zugriffstechniken unterscheidet man sog. einfache oder Basiszugriffsmethoden und erweiterte Zugriffsmethoden.

Basiszugriffsmethoden sind Steuerprogrammbestandteile, welche die einzelnen Kanalbefehle für die angeschlossenen Terminals generieren und gewisse Funktionen der Leitungssteuerung realisieren. Bei den meisten Basiszugriffsmethoden muß der Anwender die E/A-Nachrichtenpufferung und die gesamte Nachrichtensteuerung (insbesondere Warteschlangenverwaltung) selbst programmieren. Erweiterte Zugriffsmethoden entheben den Programmierer von der Gestaltung der Leitungs- und Nachrichtensteuerung, hier insbesondere von der Warteschlangenverwaltung.

Die Zugriffsmethoden sind weitgehend abgestimmt auf die Art des Betriebssystems und die jeweilige Gerätetechnik im DFV-System. Im ESER gibt es als Basiszugriffsmethoden ROTAM und BTAM unter dem Betriebssystem DOS/ES und BTAM unter OS/ES. Als erweiterte Zugriffsmethoden stehen zur Verfügung ETOS und QTAM unter DOS/ES sowie ETOS und TCAM unter OS/ES. Weitere Einzelheiten können hier nicht behandelt werden, so daß auf die Spezialliteratur verwiesen werden muß.

3.5.2. Optimierung von DFV-Netzen

Ein DFV-Netz hat die Aufgabe, entfernten Abonnenten den Zugriff zu den zentralisierten EDV-Ressourcen zu gewährleisten. Aufbau und Betrieb von DFV-Netzen ist mit der Lösung einer Reihe von Extremalproblemen verbunden. Dazu gehören u. a. folgende Zielfunktionen:

- minimale Kosten für Installierung und Betrieb (einschließlich der Kosten für die Anschaffung von Vermittlungseinrichtungen, Konzentratoren und Multiplexoren sowie für die Überlassung von Übertragungskanälen bzw. Leitungen);
- maximale Ausnutzung der Kanalkapazitäten;
- Gewährung größtmöglicher Sicherheit der Übertragungs- und Verarbeitungsprozesse (keine Informationsverluste);
- größte Zuverlässigkeit aller Systemelemente (Ausfallsicherheit);
- minimale Antwortzeit (Zeit von der entfernten Eingabe bis zur Ausgabe der Ergebnisse).

Einige Extremwertaufgaben sind gegenläufig, so daß eine Kompromißlösung oder eine Menge von Kompromißlösungen gefunden werden müssen. Ein spezieller Zweig der Nachrichtenverkehrstheorie umfaßt die optimale Netzwerksynthese. Dabei geht es nicht allein um das Auffinden einer optimalen Struktur oder DFV-Konfiguration, sondern auch um die Verfahrensoptimierung (z. B. Auswahl zweckmäßiger Betriebsverfahren; bestmögliche Verteilung von Hard- und Softwarefunktionen usw.).

Es werden zunächst einige Modelle für die *Strukturoptimierung* bzw. für die Synthese von DFV-Netzen mit Baumstruktur (Sternnetze) behandelt. Dabei gelten die aus Tabelle 3.8 ersichtlichen Abkürzungen. Wir unterscheiden mehrere Modellklassen:

Modellklasse I: Gegeben sind ein zentrales Rechenzentrum, Abonnentenpunkte (Terminalstationen), Konzentratoren, ihre territoriale Verteilung sowie die Kosten (Kanal- und Gerätekosten). Gesucht ist das DFV-Netz mit den geringsten Gesamtkosten.

Modellklasse II: Zusätzlich zur Modellklasse I ist eine Antwortzeit T_a gegeben, die nicht überschritten werden darf.

Die jeweiligen Optimierungsmodelle bezeichnen wir durch fortlaufende Numerierung.

Tab. 3.8. Zusammenstellung von Abkürzungen und Bezeichnungen für die DFV-Netzoptimierung

Bezeichnung	Abkürzung	Bemerkung
Menge der Abonnentenpunkte	M_{AP}	$M_{AP} = \{AP_i \mid i = 1, 2, \dots, n\}$;
Menge der Konzentratoren	M_{KO}	$M_{KO} = \{V_j \mid j = 1, 2, \dots, m\}$; ($M_{KO}$ umfaßt Konzentratoren, Multiplexoren, Vermittler)
Informationsmenge	I_i	am Punkt i entstehende und im Netz zu verarbeitende Informationsmenge
Abstandsmatrix	$\boldsymbol{D} = \|\|d_{iz}\|\|$	d_{iz}: Entfernung AP_i — zentrales Rechenzentrum (RZ)
spezielle Abstandsmatrix	$\boldsymbol{D}' = \|\|d_{ij}, d_{iz}\|\|$	d_{ij}: Abstand $AP_i - AP_j$; d_{iz}: Abstand AP_i — RZ
Matrix der spezifischen Kosten	$\boldsymbol{K} = \|\|K_{ij}\|\|$	K_{ij}: auf die Längeneinheit bezogenen Übertragungskosten zwischen den Punkten i und j
Kostenmatrix	$\boldsymbol{K}' = \|\|K_{ij}, K_{iz}\|\|$	Kostenmatrix zu $\boldsymbol{D}'$
	K_{KOi}	Kosten eines Konzentrators (oder Multiplexors) vom Typ i
	K_{RZ}	Kosten eines zentralisierten Rechenzentrums
	K_{APx}	Kosten eines Abonnentenpunktes der Klasse x
	K_{VZi}	Kosten eines Vermittlungszentrums im Punkt i

Modell II: Die territoriale Lage des zentralen Rechenzentrums und der Abonnentenpunkte sei fixiert. Durch Verwendung von Konzentratoren (bzw. Vermittlungszentren) soll ein Netz mit minimalen Kosten synthetisiert werden. Gefragt ist weiterhin danach, welche Abonnentenpunkte an welchen Konzentrator zuzuschließen sind. Konzentratoren mögen nur dort installiert werden, wo es eine Terminalstation gibt. Eine Lösung für diese Aufgabe erhält man z. B. durch folgendes Verfahren: Man nimmt zunächst an, daß jeder Abonnentenpunkt AP durch einen Konzentrator (oder Vermittler) KO ersetzbar ist. Bestimmt wird dabei die optimale Anzahl von AP, die mit dem i-ten Konzentrator verbunden wird. Der als KO gewählte AP wird nacheinander mit allen anderen AP in der Reihenfolge der Entfernungen verbunden. Nach jeder Verbindung wird die Kostenfunktion

$$K_{ir} = \frac{1}{r} \sum_{j=1}^{r} K_{ij} d_{ij} + K_{iz} d_{iz} + K_{KO}\,; \qquad i = 1, 2, \dots, \tag{3.331}$$

berechnet. Dabei sind r die Anzahl mit dem i-ten Konzentrator verbundene AP ($r = 1, 2, \dots$) und d_{ij} der Abstand zwischen den Punkten i und j. Setzt man $K_{ij} = K_{iz} = 1$ und $K_{KO} = 0$, so ergibt sich eine Kostenfunktion, welche nur die Länge

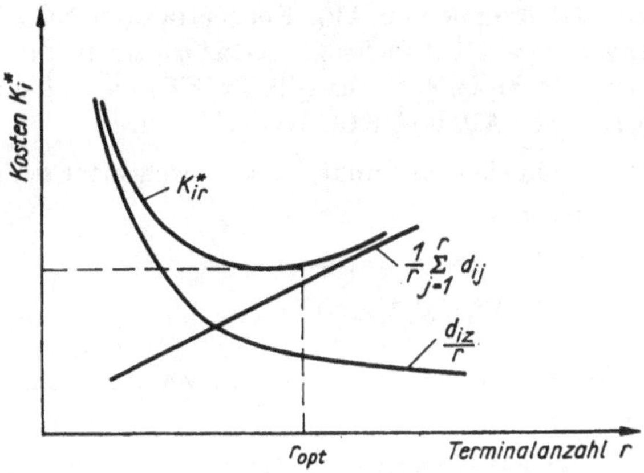

Abb. 3.50. Kostenfunktion zum Auffinden optimaler Anzahl von Terminalanschlüsse an den i-ten Konzentrator

der Übertragungskanäle in der (ir)-ten Teilmenge berücksichtigt

$$K_{ir}^* = \frac{1}{r} \sum_{j=1}^{r} d_{ij} + \frac{d_{iz}}{r} . \tag{3.332}$$

Abb. 3.50 zeigt den qualitativen Verlauf der Kostenfunktion. Wegen der angenommenen Reihenfolge des Anschlusses der AP an den i-ten Konzentrator ist der erste Summand in (3.332) eine steigende Funktion von r (oder eine zumindestens nicht fallende). Dagegen ist der zweite Summand eine hyberbolische Funktion. Somit ergibt sich für ein bestimmtes r ein Minimum. Diese Anzahl von AP wird als optimal bezeichnet. Für die Kostenfunktion K_{ir} ergibt sich ein entsprechendes Bild. Falls man für (3.331) kein Minimum findet, ist $r = n$ als Optimum zu setzen. Im Ergebnis des entsprechenden Algorithmus erhält man eine Menge von n nicht-disjunkter Teilmengen

$$M = \{X_1, X_2, \dots, X_n\} , \quad \bigcap_{i=1}^{n} X_i = \emptyset; \quad \bigcup_{i=1}^{n} X_i = M_{AP} .$$

Die X_i sind Teilnetze, in denen der i-te AP als Konzentratorpunkt gewährt wird. Nun wird aus mehreren Teilnetzen ein optimales Netz synthetisiert. Hierzu sind Teilmengen $M_k \subset M$ zu bestimmen, die jeweils bestimmte Kombinationen der Element X_i enthalten und zwar so, daß gilt:

$$\bigcup_k X_k = M_{AP} , \quad \bigcap_k X_k = \emptyset , \quad K_k, K_k' = \min . \tag{3.333}$$

Im Falle der Optimierung nach den Kosten lautet das entsprechende Kriterium für das beste Netz

$$K_k = \sum_k \left(\sum_j K_{kj} d_{kj} + K_{kz} d_{kz} + K_{KO} \right) . \tag{3.334}$$

Gehen in die Optimierung nur die Entfernungen ein, so ist

$$K_k' = \sum_k \left(\sum_j d_{kj} + d_{kz} \right) . \tag{3.335}$$

Aus den Kombinationen aller Teilnetze gemäß Gl. 3.333 kann dasjenige Terminalnetz mit der kleinsten Bewertung aufgefunden werden.

Modell 12: Gegeben sind Abonnenten AP_i, Konzentratoren KO_i, Vermittlerzentren VZ_i und weitere Angaben gemäß Tabelle 3.8. Es sei w_{ij} ein Belegungsfaktor, der den Wert 1 hat, wenn ein AP_i an einen Konzentrator KO_j angeschlossen ist; b_{ij} sei die Anzahl der Kanäle zwischen AP_i und KO_i. Weiterhin sei

$$u_i = \begin{cases} 1, & \text{wenn sich im Punkt } i \text{ ein Konzentrator befindet,} \\ 0 & \text{sonst.} \end{cases}$$

Ein optimales DFV-Netz liegt dann vor, wenn

$$K = \min \left\{ \sum_i \sum_j w_{ij} K_{ij} b_{ij} d_{ij} + \sum_i K_{vzi} u_i + \sum_i K_{iz} \cdot n_i \right\} \tag{3.336}$$

ist. Eine algorithmische Lösung des Problems wird von JANBYCH und ETTINGER angegeben [3.43].

Modell 13: Bei diesem Modell werden die Kosten für das Rechenzentrum mit berücksichtigt. Außerdem wird angenommen, daß im Netz untergeordnete Rechenzentren bzw. Vorverarbeitungsrechner vorhanden sind. Es sei Y die Menge aller Rechner (im zentralen Rechenzentrum und im Terminalnetz), $AP_i^{(R)}$ die Menge der Abonnenten, die am Ort i einem Terminalrechner (untergeordnetes Rechenzentrum) zugeordnet sind und N_i die Summe der im Rechner am Punkt i zu bearbeitenden Nachrichten. Es kann dann die Kostenzielfunktion

$$K = \sum_i \sum_j K_{ij} d_{ij} u_{ij} + \sum_i K_{RZi} \tag{3.337}$$

minimiert werden. Dabei ist

$$u_{ij} = \begin{cases} 1, & \text{wenn ein Abonnentenpunkt } AP_i \text{ mit einem Rechner} \\ & \text{in Punkt } j \text{ verbunden ist;} \\ 0 & \text{sonst} \end{cases}$$

und

$$\sum_{j \in Y} u_{ij} = 1 \,, \qquad \sum_{i \in AP_i^{(R)}} I_i u_{ij} = N_i \,.$$

Die Aufgabe entspricht der Bestimmung eines kostenminimalen Netzes von Rechenzentren. Effektive Algorithmen für die Synthese kostenminimaler DFV-Netze werden z. B. in [3.15, 3.43, 3.62] angegeben.

3.5.3. Verhaltensmodellierung von DFV-Netzen

Die Verhaltensmodelle von DFV-Netzen lassen sich in zwei Klassen einteilen

— Modelle, die die Zuverlässigkeit berücksichtigen,
— Modelle, die sich auf die Antwortzeit beziehen.

Die erste Modellklasse berücksichtigen wir hier nicht, sondern verweisen auf Spezialliteratur (z. B. [3.89]). Bei der Behandlung der Verhaltensmodelle aus der zweiten Klasse steht die Frage im Vordergrund, wie das gesamte DFV-System im statistischen Mittel auf einen eingegebenen Auftrag reagiert, d. h., es interessiert vor allem die Antwort- oder Reaktionszeit. Wir unterscheiden bei dem Überblick über die Verhaltensmodellierung zwischen DFV-Netzen im interaktiven und Stapelbetrieb. Für beide Nutzungsformen lassen sich mit Hilfe der Bedienungstheorie spezielle Modelle aufstellen. Wir geben nur einfache Modelle an, um das Herangehen zu demonstrieren.

Entsprechend den Ausführungen in Abschnitt 3.2. kann man ein Rechnersystem, das im interaktiven (Dialog-)Betrieb genutzt wird, als geschlossenes Bedienungssystem betrachten. Das ergibt sich daraus, daß die Anzahl der Terminals (z. B. Bildschirmeinheiten) endlich ist und eine neue Forderung (Auftrag) nur dann an den Rechner abgegeben wird, wenn die vorhergehende Antwort bereits vorliegt. Bei entfernten Nutzern muß das entsprechende Bedienungssystem durch diejenigen Komponenten erweitert werden, die sich aus dem Vorhandensein des Informationsübertragungssystems ergeben. Das Blockschaltbild für die Verhaltensmodellierung bei interaktiver Nutzung eines DFV-Systems zeigt Abb. 3.51. Die Verweilzeit eines an der Dialogterminalgruppe eingegebenen Auftrages ist

$$T_v = T_{vAS} + T_{ü} + T_{vDFS} + T_{vR} \,. \tag{3.338}$$

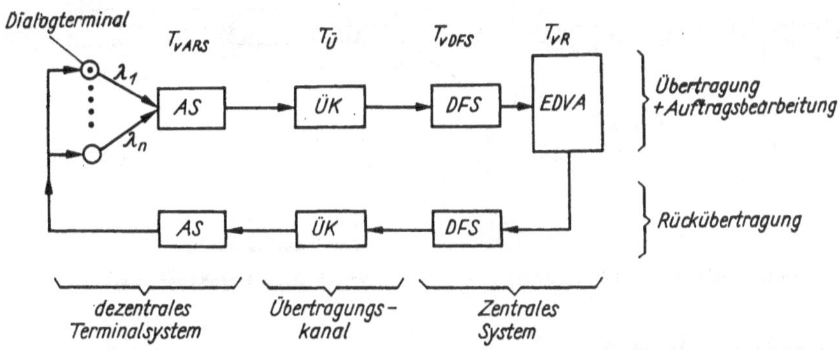

Abb. 3.51. Vereinfachtes Blockschaltbild eines im interaktiven Betrieb genutzten DFV-Systems (AS: Anschlußsteuereinheit für Dialogterminals, ÜK: Übertragungskanal, DFS: Fernübertragungssteuereinheit)

Dabei ist T_{vAS} die gesamte mittlere Auftragsverweilzeit in der Terminalanschlußsteuereinheit (einschl. der Wartezeit auf Übertragung); $T_{ü}$ ist die gesamte mittlere Übertragungszeit, T_{vDFS} ist die mittlere Gesamtverweilzeit in der Übertragungssteuereinheit (Multiplexsteuereinheit oder Vorrechner), und T_{vR} ist die mittlere Bearbeitungszeit in der zentralen EDVA. Eine analytische Berechnung der mittleren Verweilzeit sowie anderer leistungsbewertender Größen (z. B. Auslastung bestimmter Systemelemente) erfordert Angaben über die stochastischen Ankunfts-, Warte- und Bedienungsprozesse, Bedienungsdisziplinen, Speichergrößen usw. Relativ einfache Berechnungsmöglichkeiten ergeben sich bei Annahmen von seriellen M/M/1-Systemen. Die dadurch erhaltene Näherung kann als Ausgangspunkt für genauere Modelle oder für die Simulation benutzt werden.

DFV-Systeme, die für die Stapelverarbeitung genutzt werden, lassen sich als Mehrphasenbedienungssysteme modellieren. Abb. 3.52a zeigt ein DFV-System und Abb. 3.52b die zugehörige Reihenschaltung von Einzelbedienungssystemen. Die gewählte Bedienungsersatzschaltung ist natürlich eine sehr grobe Abbildung der Wirklichkeit. Sie möge aber für die Erläuterung des Verfahrensprinzips genügen. Unter der Annahme, daß alle Bedienungssysteme als M/M/1-Systeme betrachtet werden können, gilt gemäß Abschnitt 3.2. für die Gesamtverweilzeit eines Auftrages $T_v = \sum_{i=1}^{n} T_{vi}$.

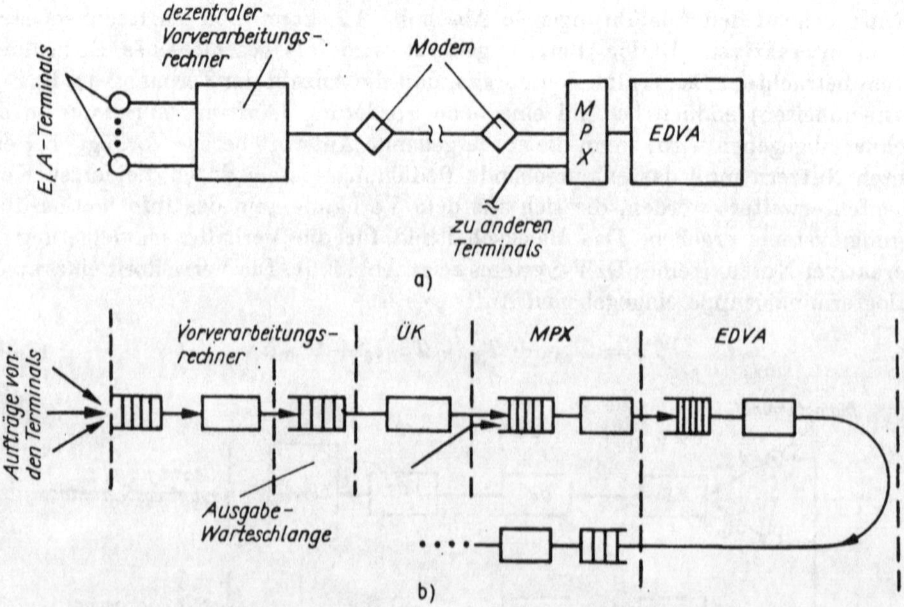

Abb. 3.52. DFV-System im Stapelbetrieb

a) Blockschaltbild; b) zugehöriges elementares Bedienungssystem (Ausschnitt)

Im vorliegenden Falle sind

$T_{v1} = T_{vVR}$ die mittlere Verweilzeit eines Auftrages im dezentralen Vorrechner (bei Hin- und Rückweg),

$T_{v2} = T_{wa} + T_{ü}$ die Summe von Wartezeit in der Ausgabewarteschlange des Vorrechners und Übertragungszeit,

$T_{v3} = T_{vMPX}$ die mittlere Verweilzeit im Multiplexsteuergerät MPX (Hin- und Rückweg),

$T_{v4} = T_{vR}$ Verweilzeit des Auftrages in der zentralen EDVA,

$T_{v5} = T'_{wa} + T_{ü}$ die Summe von Wartezeit in der Ausgabewarteschlange des MPX und Rückübertragungszeit.

Zur Einschätzung der Auslastung der einzelnen Ressourcen bietet sich auch hier der bereits in Abschnitt 3.2. eingeführte Gütefaktor Q an. Im vorliegenden Falle gilt

$$Q = \frac{1}{n} \sum_{i=1}^{n} \frac{\lambda_i}{\mu_i} \left(\frac{\sum\limits_{i=1}^{n} \lambda_i T_{vi}}{\sum\limits_{i=1}^{n} \lambda_i T_{bi}} \right)^{-1}.$$

Dabei ist n die Anzahl der Einzelbedienungssysteme und $T_{bi} = \mu_i^{-1}$ die mittlere Bedienungszeit im i-ten Teilsystem. λ_i stellt die Ankunftsrate der Aufträge im i-ten Teilsystem dar. Trägt man Q über der Ankunftsrate auf, so ergibt sich ein Kurvenverlauf, der demjenigen in Abb. 3.21 entspricht. Daraus läßt sich ein optimaler Arbeitsbereich des DFV-Netzes bestimmen.

3.6. Rechnernetzwerke

3.6.1. Grundlagen

Eine aktuelle Entwicklungsrichtung auf dem Gebiet der elektronischen Rechentechnik, Nachrichtentechnik und automatisierten Informationsverarbeitung ist durch den Zusammenschluß mehrerer autonomer Rechner zu Verbundsystemen gekennzeichnet. Die Einordnung des Rechnernetzwerkes (RNW) in die Kategorie der Rechnersysteme veranschaulicht die folgende Übersicht:

- Rechnersystem
  - Einzelrechnersystem
    - Einprozessorsystem
    - Mehrprozessorsystem
  - Rechnerverbundsystem
    - Mehrrechnersystem
    - Rechnernetzwerk
    - Netz von Rechnernetzwerken

Ein *Einzelrechnersystem* besteht aus einer Zentraleinheit und den peripheren Geräten für die Ein- und Ausgabe oder für die Zwischenspeicherung von Informationen. Die Zentraleinheit des Einzelrechners enthält als wichtigste Bestandteile den Hauptspeicher HS für die Speicherung von Programmen und Daten, die zentrale Verarbeitungseinheit ZVE für die Realisierung der Verarbeitungsoperationen und die Steuerung der Programmabarbeitung sowie ein Ein-/Ausgabesystem (Kanaleinrichtungen) zur Kommunikation des Rechners mit den peripheren Geräten. Der Programmkomplex für die Steuerung und rationelle Ausnutzung aller Betriebsmittel ist das Steuerprogrammsystem des Betriebssystems (siehe z. B. Abb. 3.47). Je nachdem, ob die Zentraleinheit des Einzelrechners nur eine ZVE als Rechnerkern oder mehrere besitzt, unterscheidet man zwischen Ein- und Mehrprozessorsystemen.

Bei Kopplung mehrerer vollständiger Einzelrechner erhält man ein *Mehrrechnersystem*. Die Kopplung der einzelnen Rechner erfolgt über die E/A-Systeme und über ein Kommunikationsnetz (Abb. 3.53a) oder über eine Sammelschiene (Bus) gemäß Abb. 3.53b. Ein Merkmal der Mehrrechnersysteme besteht darin, daß die verschiedenen Rechenanlagen voneinander abgrenzbar sind und getrennt betrieben werden können. Weiterhin ist bei Mehrrechnersystemen der Informationsaustausch im allgemeinen auf bestimmte Rechner beschränkt, und nicht jeder Rechner kann Leistungen beliebiger anderer Rechnersysteme in Anspruch nehmen. Wesentlich ist aber die Möglichkeit des teilweisen Ressourcenverbundes. Beispiele für Mehrrechnersysteme sind Doppelrechner (redundante Rechnersysteme für hohe Zuverlässigkeitsanforderungen) sowie hierarchische Mehrrechnersysteme für die Prozeßsteuerung mit einem zentralen Hauptrechner und mehreren untergeordneten Prozeßsteuerrechnern. Zu den Mehrrechnersystemen zählen auch Satellitensysteme, bei denen ein oder mehrere kleinere Rechner vorwiegend nur E/A-Operationen ausführen, während in einer damit gekoppelten schnellen EDVA die eigentlichen Informationsverarbeitungsprozesse ablaufen. Falls die Kopplung von EDVA über ein Kommunikationsnetz erfolgt, das vorwiegend nur Aufgaben des zuverlässigen Informationstransportes wahrnimmt, so spricht man von einem Rechner-Kommunikationsnetz.

Als *Rechnernetzwerk* (RNW) bezeichnet man die Gesamtheit der geräte- und programmtechnischen Komponenten, die den Verbundbetrieb von zwei oder mehr

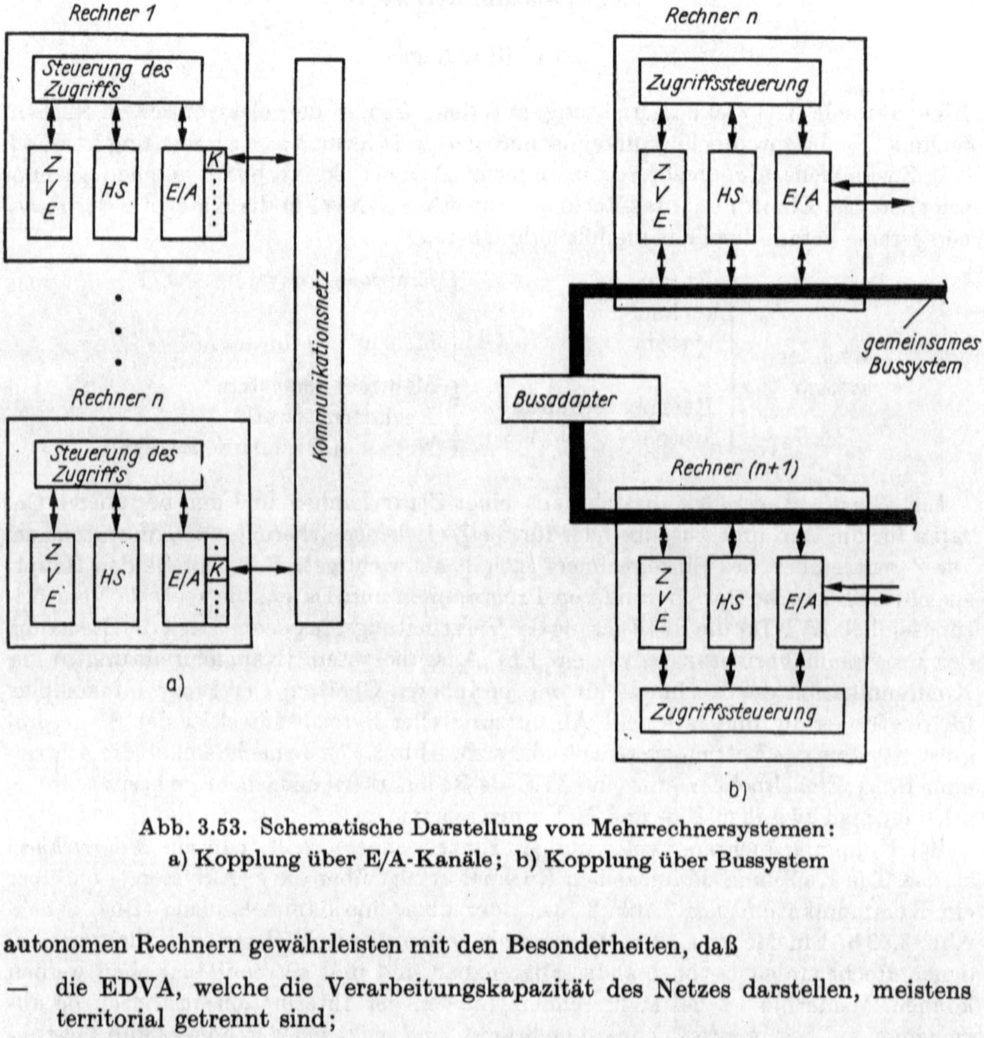

Abb. 3.53. Schematische Darstellung von Mehrrechnersystemen:
a) Kopplung über E/A-Kanäle; b) Kopplung über Bussystem

autonomen Rechnern gewährleisten mit den Besonderheiten, daß

— die EDVA, welche die Verarbeitungskapazität des Netzes darstellen, meistens territorial getrennt sind;
— der Nachrichtenaustausch zwischen allen beteiligten EDVA mittels spezieller Übertragungstechnik über ein ausgeprägtes Kommunikationsnetz erfolgt;
— ein Zugriffssystem (Terminalsystem) existiert;
— die Verwaltung und Steuerung aller Ressourcen durch ein Netzwerksteuersystem erfolgt und
— eine Ressourcenteilung, Lastteilung, Havarie- und Wartungsüberbrückung möglich ist.

Analysiert man das RNW hinsichtlich seiner wesentlichen, miteinander in Beziehung stehenden Teilsysteme, so ergeben sich die *logischen* Hauptkomponenten: das Arbeitsrechnersystem, das Kommunikationssystem, das Terminalsystem und das Netzwerksteuersystem. Zusätzlich kann man eine weitere Komponente, das Speichersystem, einführen, das die Gesamtheit aller Datenbasen einschließlich ihrer Verwaltung darstellt.

Das *Arbeitsrechnersystem* stellt die Gesamtheit der EDVA in den Knoten des Netzwerkes dar. Es sind diejenigen Rechner, die am Verbundbetrieb des Netzes teilnehmen. Sie bilden die Rechen- und Speicherkapazität, über die letztlich der Netzwerknutzer verfügen kann. Arbeitsrechner sind unabhängige Rechner, d. h., sie sind in der Lage, auch ohne Inanspruchnahme anderer Netzwerkkomponenten autonom zu arbeiten.

Unter dem *Kommunikationssystem* ist die Menge aller Programmpakete und gerätetechnischen Einrichtungen zu verstehen, die den Informationsaustausch im Netzwerk gewährleisten. Die Zielfunktion des Kommunikationssystems besteht in der Sicherung einer zuverlässigen, störfreien und zeitoptimalen Informationsübertragung im Netz. Das Kommunikationssystem umfaßt als wesentliche Komponenten Übertragungskanäle, Signalumsetzer (Modems) und Kommunikationsrechner. Die Aufgabe der Kommunikationsrechner besteht in der

— Zwischenspeicherung und lokalen Verarbeitung der über die Übertragungskanäle empfangenen Informationen;
— Ausübung von Nachrichtenvermittlungsoperationen und gleichzeitig damit in der
— Entlastung der Arbeitsrechner von den Nachrichtenvermittlungsoperationen, von der Auswahl effektiver Übertragungsstrecken sowie von der störfesten Kodierung/Dekodierung zu übertragender oder empfangener Informationen.

Unter dem *Terminalsystem* eines RNW ist die Gesamtheit der programm- und gerätetechnischen Komponenten zu verstehen, die den Zugriff der Anwender (Nutzer) zum Rechnernetz ermöglicht. Das Terminalsystem ist die Schnittstelle von Informationsgewinnung über die automatisierte Informationsverarbeitung im Netz zur Informationsnutzung. Als logische Komponente der RNW muß das Terminalsystem so ausgelegt sein, daß mit einfachen und programmierbaren Terminals auf das Netz zugegriffen werden kann und beide Terminalklassen über Datennah- und -fernübertragungseinrichtungen mit dem Netz kommunizieren können. Erst mit der Erfüllung dieser Forderungen wird erreicht, daß die Ressourcen des RNW basisnah zur Verfügung stehen. Der Organisation und Steuerung der vielfältigen Wechselwirkungsprozesse zwischen dem Terminalsystem (bzw. Nutzer) und den anderen Netzkomponenten dienen sog. Terminalinterfaceprozessoren.

Das *Netzwerksteuersystem* entspricht dem Betriebssystem des gesamten RNW. Aufgaben des Netzwerksteuersystems von RNW sind vor allem die Bilanzierung und Steuerung des Informationsverkehrs sowie die Zuweisung vom Netz zu bearbeitender Aufträge an die Arbeitsrechnersysteme. Diese Aufgabe wird durch ein Programmsystem NCP (Netzwerk-Control-Program) erfüllt.

Die Arten der Netzworksteuerung lassen sich danach einteilen, ob

— das Netzwerksteuerprogramm in einem Rechner lokalisiert oder
— auf alle Netzknoten verteilt ist und
— wir hoch der Automatisierungsgrad, die Vollkommenheit des Netzwerksteuersystems ist.

Wird die Netzwerksteuerung einem ausgewählten Rechner des Netzes zugeordnet, so spricht man von zentralisierter Netzwerksteuerung. Im Gegensatz dazu steht die dezentralisierte Netzwerksteuerung, bei der die entsprechenden Steuerfunktionen auf die Betriebssysteme der einzelnen Knotenpunktrechner aufgeteilt sind. Bei der zentralisierten Steuerung ergibt sich der Vorteil, daß die Arbeitsrechner weitgehend von Steuerungsaufgaben entlastet sind. Der zentrale Steuerrechner ist durch Listenführung über den Nachrichtenverkehr und den Belastungsgrad des Netzes laufend informiert und vollzieht die Aufgabenverteilung z. B. entsprechend dem Belastungsgrad der Netzressourcen. Dem erwähnten Vorzug der zentralisierten Steuerung steht als Nachteil gegenüber, daß bei Havarie des zentralen Steuerrechners das gesamte RNW funktionsunfähig wird. Bei der dezentralisierten Netzwerksteuerung steuert jeder Knotenpunktrechner sich selbst sowie sein Verhalten gegenüber benachbarten Knotenpunktrechnern. Voraussetzung dafür ist der wechselseitige Informationsaustausch über die Ressourcenbelastung. Die dezentralisierte Steuerung vermeidet den beschriebenen Nachteil der Störanfälligkeit des Netzes bei Ausfall eines Rechners; aber es treten Schwierigkeiten beim Finden eines optimalen Steueralgorithmus dezentralisierter Systeme auf. Zur Entlastung der Arbeitsrechner von Aufgaben der Netzwerksteuerung und Rechnerkommunikation ist es günstig, das Netzwerk aus kleineren Rechnern zu bilden, die unmittelbar an die Arbeitsrechner angeschlossen sind. Diese führen die Kommunikations- und Steueraufgaben aus. Damit wird das gesamte RNW flexibel gestaltet, und zwar hinsichtlich des Neuanschlusses von Rechenzentren und des Anschlusses verschiedenartiger EDVA.

Es gibt mehrere Automatisierungsstufen der Netzwerksteuerung. Bei der Steuerung des Verbundbetriebs durch den Nutzer muß dieser bereits bei der Eingabe seiner Aufgabe formulieren, welche Ressourcen er in Anspruch zu nehmen wünscht. Dazu kann er sich einer spezifischen Netzwerksteuersprache NCL (Network-Control-Language) bedienen. Über die damit gegebenen Befehle weist das Netzwerksteuersystem die zu bearbeitende Aufgabe dem Ziel-Arbeitsrechner zu. In einer höheren Phase steuert das Netzwerksystem zusätzlich noch die Inanspruchnahme verschiedenartiger Netzressourcen (z. B. große Dateien oder Programmpakete), die für die Lösung einer Aufgabe erforderlich sind. Beide Varianten der Netzwerksteuerung lassen sich auch unter der Regie eines Operators verwirklichen. Die höchste Stufe der Netzwerksteuerung ist die vollautomatische. Hier übernimmt das Steuersystem selbständig alle Organisations- und Bilanzierungsaufgaben, die Auftragszuweisungen und die logische Überwachung des Informationsverkehrs. Das automatische Netzwerksteuersystem verwirklicht im Idealfall voll die drei wichtigen Netzwerkfunktionen ohne Eingriff des Menschen: Programm-, Daten- und Last-Sharing. Ein derartig leistungsfähiges Betriebssystem für RNW gibt es bisher noch nicht.

Systemmittelnutzung und Betriebsweise

Unter Systemmittel oder Ressourcen werden die im RNW vorhandenen Betriebsmittel einschließlich der Datenbestände und die gesamte Gerätetechnik verstanden. Bezüglich der Nutzung teilt man die RNW ein in systemmittelteilende und nicht systemmittelteilende. Ein systemmittelteilendes Netzwerk erfüllt die Funktion des sog. Ressourcen-Sharings. Dabei besteht die Möglichkeit des Zugriffs eines Arbeitsrechnersystems auf die Systemmittel der anderen Rechner und zwar so, als ob er für die Lösung einer bestimmten Aufgabe auf seine eigenen Mittel zurückgreift. Ein systemmittelteilendes Rechnernetz hat u. a. folgende Vorzüge:

- Verfügbarkeit über mehrere Rechner, d. h. Möglichkeit der Verwendung von Programmen, Daten und Geräten, die nicht im eigenen Rechenzentrum vorhanden sind,
- effektive Informationsverarbeitung durch Arbeitsteilung unter den Rechnern.

RNW ohne Systemmittelteilung bieten weniger Vorzüge. Ihre Existenzberechtigung liegt vor allem in der Möglichkeit des Lastverbundes sowie der Havarie- und Wartungsüberbrückung.

Wie bei den üblichen Datenverarbeitungssystemen kann auch bei RNW nach der Betriebsweise unterschieden werden. Danach sind möglich: Stapelbetrieb und interaktiver Betrieb. Im ersten Fall wird der in das Netzwerk eingespeiste Aufgabenstrom (Jobs und Daten) unter der Regie des Netzwerksteuersystems ohne weiteren Eingriff des Nutzers abgearbeitet. Bei interaktivem Betrieb ist eine ständige Wechselwirkung zwischen Nutzern und dem RNW möglich. Wesensmerkmal des interaktiven Betriebes ist also die Dialogfähigkeit des Netzes mit Nutzern oder an das Netz angeschlossenen Prozessen. RNW, die interaktiven Betrieb gestatten, werden auch terminalorientierte RNW genannt, weil ihre Zielfunktion in der Bereitstellung von Dienstleistungen für eine große Anzahl mit Terminals ausgerüsteter Anwender besteht. Typische terminalorientierte RNW sind große Auskunftssysteme im kommerziellen und wissenschaftlich-technischen Bereich. Hierzu gehören z. B. die Netze TYMNET, NASDAQ, INFONET und das GE-Netz mit mehreren tausend Nutzern. Der interaktive Betrieb kann auch auf bestimmte RNW-Komponenten beschränkt sein. Im stapelorientierten DDR-Rechnernetz DELTA wird dies z. B. durch Nutzung dialogfähiger EDVA im Terminalsystem möglich.

Anforderungen an ein Rechnernetzwerk

Die Charakterisierung des RNW als qualitativ neues Mittel zur Beherrschung der Informationsprozesse im industriellen und nichtindustriellen Bereich spiegelt sich in den Anforderungs- und Leistungskriterien wider, die für den ingenieurmäßigen Entwurf und für ihren Betrieb typisch sind. Dazu gehören u. a.:

- Möglichkeit der kollektiven Nutzung aller im Netz vorhandenen Ressourcen (Ressourcenverbund):
- Lastverbund, d. h. homogene Auslastung der Arbeitsrechner durch Zuweisung lokaler Belastungsspitzen auf das gesamte RNW;
- Havarie- und Wartungsüberbrückung. Bei Ausfall z. B. eines Arbeitsrechners übernimmt das RNW dessen Funktion;
- hohe Zuverlässigkeit aller Systembestandteile;
- Gewährleistung des Schutzes der im Netz vorhandenen Programme und Datenbestände vor unbefugtem Zugriff;
- hoher Automatisierungsgrad und nutzerfreundliche Zugriffsmöglichkeit zum Gesamtsystem;
- Gewährleistung kurzer Antwortzeiten für die vom Netz bearbeiteten Aufträge;
- Minimierung der Kosten für Installation, Betrieb und Nutzung des RNW;

— Aufwärtskompatibilität und einfache Erweiterungsmöglichkeit. Das heißt, Schaffen einer solchen Netzkonfiguration, daß neu hinzukommende Rechenzentren an das Rechnerverbundnetz angeschlossen werden können, und zwar unabhängig vom Typ der dort vorhandenen EDVA. Weiterhin muß es möglich sein, in die Netzwerkressourcen neue Systembestandteile aufzunehmen, z. B. Anschluß oder Aufbau von kollektiven Datenspeichern. Die Aufwärtskompatibilität schließt künftig auch die Möglichkeit ein, mehrere RNW miteinander zu koppeln.

Die breite Skale der charakteristischen Anforderungen ist von unmittelbarem Einfluß auf die Architektur der Rechnernetzwerke und auf die ingenieurmäßige Analyse und Synthese. Die Analyse von RNW orientiert sich vorwiegend auf die folgenden Probleme:

— Schaffung der theoretischen Grundlagen für die analytische und algorithmische Beschreibung;
— Entwicklung mathematischer und programmtechnischer Modelle, die weitgehend unabhängig von der Hard- und Softwareimplementierung nutzbar sind;
— Erarbeitung von qualitativen und quantitativen Bewertungskriterien für die Effektivität und Optimalität der Struktur und Topologie sowie der im Rechnernetzwerk stattfindenden Prozesse;
— Erarbeitung von Zuverlässigkeitskriterien für die im Netzwerk vor sich gehenden Informationsübertragungs- und -verarbeitungsprozesse sowie
— Schaffung von geeigneten Untersuchungsmethoden.

Die Synthese ist auf den Entwurf von Rechnernetzwerken gerichtet, welche einerseits die angeführten Anforderungscharakteristika erfüllen und andererseits den o.g. Bewertungskriterien genügen. Im besonderen betrifft dies

— den optimalen Entwurf der Struktur und Topologie nach einem oder mehreren Kriterien;
— die optimale Organisation der Steuerungsprozesse bei gegebener Struktur, Topologie und Zielfunktion;
— Gewährleistung des zuverlässigen und zeitökonomischen Informationstransports und der automatisierten Informationsverarbeitung im Gesamtsystem bei hochgradiger Nutzerfreundlichkeit;
— Sicherung der effektiven Auslastung aller Ressourcen;
— Minimierung der Kosten.

Architektur und formale Beschreibung von Rechnernetzwerken

Im folgenden wird davon ausgegangen, daß jedes (reale oder hypothetische) Rechnernetzwerk als formales System darstellbar ist und durch seine Architektur ausgezeichnet ist. Die Netzwerkarchitektur ist u. a. gegeben durch

— die logische Struktur, d. h. durch die Kopplung der logischen Komponenten sowie durch die Schnittstellen zwischen den logischen Komponenten;
— die physische (topologische) Struktur des Netzes;
— die Art und Weise der Auftragsbehandlung (Funktion der logischen Komponenten) und die Steuerungsprinzipien;
— die Form der Ressourcennutzung einschließlich der Betriebsweise.

Das Verhalten des Rechnernetzes läßt sich beschreiben, wenn bei gegebener Architektur über die im Netzwerk stattfindenden Prozesse Angaben gemacht werden können. Hinsichtlich des Nachrichten- bzw. Informationsverkehrs im Netz erweist es sich zweckmäßig, zwischen folgenden Prozessen zu unterscheiden:

- Prozesse in einer logischen Netzwerkkomponente,
- Prozesse in den Schnittstellen zwischen den logischen Komponenten,
- Ein/Ausgabeprozesse an der Schnittstelle Rechnernetzwerk/Umgebung.

Formal ist das Rechnernetzwerk darstellbar durch die endliche Menge logischer Komponenten

$$\mathrm{KOMP} = \{K_i \mid i = 1, 2, \dots M\}, \quad \mathrm{card}\,(\mathrm{KOMP}) = M \tag{3.339}$$

und eine Relation

$$R \subseteq \mathrm{KOMP} \times \mathrm{KOMP}, \tag{3.340}$$

welche die zwischen den logischen Komponenten existierenden Wechselbeziehungen angibt. Jede logische Komponente K_i erfüllt eine definierte logische Funktion im System „Rechnernetzwerk“

$$\mathrm{RNW} = [\mathrm{KOMP}, R]. \tag{3.341}$$

Durch die Gesamtheit (3.341) ist die logische Struktur festgelegt. Mit der Relation (3.340) über die Menge der Systemelemente lassen sich verschiedene logisch strukturierte Rechnernetzwerke bilden. Die analytische Beschreibung der sich in den logischen Komponenten bzw. an den Schnittstellen vollziehenden Prozesse vereinfacht sich erheblich, wenn man aus den Elementen der Menge (3.339) Komplexkomponenten bilden kann. Den Komplexkomponenten werden diejenigen logischen Funktionen zugeordnet, die ihre Originalelemente besitzen. Wesentlich ist dabei, daß sowohl die Kardinalität der Menge (3.339) als auch der Menge (3.340) reduziert wird. Das bedeutet Verringerung der Elemente- und Schnittstellenzahl im logischen System (3.341). Die im folgenden dargelegte Methode läuft darauf hinaus, ein System (Rechnernetzwerk) in ein anderes abzubilden. Indem aus der Menge (3.339) durchschnittsfremde Untermengen gebildet werden,

$$\left.\begin{aligned} X_1 &\subseteq \mathrm{KOMP}, \\ X_2 &\subseteq \mathrm{KOMP}, \\ &\vdots \\ X_\nu &\subseteq \mathrm{KOMP}, \\ &\vdots \\ X_n &\subseteq \mathrm{KOMP} \end{aligned}\right\} \tag{3.342}$$

mit

$$X_1 \cap X_2 \dots \cap X_\nu \dots \cap X_n = \emptyset \tag{3.343}$$

und

$$X_1 \cup X_2 \dots \cup X_\nu \dots \cup X_n = \mathrm{KOMP}, \tag{3.344}$$

läßt sich aus der Originalnemge (3.339) die reduzierte Komponentenmenge

$$\mathrm{REDKOMP} = \{X_1, \dots X_\nu, \dots, X_n\} \tag{3.345}$$

bilden, wenn gilt:

$$\mathrm{card}\,(\mathrm{REDKOMP}) < \mathrm{card}\,(\mathrm{KOMP}). \tag{3.346}$$

Das reduzierte logische Rechnernetzwerk

$$\mathrm{REDRNW} = [\mathrm{REDKOMP}, R] \tag{3.347}$$

mit geringerer Komponenten- und Schnittstellenzahl als das Ausgangssystem RNW ist also durch folgende Abbildungen bestimmt:

$$A_1 \subseteq \text{KOMP} \times \text{REDKOMP}, \tag{3.348}$$

$$A_2 \subseteq R \times R^*$$

mit

$$R^* \subseteq \text{REDKOMP} \times \text{REDKOMP} \tag{3.349}$$

und

$$\text{card}\, R^* < \text{card}\, R\,. \tag{3.350}$$

Die Relation R gem. Gl. (3.340) ist für reale oder hypothetische Netzwerke durch die gewählte RNW-Architektur bestimmt, d. h. durch die wechselseitige Zuordnung der einzelnen Komponenten.

Zwei Systeme, die logischen Rechnernetzwerke RNW1 und RNW2, die sich in den Relationen zwischen den Komponenten unterscheiden sollen, werden nun vorgestellt:

$$\text{RNW1} = [\text{KOMP}, R_1]\,,$$

$$\text{RNW2} = [\text{KOMP}, R_2]\,.$$

Dabei ist

$$\text{KOMP} = \{\text{TS, ARS, NSS, KS, SPS}\} = \{Ki \mid i = 1, 2, \ldots, 5\} \tag{3.351}$$

mit den Festlegungen $K_1 = \text{TS}$ (Terminalsystem), $K_2 = \text{ARS}$ (Arbeitsrechnersystem), $K_3 = \text{NSS}$ (Netzwerksteuersystem), $K_4 = \text{KS}$ (Kommunikationssystem), $K_5 = \text{SPS}$ (Speichersystem). Die Relation R_1 und R_2 erhält man aus der Zuordnung der logischen Komponenten

$$R_1 = \{(K_1K_3), (K_3K_1), (K_2K_3), (K_3K_2), (K_3K_4), (K_4K_3), (K_2K_4), (K_4K_2), (K_4K_5), (K_5K_4)\} \tag{3.352}$$

$$R_2 = \{(K_1K_2), (K_2K_1), (K_2K_3), (K_3K_2), (K_2K_4), (K_4K_2), (K_2K_5), (K_5K_2), (K_3K_4), (K_4K_3)\}\,. \tag{3.353}$$

Aus den Systemen RNW1 und RNW2 werden nun reduzierte Rechnernetzwerke gebildet. Entsprechend (3.342) bis (3.346) erfolgen Zusammenfassungen der Ausgangsmenge (3.339). Es wird vereinbart, daß die Komponenten Arbeitsrechnersystem und Speichersystem einerseits und die Komponenten Netzwerksteuersystem und Kommunikationssystem andererseits neue logische Komponenten bilden. Das bedeutet

$$\{\text{ARS, SPS}\} = \{K_2, K_5\} = X_2 \subseteq \text{KOMP}\,, \tag{3.354}$$

$$\{\text{KS, NSS}\} = \{K_3, K_4\} = X_3 \subseteq \text{KOMP}\,. \tag{3.355}$$

Mit $X_1 = K_1$ sowie (3.354) und (3.355) erhält man die reduzierte Komponentenmenge

$$\text{REDKOMP} = \{X_1, X_2, X_3\}\,. \tag{3.356}$$

Mit der reduzierten Komponentenmenge (3.356) und den Relationen über diese Menge gemäß (3.349) erhält man die reduzierten logischen Systeme

$$\text{REDRNW1} = [\text{REDKOMP}, R_1'] \tag{3.357}$$

und

$$\text{REDRNW2} = [\text{REDKOMP}, R_2']\,. \tag{3.358}$$

Von den möglichen binären Relationen über REDKOMP werden aus pragmatischen Gründen solche ausgewählt, die graphentheoretisch kreisfreie logische Systeme ergeben, z. B.

$$R_1' = \{X_1X_2, X_2X_1, X_2X_3, X_3X_2\} \tag{3.359}$$

und

$$R_2' = \{X_1X_3, X_3X_1, X_2X_3, X_3X_2\} \,. \tag{3.360}$$

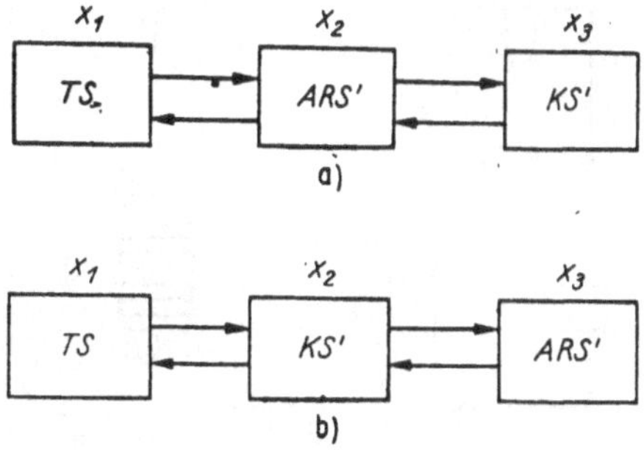

Abb. 3.54. Wechselwirkung zwischen den logischen Komponenten eines reduzierten RNW

Beide reduzierten logischen Systeme enthalten als Graph jeweils nur 3 Knoten und 4 Kanten, dagegen zeichnen sich die Originalsysteme entsprechend (3.351) bis (3.353) durch 5 Knoten und 10 Kanten aus. Die Zweckmäßigkeit der dargelegten Zusammenfassung liegt darin, daß für die analytische Modellierung der in den Netzwerkkomponenten (Elemente der logischen Systeme) vor sich gehenden Prozesse in den Schnittstellen zwischen den Netzwerkkomponenten erhebliche Vereinfachungen eintreten. Die beiden reduzierten Rechnernetzwerke REDRNW1 und REDRNW2 gemäß (3.357) bis (3.360) sind z. B. so strukturiert, daß jeweils nur zwischen zwei reduzierten Komponenten Wechselbeziehungen existieren (Abb. 3.54).

3.6.2. Verhaltensmodellierung von Rechnernetzwerken

Wie bei den in Abschnitt 3.5. behandelten DFV-Netzen können auch von RNW verschiedene Verhaltensmodelle entwickelt werden. Wir betrachten im folgenden analytische Modelle von RNW, also mathematische Modelle, welche das Gesamtsystem oder ein ausgewähltes Subsystem hinreichend gut beschreiben. Das erfolgt vorwiegend unter dem Gesichtspunkt der Erforschung des stationären Zeitverhaltens. Im weitesten Sinne wird darunter die Reaktion des RNW auf stochastische Ereignisse (z. B. Aufträge) bei zeitinvarianten Verteilungsfunktionen, konstanten Erwartungswerten aller stochastischen Prozesse im Netz und unveränderlichem Arbeitsregime aller technischen Einrichtungen verstanden. Die Aufstellung der entsprechenden Modelle zielt z. B. ab auf die Bestimmung des Durchsatzes und des Auslastungsgrads einzelner Systemmittel, auf die Berechnung der Antwortzeiten usw.

Die Kompliziertheit realer Rechnerverbundsysteme zwingt dazu, bei der Modellierung logische Grundstrukturen anzunehmen (Abschnitt 3.6.1.), den Weg der Dekomposition zu beschreiten (Problem- oder/und Systemzerlegung) und für die im realen System stattfindenden Prozesse Modellprozesse anzunehmen.

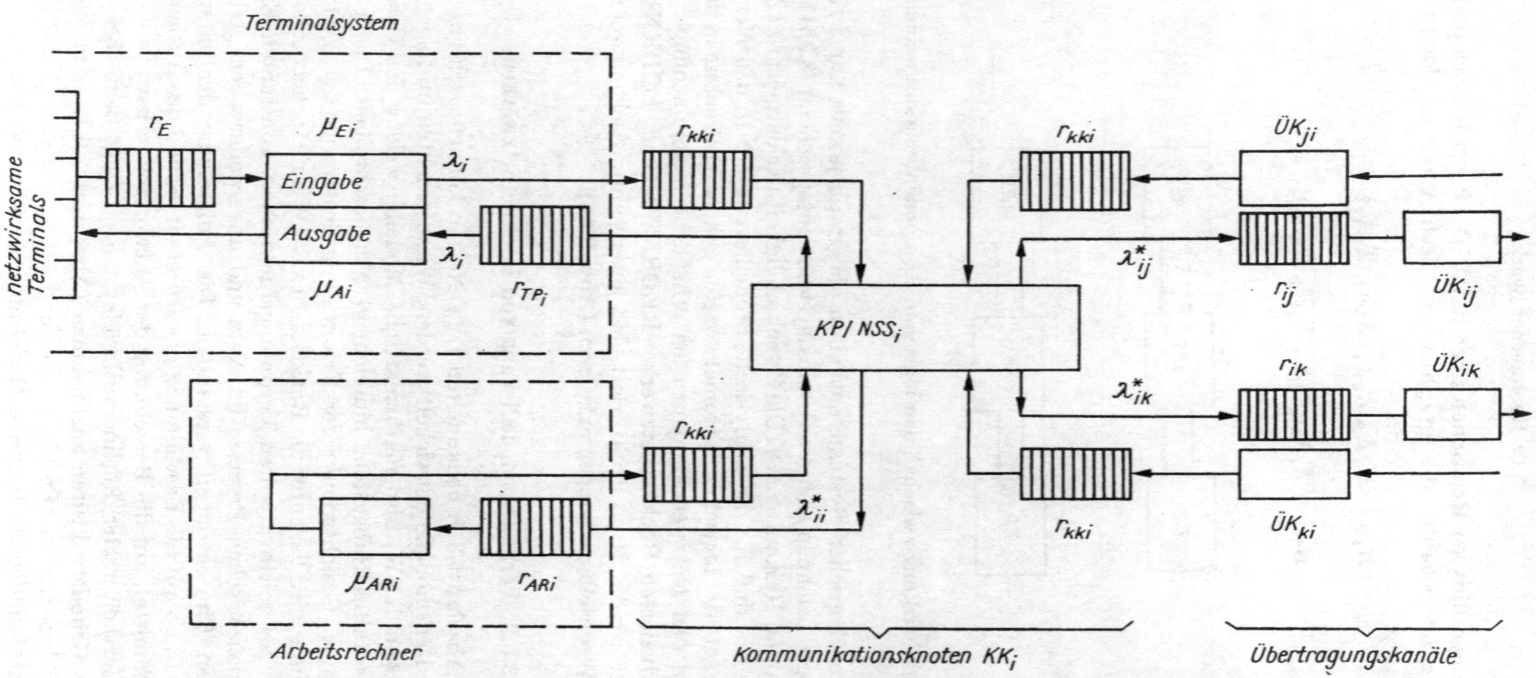

Abb. 3.55. Lokaler RNW-Knoten als Bedienungssystem (KP/NSS$_i$: Kommunikationsprozessor und Netzwerksteuersystem)

Für die bedienungs- bzw. verkehrstheoretische Behandlung erweist sich folgendes Vorgehen zweckmäßig

- Festlegung der logischen Grundstrukturen;
- Festlegung der Knoten- und Netzstruktur;
- Analyse der Nachrichtenströme im Netz unter Beachtung der topologischen Netzstruktur und der Konfiguration der Netzknoten;
- Analyse der stochastischen Ankunfts-, Warte- und Bedienungsprozesse (Bedienungsprozesse sind alle Nachrichtenübertragungs- und Verarbeitungsprozesse);
- Untersuchung der möglichen Blockierungen, Feststellung des Blockierungstyps und Bestimmung der Blockierungswahrscheinlichkeiten.

Im folgenden wählen wir eine logische Grundstruktur gemäß Abb. 3.54b. Die vom Terminalsystem TS empfangenen Aufträge werden in der Komponente KS' dem Arbeitsrechnersystem zur Abarbeitung zugewiesen. Dabei ist ARS' = {ARS, SPS} und ARS = $\{\text{AR}_i \mid i = 1, 2, \dots, N\}$. AR_i sind die an den n verschiedenen Orten befindlichen Arbeitsrechner. Die Komponente KS' möge außer der Funktion des logischen Kommunikationssystems die Netzwerksteuerfunktion wahrnehmen (Auftragsverteilung, Ressourcenverwaltung usw.). Nun wird die Mikrostruktur eines RNW-Knotens festgelegt. Als Knoten bezeichnen wir die Gesamtheit der geräte- und programmtechnischen Ressourcen, die eine logische und territorial abgesonderte Einheit bilden. In unserem Falle gehören dazu (vgl. Abb. 3.55): der Arbeitsrechner AR_i, der Kommunikationsprozessor KP/NSS_i, der die Aufgaben der dezentralisierten Netzwerksteuerung mit ausführt und das netzwirksame Terminalsystem. Wir setzen bei letzterem voraus, daß es ein Bedienungssystem gibt, über das alle netzwirksamen Ein/Ausgabeprozesse realisiert werden. Dieses System nennen wir Terminalinterfaceprozessor TP. Ein im Netz bearbeiteter Auftrag wird als erledigt betrachtet, wenn er den Ausgabeteil des TP durchlaufen hat. (Die Peripherie der Arbeitsrechner sei nicht netzwirksam.) Die RNW-Knoten sind physisch entsprechend der Netztopologie über die Übertragungskanäle ÜK miteinander verbunden.

Wir analysieren nun die Nachrichtenströme im Netz. Da unser Ziel darin besteht, das RNW-Verhalten aus bedienungstheoretischer Sicht zu studieren, interessieren uns zunächst nur Forderungsströme. Eine Forderung ist ein Auftrag, der von einer Netzkomponente bedient werden muß. Die Ströme im Netz beschreiben wir durch Forderungsstromintensitäten. Es sei λ_{ijx} die Forderungsstromintensität zwischen einem Quell- und einem Zielknoten x. λ_{ijx} ergibt sich aus den Ankunftsraten λ_i und den Wegauswahlwahrscheinlichkeiten P_{ijx}

$$\lambda_{ijx} = \lambda_i P_{ijx} \quad \text{mit} \quad x = \{k, kl, klm, klmn\} \tag{3.361}$$

und

$$\left. \begin{array}{c} i \neq j \neq k \neq l \neq m \neq n\,, \\ i, j, k, l, m, n = 1, 2, \dots, N\,. \end{array} \right\} \tag{3.362}$$

Es sind weiterhin

λ_{ii} — die Intensität des Forderungsstromes zwischen TP_i und AR_i
λ_{ij} — die Intensität des Forderungsstromes zwischen TP_i und AR_j
λ_{ijk} — die Intensität des Forderungsstromes zwischen TP_i und AR_k über die Kanäle ÜK_{ij} und ÜK_{jk} usw.

Die Hinströme zwischen den Knoten i und j haben die Intensität

$$\lambda_{ij}^h = \sum_{k,\,l,\,m,\,n} (\lambda_{ijklmn} + \lambda_{nijklm} + \lambda_{mnijkl} + \lambda_{lmnijk} + \lambda_{klmnij}) \,. \tag{3.363}$$

Der Eingabestrom in den i-ten Arbeitsrechner besitzt die Intensität

$$\lambda_{ii}^h = \lambda_{ii} + \sum_x \lambda_{xi} \,. \tag{3.364}$$

Es wird nun angenommen, daß eine am i-ten Knoten entstandene Forderung als erledigter Auftrag am gleichen Knoten ausgegeben wird. Das bedeutet Gleichheit von Hin- und Rückströmen

$$\lambda_{ij}^h = \lambda_{ji}^r \quad \text{und} \quad \lambda_{ii}^h = \lambda_{ii}^r \,. \tag{3.365}$$

Die Intensität der gesamten Forderungsströme beträgt

$$\left.\begin{aligned} \lambda_{ij}^* &= \lambda_{ij}^h + \lambda_{ij}^r \,, \qquad i \neq j \,, \\ \lambda_{ii}^* &= \lambda_{ii}^h = \lambda_{ii}^r \,. \end{aligned}\right\} \tag{3.367}$$

Die Gesamtintensität der Forderungsströme in das Modellrechnernetzwerk ist

$$\lambda = \sum_{i=1}^{N} \lambda_i \,. \tag{3.368}$$

Als Reaktions- oder Antwortzeit des Bedienungsnetzes definieren wir die Summe: Eingabezeit T_{vE} im Terminalsystem + Verzögerungszeiten T_{vKK} in den Kommunikationsknoten (hier im System KP/NSS) + Übertragungsverzögerungszeiten T_{v} in den Kanälen + Verweilzeit T_{vAR} in den Arbeitsrechnern + Ausgabezeit T_{vA} in das Terminalsystem. Für die mittlere Antwortzeit des Netzes gilt

$$T_{\mathrm{a}} = \sum_{i=1}^{N} \frac{\lambda_i}{\lambda} T_{\mathrm{a}i} \tag{3.369}$$

mit

$$\begin{aligned} T_{\mathrm{a}i} = {} & T_{\mathrm{vE}i} + T_{\mathrm{vA}i} + T_{\mathrm{vKK}i} + P_{ii}(T_{\mathrm{vAR}i} + T_{\mathrm{vKK}i}) + \\ & + \sum_j P_{ij}(T_{\mathrm{v}ij} + T_{\mathrm{vKK}ij} + T_{\mathrm{vAR}i} + T_{\mathrm{vKK}jj} + T_{\mathrm{v}ji} + T_{\mathrm{vKK}ji}) + \\ & + \sum_j \sum_k P_{ijk}(T_{\mathrm{v}ij} + T_{\mathrm{vKK}ij} + T_{\mathrm{v}ik} + T_{\mathrm{vKK}jk} + T_{\mathrm{vAR}k} + T_{\mathrm{vKK}kk} + \\ & + T_{\mathrm{v}kj} + T_{\mathrm{vKK}kj} + T_{\mathrm{v}ji} + T_{\mathrm{vKK}ji}) + \ldots + \\ & + \sum_j \sum_k \sum_l \sum_m \sum_n P_{ijklmn}(T_{\mathrm{v}ij} + \ldots + T_{\mathrm{vKK}ji}) \,. \end{aligned}$$

Entsprechend erhält man für die mittlere Bedienungszeit einer das Netz durchlaufenden Forderung

$$T_{\mathrm{b}} = \sum_{i=1}^{N} \frac{\lambda_i}{\lambda} T_{\mathrm{b}i} \,, \tag{3.371}$$

wobei für $T_{\mathrm{b}i}$ eine adäquate Beziehung zu (3.370) gilt.

Für die stochastischen Ankunfts- und Bedienungsprozesse im Netz werden nun folgende Voraussetzungen getroffen:

- — Poisson-Eingabeströme und exponentialverteilte Bedienungszeiten;
- — unbeschränkte Kapazitäten aller Wartespeicher;
- — FIFO-Abfertigungsdisziplin;
- — alle Forderungen besitzen gleiche Priorität.

Tab. 3.9. Berechnungsgleichungen für mittlere Bedienungs- und Verweilzeiten in den einzelnen RNW-Ressourcen bei Anwendung der Dekompositionsmethode (s. Abb. 3.55)

Ressource	Bedienungszeit	Verweilzeit
Auftragseingabe vom Terminalsystem (TS_E)	$T_{bE} = \frac{1}{\mu_{Ei}}$	$T_{vEi} = (\mu_{Ei} - \lambda_i)^{-1}$
Auftragsausgabe in das Terminalsystem (TS_A)	$T_{bAi} = \frac{1}{\mu_{Ai}}$	$T_{vAi} = (\mu_{Ai} - \lambda_i)^{-1}$
Arbeitsrechner AR_i	$T_{bARi} = \frac{1}{\mu_{AR_i}}$	$T_{vAR_i} = (\mu_{AR_i} - \lambda_{ii}^*)^{-1}$
terminalseitige Eingabe in den Kommunikationsknoten ($TS_E \to KK$)	$T_{bKKi} = \frac{1}{\mu_{KKi}}$	$T_{vKKi} = (\mu_{KKi} - \lambda_i)^{-1}$
AR → KK	$T_{bKKii} = \frac{1}{\mu_{KKi}}$	$T_{vKKii} = (\mu_{KKi} - \lambda_{ii}^*)^{-1}$
ÜK → KK	$T_{bKKii} = \frac{1}{\mu_{KKj}}$	$T_{vKKij} = (\mu_{KKi} - \lambda_{ij}^*)^{-1}$
Übertragungskanal $ÜK_{ij}$	$T_{bij} = \frac{1}{\mu_{ij}}$	$T_{vij} = (\mu_{ij} - \lambda_{ij}^*)^{-1}$
Auslastung des AR_i	$Y_{ARi} = \frac{\lambda_{ii}^*}{\mu_{ARi}}$	

Wenn wir noch annehmen, daß alle Bedienungsgeräte einkanalig sind und unabhängig voneinander arbeiten, können wir das RNW als Netz von M/M/1-Systemen betrachten. Damit ist die Dekompositionsmethode anwendbar. Für die einzelnen RNW-Ressourcen erhält man die in Tabelle 3.9 zusammengestellten Berechnungsergebnisse. Neben der Antwortzeit als Gütekriterium eines RNW kann man einen Gütefaktor definieren (s. Abschnitt 3.2), der die Bestimmung eines optimalen Arbeitsbereiches des RNW ermöglicht. Bezogen auf die Arbeitsrechnerauslastung gilt hier

$$Q = \frac{\frac{1}{N} \sum_{i=1}^{N} Y_{ARi}}{T_a/T_b}$$

mit T_a und T_b gemäß (3.369) und (3.371).

Auf der Grundlage der in Abschnitt 3.2.2. dargelegten Grundzüge einer Theorie für blockierende Bedienungssysteme läßt sich ein bedienungstheoretisches Modell aufstellen, daß höhere Abbildungsgenauigkeit besitzt als das oben behandelte RNW-Modell. Setzt man voraus, daß alle Einzelbedienungssysteme (bis auf das Eingabesystem) endliche Wartespeicher besitzen und alle Bedienungszeiten exponentialverteilt sind, so kann man die in Abschnitt 3.2.2. dargelegten Theorien blockierender Systeme anwenden. Die Berechnung der mittleren RNW-Antwortzeit macht es notwendig, alle Forderungen von der Eingabe bis zur Ausgabe genau zu verfolgen. Die Berechnung eines Bedienungsnetzes mit endlichen Wartespeichern muß beim letzten Teilsystem beginnen (wegen der Fortpflanzung des möglichen Blockierungseffektes in Richtung zu niedrigeren Phasennummern). Zugleich wird die Blockierungswahrscheinlichkeit des $(n-1)$-ten Systems berechnet. Es folgen die anderen Teilsysteme bis zum ersten (hier des Eingabesystems), das als reines Wartesystem betrachtet wird. Bei den in abfallender Reihenfolge behandelten j Systemen wird jeweils mit den virtuellen Bedienungsraten

$$\mu_j^* = \mu_i(1 - P_{\text{Bl}j}); \qquad 1 \leqq j \leqq n-1 \tag{3.372}$$

gerechnet. Dabei ist die Blockierungswahrscheinlichkeit

$$P_{\text{Bl}j} = (\lambda/\mu_j)^{r+1}; \qquad \mu_j/\mu_{j-1} > 1$$

und

$$P_{\text{Bl}j} = (\lambda/\mu_j)^{r+1} \frac{1-(\lambda/\mu_j)}{1-(\lambda\mu/_i)^{r+2}} \tag{3.373}$$

für

$$\mu_j/\mu_{j-1} < 1\,.$$

Es handelt sich bei diesem Vorgehen um eine Systemdekomposition für serielle Bedienungssysteme BS $(\infty, r_1, \ldots, r_n)$. Je zwei gekoppelte Bedienungssysteme werden behandelt als ein M/M/1–M/M/1/r-System mit der virtuellen mittleren Bedienungsrate μ_1^* im ersten System und einer „Verlustwahrscheinlichkeit" im zweiten System, die gleich der Blockierungswahrscheinlichkeit P_{Bl} ist. Für die mittlere Verweilzeit eines solchen Tandemsystems gilt

$$T_\text{v} = \frac{A_1}{1+A_1+A_2} + \frac{A_2(1+A_2^{r+1})}{1-A_2}, \tag{3.374}$$

wenn $\mu_1 > \mu_2$ ist. Im Falle $\mu_1 < \mu_2$ gilt

$$T_\text{v} = \frac{A_1(1-A_2^{r+1})}{1-A_1(1-A_2^{r+2})-A_2} + \frac{A_2}{1-A_2}\,\frac{1-(r+2)\,A_2^{r+1}+(r+1)\,A_2^{r+2}}{1-A_2^{r+2}}\,. \tag{3.375}$$

Dabei ist $A_1 = \lambda_i/\mu_i$; $(i = 1, 2)$. Tandemsysteme vom Typ BS (∞, s) (z. B. Eingabesysteme) lassen sich mit Hilfe erzeugender Funktionen $G(z)$ berechnen. Die ausführliche RNW-Berechnung legen wir hier nicht dar, sondern verweisen z. B. auf die Arbeiten [3.58, 3.60].

Obwohl die Modellierung von RNW als Netz von M/M/1/r-Bedienungssystemen nur grobe Näherungen an die Wirklichkeit ergibt, erweist sie sich doch als zweckmäßig z. B. für Voruntersuchungen der digitalen Simulation oder zur Abschätzung des Systemverhaltens. Das generelle Vorgehen bei der Rechnernetzforschung als Einheit von Analyse, Synthese und Experiment (Simulation und Beobachtung an realen Systemen) veranschaulicht Abb. 3.56. Das Ziel der Analyse von RNW besteht in der Unterstützung des Entwurfs optimaler Netze bzw. ihrer vorteilhaften Veränderung. Die Analyse (Verhaltensforschung) umfaßt die Untersuchung folgender relevanter Eigenschaften:

- Verzögerungszeitverhalten,
- Reaktionszeitverhalten,
- Belastbarkeit,
- Ressourcennutzung,
- Blockierungsverhalten,
- Ausfallverhalten.

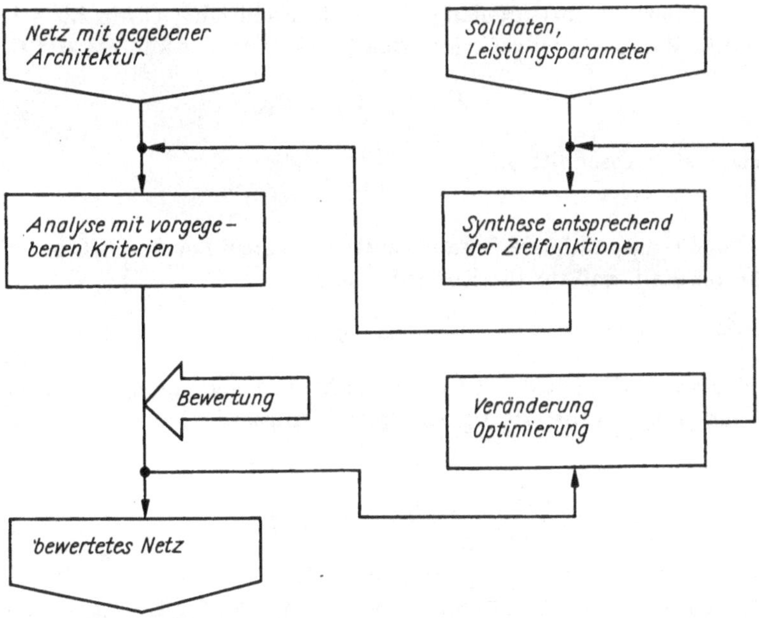

Abb. 3.56. Wechselseitige Durchdringung von Netzwerkanalyse und Synthese

Zielstellung der Synthese von RNW ist der Entwurf kostengünstiger Netze hoher Leistungsfähigkeit und Zuverlässigkeit. Die allgemeine Entwurfsmethode beinhaltet die Belegung einer Menge von Entwurfsvariablen derart, daß der Wert eines oder mehrerer ausgewählter Entwurfsparameter in Abhängigkeit von den übrigen Entwurfsparametern optimale Werte annimmt.

3.6.3. Optimierung des Kommunikationssystems

Bei territorial verteilten RNW beeinflussen die Auslegung des Kommunikationssystems und die angewandten Betriebsverfahren in hohem Maße die Güte des gesamten RNW. Wir bringen im folgenden eine kurze Darstellung von Optimierungsproblemen. Sofern nicht anders vermerkt, werden zur Vereinfachung Systeme mit unbegrenzter Speicherkapazität betrachtet. Betrachtet wird zunächst die *Optimierung der Kanalkapazitäten.*

Gegeben seien: der Graph $G[V, A]$ des Netzes, die Stromfunktion $\varphi((v_i v_j)) = ||\lambda_{ij}||$ und eine feste Routingstrategie. Gesucht seien die Kanalkapazitäten C_{ij} zwischen den Kommunikationsknoten v_i und v_j, so daß die Verzögerungszeit bei gegebenem Gesamteingangsstrom Λ in das Netz

$$T_{\mathrm{v}} = \sum_{i \neq j} \frac{\lambda_{ij}}{\Lambda} T_{ij} \to \min \tag{3.376}$$

ist. Dabei ist T_{ij} die Verweilzeit (Wartezeit auf Übertragung und reine Übertragungszeit)

$$T_{ij} = (l_{\mathrm{N}} C_{ij} - \lambda_{ij})^{-1}$$

mit l_N^{-1} als mittlere Nachrichtenlänge in bit je Nachricht; C_{ij} in bit s^{-1} und λ_{ij} in Nachrichten/s. Weiterhin sei gefordert, daß für die Kanalkosten $K_{ij} = f(C_{ij})$ gilt

$$K = \sum_{i,j} K_{ij} < K_{\max}$$

und entsprechend Abschnitt 3.1.

$$C_{ij} \geqq \lambda_{ij},$$

ist. Es ist somit die minimale Gesamtverzögerungszeit bei festen Gesamtkosten gesucht. Für den Fall, daß für die Kostenfunktion

$$K = \sum_{i \neq j} k_{ij} C_{ij} \tag{3.377}$$

gilt (k_{ij}: Kosten je Einheit der Kanalkapazität im Übertragungskanal zwischen den Knoten i und j), lautet die Lösung der Optimierungsaufgabe

$$C_{ij,\,\mathrm{opt}} = \frac{\lambda_{ij}}{l_N} + \frac{K_a}{k_{ij}} \frac{\sqrt{\lambda_{ij} k_{ij}}}{\sum \sqrt{\lambda_{ij} k_{ij}}} \tag{3.378}$$

mit

$$K_a = K - l_N^{-1} \sqrt{\lambda_{ij} k_{ij}}\,.$$

Mit der Lösung (3.378) lautet die optimale Verzögerungszeit

$$T_{\mathrm{v,opt}} = (l_N K_a)^{-1} \frac{\sum \lambda_{ij}}{\Lambda} \left[\sum \left(\sqrt{\lambda_{ij} k_{ij}} \,/\, \sum \lambda_{ij}\right)\right]^2 .$$

Ein der Praxis entsprechendes Optimierungsproblem lautet: Realisierung minimaler mittlerer Gesamtantwortzeit T_a des KS bei gegebener Matrix der Kanalkapazitäten $||C_{ij}||$ der Übertragungskanäle, gegebenem Vektor der Kanalkapazitäten $||C_i||$ der Kommunikationsprozessoren, gegebener Matrix der Übertragungswege $||s_{ij}||$, gegebener Inputraten des KS (λ_{KS}) und des RNW (λ_{RNW}) und maximalem Nutzinformationsfluß zwischen Quell- und Zielknoten. Die mittlere Antwortzeit je Übertragungseinheit des KS ergibt sich aus

$$T_a = T_b + T_ü + T_w\,;$$

T_b mittlere Bedienungszeit des KP, $T_ü$ mittlere Übertragungszeit, T_w mittlere Wartezeit der Forderungen in den Empfangs- und Sendewartespeichern. Unter der Voraussetzung des stationären Betriebes des KS und der Anwendbarkeit der Dekompositionsmethode ist

$$T_b = (2\bar{n} + 4) \frac{1}{\lambda_{KP}} \sum_{i=1}^{n} \lambda_i E(t_b)_i = (2\bar{n} + 4) \sum_{i=1}^{n} \frac{\lambda_i}{\lambda_{KP} l_N C_i}\,. \tag{3.379}$$

Es bedeuten l_N^{-1} mittlere Länge der zu übertragenden Nachrichten, $\bar{n}$ mittlere Zahl der passierten Zwischenknoten, $\lambda_{KP} = \sum \lambda_i$; λ_i Inputrate des Kommunikationsknotens i.

Die mittlere Gesamtübertragungszeit im KS ist

$$T_ü = (2\bar{n} + 2) \sum_{\forall i,j:\, s_{ij} \neq 0} \frac{\lambda_{ij}}{l_N C_{ij}}\,. \tag{3.380}$$

Für die mittlere Gesamtwartezeit der Nachrichten im Kommunikationssystem (in den Empfangs- und Sendewartespeichern) gilt

$$T_w = (2\bar{n} + 4) \sum_{i=1}^{n} \frac{\lambda_i}{\lambda_{KP}} \frac{\lambda_i}{l_N C_i (l_N C_i - \lambda_i)} +$$

$$+ (2\bar{n} + 2) \sum_{\forall i, j: s_{ij} \neq 0} \frac{\lambda_{ij}}{\lambda_{ÜK}} \frac{\lambda_{ij}}{l_N C_{ij} (l_N C_{ij} - \lambda_{ij})} . \tag{3.381}$$

Aus obigen Gleichungen ist ersichtlich, daß $T_a \to \min$, wenn bei gegebener topologischer Struktur $G = [V, A]$ des Kommunikationssystems die Zahl der passierten Zwischenknoten minimiert und die Kanalkapazitäten C_i und C_{ij} maximiert werden können. Aus der verbalen Formulierung des Optimierungsproblems folgt für den Informationsfluß zwischen beliebigen Quell- und Zielknoten ($i = q$, $j = z$) nach dem Satz von FORD und FULKERSON:

Erfüllung der Zielfunktion

$$\lambda_{ÜK} = \sum_j \lambda_{qj} \tag{3.382}$$

mit den Nebenbedingungen

$$\sum_i \lambda_{ij} - \sum_j \lambda_{ij} = \begin{cases} -\lambda_{ÜK} & \text{für} \quad j = q, \\ 0 & \text{für} \quad j \neq q, z, \\ \lambda_{ÜK} & \text{für} \quad j = z, \end{cases} \tag{3.382}$$

$$\lambda_{ÜK} \geqq 0; \qquad 0 \leqq \frac{\lambda_{ij}}{l_N} \leqq C_{ij}; \qquad \forall i, j .$$

Die Einbeziehung der Kosten für die Informationsübertragung (K_{ij}) und für die Verarbeitung der Nachrichten in den Kommunikationsknoten (K_i) führt zu der Aufgabe, die Matrixelemente λ_{ij} so zu bestimmen, daß die Kostenfunktion

$$K = \sum_{i,j} K_{ij} \lambda_{ij} + \sum_i K_i S_i$$

zum Minimum geführt wird. Dabei sind

$$S_i = (1 + a) \left(\sum_i \lambda_{ij} - \sum_j \lambda_{ij} \right) \tag{3.384}$$

und a der Übertragungskoeffizient der Kommunikationsknoten infolge der Fehlersicherungs- und Wegauswahlprozeduren. Bei konstantem Beitrag der Kommunikationsknoten zu den Übertragungskosten ist $K = K_{\min}$, wenn die Differenz $C_{ij} - \lambda_{ij}/l_N$ ein Minimum aufweist. Dies ist gleichbedeutend mit Vollauslastung der installierten Kanalkapazitäten.

Aufbauend auf die dargelegte Polyoptimierungsaufgabe können Programmpakete entworfen werden, die es gestatten, das günstigste Kommunikationssystem rechentechnisch zu bestimmen.

Literaturverzeichnis

Literatur zu Abschnitt 1.

1.1. Charkewitsch, A. A. (Харкевич, А. А.); Борьба с помехами. Физматгиз. Москва 1963

1.2. Fano, R. M.; Informationsübertragung. R. Oldenbourg-Verlag, München, Wien 1966

1.3. Feinstein, A.; Foundations of Information Theory. McGraw-Hill Book, New York 1958

1.4. Fey, P.; Informationtheorie. Akademie-Verlag, Berlin 1968

1.5. Fink, L. M. (Финк, Л. М.); Теория передачи дискретных сообщении. Советское радио, Москва 1970

1.6. Fischer, F. A.; Einführung in die statistische Übertragungstheorie. Bibliografisches Institut, Mannheim 1969

1.7. Gallager, R. C.; Information Theory and Reliable Communication. John Wiley and Sons, New York 1968

1.8. Grizyk, W. W., Michailowskij, W. N. (Грицык, В. В., Михайловкий, В. Н.); Оценка качества передачи информации. Наукова думка. Киев 1973

1.9. Henze, E., Homuth, H. H.; Einführung in die Informationstheorie. Friedrich Vieweg und Sohn, Braunschweig 1970

1.10. Henze, E., Homuth, H. H.; Einführung in die Codierungstheorie. Friedrich Vieweg und Sohn, Braunschweig 1974

1.11. Hyvärinen, L. P.; Information Theory for System Engineers. Springer-Verlag, Berlin, Heidelberg, New York 1968

1.12. Jablonskij, S. W., Lupanow, O. B. (Яблонский, С. В., Лупанов, О. Б.); Дискретная математика и математические вопросы киберетики. Наука. Москва 1974

1.13. Jaglom, A. M., Jaglom, I. M. (Яглом, А. М., Яглом, И. М.); Вероятность и информация. Наука, Москва 1973

1.14. Kämmerer, W.; Einführung in die mathematischen Methoden der Kybernetik. Akademie-Verlag, Berlin 1979

1.15. Kolmogorow, A. N. (Колмогоров, А. Н.); Теория передачи информации. Издательство АН СССР, Москва 1963

1.16. Kusmin, I. W., Kedrus, W. A. (Кузьмин, И. В., Кедрус, В. А.); Основы теории информации и колидования. Выща Школа, Киев 1977

1.17. Meyer-Eppler, W.; Grundlagen und Anwendung der Informationstheorie. 2. Auflage, Springer-Verlag, Berlin, Heidelberg, New York 1969

1.18. Peters, J.; Einführung in die allgemeine Informationstheorie. Springer-Verlag, Berlin, Heidelberg, New York 1967

1.19. Raisbeck, G.; Informationstheorie. Akademie-Verlag, Berlin 1970

1.20. Renyi, A.; Wahrscheinlichkeitsrechnung mit einem Anhang über Informationstheorie. VEB Deutscher Verlag der Wissenschaften (5. Auflage), Berlin 1977

1.21. Shannon, C. E.; A Mathematical Theory of Communication. Bell System Techn. Journal 27 (1948), 379–423, 623–656.

1.22. Steinbuch, K. (Hrsg.); Taschenbuch der Informatik. Springer-Verlag, Berlin, Heidelberg, New York 1974

1.23. Stratonowitsch, R. L. (Страоноввич, Р. Л.); Теория информации. Советское Радио, Москва 1975
1.24. Swilans, M. P. (Свиланс, М. П.); Элементы теории информации. Зинатне, Рига 1973
1.25. Swoboda, J.; Codierung zur Fehlerkorrektur und Fehlererkennung. R. Oldenbourg-Verlag, München, Wien 1973
1.26. Wiener, N.; Cybernetics. John Wiley and Sons, New York 1948
1.27. Wilhelm, C.; Datenübertragung. Militärverlag der DDR, Berlin 1976
1.28. Wolfowitz, J.; Coding Theorems in Information Theory. Springer-Verlag, Berlin, Göttingen, Heidelberg, New York 1964
1.29. Zymbal, W. P. (Цымбал, В.П.); Задачик по теории информации и кодированию Выща школа, Киев 1976

Literatur zu Abschnitt 2.

2.1. Ahmed, N., Rao, K. R.; Discrete Fourier and Hadamard Transform. Electronic Letters **6** (1970), H. 7, 221–224
2.2. Aisinow, M. M. (Айзинов, М. М.); Избранные вопросы теории сигналов и теории цепей. Связь, Москва 1971
2.3. Bracewell, R. W.; The Fourier Transform and its Application. McGraw-Hill, New York 1965
2.4. Börner, H.; Walsh-Funktionen und ihre Anwendungen. Nachrichtentechnik/Elektronik **23** (1973), H. 9. 340–342
2.5. Director, S., Rohrer, R. (Директор, С., Popep, P.); Введение в теории систем. Мир, Москва 1974
2.6. Fritzsche, G.; Informationsübertragung. VEB Verlag Technik, Berlin 1977
2.7. Fritzsche, G.; Theoretische Grundlagen der Nachrichtentechnik (2. Auflage). VEB Verlag Technik, Berlin 1978
2.8. Gribanow, J. I., Malkow, B. L. (Грибанов, Ю. И., Мальков, В. Л.), Спектральный анализ случайных процессов. Энергия, Москва 1974
2.9. Harmuth, H. F.; Transmission of Information by orthogonal Functions. Springer-Verlag, Berlin, Heidelberg, New York 1974
2.10. Harltey, G. C., Mornet, P., Ralph, F., Tarran, D. J.; Technik der Pulskodemodulation in Nachrichtennetzen. VEB Verlag Technik, Berlin 1969
2.11. Klowskij, D. D. (Кловский, Д. Д.); Теория передачи сигналов. Связь, Москва 1973
2.12. Kotelnikow, W. A. (Котельников, В. А.); Теория потенциальной помехустойчивости. Госэнергоиздат, Москва 1956
2.13. Kress, D.; Theoretische Grundlagen der Signal- und Informationsübertragung. Akademie-Verlag, Berlin 1977
2.14. Küpfmüller, K.; Die Systemtheorie der elektrischen Nachrichtenübertragung, 4. Auflage. S. Hirzel-Verlag, Stuttgart 1974
2.15. Lange, F. H.; Signale und Systeme. VEB Verlag Technik, Berlin 1971 (3 Bände)
2.16. Lathi, B. P.; Communication Systems John Wiley and Sons, Inc., New York, London, Sydney 1968
2.17. Lewin, B. R. (Левин, Б. Р.); Теоретические основы статистической радпотехники. Советское Радио, Москва 1975
2.18. Novickij, P. V.; Gütekriterien für Meßeinrichtungen. VEB Verlag Technik, Berlin 1978

2.19. Penin, P. I. (Пенин, П. И.); Системы передачи цифровои информации. Советское Радио, Москва 1976

2.70. Solodow, A. W.; Theorie der Informationsübertragung in automatischen Systemen. Akademie-Verlag, Berlin 1972

2.21. Sparatu, A.; Theorie der Informationsübertragung. Akademie-Verlag, Berlin 1973

2.22. Steiglitz, K.; An Introduction To Discrete Systems. John Wiley and Sons, Inc., New York, London, Sydney, Toronto 1974

2.23. Steinbuch, K., Rupprecht, W.; Nachrichtentechnik. Springer-Verlag, Berlin, Heidelberg, New York 1967

2.24. Trachtman, A. M., Trachtman, W. A. (Трахтман, А. М., Трахтман, В. А.); Основы теории дискретных сигналов на конечных интервалах. Советское Радио, Москва 1975

2.25. Trachtman, W. A. (Трахтман, В. А.); Спектральный анализ в базисе функций виленкина-крестенсона. Радиотехника и злектроника, **20** (1975) Нр. 1, С. 130—137

2.26. Unbehauen, R., Systemtheoroie. Eine Einführung für Ingenieure. Akademie-Verlag, Berlin 1969

2.27. Vich, R., *Z*-Transformation. VEB Verlag Technik, Berlin 1972

2.28. Woschni, E.-G.; Informationstechnik. VEB Verlag Technik, Berlin 1973

2.29. Woschni, E.-G.; Frequenzmodulation, 2. Auflage. VEB Verlag Technik, Berlin 1962

2.30. Zypkin, J. S.; Theorie der linearen Impulssysteme. VEB Verlag Technik, Berlin 1967

Literatur zu Abschnitt 3.

3.1. Artomonow, G. T. (Артомонов, Г. Т.); Анализ производительности ЦВМ методами теории массового обслуживания. Энергия, Москва 1972

3.2. Bascharin, G. P., Bordukowa, W. T. (Башарин, Г. П., Бордукова, В. Т.); Теория телеграфика и информационные сети. Наука, Москва 1977 (6—15)

3.3. Berge, C., Ghouilla-Houri, A.; Programme, Spiele, Transportnetze, BSB B. G. Teubner-Verlagsgesellschaft, Leipzig 1969

3.4. Bergholz, G.; Verhaltensmodelle von Prozeßrechnern. Akademie-Verlag, Berlin 1980

3.5. Bies, G.; Graphentheorie. BSB B. G. Teubner-Verlagsgesellschaft, Leipzig 1976

3.6. Boehm, B. W., Mobley, R. L.; Adaptive Routing Techniques for Distributed Communications Systems. IEEE Trans. Commun. Technology **17** (1969), 340—349

3.7. Burke, J. P.; The Output of a Queueing System. Operations Research **4** (1956), 699—704

3.8. Busacker, R. G., Saaty, Th.; Endliche Graphen und Netzwerke. R. Oldenbourg-Verlag, München/Wien 1968

3.9. Buslenko, N. P.; Modellierung komplizierter Systeme. Verlag ,,Die Wirtschaft", Berlin 1972

3.10. Bux, W.; Modelling and Analysis of Store-and-forward Data Switching Centres with Finite Buffer Memory and Acknowledgement Signalling. Elektronische Rechenanlagen **19** (1977), 4, 173—180

3.11. Bux, W., Kühn, P.; Untersuchungen zur verkehrsgerechten Dimensionierung von Speichervermittlungen. NTG-Fachberichte, Band **55**, VDE-Verlag, Berlin 1976, 83—93

3.12. Carl, D., Hammer, D., Heymer, V., u. a.; Das Rechnernetzwerk Delta. ZfR-Informationen 77.09 (1978), 1—23

3.13. Conway, R. B., Maxwell, W. L., Miller, L. W.; Scheduling Theory. Adisson-Wesley, New York, 1967

3.14. Davies, D. W., Barber, D. L. A.; Communication Networks for Computers. J. Wiley. London, New York, Sydney, Toronto 1973

3.15. Dirilten, H., Donaldson, R. W.; Topological Design of Teleprocessing Networks Using Linear Regression Clustering. IEEE Trans. on Communications, **COM-24** (1976), Nr. 10, 1152—1159

3.16. Diwnogorzew, G. P., Jaschin, W. M. (Дивногорцев, Г. Р., Яшин, В. М.); Система и апаратуры обмена информацией в сетях ВЦ. Связь, Москва 1976

3.17. Dörfler, W., Mühlbacher, J.; Graphentheorie für Informatiker. Verlag Walter de Gruyter, New York, Berlin 1973

3.18. Ford, L. R., Fulkerson, D. R.; Flows in Networks. Princeton University Press, Princton 1962

3.19. Ford, L. R., Fulkerson, D. R.; Maximal Flow Through a Network. Canadian Journal Mathematic 8 (1956), Nr. 3, 399—404

3.20. Frank, H., Frisch, I. T., Chou, W.; Topological Considerations in the Design of the ARPA Computer Network. Proceeding of SJCC 1970 AFIPS Conf., S. 581—587

3.21. Frank, H., Frisch, I. T.; Analysis and Design of Survivable Networks. IEEE Trans. on Communic., **COM-18** (1970), Nr. 5, 501—519

3.22. Frank, H., Chou, W.; Routing in Computer Networks. Networks **1** (1971), 99—112

3.23. Gelenbe, E., Muntz, R. R.; Probabilistic Models of Computer Systems. Acta Informatica, 7 (1976), 35—60

3.24. Gerla, M.; Deterministic and Adaptive Routing Policies in Packed-Switched Computer Networks. Data Networks, Analysis and Design. Proc. IEEE Symp., November 1973, S. 23—28

3.25. Gerla, M.; The design of store- and foreward networks. Diss. University of California, Los Angeles, 1973

3.26. Gluschkow, W. M., Kalinitschenko, L. A., Lasarew, W. G., Siforow, W. I. (Глушков, В. М., Калиниченко, Л. А., Лазарев, В. Г., Сифоров, В. И.); Сети ЭВМ. Связь, Москва 1977

3.27. Gnedenko, B. W., Kowalenko, I. N.; Einführung in die Bedienungstheorie. Akademie-Verlag, Berlin 1974

3.28. Goichman, E. S., Losew, J. I. ((Гойхман, З. Ш., Лосев, Ю. И.); Передача информации в АСУ. Связь, Москва 1976

3.29. Golubew-Nowoschilow, J. S.; Голубев-Новожилов, Ю. С., Многомашинные комилексы вычислительных средеть. Советское Радио, Москва 1967

3.30. Haupt, D., Petersen, H. (Hrsg.); Rechnernetze und Datenfernverarbeitung. Informatik-Fachberichte Bd. 3, Springer-Verlag Berlin/Heidelberg/New York 1976

3.31. Herzog, U.; Optimal Scheduling Strategies for Real-Time Computers. IBM J. Res. Develop., September 1975, 494—504

3.32. Herzog, U.; Message-Switching Networks with Alternate Routing. Elektronische Rechenanlagen (1975), 5, 174—181

3.33. Herzog, U.; Verkehrsfluß in Datennetzen. Habilitationsthesis, Universität Stuttgart 1973

3.34. Hofer, H.; Datenfernverarbeitung. Springer-Verlag, Berlin, Heidelberg, New York 1973

3.35. Hofmann, U.; Analyse adaptiver Routing-Strategien im Kommunikationssystem von Rechnernetzwerken. Dissertation TU Dresden 1978

3.36. Hofmann, U., Löffler, H.; Strategien im Kommunikationssystem von Rechnernetzwerken. Nachrichtentechnik/Elektronik **27** (1977), 7, 293–296

3.37. Hoja, H., Zeisel, G.; Measures for the Quality of a Multi-Processor System. Elektronische Rechenanlagen **16** (1974) 3, 104–108

3.38. Holler, E., Drobnik, O.; Rechnernetze. B. I. Wissenschaftsverlag, Zürich 1975

3.39. Hu, T. C.; Ganzzahlige Programmierung und Netzwerkflüsse. R. Oldenbourg-Verlag, Wien/München 1972

3.40. Irmscher, K.; Ein/Ausgabesysteme von Rechnernetzwerken. Wissenschaftliche Zeitschrift der TU Dresden, **28** (1979), Heft 1, 109–118

3.41. Jackson, J. R.; Networks of Waiting Lines. Operations Research **5** (1967), 518–521

3.42. Jacob, H.-J., Löffler, H.; Analytische Beschreibung und Bewertung eines Modell-Rechnernetzwerkes. Nachrichtentechnik/Elektronik **27** (1977) 1, 14–16

3.43. Janbych, G. F., Ettinger, B. J. (Янбых, Г. Ф., Еттингер, Б. Я.); Проектирование структура отраслевой сети вычислительных центров. Знергия, Ленинград 1974

3.44. Jakubaitis, E. A. (Якубайтис, З. А.); Вычислительные системы и сети автоматизации научных исследованний. Автоматика и Вычислительная Техника 1978, Hp. 2, 49—63

3.45. Kingman, J. F. C.; The Heavy Traffic Approximation in the Theory of Queues. Proc. Symposium Congestion Theory, University of North Caroline Press, Chapel Hill, N.C., 1965, 137–159

3.46. Kleinrock, L.; Queuing Systems. Volume I: Theory, Volume II: Computer Applications. John Wiley & Sons, New York, London, Sydney, Toronto 1975

3.47. Kleinrock, L.; Scheduling, Queuing and Delay in Time-Shared Systems and Computer Networks. In: Abramson, N., Kuo, F.: Computer-Communication Networks, Prentice-Hall, Englewood Cliffs, N. J., 1973, 95–141

3.48. Kleinrock, L.; Communication Nets: Stochastic Message Flow and Delay. McGraw-Hill, New York, 1964

3.49. Klimow, G. P. (Климов, Г. П.); Стохастические система обслуживания. Наука, Москва 1966

3.50. Kobayashi, H., Konheim, A. G.; Queuing Models for Computer Communications System Analysis. IEEE Trans. Communications, **COM-25** (1977), Nr. 1, 2–29

3.51. König, D., Stoyan, D.; Methoden der Bedienungstheorie. Akademie-Verlag, Berlin 1976

3.52. Krampe, H., Kubat, Y., Runge, W.; Bedienungsmodelle. Verlag „Die Wirtschaft", Berlin 1974

3.53. Kümmerle, K.: A Modell for I/0-Channel Traffic in Computer Systems. NTZ – (1972), H. 3, 137–141

3.54. Kümmerle, K.; Charakteristische Größen zur Beschreibung der Leistungsfähigkeit und Effektivität von EDV-Anlagen. Elektronische Rechenanlagen **14** (1972), 1, 12–18

3.55. Lasarew, W. G., Sawwin, G. G. (Лазарев, В. Г., Саввин, Г. Г.); Сети свлзи, управление и коммутация. Связь, Москва 1973

3.56. Löffler, H.; Das Rechnernetzwerk. Die Technik **32** (1977), H. 11, 621–623 und H. 12, 665–667

3.57. Löffler, H.; Eigenschaften von Tandem-Bedienungssystemen mit Blockierung. msr **20** (1977), H. 11, 617–619

3.58. Löffler, H., Tschernokoschew, P.; Das Zweiphasenbedienungssystem mit Blockierung BS (∞, s). Wissenschaftliche Zeitschrift der TU Dresden **26** (1977), H. 2, 349–353

3.59. Löffler, H., Optimalitätskriterien für die Informationsübertragung in Rechnernetzwerken. msr **19** (1976), H. 4, 128–130

3.60. Löffler, H.; Analytische Rechnernetzmodelle. Vortrag INFO 77 und TU-Informationen 08-06-77, 1–16

3.61. Martin, J.; Design of Real-Time Computer Systems. Prentice-Hall, Englewood Cliffs, 1967

3.62. Martin, J.; Systems Analysis for Data Transmission. Prentice Hall, Inc., Englewood Cliffs, New Jersey 1972

3.63. Martin, J.; Die Organisation von Datennetzen. Carl Hanser Verlag, München 1972

3.64. Melichow, A. N., Berschtein, L. S., Kureitschik, (W. M., Мелихов, А. Н., Берштейн, Л. С., Курейчик, В. М.); Применение графов для проектирования дискретных систем. Наука, Москва 1974

3.65. Misin, I. A., Urinson, L. S., Chrameschin, G. K. (Мисин, И. А., Уринсон, Л. С., Храмешин, Г. К.); Передача информации в сетях с коммутацией сообщений. Связь, Москва 1972

3.66. Neiman, W. I. (Нейман, В. И.) ;Структуры систем распределения информации. Связь, Москва 1975

3.67. Paschkeew, S. D. (Пашкеев, С. Д.); Вычислительные средства в технике и системах связи. Связь, Москва 1977

3.68. Owtschinikow, W. N. (Овчиников, В. Н.); Организация передачи информации в автоматизированных системах управления. Знергия, Москва 1974

3.69. Piltschikow, E. A.; Strukturell-funktionelle Analyse und Synthese von Informationsübertragungs- und Informationsverarbeitungssystemen auf der Basis von Wahrscheinlichkeitsmodellen und analytischen Modellberechnungen. Beiträge zur Informationsverarbeitung, BSB B. G. Teubner Verlagsgesellschaft, Leipzig 1977, S. 106–121

3.70. Pirogow, W. W. (Пирогов, В. В.); Диалоговые системы моделирования. Зинатне, Рига 1977

3.71. Rosenberg, W. J., Prochorow, A. I.; Einführung in die Bedienungstheorie. BSB B. G. Teubner Verlagsgesellschaft, Leipzig 1964

3.72. Rubin, I.; On Reliable Topological Structures for Message-Switching Communication Networks. IEEE Trans. on Communic. **COM-26** (1978), H. 1, 62–74

3.73. Rustin, R. (Hrsg.); Computer Networks. Prentice-Hall, Englewood Cliffs, New Jersey 1972

3.74. Saaty, L. T.; Elements of Queuing Theory with Applications. McGraw-Hill Book Comp., Inc. New York/Toronto/London 1961

3.75. Sachs, H.; Einführung in die Theorie der endlichen Graphen. BSB B. G. Teubner-Verlagsgesellschaft, Leipzig 1970

3.76. Seidler, J. (Зайдлер, Е.); Системы передачи дискретной информации. Связь, Москва 1977

3.77. Seidler, J.; Optimierung informationsübertragender Systeme. VEB Verlag Technik, Berlin 1967

3.78. Schimerina, D. G., Maksimenko, W. I. (Жимерина, Д. Г., Маскименко, В. И.); Основы построения больших информационно-вычислительных сетей. Статистика, Москва 1976

3.79. Schneps, M. A. (Шнепс, М. А.); Системы распределения имформации. Связь, Москва 1979

3.80. Silk, D. J., Routing Doctrines and their Implementation in Message Switching Networks. Proceedings IEEE **116** (1969), 1631–1638

3.81. Spies, P. P. (Hrsg.); Modelle für Rechensysteme. Informatik-Fachberichte 9. Springer-Verlag, Berlin, Heidelberg, New York 1977

3.82. Steiglitz, K.; An Introduction to Discrete Systems. John Wiley & Sons, Inc., New York/London/Sydney/Toronto 1974

3.83. Stutzman, B. W.; Data Communication Control Procedures. Computing Surveys 4 (1972), H. 4, 198–220

3.84. Tschelnokow, N. I., Baschmakow, I. A. (Hrsg.) (Челноков, Н. И., Башмаков, И. А.); Методы анализа и синтеза информационно-вычислительных сетей и систем. Труды МЭИ, Выпуск 183, Москва 1974

3.85. Wallace, V. L. (Hrsg.); Mathematica Methods in Queuing Theory. Lecture Notes in Economics and Mathematical Systems. Operation Research 98. Springer-Verlag, Berlin, Heidelberg, New York 1974

3.86. Wende, I.; Datenübertragungsprozeduren. ZfR-Informationen 04.77 (1977), 58–68

3.87. Wentzel, E. S. (Вентцель, Е. С.); Исследование операций. Советское Радио, Москва 1972

3.88. Whitt, W.; Heavy Traffic Limit Theorems for Queues. In: Lecture Notes in Economics and Mathematical Systems. Vol. 98, Springer-Verlag, Berlin, Heidelberg, New York 1974, 307–349

3.89. Wilkov, R. S.; Analysis and design of reliable computer networks. IEEE Trans. on Comm. **COM-20** (1972), 660–678

3.90. Winkler, G.; Systematik optimaler Kommunikationssysteme auf Grund der Theorie der Spiele. Oldenbourg-Verlag, München 1969

3.91. Wystawkin, J. P. (Выставкин, Я. П.); Сети обмена информацией между ЭВМ. Наука, Москва 1975

3.92. Kobayashi, K.; Application of the Diffusion Approximation to Queueing Networks. Journ. ACM 21 (1974), 316–328, 459–469

Symbolverzeichnis

$\mathcal{A}$	Wahrscheinlichkeitsfeld, endliches Schema (Kap. 1)
A	Amplitude (Kap. 2)
	Bogen- oder Kantenmenge (Kap. 3)
B	Bedienungswahrscheinlichkeit (Kap. 3)
$B(t)$	Bedienungszeitverteilung im Zeitbereich (Kap. 3)
$B^*(s)$	Bedienungszeitverteilung im Bildbereich (Kap. 3)
C	Kanalkapazität
$c((v_i v_j))$	Kapazitätsfunktion
$\boldsymbol{D}$	Distanzmatrix mit den Elementen d_{ij}
$\mathsf{D}[\xi]$	Dispersion
$\mathsf{E}[\xi]$	Symbol des Erwartungswertes einer Zufallsgröße ξ
f	Frequenz
$F(t)$	Verteilungsfunktion der Zufallsgröße t
$F^*(s)$	Verteilungsfunktion im Bildbereich (LAPLACE-STIELTJES-Transformierte)
$\mathcal{F}\{x(t)\}$	Operator der FOURIER-Transformation (angewandt auf die Funktion $x(t)$)
$\mathcal{F}_{\mathrm{D}}\{x\}$	Operator der diskreten FOURIER-Transformation
WCF — $\mathcal{F}\{x\}$	Operator der WILENKIN-CHRESTENSON-FOURIER-Transformation
$G[V, A]$	Graph mit Knotenpunktmenge V und Kantenmenge A
$G_\xi(z)$	erzeugende Funktion
$H(\mathcal{A})$	Entropie des endlichen Wahrscheinlichkeitsfeldes
K	Kosten oder Kostenfunktion (Kap. 3)
$\mathcal{L}\mathcal{S}\{x\}$	Operator der LAPLACE-STIELTJES-Transformation
L_{v}	mittlere Anzahl der in einem Bedienungssystem verweilenden Forderungen
L_{w}	mittlere Anzahl der wartenden Forderungen
N	Anzahl der unterscheidbaren Zeichen eines Alphabetes (Kapitel 1)
p	Fehlerwahrscheinlichkeit (Kap. 1)
$p(x)$	Wahrscheinlichkeitsdichte von x (Kap. 2 und 3)
P	Wahrscheinlichkeit
$\mathsf{P}(A_i)$	Auftrittswahrscheinlichkeit des Zeichens A_i
$P(j)$	Wahrscheinlichkeit, daß j Forderungen in einem Bedienungssystem vorhanden sind (Kap. 3)
q_i	Stellenzahl bei Binärkodierung (Kap. 1)
q_{ij}	Übergangsintensität (Kap. 3)
Q	Informationsvorrat (Kap. 1)
Q	Gütefaktor eines Bedienungssystems (Kap. 3)
r	relative Redundanz (Kap. 1)
r	Anzahl der Warteplätze eines Bedienungssystems (Kap. 3)
R	absolute Redundanz (Kap. 1)
s	unabhängige Variable der LAPLACE-STIELTJES-Transformation
$S(\omega)$	Leistungsspektrum
S_w	Halbschnitt eines Graphen (Kap. 3.1)
t	unabhängige Variable (i.a. die Zeit)
T	Zeit; Periode (Kap. 2)
T_{a}	mittlere Antwortzeit oder mittlere Zwischenankunftszeit
T_{b}	mittlere Bedienungszeit

T_v	mittlere Verweilzeit
T_w	mittlere Wartezeit
v	Übertragungsgeschwindigkeit
v_s	Schrittgeschwindigkeit
v_i	Knoten der Nummer i in einem Graphen
$(v_i v_j)$	Kante vom Knoten v_i zum Knoten v_j
V	Menge der Knotenpunkte eines Graphen (Kap. 3.1)
V	Verlustwahrscheinlichkeit (Kap. 3.2)
$V^*(s)$	Verteilungsfunktion der Verweilzeit im Bildbereich
$W^*(s)$	Verteilungsfunktion der Wartezeit im Bildbereich
$x(t)$	Signal mit der unabhängigen Variable t
X_n	spektrale Amplitude
$X(\omega)$	spektrale Amplitudendichte
Y	Verkehrswert
z	unabhängige Variable (Kap. 2)
z_i	Zustand i (Kap. 3)
$\mathcal{Z}\{x\}$	Operator der $\mathcal{Z}$-Transformation (Kap. 2)
λ	mittlere Ankunftsrate eines Bediensystems; Parameter einer Wahrscheinlichkeitsverteilung
μ	mittlere Bedienungsrate
ϱ	Angebot, $\varrho = \lambda/\mu$
ω	Kreisfrequenz
Ω	Winkel
σ	Standardabweichung; Fehler
φ	Winkel (Kap. 2)
$\varphi = \varphi((v_i, v_j))$	Stromfunktion (Kap. 3)
Φ	Winkel (Kap. 2)
Φ	Fluß (Kap. 3)
η	informationstheoretischer Wirkungsgrad (Kap. 1)
η	Auslastungsgrad eines Bedienungssystems (Kap. 3)
ψ_{xx}	Autokorrelationsfunktion

Abkürzungen:

AKF	Autokorrelationsfunktion
AP	Abonnentenpunkt
AR	Arbeitsrechner
ARS	Arbeitsrechnersystem
DFV	Datenfernverarbeitung
KK	Kommunikationsknoten
KP	Kommunikationsprozessor
KS	Kommunikationssystem
MPX	Multiplexor
NSS	Netzwerksteuersystem
RNW	Rechnernetzwerk
SPS	Speichersystem
TP	Terminalinterfaceprozessor
TS	Terminalsystem

Sachwortverzeichnis

FSC
www.fsc.org
MIX
Papier | Fördert
gute Waldnutzung
FSC® C083411

Zeitfracht Medien GmbH
Ferdinand-Jühlke-Straße 7
99095 Erfurt, Deutschland
produktsicherheit@kolibri360.de